"十三五"国家重点出版物出版规划项目

火炸药理论与技术丛书

火炸药工业污染治理技术

王连军 沈锦优 靳建永 高瑞军 编著

国防工业出版社

·北京·

内 容 简 介

本书是"火炸药理论与技术丛书"分册,分为 6 个章节,介绍了火炸药生产过程中废水、废气、废酸、固废等不同形态污染物的危害及其对环境的影响,重点介绍了针对火炸药生产过程中废水、废气、废酸、固废等污染物的处理技术。本书注重理论对生产实践的指导,广泛吸收了国内外火炸药工业污染及其防治方面的相关资料,收集了火炸药工业废水、废气、废酸、固废处理等方面的工程案例,集中展现了火炸药工业污染治理领域的创新成果和工程经验。

本书可供从事火炸药环保、工艺研究、生产、装药等工作的研究人员、设计人员、管理人员参考使用,也可作为从事环境保护技术人员、管理人员和相关学校专业师生的参考书目。

图书在版编目(CIP)数据

火炸药工业污染治理技术 / 王连军等编著. —北京:
国防工业出版社,2020.7
(火炸药理论与技术丛书)
ISBN 978-7-118-12114-8

Ⅰ.①火… Ⅱ.①王… Ⅲ.①火药-化学工业废物-废物处理 ②炸药-化学工业废物-废物处理 Ⅳ.①X789

中国版本图书馆 CIP 数据核字(2020)第 146962 号

※

*国防工业出版社*出版发行
(北京市海淀区紫竹院南路 23 号 邮政编码 100048)
北京龙世杰印刷有限公司印刷
新华书店经售

*

| 开本 710×1000 1/16 | 印张 20¾ | 字数 410 千字 |
| 2020 年 7 月第 1 版第 1 次印刷 | 印数 1—2000 册 | 定价 110.00 元 |

(本书如有印装错误,我社负责调换)

| 国防书店:(010)88540777 | 书店传真:(010)88540776 |
| 发行业务:(010)88540717 | 发行传真:(010)88540762 |

火炸药理论与技术丛书
编委会

国防与安全为国家生存之基。国防现代化是国家发展与强大的保障。火炸药始于中国，它催生了世界热兵器时代的到来。火炸药作为武器发射、推进、毁伤等的动力和能源，是各类武器装备共同需求的技术和产品，在现在和可预见的未来，仍然不可替代。火炸药科学技术已成为我国国防建设的基础学科和武器装备发展的关键技术之一。同时，火炸药又是军民通用产品（工业炸药及民用爆破器材等），直接服务于国民经济建设和发展。

经过几十年的不懈努力，我国已形成火炸药研发、工业生产、人才培养等方面较完备的体系。当前，世界新军事变革的发展及我国国防和军队建设的全面推进，都对我国火炸药行业提出了更高的要求。近年来，国家对火炸药行业予以高度关注和大力支持，许多科研成果成功应用，产生了许多新技术和新知识，大大促进了火炸药行业的创新与发展。

国防工业出版社组织国内火炸药领域有关专家编写"火炸药理论与技术丛书"，就是在总结和梳理科研成果形成的新知识、新方法，对原有的知识体系进行更新和加强，这很有必要也很及时。

本丛书按照火炸药能源材料的本质属性与共性特点，从能量状态、能量释放过程与控制方法、制备加工工艺、性能表征与评价、安全技术、环境治理等方面，对知识体系进行了新的构建，使其更具有知识新颖性、技术先进性、体系完整性和发展可持续性。丛书的出版对火炸药领域新一代人才培养很有意义，对火炸药领域的专业技术人员具有重要的参考价值。

张维民

张维民，原国防科学技术工业委员会副主任。

前言

加强环境保护已成为建设和谐社会、促进经济发展的重要举措。然而，兵器工业由于生产技术和工艺的特殊性，其污染物排放已成为环境安全的重大隐患，兵器工业的污染问题已引起行业和政府的高度重视。火炸药工业的污染源和污染物最多，污染最严重，是兵器工业环保工作的重点。治理火炸药工业的环境污染问题，促进火炸药企业的环保技术发展和进步，对兵器工业乃至国防科技工业的可持续发展都具有十分重要的意义。然而，由于军事活动和军事科研的保密性和特殊性，火炸药工业污染物与一般化工企业差别较大，相关环保技术研究相对较少，缺乏针对性的火炸药工业污染治理技术。

本书作者长期从事火炸药工业特种污染治理技术的理论研究和工程应用，基于多年来的科研成果及资料积累，结合工程应用的实际情况，撰写了这本《火炸药工业污染治理技术》。全书共分为6章。第1章为绪论，介绍了有关火炸药的概念及污染现状；第2章介绍了典型的火炸药工业污染物及其危害；第3章至第6章分别介绍了火炸药工业废水、废气、废酸及固废的处理技术及相关工程案例。本书特别适合于火炸药工业从事环保工作的科研和设计人员、环保专业的师生、生产工艺技术人员和管理人员使用。

本书是"火炸药理论与技术丛书"之一，主要由王连军、沈锦优、靳建永、高瑞军四位作者共同编著，其中：王连军承担了第1章、第2章、第5章的撰写工作；沈锦优承担了第4章、第6章的撰写工作；靳建永承担了第3章的撰写工作；高瑞军承担了第3章、第4章、第5章和第6章工程案例的收集和整理工作。

作者系统地总结了40余年的教学和实践经验，查阅了大量最新资料和图片，尽量反映国内外有关火炸药工业污染物治理的研究和应用情况，力争使本书的内容新颖全面、图文并茂、生动形象，以供读者参考。在本书的撰写过程中，南京理工大学的江心白、欧昌进、张帅、刘建国、张红梅、吴瑞芹等研究生帮助查找、整理了部分资料，各火炸药企业环保技术人员提供了工程现场图片及相关资料，在此一并表示感谢。由于作者水平有限，不妥之处在所难免，读者如果发现本书的不足和失误，望不吝赐教，请将问题和建议发邮件至 shenjinyou@mail. njust. edu. cn，我们将不断完善。

作者

2018 年 7 月于南京

目录

第 6 章 火炸药工业固废处理与资源化 / 228

第 1 章
绪 论

1.1 火炸药的特点及发展

兵器工业是国家战略性的基础产业，火炸药、火工品、防化器材等是各类武器实现远程精确打击、高效毁伤能力的关键性保证物质，是各类武器系统必不可少的重要组成部分，是重要的国防战略物资。火炸药、火工品、装药、防化器材等企业的发展和进步对兵器工业乃至整个国防工业和国民经济的发展都具有十分重要的意义。火炸药工业对巩固国防和发展国民经济具有至关重要的作用。在军事方面，火炸药工业是兵器工业的重要组成部分，火炸药是兵器的能源，炮弹、导弹、航弹、鱼雷、水雷、地雷、火工品以及爆破药包等都要装填火炸药。在民用方面，火炸药广泛应用于矿石、煤炭、石油和天然气开采，应用于开山筑路、拦河筑坝、疏浚河道、地震探矿、爆炸加工、控制爆破等方面，以及卫星发射和航天事业等领域。

含能材料通常俗称为火炸药，是含有爆炸性基团或含有氧化剂和可燃物，能独立地进行化学反应并输出能量的化合物或混合物，主要包括炸药（单质炸药、混合炸药）、发射药和固体推进剂等。火炸药是具有爆炸性的物质，当其受到适当的激发冲量后，能够产生快速的化学反应，并放出足够的热量和大量的气体产物，从而形成一定的机械破坏效应和抛掷效应。火炸药在本质上是一种特殊能源，该能源在一定的外界和环境条件下，在特殊的封闭体系中（无须其他物质参与）以燃烧或者爆轰的物理化学方式释放能量并实现对外做功。该能源的本质是其组成元素的起始和终点物理化学状态的不同，造成元素的能级状态不同而释放能量，通常为热能。火炸药主要应用于武器，可以作为武器的发射、推进与毁伤能源，对武器威力起着重要的基础支撑与保证作用，所以可以称之为"武器能源"，亦可作为其他方面的热源、气源、信号源等。典型的火炸药产品主要有梯恩梯（trinitrotoluene，代号 TNT）、黑索今（hexogen，代号

RDX)、地恩梯（dinitro toluene，代号 DNT）、硝化棉、精制棉、硝化甘油、太安、B 炸药、混合炸药、含铝炸药等；民用的火炸药产品主要有一硝基甲苯、间二硝基甲苯、硝基二甲苯、硝基苯、苯胺、二苯胺、邻甲苯胺、铵梯炸药、乳化炸药、水胶炸药等。

火炸药工业的生产工艺及设备与一般化学工业，如染料工业、制药工业和高分子化工等相类似，包括有流体输送、传热、过滤、混合、粉碎、蒸馏、吸收、结晶、干燥等化工过程。由于这类物质易燃易爆，生产的安全问题是首要的。生产安全对火炸药工业生产设备的选用、工艺过程的制定、厂房结构的设计以及厂址的选择等都起着决定性的作用，应当完全符合国家所颁布的安全规范，并根据产品的性质决定生产规模。如起爆药由于感度大、危险性大，不便于大量储存和运输，需随产随用，所以生产容器小、投料量少，每条生产线的日产量一般为千克级。火药和猛炸药的生产容器可采取大尺寸，投料量较多，一条生产线的日产量为吨级，而且工业炸药的日产量有的可达几十吨。为了保证产品具有良好的储存性，不致发生变质和安全事故，对火炸药要进行安定处理（加入安定剂等）。在生产工艺中，要通过反复的洗涤、转晶和用溶剂精制等方法，除去残留的酸及杂质。在工房中严禁烟火和铁器的撞击，采用防爆式的动力设备、电路开关和照明，严格控制车间和库房的存药量，以避免发生事故，尽量缩小事故的破坏范围。另外，还要严格控制易燃、易爆气体和粉尘在空气中的浓度，使之远低于燃烧和爆炸浓度极限。生产过程中静电危害的防止、危险工房和操作的隔离、连续化和自动化工艺的广泛采用，都是火炸药工业中特别需要重视的问题。火炸药产品的易燃、易爆、有毒和易腐蚀性，以及生产过程专业性强、通用性差、危险性大等特征，决定了火炸药生产过程的每个环节都必须采取特殊、严格的安全技术措施和管理制度。火炸药工艺的连续化和自动化是实现安全生产的重要保证。

火炸药的生产发展并不是均衡的。对于军用火炸药，在战争时期，因弹药大量消耗，产量巨大；在和平时期为了保持一定的储备，也维持一定数量的生产，生产潜力不断增长，以应付战时需要。工业炸药的生产随着建设事业的发展，产量逐年扩大，并且随着爆破工作的各种特殊要求的增加，各种不同性能的新品种也不断涌现。工业炸药的生产形式有两种：一种为矿山附属生产车间和工厂实行自产自用；另一种为专门建立的生产厂，生产工业炸药商品进行销售。有些国家则由大的化学工业公司经营和销售，如美国的艾里科化学品公司和杜邦公司、瑞典的诺贝尔硝基炸药公司和日本油脂公司等。

　　火炸药是一种特殊的战略能源。在需求牵引下，各国在积极促进火炸药新品种和新配方应用的同时，大力发展各种高性能火炸药技术，装备品种日益丰富，制造工艺更加安全高效，新技术和新产品不断涌现。未来火炸药技术发展的主要趋势为：

　　（1）化学能终极目标牵引火炸药向高能量、高利用率方向发展。提升武器弹药作战效能最终可归结为面临两方面的挑战：一是使装药能量更高，二是提高装药能量的转化利用效率。美国学者从科学层面上分析了可用于弹药的各种含能材料，确定了活性金属储能材料、多氮（或全氮）物质、金属氢等超级含能材料的发展方向和目标，这些超高能材料可使火炸药的能量水平提高数倍到数十倍。在以提高火炸药能量利用率为主要目标的未来研发活动中，纳米含能材料和层状发射药将受到重点关注。

　　（2）在能量水平不断提高的同时优化火炸药的综合性能。不断提高火炸药的能量水平是各国始终不懈的追求，但火炸药能否投入实际应用要综合考虑到能量、感度、力学、可加工性、热安定性等综合性能。未来，高性能火炸药将是各国研发的重点，在注重提高能量水平的同时，不断优化综合性能，重点兼顾能量和感度特性。以美国为例，美国把"能量超过 LX－14 型塑炸药 15% 以上、感度比 LX－14 炸药低 10% 的不敏感混合炸药"作为当前发展的目标；美国海军远期发展目标是能量输出量为现用 PBXN－103 料黏结 2～3 倍的高威力水下炸药，同时具有优良的综合性能；近期提出了先进固体发射药能量指标使坦克炮的炮口动能增加 25%，未来固体发射药的火药力将突破的发展目标为 1400J/g，装填密度在 $1.2g/cm^3$ 以上，火焰温度和力学性能适中。

　　（3）使用安全、环境友好将是火炸药设计与制造的重要方向。使用安全、环境友好是对未来火炸药设计与制造的最本质要求，也是发展的必然趋势。装备不敏感火炸药是提高武器弹药使用安全性的重要手段，美国、法国、英国等西方军事大国正不断地将不敏感火炸药应用于大量使用的主要弹种和通用弹种。在美国和其他北约国家，把装用不敏感火炸药作为发展未来武器弹药的一项基本要求。随着对环境保护问题的重视程度日高，火炸药工业面临环保、节能减排的压力十分严峻，开发环境友好的火炸药技术将成为未来各国火炸药研究领域的一项重要内容，从源头上消除环境污染成为火炸药设计与制造技术发展的一个重要方向。

1.2　火炸药工业的污染及治理现状

随着我国经济的发展，环境保护和资源消耗的形势日趋严峻。当前，主要污染物排放量远远超过环境容量，资源问题也成了限制经济发展的重要因素之一。面对这样的形势，我国政府近年来十分重视环境保护和节能降耗工作。2013 年 6 月 14 日，国务院召开常务会议，确定了《大气污染防治行动计划》（国发［2013］37 号），简称"气十条"，具体内容包括减少污染物排放；严控高耗能、高污染行业新增耗能；大力推行清洁生产；加快调整能源结构；强化节能环保指标约束；推行激励与约束并举的节能减排新机制，加大排污费征收力度，加大对大气污染防治的信贷支持；等（见附录 1）。2015 年 4 月 2 日，国务院印发了《水污染防治行动计划》的通知（国发［2015］17 号），简称"水十条"。"水十条"指出：水环境保护事关人民群众切身利益，事关全面建成小康社会，事关实现中华民族伟大复兴中国梦；要求强化源头控制，水陆统筹、河海兼顾，对江河湖海实施分流域、分区域、分阶段的科学治理，系统推进水污染防治、水生态保护和水资源管理（见附录 2）。2016 年 5 月 28 日，国务院关于印发《土壤污染防治行动计划》的通知（国发［2016］31 号），简称"土十条"，指出我国土壤环境总体状况堪忧，部分地区污染较为严重，已成为全面建成小康社会的突出短板之一，亟需加强土壤污染防治，逐步改善土壤环境质量（见附录 3）。

国防科技工业是国家战略性产业，是我国经济发展的重要组成部分，国防科技工业通过军民结合已经取得了国防建设和国民经济建设的相互协调发展。在民用核能、民用航天、民用飞机等领域，国民经济和社会发展需求强劲。"十一五"以来，启动了安全环保改造专项，主要解决"三废"末端治理问题，改变了工业企业安全环保的落后面貌。为满足国防建设的需要，在武器装备的科研生产和民用产业方面将继续进行固定资产投资，但在增大投入的同时，如何贯彻国家的要求，推进全行业的环境保护和节能降耗，实现国防科技工业又好又快发展，已成为迫切需要解决的问题。

重点治理火炸药、火工品、装药、防化器材等企业的环境污染问题，促进企业的发展和进步对兵器工业乃至国防科技工业可持续发展都具有十分重要的意义。火炸药生产中产生的污染物主要有废酸、废水、废渣、废气等，不同工厂排出的污染物也大不相同。火药厂排出的污染物主要为硝化棉废水、精制棉废水、硝化甘油和吸收药废水、排气中的氮氧化物、废酸处理的硫酸雾、硝基胍废水等。炸药厂排出的污染物主要有酸性废水、碱性废水和废酸处理产生的硫酸雾。火工品厂排出的污染物主要为未经处理的含药废水，经简单处理产生的含铅危险废物，起爆药生产过程化合、洗涤、抽滤和容器清洗、产品洗涤等工段产生的含有铅和硝基酚的生产废水等。防化器材厂排出的污染物主要为生产过程产生的大量粉尘、含酸废水、含碱废水、防化器材橡胶件等高分子材料生产过程中产生的有机气体等。装药厂排出的污染物主要为含有火炸药的冲洗废水。

在兵器工业各行业领域，火炸药工业的污染源和污染物最多，污染最严重，是兵器工业环保工作的重点。火工品生产企业、防化器材生产企业、装药企业由于生产量低于火炸药，在生产过程中产生污染物的量也大大低于火炸药企业。据不完全统计，仅火炸药生产，每年产生的废酸超过百万吨，酸性废水和碱性废水均超过千万吨，氮氧化物超过 3000t，硫酸雾超过 7000t，各种固体废渣超过万吨。对于整个火炸药行业而言，企业的污染问题由来已久，造成火炸药行业严重污染问题的主要原因有以下几个方面：

（1）火炸药生产工艺落后是造成环境污染问题的主要原因。火炸药等企业在建厂时期，由于对环境保护认识以及当时技术水平的局限，在设计上采用的是高物耗、高能耗、高污染排放的工艺，对产生的污染物基本没有采取处理措施，大多采取直排方式。从 20 世纪六七十年代以来至"九五"以前，火炸药等企业的生产工艺基本未进行过大规模的技术改造和设备更新，生产工艺落后，设备腐蚀及跑冒滴漏现象严重。由于受当时技术条件的限制，即使对污染物采取了处理措施，其工艺也是落后的，例如废酸的锅式浓缩产生的减压废水和鼓式浓缩产生的酸雾、TNT 红水焚烧法处理产生的二次污染等，都对环境造成了较大的污染。

（2）火炸药工业在环保投入上严重不足。在"十五"之前，兵器系统火炸药等企业大都处于亏损状态，经济十分困难，在环境保护与污染治理方面投入严重不足。"十五"以来，尽管主要几个火炸药厂自筹经费进行污染治理，但因欠账过多，历史遗留污染问题较多，单靠企业自身的投入无疑是杯水车薪。国家和相关部门应进一步加大投入，多方筹措资金及技术力量，尽快解决废水、废气、尤其是固废污染、土壤污染等历史遗留问题。

（3）清洁生产工艺技术研究落后，环保开发薄弱。由于投入不足，清洁生产工艺技术研究及环保技术方面的研发薄弱，没有成熟的技术为污染治理提供支持，也是历史遗留环境问题长期以来没有得到根本解决的原因之一。火炸药生产企业开展火炸药清洁生产工艺研究、污染综合防治技术研究，从源头解决

"三废"排放和污染治理问题，是解决火炸药工业历史遗留问题的有效途径。

1.3 解决火炸药工业污染的主要原则和方法

近年来，先进的治理技术不断涌现，人们对环境质量要求日益严格，火炸药工业的污染控制已由单相治理逐步过渡到以防为主、区域综合治理的新阶段。行业和企业对污染治理技术的先进性、可靠性和经济性，提出了更高的要求。例如，过去固体废物通常采用露天焚烧销毁，一些含有敏感炸药的废水采用碱液销爆，再经过滤或沉淀后排放。这些早期的治理方法常常带来严重的二次污染。目前，对于必要销毁的废火炸药，大力发展了流化床焚烧、微波熔融等少污染和无污染的治理新技术。为了回收废物中的有用物质和深度处理的需要，一些投资低、见效快的初级处理技术，包括固体废物、废气、废水的物理分离技术，也得到了改进和发展。例如：美国雷德福德陆军弹药厂的硝化甘油废水采用沉淀截留法，沉积在底部的油状液体主要是硝化甘油、甘油二硝酸酯和甘油-硝酸酯，可重新返回硝化系统；美国巴杰尔陆军弹药厂则采用砂滤法处理硝化甘油废水，效果良好；国内硝化棉废水采用斜面筛过滤，可回收废水中的硝化棉约 80%；一些旋液分离和高速分离技术也得到了相应的发展。生物处理法是利用微生物酶的催化作用，在有氧或缺氧的条件下，使废水中的有机物氧化分解。生物法处理火炸药废水经历了几十年的漫长曲折历程，由于专性菌种的筛选和分离技术的发展，近年来已陆续用于处理各种火炸药废水，并进一步发展了固体梯恩梯发酵堆肥处理技术。此外，废水经过初级处理、回收部分有用物质后产生低浓度废水，生化处理后的废水常在色度和无机氮、磷等组分方面达不到水质要求，同时对一些难以生物处理的废水还都需要采用物理化学法进行深度处理。除了活性炭吸附、化学沉淀法等传统技术以外，聚合树脂吸附、混凝气浮、反渗透、表面活性剂法和臭氧紫外光解等新技术在火炸药废水处理上，也得到了广泛的研究和应用。废气治理在以往用酸、碱液洗涤净化的基础上，分子筛和催化技术也得到了较大的发展。废气中的氮氧化物（NO_x）经过分子筛过滤吸附后，能使废气中的氮氧化物浓度降到最低限度。在焚烧炉内采用氧化镍类催化剂可以有效地限制氮氧化物的生成；在排气系统中能加速还原氮氧化物，使废气达到排放标准。

各种治理方法及其组合的选择，必须服从综合治理的整体要求。就单相治理来说，必须对处理效果、原材料来源和动力消耗、投资及运行费用等在技术、经济方面进行综合比较。这些因素又通常相互关联、相互影响。有时处理效果好的方法或流程，投资较大，而投资少的方法或流程，处理效果不是很理想。因此，有必要根据排放量大小及环境自净能力等具体条件，按照我国现有技术水平及经济能力，运用系统工程方法，寻求最佳方案。处理方案的确定是十分复杂的工作，务必要把污染物生成、排污和环境条件作为一个整体来考虑，经过全面衡量后再确定治理方案，力求取得环境效益、经济效益和社会效益的统一。

综合上述，火炸药生产等企业环境污染治理是一项任务非常艰巨、投入非常巨大的环保工程，是关系到兵器工业能否持续、快速、高质量发展，实现历史性跨越的突破口。环境保护是我国的一项基本国策，只有实施环境优先战略，坚持环境保护与经济发展并重，环境保护与经济发展同步，努力做到不欠新账，多还旧账，才能彻底改变火炸药工业的污染现状。通过统筹规划，按照"近期解决紧迫问题，中期加强整体治理，长期通过科研开发，从源头减少污染物排放，解决末端治理的难点问题"的思路，才能彻底解决火炸药等企业环境污染问题。

第 2 章
火炸药工业的污染物及其危害

2.1 概述

　　火炸药工业是工业生产中重要的污染源之一。火炸药生产过程中会产生气、液、固等形态的污染排放物，若不对这些污染物进行适当处理，势必造成严重后果。早在第一次世界大战期间，TNT 生产和装药工人中，中毒的工人达到 2.4 万人，其中 580 人死亡，其中：英国弹药厂工人中有 384 人梯恩梯中毒，90 人死亡；德国有 1000 人梯恩梯中毒，20 人发展为肝萎缩。1965 年，美国弹药厂为应对越南战争满负荷生产，当时年产量约 15 万 t 梯恩梯的渥伦堤尔陆军弹药厂产生了严重的环境污染，使所在地区成了美国第三个严重污染地区，遭到民众的强烈反对，被迫停产。我国梯恩梯生产环境污染也很严重，有的工厂周围硝烟成龙，酸雾如云，红水曾毒死了附近河流中的鱼虾，污染了几十千米范围的水源，毒害了树木和农田作物等，影响了工农业生产。

　　1973 年我国召开了第一次全国环境保护会议，提出了"全面规划、合理布局、综合利用、化害为利、依靠群众、大家动手、保护环境、造福人民"的总体方针。国务院环境保护办公室把原兵器工业部列为污染防治的重点部门，而原兵器工业部又把火炸药工业的污染防治列为重点。自此，兵器工业的环境保护工作逐渐开展起来。近 20 多年来，环境保护已逐步由治理向预防过渡。随着污染防治工作的进展，火炸药工业的污染已基本得到控制，环境状况不断得到改善。然而，污染情况并未得到全部控制，部分企业污染仍很严重，环保治理措施无法满足治理需要。目前火炸药工业历史遗留的环保问题难以得到根本解决，虽然废水污染已得到基本控制，但废气、废酸、固废，尤其是土壤污染一直未能得到根治。"十二五"以来，节能减排已上升为国家战略需求，兵器工业提出了工业万元产值用水量每年削减 3% 的目标。因此，火炸药工业的污染防治工作是一项急迫而长远的重要工作。

2.2 典型火炸药生产过程中的污染物

2.2.1 梯恩梯生产中产生的污染物及其特征

1. 梯恩梯简介及其危害

梯恩梯由 J·威尔勃兰德发明，是三硝基甲苯的简称，代号 TNT，学名 2,4,6-三硝基甲苯或 α-三硝基甲苯，结构式如下：

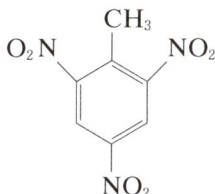

$$\begin{array}{c} CH_3 \\ O_2N \overset{}{\bigcirc} NO_2 \\ NO_2 \end{array}$$

TNT 呈黄色粉末或鱼鳞片状，难溶于水，熔点较低，理化性能较稳定。由于爆炸威力大，爆炸性能良好，生产成本低廉，常用来做副起爆药。爆炸后呈负氧状态，产生有毒气体。目前 TNT 已成为最常用的一种单体炸药，TNT 也有明显的缺点，由于其毒性效应，在生产和使用过程中有职业中毒的危害，在生产、装药以及 TNT 混合炸药的生产与使用中对环境污染比较严重。TNT 对生物体的毒害作用主要有以下几个方面：

（1）对人体的毒性和致死性。人体对 TNT 毒性的敏感性因人而异，总体来说，女性要比男性更为敏感，儿童比成人敏感，白种人比黑种人敏感。TNT 可直接作用于肝细胞，使肝细胞坏死，脂肪变性，肝毛细血管退化和阻塞，形成中毒性肝炎。此外，TNT 可使人体血液中的红细胞数减少，血红蛋白含量降低，红细胞载氧能力减弱，血小板数减少，大单核白细胞数增多，致使骨髓增殖，抑制造血组织，破坏造血机能，引起再生障碍性贫血。近年来的研究发现，TNT 亦可对人体的眼睛、心脏、皮肤、肾脏等器官产生不同的毒害作用。

TNT 中毒的症状有轻重之分：

①轻微中毒症状。一般表现为鼻不适、打喷嚏、鼻出血、卡他性鼻炎、喉头发干和干呕等；皮炎、红斑，可能发生脱屑和剥脱性皮炎；胃炎、恶心、呕吐、食欲不振、便秘、上腹痛。

②较重中毒症状。一般表现为紫绀，首先出现在唇、舌、耳、指尖和黏膜；严重贫血，严重的肝损害，甚至造成死亡。人体对 TNT 的临床上反应可分为下列四种类型：

a. 中毒性胃炎：患者纳差，上腹部剧痛，恶心、呕吐及便秘，胃镜发现单纯性胃炎。

b. 中毒性肝炎：接触量多者多在 3 个月以上发生肝肿大伴压痛，肝功能异常。如发生黄疸，预后不佳，脱离接触，好转较快。

c. 贫血：为低色素性贫血，可伴网状细胞增多、尿胆原和尿胆红素阳性、赫恩兹小体阳性、红细胞增加等，严重者可发展至再生障碍性贫血，表现为进行性贫血，全血细胞减少以及骨髓增生不良。

d. 中毒性白内障：发生率最高，发病一般与工龄成正比。个别人接触高浓度 TNT 不足一年亦可发病。初起时晶状体周边部环形暗影，随病情发展可出现中央部环形或圆盘状混浊。由于白内障呈环状分布，故对中央视力影响不大。

(2) 对哺乳动物的毒性。由于 TNT 在各种动物体内的代谢不同，而且各种动物对 TNT 毒性的敏感程度也不同，因而相互之间的中毒情况亦存在差异。

①急性中毒。小鼠经口 LD_{50}：雄鼠为 $1014 \pm 52mg/kg$，雌鼠为 $1009 \pm 54mg/kg$。大鼠经口 LD_{50}：雄鼠为 $1010 \pm 41mg/kg$，雌鼠为 $830 \pm 32mg/kg$。

②慢性中毒。将 TNT 混入高蛋白、高碳水化合物和高脂肪的饲料中，剂量为 $0.15g/(kg \cdot d)$。2 周内出现虚弱、贫血和肝脏损害，骨髓的成红细胞增生，脾脏的铁质沉着，在 4～6 周内死亡。

(3) 对水生生物的毒性

①对鱼类的毒性。鱼类是水生生物中对 TNT 最敏感的。其中毒症状是：鱼在水面上喘气，失去平衡，鱼鳃迅速扩张和收缩，胸鳍振动次数增加，昏睡，以致死亡。致死浓度为 1.5～2mg/L。

②对藻类的生物毒性。藻类对 TNT 的敏感性不如鱼类，不同藻类的敏感程度也不相同。几种水体中常见藻类对 TNT 的敏感性见表 2-1。

表 2-1　各种藻类在不同 TNT 浓度下的中毒情况

藻类名称	TNT 浓度/(mg/L)	中毒情况
铜绿微泡藻	8	100% 死亡
莱茵衣藻	0.32	抑制细胞繁殖
	3	毒害严重
月牙藻	<1	不抑制生长
	8	抑制细胞繁殖
四尾栅藻	1.6	抑制细胞繁殖阈值
微浮萍	<1	不影响生长

③对细菌的毒性。TNT 对某些细菌也有毒，但也能被某些细菌降解，是一种有效的抗菌剂和杀菌剂。有人发现，水中的 TNT 浓度为 1.17mg/L 时，会阻止生化需氧量（BOD）的下降；浓度为 2mg/L 时，会阻碍水中的有机物对氧的利用；浓度为 30～40mg/L 时，会降低活性污泥净化污水的速度。

2. 生产工艺简介和产生的污染物特征

工业上常采用硝硫混酸硝化甲苯制造 TNT。粗制 TNT 中含有多种杂质，大多采用亚硫酸钠法进行精制，然后进行干燥、制片或制成颗粒或制成块状。制造工艺流程见图 2-1。

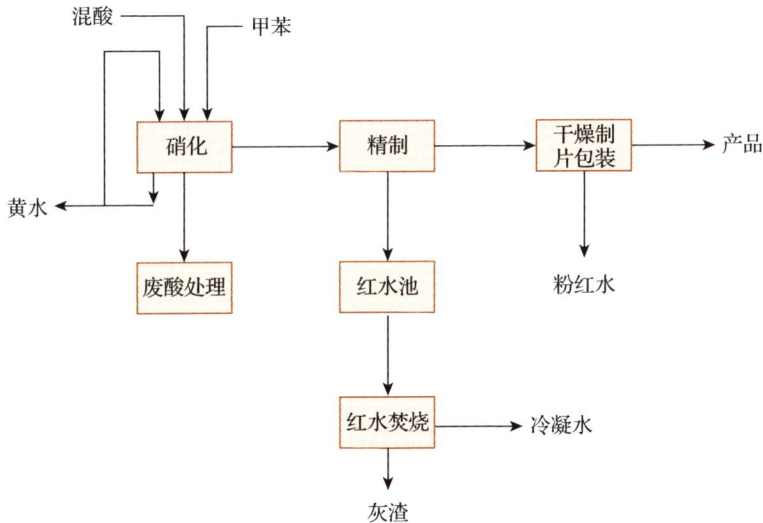

图 2-1 TNT 制造工艺流程

制造工艺有间断和连续两种流程。由于连续工艺具有参数稳定、生产效率较高、产品得率高、环境污染较少、容易实现控制和自动化等优点，间断工艺不断被连续工艺所取代。但到目前为止，在国际上仍是两种工艺并存。相比其他单质炸药，TNT 生产过程中产生的污染物较多，造成的环境污染也最为严重。为揭示 TNT 生产过程中产生的环境污染状况，现按主要工艺分别加以叙述。

1）硝化

国际上通用的连续硝化工艺是加拿大工业有限公司发明的工艺，简称 CIL 工艺。具体工艺流程见图 2-2。

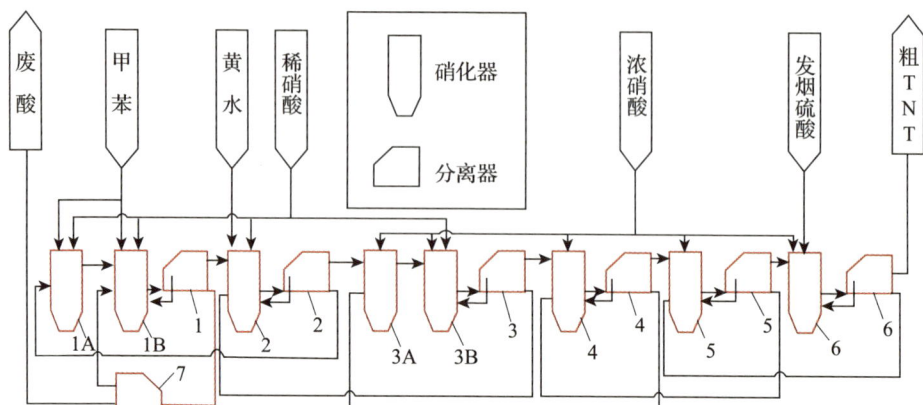

图 2-2　CIL 工艺流程

1~6—硝化器；7—分离器。

A、B—工序并列的两个硝化器。

该工艺采用发烟硫酸作脱水剂，采用浓硝酸作硝化剂。设有 8 个立罐式硝化器和 7 个静态分离器，采用计量泵加料，甲苯加入硝化器 1B 中，发烟硫酸加入硝化器 6 中，浓硝酸根据需要加入几个硝化器中，逐渐将甲苯硝化成 TNT。从总体看，硝化物和酸呈逆流，但在硝化器 1 和硝化器 3 中也有并流。这种工艺粗制得率可达到 89.2%，二硝基甲苯含量约为 0.17%。废酸中溶解 0.3% 硝化物，其中 19.7% 为二硝基甲苯。

硝化过程产生的污染物主要有：

（1）废气。从硝化器排烟管排出的废气，其中含有一氧化氮、二氧化氮、一氧化碳、二氧化碳和四硝基甲烷等。一般排入硝烟吸收系统，用水吸收成稀硝酸，尾气通过洗涤器，然后排入大气中。

（2）废水。黄水，冲洗地面和设备的废水。

（3）事故废气和废水。硝化不正常时，全部物料放入安全水槽，造成大量废水，同时排放大量气体污染物。

2）精制

粗制 TNT 中含酸，并含有多种杂质，这些杂质和酸必须除去，才能符合军用要求，因而必须精制。目前精制方法大多数采用亚硫酸钠法。精制工艺流程见图 2-3。

精制过程产生的污染物主要有：

（1）废气。从亚硫酸钠洗涤器、分离器、后洗涤器和泵槽排放出来的废气，主要含水蒸气和四硝基甲烷等，通过水喷淋洗涤后排入大气。喷淋洗涤器流出的废水流入收集槽，可回收利用。

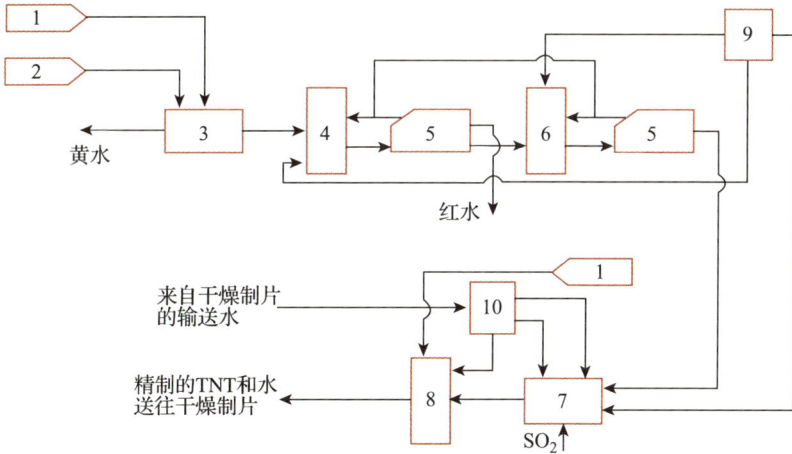

图 2 - 3　TNT 精制工艺流程

1—工艺水槽；2—粗 TNT 槽；3—除酸洗涤器；4—亚硫酸钠洗涤器 1；
5—分离器；6—亚硫酸钠洗涤器 2；7—亚硫酸钠后洗涤器；8—TNT 泵槽；
9—亚硫酸钠混合槽；10—贮槽。

（2）黄水。黄色，呈酸性，废水量和废水中硝化物的浓度随工艺条件而变。黄水中含有多种有机物，除 TNT 和 DNT 外，有三硝基苯甲酸、二硝基甲酚、三硝基苯、二硝基酚和四硝基甲烷等，还有一些未知物。

（3）红水。TNT 红水的颜色根据废水中所含盐的种类和浓度的不同而从粉红至深红变化。红水溶解的有机物浓度高，毒性大，处理困难。此外，红水中的污染物绝大部分含硝基，难以生物降解或不可生物降解，极易污染水体和土壤，对人和动物的机体有较大的毒害。

（4）废药。碱性废水沉淀池中沉积下来的废药是碱性的，可返回精制系统，制成军用 TNT。

3）干燥、制片和包装

经过精制的 TNT，还含有水分，必须干燥使水分降至 0.1% 以下。用热水喷射泵将 TNT 从精制工房送到干燥工房的分离器中，分离出来的 TNT 送入干燥器中。

这部分产生的污染物主要有：

（1）废气。干燥器、制片机、分离器内排出的蒸气带有少量硝化物，通过排气管排入大气，硝化物浓度未见测定值；但在排气管的内壁附着较多的 TNT 晶体，需定期处理。

（2）粉尘。制片和包装过程中逸散出的 TNT 粉尘，采用排风除尘，一般控制在 $1mg/m^3$ 以下。即使在这样低的浓度下，长期操作的工人仍可能发生职业中毒。

（3）废水。干燥器等排出的含 TNT 的蒸气和室内排风管排出的带 TNT 粉尘的空气，一般采用湿法洗涤，TNT 粉尘进入水中，形成废水。此外，还有设备和地面的冲洗废水，这些废水主要含 TNT，呈中性，开始是浅黄色，受阳光照射后变成粉红色，又称作中性废水，俗称粉红水。

综上可知，TNT 生产中产生的废气、废水和废药含有多种污染物，这些污染物在环境中的转化非常复杂。废气和废水中含有较多的 DNT 和 TNT，它们的毒性与危害都比较大，尤其是 TNT 红水的治理，已成为世界性难题，国内外均无有效的治理技术。

2.2.2　黑索今生产中产生的污染物及其特征

1. 黑索今简介

黑索今学名为 1,3,5-三硝基-1,3,5-三氮杂环己烷或 1,3,5-三硝基六氢化均三嗪，也称环三亚甲基三硝氨，代号 RDX，它的结构式如下：

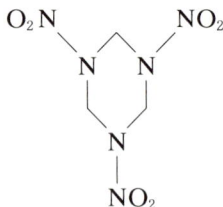

黑索今是无色结晶，不溶于水，微溶于乙醚和乙醇。化学性质比较稳定，遇明火、高温、震动、撞击、摩擦能引起燃烧爆炸。黑索今作为爆炸力极强大的烈性炸药，具有作用功能大、爆速高、安定性好、机械感度低等特点。目前黑索今已被广泛用于制造军用和民用混合炸药，也用于雷管的第二装药，在单质炸药中，消耗量仅次于 TNT，爆炸当量相当于 TNT 的 1.5 倍。黑索今在自然环境中属于有毒物质，对人的神经系统有害，吸入或误食黑索今会导致中毒，严重时可导致死亡，同时其对水生生物及植物都有不同程度的损害。黑索今对生物体的毒害作用主要有以下几个方面：

（1）对人体的毒性和致死性。人体吸入黑索今后，在最初的几小时潜伏期内会发生烦躁和应激性亢进，头痛、无力、头晕、恶心、呕吐、抽搐、昏厥、肌肉抽搐和疼痛、呆滞、定向障碍和精神错乱，然后逐渐恢复，恢复的初期阶段有遗忘症。黑索今中毒的临床症状为体温增高、脉搏加快、血尿、蛋白尿、氮血症。有时可发生轻度贫血，嗜中性白细胞增多，血清谷草转氨酶增高和脑电图失常，未发现肝功能失常。

（2）对哺乳动物的毒性。国外资料给出的鼠类对黑索今的经口 LD_{50} 为：小鼠 500mg/kg，大鼠 200mg/kg，猫低于 100mg/kg。施耐德用标记的 C_{14} 黑索今喂鼠，用胃饲器给药的剂量为 20mg/(kg·d)，饮水给药的剂量为 5～8mg/(kg·d)，给药时间 13 周。整个喂养期间无明显的中毒症状。在不同时间将鼠杀死，解剖结果表明各脏器正常，未发现脏器（心、肝、脑、肾、结肠）和脂肪中含有黑索今积累。在 90 天的饮水给药期间，在 1 周、4 周、8 周和 13 周未累积回收的 C_{14} 占给药中 C_{14} 的 54%～89%，大部分黑索今被代谢了，给药中的 C_{14} 约有 1/3 以二氧化碳排出，约有 1/3 从尿排出，其中只有 3%～5% 的 C_{14} 是原来的化合物，其余是未经确定的代谢物。随着给药期的延长，动物尸体的放射性增加，这可能是代谢产生的一碳化合物被同化的结果。因此，施耐德认为，摄入的极限量为 0.1mg/(kg·d)，饮水中的极限浓度为 2～3mg/L。

（3）对水生生物的毒性。有研究表明，黑索今对四种淡水藻具有毒性，它们是舟状薄膜藻、新月藻、铜绿微泡藻和大花项圈藻，用叶绿素 a 和细胞数这两个指标来确定它们对黑索今的反应。新月藻最为敏感，黑索今浓度为 0.32mg/L 时，即可使平均细胞数显著降低。在 4 种藻类中，只有新月藻在含黑索今 0.32mg/L 的水中生存 96h 后，叶绿素 a 降低了 3%。此外，Bentley 等人在流水和静水中研究了黑索今对 4 种无脊椎动物的影响，它们分别是大型溞、摇蚊科幼虫、二栉水虱和斑块钩虾，确立了 48h EC_{50} 为：流水中浓度大于 100mg/L，静水中浓度大于 15mg/L，但大型溞在含黑索今浓度为 9.4mg/L 和 4.8mg/L 的水中暴露 14 天内，每个雌性动物单性生殖产生的第二代动物显著减少了。

2. 生产工艺简介和产生的污染物及其特征

世界各国生产黑索今的方法主要是乙酐法和直接硝解法。这两种工艺在发达国家已达到生产现代化和封闭循环水平。我国黑索今生产主要采用直接硝解法，但该技术目前的生产状况存在许多问题，比如生产成本高、生产能力不够，严重阻碍了黑索今在我国爆破领域的应用。以下将对直接硝解法进行重点介绍。

直接硝解法的主要原料是六亚甲基四胺（俗称乌洛托品）和浓硝酸，但投入的乌托洛品只有 80% 左右参加反应，其余的 20% 被氧化分解掉。工艺流程如图 2-4 所示。

为揭示黑索今生产过程中产生的环境污染状况，现按主要工艺流程分别加以叙述：

1）乌洛托品的准备。包括粉碎、过筛和干燥。一般用热风干燥，尾气经带式过滤器过滤和水洗后放空。这部分产生的污染物主要是：①排风和尾气的洗涤水，含有乌洛托品；②冲洗工房的废水，含有乌洛托品。

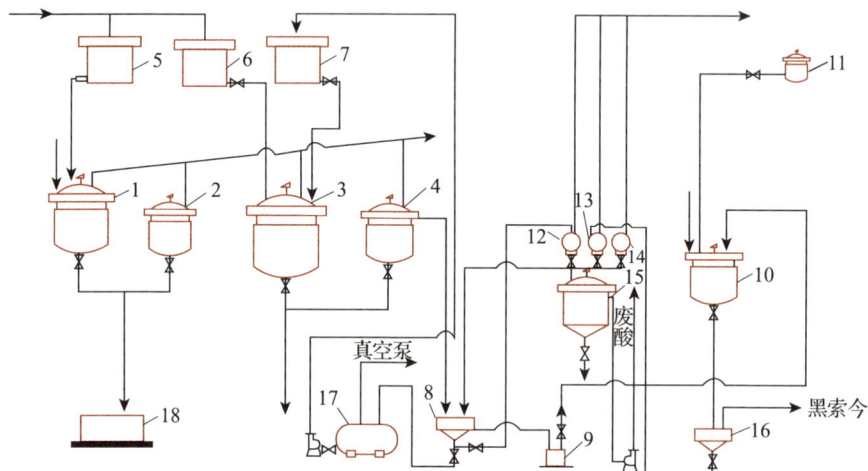

图 2 - 4   直接硝解法的流程

1—硝化机；2—成熟机；3—结晶机；4—冷却机；5, 6—废酸高位槽；7—废水高位槽；
8—酸性过滤器；9—喷射器；10—煮洗机；11—熔合机；12—废酸接收槽；13—废水接收槽；
14—钝化废水接收槽；15—废酸沉淀槽；16—中性过滤器；17—酸水接收槽；18—安全槽。

2）硝化。将乌洛托品和浓硝酸按 1:11 的质量比连续加入硝化机中，反应液连续依次流入成熟机和结晶机中。往结晶机中加入一定比例的洗涤黑索今的酸水，将硝酸浓度降低至 48%～55%，使黑索今结晶出来，并将副产物氧化掉，最后经冷却机冷却后流入酸性过滤器。氧化时产生的大量硝烟送往吸收工房回收成稀硝酸，再与废酸一起浓缩成浓硝酸，供硝化使用。

3）驱酸与煮洗。用抽滤法使黑索今与废酸分离，滤饼依次用煮洗废水和清水冲洗，然后在煮洗机内用热水洗涤，除去残酸。若制钝化产品，再用钝化剂进行钝化，最后在中性过滤器内使废水与黑索今分开。本工房的废水有以下几种：①冲洗设备和地面的废水；②水环真空泵的排水；③多余的洗涤水。根据分析，废水中的硝化物除黑索今外，尚有少量的奥克托今、3,5-二硝基-3,5-二氮杂-1-氧杂环己烷（俗称氧化黑索今）和一种未知物。

4）干燥、筛选和包装。煮洗后的黑索今在真空干燥器内干燥，钝化黑索今在热风干燥器内干燥，钝化产品还要经过筛选。最后进行包装。

这部分排放的污染物如下：

①干燥工房排出的废水主要是冷凝水、工房和设备的冲洗水以及排风洗涤

水。这部分废水量与管理有很大的关系。

②筛选、包装工房的废水是冲洗水和排风洗涤水，水量较少。

综上所述，直接硝解法制造黑索今排出的废水中含有乌洛托品、黑索今、奥克托今、氧化黑索今、硝酸和一些未知物。排出的废气中含有硝酸、氮氧化物、一氧化碳、二氧化碳、氮、乌洛托品和黑索今。此外，废酸沉淀塔和酸性、中性废水槽需要定期排出沉淀出来的黑索今，其量取决于滤布的质量及其完好的程度。硝化、干燥、筛选工房的废水沉淀池也可清理出一些黑索今。

2.2.3 奥克托今生产中产生的污染物及其特征

1. 奥克托今简介

奥克托今（octagon）学名为 1,3,5,7-四硝基八氢化均四嗪或 1,3,5,7-四硝基-1,3,5,7-四氮杂环辛烷，也称环四亚甲基四硝胺，代号 HMX，其结构式如下：

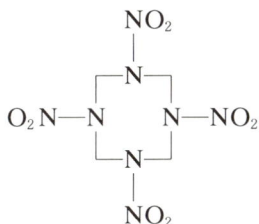

奥克托今可以看作黑索今的同系物，常温下为白色粒状晶体，纯品熔点为 278℃，工业产品的熔点应不低于 273℃，密度 1.96g/cm³。黑索今有 α、β、γ、δ 四种晶型，但实际应用的均为常温稳定的 β 型。同黑索今相比，奥克托今具有不吸湿、爆速快、热稳定性和化学稳定性高等特点，是目前单质猛性炸药中爆炸性能最好的一种。然而，奥克托今机械感度比黑索今高，熔点高，且生产成本昂贵，难以单独使用。目前仅用于少数导弹战斗部装药、反坦克装药、火箭推进剂的添加剂和作为引爆核武器的爆破药柱等。奥克托今对生物体的毒害作用主要有以下几个方面：

（1）对人体的毒性和致死性。目前关于奥克托今对人体的毒性报道不多，可能是由于奥克托今对人体的毒性较小。只有一篇文献报道了这方面的情况，其目的是研究工人在含 1.5mg/L 黑索今的空气中工作对健康的影响，这种空气中可能含有奥克托今和 1-乙酰基-3,5,5-三硝基-1,3,5,7-四氮杂环辛烷，但未测定它们的含量，结果表明，这些工人在血液、肝脏或肾脏方面未见异常，未发生免疫疾病。

（2）对哺乳动物的毒性。大鼠静脉注射奥克托今的 LD_{50} 为 28.9mg/L。将奥克托今溶于二甲砜中，静脉注入豚鼠体内，LD_{50} 为 28.2mg/kg，经 5min 后死亡。用奥克托今的二甲砜溶液对狗做静脉注射，剂量 40mg/kg 时，被试动物全部死亡，注入后发生严重的心血管衰弱，并伴有脉压窄、心博徐缓和呼吸改变，脑电图上出现高电压低频率放电。当剂量为 20mg/kg 时，注入 15min 后，即发生呕吐，然后安静 2h，在此期间对振动和光刺激的反应过度敏感，但外表和眼睑角膜反射仍正常，5h 后变得非常活跃和痉挛发作，5 天后死亡。根据上述的奥克托今药理活性，人们认为它的作用与亚硝酸类似，不同的是奥克托今在动物体内不形成咖啡色的血液（这是高铁血红蛋白的标志）。静脉注射奥克托今最初产生循环系统衰弱，根据所用的剂量，中毒动物可能立即死亡，若受试动物从循环系统衰弱中恢复过来，随之而来的是中枢神经紊乱，几天后才能恢复正常。

（3）对水生生物的毒性。奥克托今对水生生物的毒性，沙利文用四种水藻（铜绿微泡藻、新月藻、舟状薄膜藻和大花项圈藻）、四种无脊椎动物（大型溞、二栉水虱、斑块钩虾和摇蚊科幼虫）和四种鱼（兰鳃鱼、鲇鱼、黑头软口鲦和红鳟鱼）进行试验，还研究了黑头软口鲦和卵对奥克托今的敏感性，水中奥克托今的名义浓度为 3.2～32mg/L，水温 15～25℃，pH 值为 6～8，水的硬度（以碳酸钙计）35～250mg/L。对于水藻的试验，用细胞密度和叶绿素 a 的含量作为判别标准，他们发现，当水中的奥克托今浓度不超过 32mg/kg 时，对水藻的生长有利，可使单位体积内的细胞数和叶绿素 a 含量增加。沙利文进一步确定，当水中奥克托今的浓度为 10mg/kg 时，除了铜绿微泡藻外，其他三种水藻的生长都加快了。上述四种无脊椎动物对奥克托今的 EC_{50} 浓度均大于 32mg/L。

2. 生产工艺简介和产生的污染物及其特征

工业上普遍采用乙酐法生产奥克托今，同时适当改变料比和工艺条件，也可生产黑索今或奥克托今与黑索今的混合物。该工艺的主要原料为乌洛托品、硝酸、硝酸铵、乙酸、乙酐和溶剂。主要的生产工艺流程图见图 2-5。

为揭示奥克托今生产过程中产生的环境污染状况，现按主要工艺流程分别加以叙述：

1）溶液配制

将乌洛托品破碎和干燥，并溶解在冰乙酸中，制成乌洛托品的乙酸溶液，过滤后送入贮槽备用。硝酸铵经粉碎和干燥后，溶于浓硝酸中，配成硝酸铵的硝酸溶液，过滤后送入贮槽备用。本部分产生的废料主要有：

（1）废气：各贮槽及溶解槽排出的放空气体，主要的有害物是乙酸蒸气和硝酸蒸气。

硝酸铵 → 溶液配制

硝酸 → 溶液配制

乙酐制造 ← 乙酸回收

乌洛托品 → 溶液配制

乙酸 → 溶液配制

溶液配制 → 硝化 ← 乙酐制造

硝化 → 乙酸回收

硝化 → 过滤、洗涤 → 重结晶 → 干燥

溶剂 → 干燥 → 包装 → 成品

溶剂 → 溶剂回收 → 溶剂

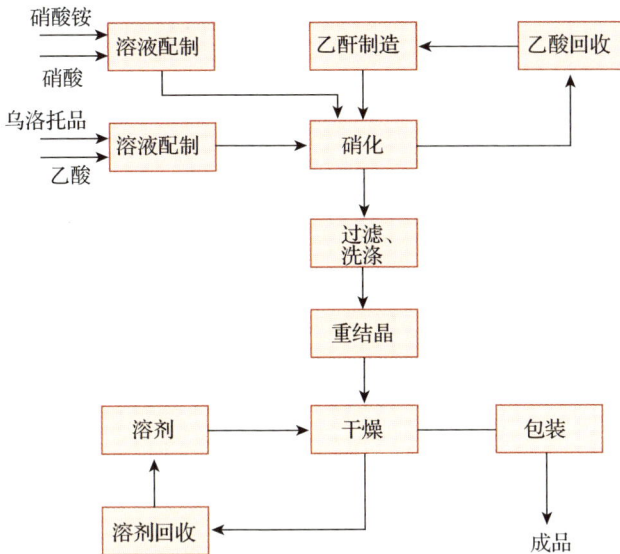

图 2 - 5　乙酐法生产奥克托今的主要工艺流程图

（2）废水。冲洗设备及地面的废水，主要的有害物是乌洛托品、硝酸铵、硝酸和乙酸。有毒物的排放量不与产量成正比，它除了与产量有关外，还与管理有很大关系。

2）硝化

乙酐法制造黑索今或奥克托今的硝化过程大体相同，先将几种反应物连续加入硝化机中，硝化机流出的物料进入成熟机，成熟机流出的物料进入热解机，往热解机中加入一定量的酸水，将混合物中的乙酸稀释至规定的浓度，在108℃进行热解，最后将混合物冷却至50℃，进行过滤和洗涤。第一次洗涤水中约含10%乙酸和2%～3%硝酸，作为热解机的稀释水。洗涤后的产品用溶剂溶解，将溶液卸入结晶机中，蒸去溶剂，产品就结晶出来，回收的溶剂经补充和调整后可重复使用。

本部分产生的污染物主要有：

（1）废气：含酸或溶剂蒸气的排空废气。

（2）废水：主要有两大部分废水排出，一部分是抽空设备（水环真空泵或蒸气喷射泵）的排水，另一部分是含硝化物和酸或溶剂的冲洗水和洗涤水。

（3）固体污染物：主要是重结晶排出的废药。

3）废酸处理

乙酐法生产黑索今或奥克托今的废酸中，主要含稀乙酸、0.5%～3.0%硝

酸，以及少量的硝基化合物。将它先做初步处理，分离成浓度约60%的稀乙酸、氨和残渣三部分。稀乙酸在浓缩工房浓缩成冰乙酸，然后加工成乙酐，循环用于生产，氨和残渣作为废料出售。

（1）废酸的初步处理工艺。

废酸处理具体过程为：先将含水36%、乙酸56%，还有硝酸铵、甲醛、硝酸和炸药的废酸，在粗处理槽中用质量浓度50%的氢氧化钠水溶液中和其中的硝酸，使它转变为硝酸钠和水，然后在第一蒸发器中蒸发，约有80%的乙酸蒸发出来，冷凝成60%的乙酸，其余的20%乙酸和固体物从蒸发器底部流出，称为一次淤浆，进入结晶机中，用水稀释至乙酸含量30%～35%，并加热至100℃，再冷却至30℃，在旋液分离器中分出的固体物送回炸药生产线的过滤岗位，并入产品中一起处理掉，滤液送入第二蒸发器中，再一次将它分离成乙酸和淤浆两部分；在汽提塔中除去浆料中残存的乙酸；上述回收的乙酸都送到浓缩岗位浓缩成冰乙酸；由汽提塔底流出的二次淤浆进入一个间断反应器中，用50%的氢氧化钠处理，残存的硝铵水解成氨、甲醛和硝酸钠，残存的乙酸被中和成乙酸钠。蒸出的氨、甲醛、氮气和水蒸气在氨洗涤塔中冷凝下来，成为氨水（含氮量12%～15%），再经汽提塔将它浓缩成无水氨，这种无水氨中含有甲胺、二甲胺、三甲胺等杂质，这些杂质占总氮量的2%～4%，可作为废料出售；反应器中流出的是硝酸钠水溶液，可从其中回收硝酸钠。废酸的初步处理具体流程见图2-6。

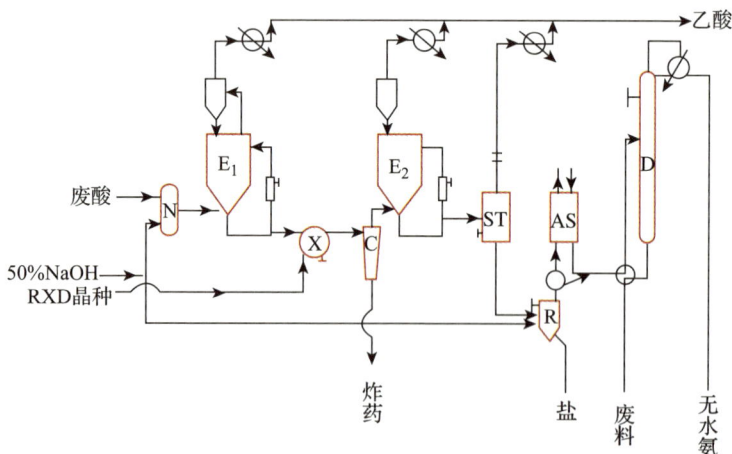

图2-6　废酸初步处理的具体流程

N—粗处理槽；E₁—第一蒸发器；E₂—第二蒸发器；X—结晶机；C—旋液分离器；
ST—汽提塔；R—间断反应器；AS—氨洗涤塔；D—汽提塔。

本部分操作排出的主要污染物有：

①废气。来自贮槽、蒸发器和反应器排出的废气，主要含乙酸和氨，其中以粗处理排出的废气中乙酸含量较高。

②废水。废水来源为两部分：一是稀氨汽提塔排出的废液，这种废水中的污染物浓度较高，其中含乌洛托品、氨、甲醛、甲胺、二甲胺、二甲基亚硝胺和铜等；二是真空系统的污染水和冲洗工房的废水，这部分废水含有少量乙酸和硝基化合物。

（2）乙酸浓缩。

用恒沸蒸馏法浓缩乙酸，将 60% 的稀乙酸与乙酸正丙酯一起加入恒沸塔，恒沸塔流出的浓乙酸进入精制塔，塔顶蒸出浓度 99% 以上的冰乙酸，由塔底和再沸器间断排出的淤浆收集在贮槽中，再送入间断蒸发器中，回收其中的乙酸，蒸发器排出的淤浆放入下水系统。

本部分操作排出的污染物有：

①废气。主要来源为两部分：一是贮槽排出的气体，其中含有乙酸和乙酸正丙酯；二是恒沸塔冷凝器排出的混合气体，其中含有乙酸正丙酯、乙酸甲酯、甲酸正丙酯、硝酸甲酯、硝基甲烷以及其他有机物。

②废水。闪蒸塔排出的废水，其中含有乙酸正丙酯和乙酸。

③其他污染物。蒸发器排出的淤浆，其中除含有乙酸外，还有无机残渣，主要是设备腐蚀形成的重金属化合物，如铬、铜、铁和锰的化合物。

（3）乙酐制造。

首先将冰乙酸加热汽化，然后在磷酸乙酯催化下，于 700～740℃ 裂解成乙烯酮和水，裂解率约 80%，还有约 2% 的乙酸裂解成低沸点烃。将裂解后的气体骤冷，使水和未反应的乙酸冷凝成稀乙酸，送回浓缩岗位。用冰乙酸吸收乙烯酮，生成乙酐，不能吸收的气体经大气冷凝器后排空，一部分能溶于水的化合物溶解在大气冷凝器的水中。用两级精馏塔精制粗乙酐。第一个精馏塔中除去乙酸和低沸点杂质，乙酐由塔底流出，进入第二个精馏塔中，除去带色物，塔底流出的精乙酐送入贮槽备用。精馏塔顶出来的气体中含有乙酸、约 15% 的乙酐以及低沸点化合物，冷凝后一部分回流到精馏塔中，一部分送入提馏塔，提馏塔底流出的物料含有较多的乙酐，将它送回精馏塔，塔顶出来的物料送入恒沸塔，回收其中的乙酸。定期排出加热器中积聚的固体物，在蒸发器中蒸发，回收蒸出的气体。剩下的固体在球磨机中于加热条件下进行粉碎，将蒸出的气体冷凝回收，含固体的淤浆定期排入下水系统。

本部分操作排出的污染物有：

①废气。即裂解气吸收系统的废气，主要含一氧化碳、甲烷以及其他烃类。

②废水。主要为大气冷凝器的含酸废水以及冲洗设备及地面的含酸废水。

③其他污染物。球磨机排出的淤浆，其中的固体主要是无机物。

综上可知，乙酐法制造奥克托今排出的废水中含有乌洛托品、硝酸铵、硝酸、乙酸、甲醛、甲胺、二甲胺等，排出的废气中含有乙酸蒸气、硝酸蒸气、一氧化碳、甲烷等，废气呈酸性。

2.2.4　精制棉和硝化棉生产中产生的污染物及其特征

硝化纤维素是制造发射药的主要原料，民用上可用于制造喷漆、软片、塑料等制品。制造硝化纤维素的主要原料是纤维素，后者广泛存在于各种植物纤维之中，如棉花、木材、果壳以及其他植物的茎、皮和杆。其中以棉花的 α-纤维素含量为最高，工业上广泛用棉花纤维作为制造硝化纤维素的原料，故而硝化纤维素简称为硝化棉。精制的木浆纤维也可作为制造硝化纤维素的原料。

1. 精制棉生产工艺简介和产生的污染物及其特征

在成熟的棉纤维中，α-纤维素的含量在 90% 以上，所含的杂质为多缩戊糖、统称为蛋白质的含氮物质、蜡质和脂肪、单宁、木质素和灰分等。α-纤维素为白色物质，密度为 $1.50\sim1.56\mathrm{g/cm^3}$。不溶于水和一般的有机溶剂，但可溶于铜氨溶液、铜-乙二胺溶液以及某些盐类（如氯化锌）的浓溶液中。精制棉结构式如下：

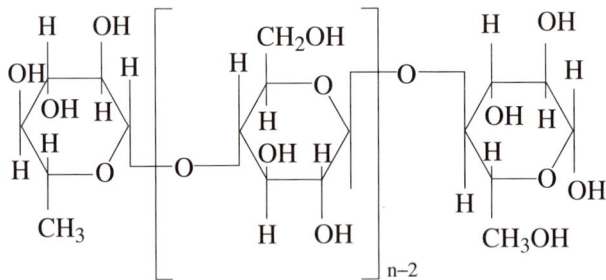

精制棉是均匀疏松，无木屑、竹屑、泥沙、油污、金属物等杂质的白色絮状物。其原料为棉短绒，主要化学成分是 α-纤维素、木质素和半纤维素。精制棉主要是由碳、氢、氧 3 种元素组成，其组成的质量比为碳 44.44%、氢 6.17%、氧 49.39%，密度为 $1.50\sim1.56\mathrm{g/cm^3}$，比热容 $1.30\sim1.40\mathrm{kJ/(kg\cdot ℃)}$，可溶于铜氨溶液中，具有很好的亲水性和良好的吸附性。精制棉的通式为 $(\mathrm{C_6H_{10}O_5})_n$，n 表示纤维素的聚合度。该通式说明了组成纤维素

大分子中重复的基本单元为葡萄糖残基,在纤维素大分子中所含葡萄糖残基的数目称纤维素的聚合度,棉纤维的聚合度一般为10000~15000。

棉短绒中所含的多缩戊糖、蛋白质、蜡质和脂肪、灰分、单宁、木质素等杂质,对于硝化反应和硝化棉的安定性都是有害的,必须除去。精制的方法是用碱液蒸煮硝化棉,使其中的多缩戊糖、脂肪、单宁、木质素、果胶质和蛋白质等水解成溶于碱液的物质。蜡质不溶于碱液,可在碱液中加入乳化剂(如松香皂)而被除去。工业上用如图2-7所示的过程精制硝化棉。

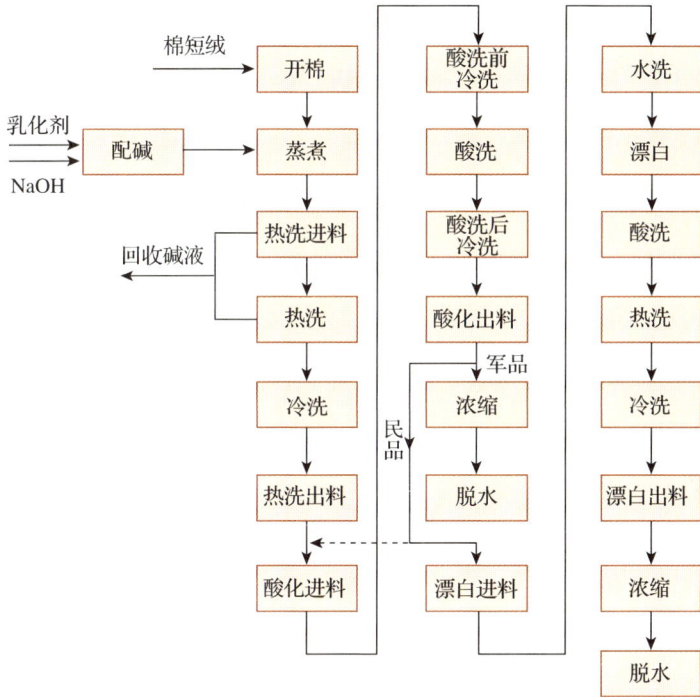

图 2 - 7 硝化棉精制过程

由于单宁等杂质在水解过程中产生带色的物质,回收碱液的颜色很深,俗称为黑液。黑液中污染物的浓度很高,毒性很大。蒸煮后的棉短绒要用大量水洗涤干净,所以消耗水量很大。蒸煮后的棉短绒经上述洗涤过程之后,带有褐色或灰色,故用于制造民用产品的精制棉还要进行漂白,常用的漂白剂为次氯酸钠溶液,可在酸性条件下漂白,也可以在碱性条件下漂白。

精制棉生产因其传统的高温高碱蒸煮和含氯漂白工艺产生的污染情况如下:

(1)废水。废水主要由蒸煮黑液、粗洗漂洗水、精洗漂洗水3股废水构成。产生的碱性蒸煮黑液含有大量的棉短绒等杂质,棉短绒属木质素类物质,可生化性差、成分复杂。黑液有机物浓度大,化学需氧量(COD)可达5×10^4 mg/L

以上，蒸煮黑液中有机物含量占总有机物排放量的 90%，是精制棉生产的主要污染源。漂白液中含有三氯甲烷、氯代酚类化合物、二噁英和呋喃等有毒性、致畸、致突变和难降解的有机化合物。

（2）废气。主要来自锅炉废气，其中 SO_2、粉尘为大气污染主要影响因子。锅炉废气中的酸性成分较高。

综上所述，精制棉生产废水碱性较高，有机污染较为严重，COD 和 BOD（生化需氧量）浓度均较高，如若直接排放，将会对周边水体和农作物产生危害，而锅炉烟气也会对大气环境产生一定影响。

2. 硝化棉生产工艺简介和产生的污染物及其特征

硝化纤维素是纤维素的硝酸酯，代号为 NC，工业上用硝－硫混酸硝化棉纤维或木浆纤维制成。由于纤维素不溶于硝化剂中，酸向纤维素分子内的扩散速度小于酯化速度，故硝化产物不是均匀的。硝化棉纯品为白色或微黄色，呈棉絮状或纤维状，无臭无味，熔点 160～170℃，不溶于水，溶于酯、丙酮。硝化棉的结构复杂，分子式是 $C_6H_7O_2(ONO_2)_a(OH)_{3-an}$，其中 a 为酯化度，n 为聚合度，习惯上用含氮量百分数代表酯化程度。硝化棉具有高度可燃性和爆炸性，其危险程度根据硝化程度而定，含氮量在 12.5% 以上的硝化棉危险性极大，遇火即燃烧。在温度超过 40℃ 时能加速其分解而自燃。含氮量不足 12.5%的硝化棉虽然比较稳定，但受热或储存日久，逐渐分解而放出酸，降低着火点，亦有自燃自爆的可能。

用硝硫混酸硝化棉纤维或木浆纤维可以制得硝化纤维素。由精制棉制造火药用硝化棉的生产过程如图 2-8 所示。

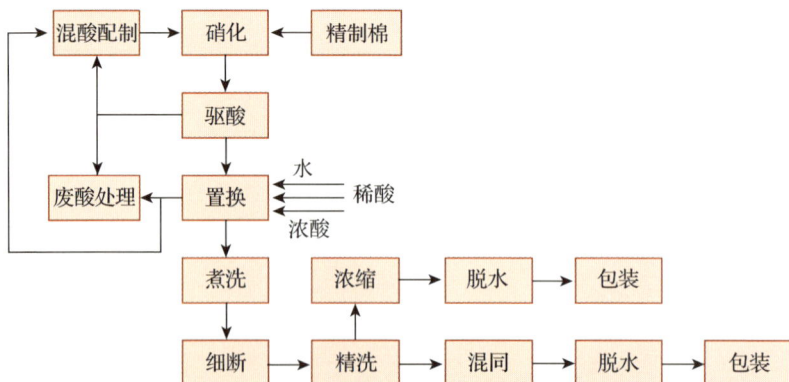

图 2-8　以精制棉为原料制造硝化棉的生产过程

为揭示硝化棉生产过程中产生的环境污染状况，现按主要工艺流程分别加以叙述。

1) 硝化

纤维素的硝化有间断法、半连续法和连续法等工艺，但基本步骤大体相同。图 2-9 为连续硝化流程。将干燥的纤维素与混酸连续加入硝化机中，硝化系统流出的物料进入连续离心分离机，离心机内分成几个区域，物料逐渐由一个区转移到另一个区，第一区首先除去大部分废酸，以后各区用浓度逐步降低的酸进行置换，最后用水洗涤，从离心机出来的硝化棉进入安定处理系统。

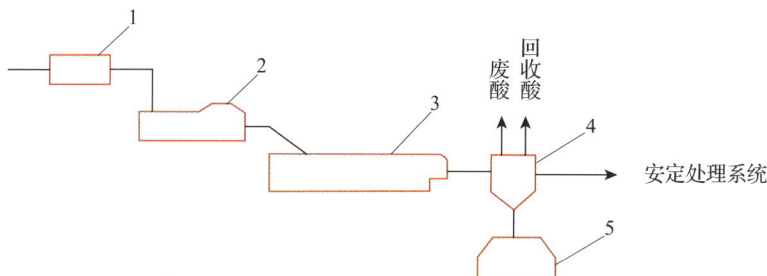

图 2-9 连续法制造硝化棉的流程

1—干燥器；2—纤维素的给料和称量；3—连续硝化机；4—洗涤离心机；5—电机。

硝化工房无工艺废水，夏季硝化时需用冷却水，其他季节无须冷却水。

2) 安定处理

纤维素经混酸硝化以后，除了产生硝化纤维外，还生成纤维素的硫酸酯和硝酸硫酸混合酯，杂质的硝酸酯（如木质素、多缩戊糖的硝酸酯），纤维素及其杂质的水解和氧化产物的硝酸酯（如水解纤维素、氧化纤维素、糊精等的硝酸酯），此外还有夹带的游离酸。这些杂质都会降低硝化纤维素的安定性，必须设法除去。安定处理包括酸煮洗、碱煮洗、细断和精洗，具体工艺条件与产品的硝化度和原料的品种、质量等有关。安定处理时硝化纤维素在酸性和碱性的水中长时间的加热，细断时还受到机械作用。

安定处理的污染情况如下：

（1）废水。主要来自煮洗废水，包括酸性煮洗废水和碱性煮洗废水。酸性废水的特征是酸度高，硫酸根和硝酸根含量高，COD 高；碱性煮洗、漂洗、混同、脱水的废水特征是固体含量高，其中含有大量悬浮硝化纤维素细颗粒，造成产品大量流失。如将这种废水排放，对于环境和安全都是很不利的。另一部分可溶的固体是硝化纤维素的水解和降解产物。

煮洗废水对环境的危害最大，占整个硝化棉生产过程废水的 85% 以上。并且在化学和物理因素的作用下，硝化纤维素分子发生部分降解和脱销，再加上杂质的水解，故煮洗废水中含有多种有机物和无机化合物，如草酸、苹果酸、甲酸、乙醇酸、丁酸、丙二酸、酒石酸、三羟基戊二酸、二羟基丁酸、羟基丙酮酸、糖质酸、羟基丙二酸、氰化物、硝酸盐和亚硝酸盐等，其中氰化物是一种剧毒物。

根据资料记载，各种洗涤水中氰化物的含量列于表 2-2 中。

表 2-2　硝化棉废水中氰化物的含量

废水名称	酸煮水	酸煮后冷水洗	碱煮水	碱煮后冷水洗
氰化物/(mg/L)	1.58～3.62	0.55～1.26	3.63～4.06	0.68～1.96

（2）废气。安定处理过程还会排放出一氧化碳、二氧化碳、氧化亚氮、一氧化氮和二氧化氮等废气。

综上所述，硝化棉生产过程的废水主要来自安定处理，但其中某些工段产生的废水中污染物浓度并不高。

3. 硝化纤维素的毒性与危害

（1）对人和哺乳动物的毒性。埃利斯等在 1975—1978 年间曾对狗、大鼠和小鼠做了随食物摄入 10% 硝化棉的效应研究，结果表明哺乳动物的消化道不吸收纤维素三硝酸酯。由此可以推断，这种化合物对哺乳动物可能是无毒的。

（2）对水生生物的毒性。本特利等试验了硝化纤维素对藻类和鱼类的急性毒性以及对无脊椎动物的急性和慢性毒性。研究结果表明，新月藻最为敏感，当硝化纤维素的浓度为 114mg/L 时，生长就减缓，这可能是因为随着硝化纤维素浓度的增大，水的浊度增大，光照收到了影响。而新月藻对光最为敏感，它的生长需要较强的光照。硝化纤维素可从溶液中牢固地吸附、浓缩脱氧核糖核酸和各种核糖酸分子，并在各种条件下吸附蛋白质和多肽，硝化纤维素可牢固地吸附非螺旋状的或分子量大于 $1×10^5$ 的蛋白质。变形蛋白质也可牢固地被吸附，特别是在酸性条件下。硝化纤维素对生物大分子的吸附性导致了水生的病毒和预防用的菌苗类病毒也可被硝化纤维素吸收，因而富集在含硝化纤维素的沉积物中。

（3）代谢和转化。如上所述，高氮量的硝化纤维素不能被哺乳动物的消化道吸收，故在动物体内不发生代谢作用。纤维素的三硝酸酯和三乙酸酯不能被微生物或酶分解，它们一旦进入环境就非常稳定，可以长时间地存留下去。排入河流中的硝化纤维素颗粒，可以沉积在河底。例如，美国某兵工厂排放硝化纤维素废水的附近的水域，河流沉积物中硝化纤维素的含量为 17.8～296mg/kg（水），因而影响了大型底栖生物和鱼的种群。但是不能将这种影响完全归结于硝化纤维素，因为排出的废水中还有高浓度的硫酸根、硝酸根和其他有机物。

有机物和硝化不完全的纤维素颗粒的降解，会造成局部缺氧的条件。

2.2.5　硝化甘油生产中产生的污染物及其特征

1. 硝化甘油简介

硝化甘油学名为丙三醇三硝酸酯，代号 NG，是甘油与硝酸发生酯化反应的产物，它是一种应用相当广泛的爆炸物，其感度、威力都较一般爆炸物大。结构式如下：

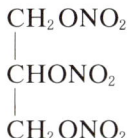

$$\begin{array}{c} CH_2ONO_2 \\ | \\ CHONO_2 \\ | \\ CH_2ONO_2 \end{array}$$

硝化甘油纯品常温下为无色透明油状液体，15℃ 时的密度为 1.600g/mL。工业品为淡黄色至褐色的液体。由于该物质在水中有一定的溶解度（约 1.25g/L），该物质在环境中的转化有相当大部分是在水中进行的，研究该物质在水中的反应具有实际意义。

硝化甘油对生物体的毒害作用主要有以下几个方面：

（1）对人的毒性。长期以来，硝化甘油被用作血管舒张药，特别是用于紧急治疗心绞痛，故对它的毒性和药理作用已进行了充分的研究。药用时的常用剂量为 0.65mg/d，但许多病人长期安全接受的剂量从 0.65mg/d 至该量的 20 倍或甚至更多。曾经有舌下或口服 400mg 硝化甘油而仍然存活的人。人和动物接触或摄入硝化甘油后，立即发生的特征症状是头痛或血压降低，但现有的资料表明，在一百多年的使用过程中，治疗剂量的硝化甘油不会有重大急性中毒的危险。文献曾记载了硝化甘油急性中毒的事例，其中有一些是死亡事例。在死亡事例中，有的是摄入量太多；有的是除了摄入硝化甘油以外，还喝了酒或服用了可待因或吗啡；有的是摄入量不明；也有的可能是在进行了过度体力劳动后摄入了硝化甘油。

（2）对哺乳动物的毒性。硝化甘油对动物的中毒剂量随染毒方法和动物的种类而异。家兔在静脉注射致死剂量的硝化甘油后，立即发生呼吸兴奋，随后是心跳减慢、肌肉颤搐以及间代性和僵硬性的痉挛，痉挛之间出现心搏率加快和呼吸率减低，最后死于呼吸麻痹。也有研究证明，多次重复皮下注射硝化甘油也可引起中毒反应。

（3）对鱼的毒性。水生生物中鱼类是对硝化甘油最敏感的生物，低浓度的硝化甘油就能使鱼类发生急性中毒。

（4）致癌性、致畸性和致突变性。目前缺乏这方面的资料，但是硝化甘油在高 pH 值条件和酶的共同作用下水解产生亚硝酸根，后者在酸性条件下与仲胺反应生成亚硝胺。被亚硝胺污染的水和土壤对人、家畜和野生动物有危害，因为亚硝胺是强致癌物和诱变物。

2. 生产工艺简介和产生的污染物及其特征

硝化甘油的常用生产工艺如图 2-10 所示。

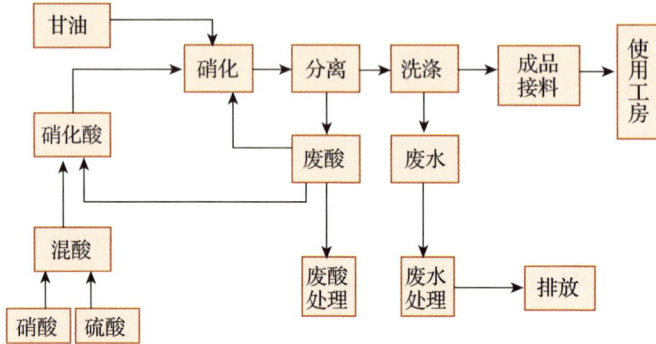

图 2-10　硝化甘油的常用生产工艺

生产方法有间断法和连续法，目前大多采用连续法。物料间的混合有用压缩空气搅拌、机械搅拌和喷射器等混合方法，由于压缩空气搅拌会造成大气污染，故一般采用后两种方法。含酸产品的洗涤有先用水洗涤，再用碱液洗涤，也有直接用碱液洗涤的。比亚齐法（Bizzi）是一种比较先进的生产方法，其工艺流程如图 2-11 所示。

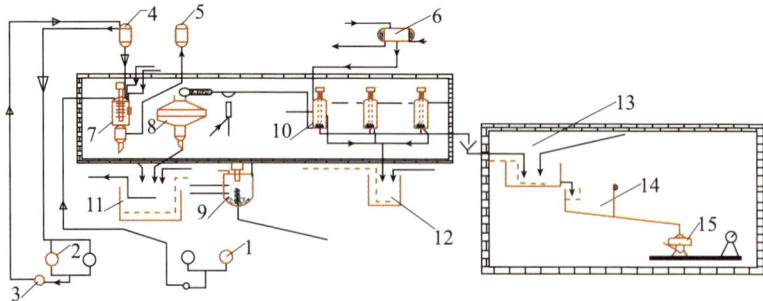

图 2-11　比亚齐法工艺流程

1—甘油贮槽；2—混酸贮槽；3—计量泵；4—混酸高位槽；5—置换酸高位槽；
6—碳酸钠溶液高位槽；7—硝化机；8—分离器；9—稀释器；10—洗涤机；
11—安全水池；12—放空槽；13—洗涤分离器；14—硝化甘油贮槽；15—小槽车和秤。

该法所采用的混酸的质量比为硫酸 50%、硝酸 50%，混酸与甘油的质量比例为 5:1，硝化与洗涤都用机械搅拌，分离采用旋液分离器，含酸硝化甘油直接用碱液洗涤，然后再用水洗。为揭示硝化甘油生产过程中产生的环境污染状况，现按主要工艺流程分别加以叙述：

（1）硝化。甘油的硝化用硝硫混酸作为硝化剂，由于酯化是可逆反应，硝化产物中含有少量的甘油二硝酸酯和硝酸硫酸的混合酯。硝化阶段产生的污染主要是废酸。比亚齐法中，硝化 100kg 甘油要用 500kg 硝硫混酸，产生废酸约 390kg，其组成为硝酸 10%、硫酸 73%、水 15%、四氧化二氮 2%，其中溶解的硝化甘油和甘油二硝酸酯的量为 2.8% 左右，再加上机械夹带的，废酸中含有的甘油硝酸酯量可达 3% 左右。这种废酸是不稳定的，必须进行安定处理。

（2）含酸硝化甘油的洗涤。从离心机分离出的酸性硝化甘油随即流经预洗喷射器，分别进入第一洗涤塔、第一油水分离器进行洗涤、分离，然后进入第二洗涤塔用热水洗涤后到第二油水分离器分离，再进入第三洗涤塔用碱水洗。本部分产生的污染主要是废水，包括洗涤废水、冷却水、冲洗工房、设备的废水，由于待洗涤的硝化甘油粗品中含大量的酸，此部分废水中酸根离子的含量较高。

综上所述，硝化甘油工艺废水的特征是硝酸根、硫酸根和钠离子的浓度高，同时含有相当数量的硝化甘油和甘油二硝酸酯，COD 比较高。

2.2.6 硝基胍生产中产生的污染物及其特征

1. 硝基胍简介

硝基胍是硝化纤维火药、硝化甘油火药以及二甘醇二硝酸酯的掺合剂，固体火箭推进剂的重要组分。目前主要用于制造三基无烟火药，以降低感度和增大比冲。同时它也是一种较有发展前途的低感度炸药，代号 NGu，能以两种异构体存在，结构式如下：

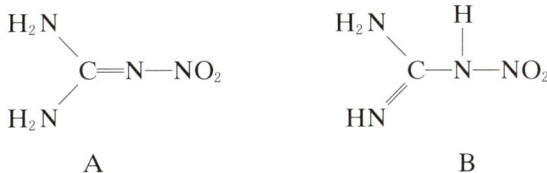

在 pH 等于 2~12 的介质中，主要以 A 形式存在；当介质的 pH 大于 12 时，主要以 B 形式存在。硝基胍为无色晶体，在 232℃ 熔化并分解。对撞击、摩擦和热的感度很低，爆热也比较低，但爆速比较高，爆容大，爆温低。

对硝基胍的毒性研究得不多，从已有的资料来看，它的毒性并不大。

（1）对哺乳动物的毒性。雌性大白鼠一次口饲 4.64g/kg 的硝基胍未产生长期的毒性效应。实验表明，硝基胍对哺乳动物的毒性是很低的。

（2）致突变性。用中国仓鼠细胞进行了染色体畸变试验，结果表明硝基胍有致突变性。

2. 生产工艺简介和产生的污染物及其性质

用浓硫酸处理硝酸胍可以得到硝基胍。制造硝酸胍的制造工艺有两种，一种是氰氨化钙法，另一种是尿素法，其中氰氨化钙法应用较为广泛。

1）硝酸胍的制造

碳化钙与氮反应生成氰氨化钙是在回转炉中于 1000℃ 进行的，氰氨化钙与硝酸铵溶液（浓度为 81%）的反应在四个串联的反应器中进行。反应生成的氨在碳化塔中与二氧化碳和水反应生成碳酸铵，往最后一个圆柱形反应器中加入碳酸铵，它与溶液中的硝酸钙反应，生成碳酸钙和硝酸铵，将硝酸铵－硝酸胍溶液与碳酸钙分离，滤饼的大致组成为：硝酸铵为 1%、硝酸胍为 0.3%、碳酸钙为 51%、碳为 6.1%、其他固体为 1.6%、水为 40%。将碳酸钙送去焙烧成氧化钙和二氧化碳，后者引入碳化塔制造碳酸铵。

过滤后的滤液送入结晶机，使硝酸胍结晶出来，然后过滤，滤饼经洗涤后进行干燥。中间产品硝酸胍的纯度约为 98.4%，还有 1% 的硝酸铵和 0.6% 的水分。母液的大致成分为：硝酸铵为 46.6%、硝酸胍为 5%、硝酸钙为 0.2%、硫为 0.1%、水为 48.1%，经修正和浓缩至规定的浓度，然后循环用来与氰氨化钙反应。图 2-12 为氰氨化钙法制造硝酸胍的流程。

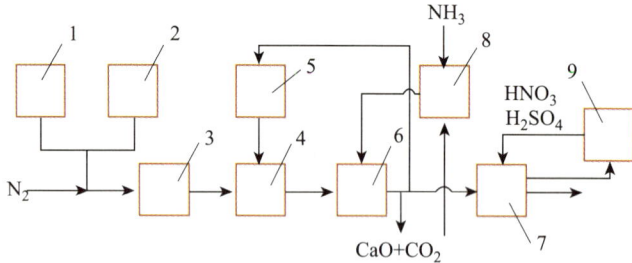

图 2-12　氰氨化钙法制造硝酸胍的工艺流程

1—氟化钙槽；2—碳化钙槽；3—氰氨化钙窑；4—硝酸胍合成槽；
5—硝酸铵槽；6—硝酸胍分离；7—硝酸胍制造；8—碳化器；9—硫酸浓缩。

生产硝酸胍排污状况：

（1）废水。生产硝酸胍产生的废水主要是滤饼洗涤废水，废水中主要污染物为硝酸铵和硝酸胍。

（2）固体废弃物。本过程会产生大量滤饼，由于滤饼中含有硝酸胍，属于危险固体，需谨慎处理。

2）硝基胍的制造

硝酸胍与浓硫酸按 1:2.5 的质量比连续加入第一台硝化机中，硝化后的物料流入稀释机中，用洗涤水稀释至浓硫酸浓度为 20% 左右，然后流入 4 台串联结晶机中，结晶机流出的浆料经过滤后，废酸送去浓缩，滤饼用水洗涤，洗涤后的晶体用热水重结晶，最后将产品干燥，即可用于制造三基药。结晶母液可以循环使用 20~40 次，最后弃去，废母液中约含 4% 硫酸和 1% 硝基胍，每次排出约 2m³。图 2-13 为由硝酸胍制造硝基胍的流程。

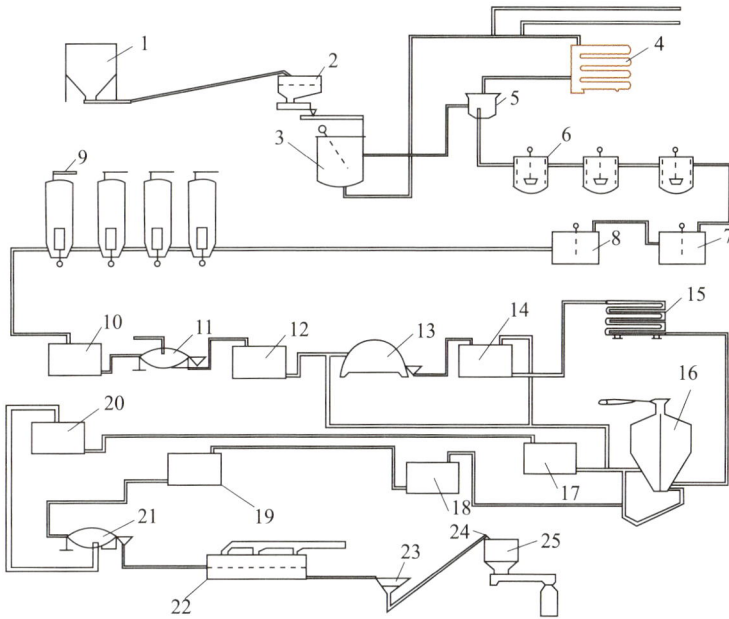

图 2-13　硝酸胍制造硝基胍的工艺流程

1—硝酸胍贮槽；2—料斗；3—硝化机；4—冷却器；5—分配槽；6—成熟机；7—预混机；
8—稀释槽；9—结晶机；10—贮槽；11—过滤器；12—打浆机；13—过滤器；14—给料槽；
15—溶解槽；16—结晶器；17—滤液槽；18—贮槽；19—给料槽；20—滤液受槽；
21—过滤器；22—干燥器；23—振动输送机；24—皮带输送机；25—包装机。

生产硝基胍排污状况：

（1）废酸。硝化过程使用浓硫酸，所以会产生废酸。

（2）废水。主要是滤饼洗涤水和废母液，主要含有硫酸和硝基胍，其中硝基胍对人和生物有致癌性，一般难以生物降解，对环境和生态有很大的破坏作用。

（3）固体废物。过滤过程产生的滤饼，含有硝基胍和硫酸根，属于危险固废。

综上所述，生产硝酸胍和硝基胍的废水主要含有的特征污染物是硝酸铵、硝基胍和硝酸胍，对环境危害较大，而生产硝酸胍和硝基胍都会产生含有硝酸胍或硝基胍的滤饼，其中硝酸胍具有爆炸危险。

2.2.7　无烟火药生产中产生的污染物及其特征

1. 无烟火药简介

无烟火药是指爆炸时产生较少固体残留物的火药，广泛应用于枪炮发射药，主要成分都是胶化的硝化纤维素，虽然它们的种类很多，但根据高能组分的数目可以分成以下几类：

（1）单基药。高能组分为硝化纤维素。

（2）双基药。高能组分为硝化纤维素和硝化甘油。

（3）三基药。高能组分中除了硝化纤维素和硝化甘油外，还有吉纳（N-硝基二乙醇胺二硝酸酯）、硝基胍或奥克托今等。

硝化纤维素与三种或更多种高能材料组成的无烟药称为多基药。但在枪炮发射药中广泛使用的是上述三种。

根据制造工艺分类，制造无烟火药有以下三种工艺：

（1）溶剂法。用有机溶剂将硝化纤维素、有时还有硝化甘油和硝基胍进行胶化，将胶化药团压伸成形，再除去有机溶剂，得到所需的产品。

（2）无溶剂压伸法。将硝化纤维素、硝化甘油和添加剂在水中混合，硝化甘油和o-苯二甲酸二丁酯等被硝化纤维素吸收，固体物凝聚和分布在硝化纤维素上，除去水后在热压机上胶化并压成片状，再经压延或压伸后制成产品。

（3）浇铸法。先用溶剂法将硝化纤维素制成药粒，装在模具里，然后倒入液体成分，如硝化甘油和o-苯二甲酸酯，再固化成形。也可将粒状的硝化纤维素与硝化甘油等混合成浆料，再浇铸成形。

后两种方法用于制造双基药和多基药。

无烟火药生产过程中主要产生废水，无烟火药生产废水中可能含有无烟药颗粒、硝化纤维素、硝化甘油、溶剂（如乙醇、乙醚、乙酸乙酯、丙酮等）、安定剂（如二苯脲及其衍生物、二苯胺及其衍生物）、增塑剂（如o-苯二甲酸酯、二硝基甲苯等）等有毒物。硝化纤维素、硝化甘油等成分的性质和危害已在前述内容中进行了阐述，下面介绍另外几种化合物的毒性。

1）二苯胺

二苯胺的结构式如下：

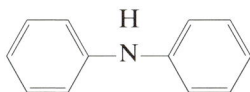

分子量 169.22，无色至灰色的片状固体，熔点为 52.85℃，在常压下的沸点为 302℃，密度为 1.159g/mL，是单基药中常用的安定剂，含量一般在 1% 左右。它难溶于水，易溶于丙酮、甲醇、乙醇、乙醚、氯仿和苯。

二苯胺对哺乳动物具有中等的毒性，工业二苯胺中含有 4-环己基苯胺、2-氨基联苯、2-环己基苯胺、4-氨基联苯等。其中 4-氨基联苯是致癌物。二苯胺被列入了致癌物。二苯胺对水生生物的毒性中，对大型蚤的毒性最强，48h 的 LC_{50} 为 0.35mg/L。铜绿微泡藻与 5mg/L 的二苯胺水溶液接触 7 天后即死亡。含 111.3mg/L 二苯胺的火药废水对污水处理的微生物未发现不良作用。美国政府工业卫生学家会议提出工作场所二苯胺的阈值浓度为 $10mg/m^3$。

2）2-硝基二苯胺

双基药中广泛采用 2-硝基二苯胺作为安定剂，用量为 0.9%～3.0%。结构式如下：

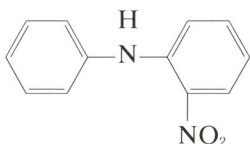

分子量为 214.23，红棕色斜方晶体，熔点为 75～76℃，2660Pa 下的沸点为 223℃，密度为 1.366g/mL。

2-硝基二苯胺对哺乳动物的毒性表现为：鼠的口饲 LD_{50} 为 1.5g/kg，家兔皮肤接触 24h 的 LD_{50} 大于 10g/kg，将 2-硝基二苯胺涂抹于家兔的眼或皮肤上，没有发炎，这些结果表明，2-硝基二苯胺的毒性较低。对水生生物的毒性表现为，如果 2-硝基苯胺被还原成氨基化合物，则毒性增强。

3）乙基中定剂

乙基中定剂的学名为 N,N'-二乙基-N,N'-二苯基脲，结构式如下：

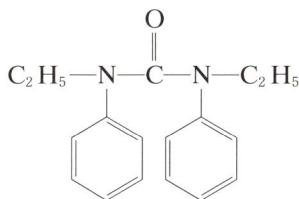

白色结晶固体，熔点为 79℃，密度为 1.12g/mL，不溶于水，能溶于大多数有机溶剂中。美国的许多火药配方中使用乙基中定剂，其中包括用溶剂工艺和无溶剂工艺制造的单基、双基和多基火药，乙基中定剂在火药中的用量为 0.02%～0.6%。

目前对乙基中定剂的毒性研究得很少，研究表明，小鼠腹腔注射的 LD_{50} 为 200mg/kg，这表明乙基中定剂对动物具有中等毒性。乙基中定剂对水生生物的毒性很强，叶唇鱼、大鳞大马哈鱼以及银大马哈鱼在乙基中定剂浓度为 10mg/L 的水中 1～3 小时就出现死亡。

4）o-苯二甲酸酯

o-苯二甲酸酯是火药的增塑剂，常用的有二乙酯、二丁酯和二异辛酯（2-乙基己基酯），其中二丁酯的用量最大，而异辛酯只是偶尔用之。火药配方中，二丁酯用量占 3%～5%。二乙酯占 3%～10.5%。上述三种 o-苯二甲酸酯的结构式如下：

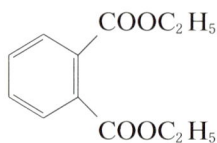

o-苯二甲酸二乙酯　　　　　　　o-苯二甲酸二丁酯

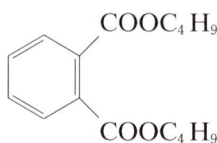

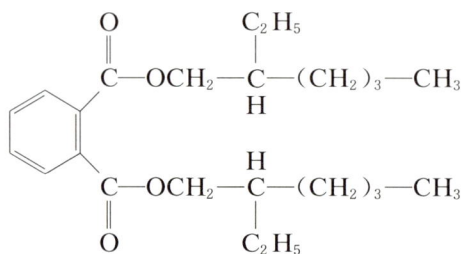

o-苯二甲酸二异辛酯

主要物理性质见表 2-3。

表 2-3　o-苯二甲酸酯的物理性质

性质	二乙酯	二丁酯	二异辛酯
20℃时的物态	油状液体	油状液体	油状液体
颜色	无色	无色	无色
气味	轻芳香味	轻芳香味	无
熔点/℃	<-50	-40	—

（续）

性质	二乙酯	二丁酯	二异辛酯
沸点/℃	295.8	339	350
相对密度/d_{25}^{25}	1.12	1.045	0.983
水中溶解度/（g/100g 水）	0.012	0.001	<0.0025

研究表明，上述三种o-苯二甲酸酯对人的毒性都不大。o-苯二甲酸二乙酯对哺乳动物的毒性比二丁酯的稍强一些，但它们的毒性都较低。水生生物体中o-苯二甲酸酯的生物累积率很高，可能具有潜在的生物毒性。

2. 生产工艺简介和产生的污染物及其特征

围绕无烟火药的生产工艺，这里简单介绍溶剂法和无溶剂压伸法。浇铸法采用粒状硝化纤维素，其制造原理与溶剂法的相同。

1）溶剂法

溶剂压伸法制造单基药的工艺如图 2-14 所示。

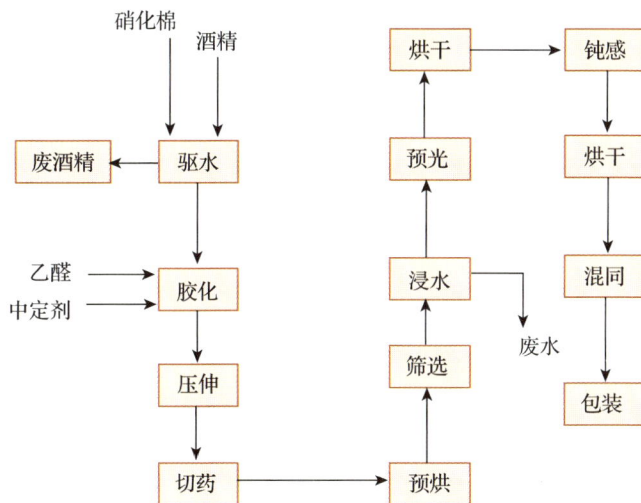

图 2-14 溶剂压伸法制造单基药的工艺

为揭示溶剂压伸法制造单基药产生的污染情况，现按主要工艺流程加以阐述：

（1）驱水。驱水是用酒精置换硝化纤维素中的水分，使驱水后的硝化纤维素含水量不超过 5%。先用稀酒精置换，后用浓酒精置换，当酒精浓度降低至规定值后，送去蒸馏回收。驱水过程除了产生废酒精外，没有污染产生。

（2）筛选和浸水。经预烘以后，药柱内部仍含有溶剂，经过筛选除去尺寸不合格的药粒后进行浸水。浸水过程中，药粒内部的溶剂向水中扩散，一般浸水 4 次，其一般工艺条件见表 2-4 所列。

表 2-4　浸水条件

浸水次数	药水比	水温/℃	水中酒精浓度/%		废水的处理
			浸水前	浸水后	
1	1:1.5~2	20~25	2~3	5~6	蒸馏
2	1:1.5~2	30~35	清水	2~3	作第一次浸水
3	1:1.5~2	40~45	清水	2~3	排放
4	1:1.5~2	常温	清水	2~3	排放

本过程产生的污染主要是浸水废水，根据表 2-4 的数据，排放的浸水废水量为单基药量的 3~4 倍。当然，浸水次数不同，产生的废水量也不同。浸水废水中含有较多的有机物，如乙醇、中定剂和增塑剂，故其需氧量和有机碳的含量较高。

（3）预光、烘干和钝化。为了避免药粒在干燥时产生静电，浸水后的药粒先在光泽机内与石墨混合，然后进行烘干。如果是制造具有渐猛燃烧性能的产品，则将药粒用樟脑的酒精溶液进行钝化，钝化后的药粒要进行干燥，去除酒精，最后混合和包装。制造过程中挥发出来的溶剂蒸气用活性炭吸附，饱和了的活性炭用水蒸气解吸，解吸回收的混合液进行蒸馏，蒸馏时先将乙醚与酒精分开，然后将酒精蒸馏，蒸馏时可加入驱水和第一次浸水时形成的酒精废水，酒精从塔顶蒸出，塔底排出废液。本过程产生的主要污染是蒸馏酒精的废水，这是混合液蒸去乙醚后剩下的酒精溶液、第一次浸水废水以及驱水时形成的稀酒精在蒸馏塔蒸去酒精后，塔釜中残存的废水。

由于硝化纤维素在酒精中有一定的溶解度，驱水稀酒精中含有少量的硝化纤维素和其他物质。浸水废水中除了含有溶剂外，还有少量的中定剂和增塑剂。为了保证蒸馏的安全，往蒸馏塔中加入少量的氢氧化钠溶液，以破坏硝酸酯，防止它们在蒸馏塔中积累而引起危险。硝酸酯的非挥发性分解产物以及中定剂和增塑剂等留在蒸馏废水中，所以蒸馏废水的 COD 也较高，同时还有一些悬浮的固体物。

溶剂压伸法工艺废水除了上述蒸馏废水、浸水废水之外，还有冷却水，冲洗工房、洗刷设备和工具的废水。其中，清洗废液是指与火药直接接触的金属工具定期清洗所产生的废水。美国是将要清洗的工具（如筛子、模具等）装入金属丝框中，将框浸入约2m³、加热至103℃的氢氧化钠水溶液中，待完成消化后，取出金属丝框，在冲洗槽中用将近2m³的清水冲洗。冲洗结束后，将废碱液和冲洗水放掉，这种废水的碱性很大。冲洗废水是指冲洗设备和工房的废水，它的特性和数量变化较大，目前尚缺乏这方面的资料。冷却水主要是指溶剂回收工房的冷却水，水量较大，可以回收利用。

综上所述，溶剂压伸法生产单基药的工艺废水量不大，废水接近中性，但化学需氧量和固体含量较大。溶剂压伸法生产多基药的工艺原理和工艺过程与单基药的大体相同，废水成分和性质也较为接近。

2）无溶剂压伸法

本工艺不用有机溶剂，适合于制造双基药。先将硝化纤维素、硝化甘油和其他组分在预混机内混合，再加水进行混合，硝化甘油和其他液体成分即可被硝化纤维素吸收，固体物也聚集在硝化纤维上；用离心机脱水，分出的水可以循环使用。取出离心机内的物料，将它装入布袋中，在60℃干燥至水分10%以下，然后进行混同，混同时或在以后的压延操作中加入水溶性组分。用差速压延机压延，温度控制在90～100℃，药团就被胶化和压延成药片，并将水分降低至0.5%以下，再在匀速压延机上压成光滑的药片，在压延机上压成药柱，并切成一定的尺寸，冷却后进行修整和包覆，即可得到成品。表2-5中列出了用这种方法日产0.9～7.5t产品各工段产生的废水的特性。

表 2-5　无溶剂压伸法的废水特性

参数 ＼ 工段	预混	加水混合	压延	压伸	压伸机清洗	修整
流量/(m³/d)	0.3	5.7	170	322	27.3	113.5
pH	8.3	6.4	7.0	8.9	10.4	7.2
COD/(mg/L)	91	3526	31.7	31	197	59
TOC/(mg/L)	27	1081	10	13	137	—
硝酸盐/(mg/L)	3.2	177	6.8	6.9	—	14.8
悬浮固体/(mg/L)	45	13	2.4	6.9	179	1.9
溶解固体/(mg/L)	393	1117	74	462	1582	96
硝化甘油/(mg/L)	20	1500	21	10	7.3	15
甘油二酸酯/(mg/L)	—	800	—	—	—	—
铅/(mg/L)	0.7	0～300	0.5	—	0.3	—

其中，只有混合废水才是工艺废水，压伸的废水主要是真空和液压系统的

冷却水，其他各操作的废水都是冲洗水。所以，本法的工艺废水不多，主要是冷却水和冲洗水。但工艺废水中污染物浓度较高，并含有铅盐。

综上所述，无烟药生产中的工艺废水量是比较少的，主要的工艺废水是浸水废水、溶剂回收、冲洗工房和设备的废水，水量比较大的是冷却水。废水中的污染物与无烟药的配方有关。无烟药的主要成分，除单基药仅含硝化纤维素外，双基药和多基药中都含有硝化甘油，故它们的主要污染物有相同之处。在各种添加剂中，较为常见的是二苯胺及其硝基衍生物、中定剂（二苯脲及其衍生物）、o-苯二甲酸酯、二硝基甲苯以及某些铅盐。

2.3 火炸药行业污染物的危害及其环境影响

2.3.1 火炸药行业废水的危害及其环境影响

火炸药生产过程中产生的污染性废水主要来自火炸药的制造和装药工序，根据产品性质和工艺不同，废水中有害物质的种类及含量也不同。各国制定的火炸药水体环境质量标准也有所不同（见表2-6）。

表 2-6 火炸药的水体环境质量标准

废水名称	污染物	最高允许排放浓度/(mg·L^{-1})			依据
		中国	美国	日本	
梯恩梯生产废水（冷凝水）	2,4-地恩梯	—	0.025	0.5	哺乳动物、水生生物、水域无毒性作用
梯恩梯包装装药废水（粉红水）	梯恩梯	0.05	0.05	—	
黑索今废水	黑索今	0.5	0.25	0.1	
奥克托今废水	黑索今		0.25		
硝化甘油废水	硝化甘油	—	0.04		

在单质炸药生产中，梯恩梯生产过程中产生的废水包括黄水（用水洗涤粗制梯恩梯后的酸性废水）、红水（用亚硫酸钠溶液洗涤梯恩梯后的废水）、湿法洗涤含梯恩梯粉尘气体的废水、废酸处理中的酸性废水及冲洗设备和地面的废水（粉红水）。此外，若生产中发生硝化不正常等事故时，全部物料放入安全槽，会产生大量的废水。这些废水若长期存放在废水池中，容易造成对池体周围土壤的污染。地恩梯的生产中排放出一定量的酸性废水、碱性废水及冲洗设备和地面的中性废水，废水中的污染物主要是梯恩梯、一硝基甲苯和其他硝化物。对于硝化棉生产而言，据统计，每制造1t硝化棉，要产生约300t的废水，其中酸性废水和碱性废水约各占一半。酸性废水的特征是酸度高、硫酸根和硝

酸根含量高、COD 高；碱性煮洗、漂洗、混同、脱水的废水特征是固体含量高，其中含有大量悬浮硝化棉细颗粒，造成产品大量损失。在无烟火药的生产过程中，采用溶剂压伸法时产生的工艺废水主要有两种：一种是浸水废水，另一种是蒸馏酒精的废水。此外还有冷却水、冲洗工房及洗刷设备和工具的废水。浸水废水中含有较多的有机物（乙醇、中定剂和塑料剂等），因此，其需氧量和有机碳的含量较高。采用无溶剂压伸法制造双基药时产生的工艺废水较少，主要是冷却水和冲洗水，但工艺废水中的污染物浓度较高，并含有铅盐，必须对这种废水进行处理。整体而言，火炸药行业排放的废水具有排放量大、成分复杂、污染物浓度高、色度大、毒性强等特点，处理非常困难。若此类废水处理不当或直接排放到环境当中，势必会对土壤、水体等造成极大的危害，并通过生物链威胁到人类的健康和生存。火炸药工业废水对环境的污染危害主要有：

（1）污染水体。炸药废水中所含有的大量有毒污染物质，如 TNT，RDX，HMX 等，在水中的含量较高，含有大量硫酸根和硝酸根等盐分，因此极易污染水源。

（2）污染土壤。火炸药废水中含有的大量硝基化合物极易在土壤中积存下来，造成对土壤的严重污染。目前废弃的火炸药生产场地的污染土壤亟需修复。

（3）对人体的危害。由于植物的根部极易吸收储存炸药废水中的有毒物质，人类通过食物链吸入，最终将影响人体的健康。火炸药生产过程中，TNT 等产品通过人体吸收容易对操作工人造成严重的身体危害。

2.3.2 火炸药行业废气的危害及其环境影响

火炸药生产过程中根据生产工艺和产品的不同而产生不同性质和不同浓度的大气污染物。例如，地恩梯生产中的废气主要有硝化器和洗涤器排出的废气（含有地恩梯蒸气、一硝基甲苯蒸气和氮氧化物等）、各种原料槽和废酸贮槽排出的废气（含有少量的甲苯、氮氧化物和硫氧化物）；梯恩梯生产过程中的产生的废气主要有梯恩梯粉尘、二氧化硫、氮氧化物和硫酸雾等；黑索今生产中采用直接硝解法时排放出大量硝烟；采用乙酐法时从各贮槽及溶解槽排出放空气体（其中主要有害物质是乙酸蒸气和硝酸蒸气）；硝化棉生产中排放出一氧化碳、二氧化碳、氧化亚氮、一氧化碳和二氧化碳等污染物；废酸浓缩工艺中产生酸雾；无烟火药生产过程中排放出一些溶剂蒸气；火炸药生产制造过程中产生一些固体粉尘。总体来说。火炸药行业产生的废气污染物主要有氮氧化物、碳氧化合物、二氧化硫、硫酸雾和固体粉尘等。这些废气污染物若不经处理，对人、动物和环境都将产生一定的危害，其对环境的污染危害主要有：

（1）对植物的危害。火炸药废气中的酸性气体会对植物产生危害，如果树木长期在酸性大气中，会导致生长缓慢。针叶树尤其敏感，容易脱叶，甚至死亡。

（2）对生态的危害。地衣长期接触 $60\mu g/m^3$ 以下的二氧化硫，会使品种组成和分布发生变化，从而导致生态系统的变化。此外，二氧化硫会转变成硫酸盐气溶胶，散射阳光，使能见度降低。

（3）对建筑物的危害。火炸药废气中的酸性气体极易变成硫酸雾和酸性硫酸盐，腐蚀金属和建筑物及其他物品。

（4）对人体的危害。火炸药废气中含有许多对人体有害的成分，它们主要刺激人的呼吸器官，引起急性和慢性中毒。

我国于 1996 年公布的 GB 16297—1996《大气污染物综合排放标准》，规定了 33 种在我国有普遍性、代表性和污染危害严重的大气污染物排放标准，它概括了我国原有的废气排放标准中的 13 个项目和现有的地方排放标准中几乎所有的项目。该标准对 33 种大气污染物的规定包括最高允许排放浓度、最高允许排放速率和无组织监控浓度限值，同时还规定了标准的实施要求。表 2-7 摘录了一些该标准中涉及火炸药制造过程中产生的几种大气污染物的排放标准值。

表 2-7　涉及火炸药生产的几种大气污染物的排放标准

污染物名称	最高允许排放浓度/(mg·m⁻³)	最高允许排放速率/(kg/h)			
		排气筒高/m	一级	二级	三级
二氧化硫	700 （硫、二氧化硫、硫酸及 其他硫化合物使用）	15	1.6	3.0	4.1
		20	2.6	5.1	7.7
		30	8.8	17	26
		40	15	30	45
		50	23	45	69
		60	33	64	98
		70	47	91	140
		80	63	120	190
		90	82	160	240
		100	100	200	310
氮氧化物	1700 （硝酸、氮肥和火炸药生产）	15	0.47	0.91	1.4
		20	0.77	1.5	2.3
		30	2.6	5.1	7.7

（续）

污染物名称	最高允许排放浓度/(mg·m⁻³)	最高允许排放速率/(kg/h)			
		排气筒高/m	一级	二级	三级
氮氧化物	420 （硝酸使用和其他）	40	4.6	8.9	14
		50	7.0	14	21
		60	9.9	19	29
		70	14	27	41
		80	19	37	56
		90	24	47	72
		100	31	61	92
硫酸雾	1000 （火炸药厂）	15	禁排	1.8	2.8
		20		3.1	4.6
		30		10	16
		40		18	27
		50		27	41
		60		39	59
		70		55	83
		80		74	110

2.3.3 火炸药行业废酸的危害及其环境影响

多种火炸药都是用硝硫混酸或浓硝酸硝化相应的有机化合物得到的，例如用硝硫混酸硝化甲苯制造梯恩梯，用浓硝酸硝化乌洛托品制造黑索今等。一般硝化用酸量都是很大的，在硝化完成时，反应系统中会残留大量的酸，习惯地称之为"废酸"。废酸与原料酸比较起来，其中的硝酸量减少，水分含量增加，而硫酸含量除稍有损失外，并不发生明显变化。如果以硝硫混酸为硝化剂，废酸就是含有硝酸及氮氧化合物的稀硫酸；如果以浓硝酸为硝化剂，废酸就是稀硝酸。当然，稀硫酸和稀硝酸中硫酸硝酸的含量还是很高的，还含有少量的硝化产物、副产物及其他杂质等。

通常情况下，废酸的产生量是非常大的，甚至比生产火炸药所消耗的酸量要大得多。此外，火炸药废酸的浓度也很高，例如梯恩梯废酸，其中硫酸浓度达到66%～70%（质量浓度）；硝化甘油浓废酸，其中硫酸浓度达68%～70%，硝酸浓度达8%～10%。另外，在有些火炸药的生产中还会产生大量浓度很高的浓烟。几种主要火炸药废酸和硝烟的成分及产量，可见表2-8。由此可见，如不对火炸药行业的废酸进行妥善的处理，不仅会造成资源的极大浪费，而且还会造成严重的环境污染。其对环境的污染危害主要有：

（1）废酸易形成酸雨，造成土壤、岩石中有毒金属元素溶解，流入河川或湖泊并将由食物链进入人体，在人体的一些器官里富集起来，造成人体的慢性中毒。此外，土壤中的金属元素因被酸雨溶解，造成矿物质大量流失，植物无法获得充足的养分，将枯萎、死亡。

（2）废酸在流经管道的过程中，对排水设备会造成严重腐蚀。同时，废酸易腐蚀建筑物、公共设施、古迹和金属物质，造成人类经济、财物及文化遗产的损失。

（3）废酸若排入附近的河流、湖泊等水体后，将改变水体的 pH 值，对船舶桥梁以及堤坝等均会产生一定的腐蚀作用。同时也会抑制或阻止细菌及微生物的生长，妨碍水体自净，危害鱼类和其他水生生物，并通过食物链危害人体。若渗入到地下，将对地下水产生污染。

表 2 - 8　几种主要火炸药废酸的成分和产量

废酸名称	废酸成分						废酸量单位（吨/吨药）
	硫酸/%	硝酸/%	水/%	氮氧化物/%	硝化物/%	碳氢化物/%	
梯恩梯废酸	66～70	≤1.2	25～29	≈3.5	≈1	≈0.2	3.8～4.2
黑索今废酸	1.29～1.34	—	46～55	45～54	≤0.3	—	≈9
硝化甘油浓废酸	68～70	8～10	19～21	≤0.3	1.5～2.3	—	≈1.6
硝化甘油稀废酸	35～36	5～6	59～60		≤0.03		3.1～3.3
硝化棉浓废酸	63～68	15～20	12～18	03～0.5	—		≈1

2.3.4　火炸药行业固体废弃物的危害及其环境影响

火炸药行业固体废物主要包括废旧的火炸药报废产生的固体废弃物、火炸药生产中产生的不良品和报废品、处理火炸药废水产生的污泥三大类。火炸药有一定的使用寿命，储存年限超过使用寿命的火炸药，不稳定性和不安全性增加，成为废弃的火炸药，即称之为过期和报废的火炸药。过期和报废火炸药主要来源来自两个方面，一是军方的报废弹药，如炮弹、航弹、地雷、手榴弹、火箭、导弹或其他的特种弹药；二是来自国库，包括退役武器中的火炸药和国库中寿命告终的火炸药。火炸药生产中产生的不良品和报废品也是火炸药行业固体废物的主要来源，各火炸药生产企业每年都会有大量不良品和报废品产生。火炸药废水处理过程中，混凝、沉淀、离心等工段均会产生一定量的化学污泥，在厌氧和好氧等生化工段由于排泥的需要亦会产生一定量的生化污泥。与生活污水及民用工业废水处理相比，尽管火炸药行业废水处理系统所产生的固体废物较少，但由于其燃烧爆炸及有毒有害等潜在危害，仍然对人类和环境构成较大的威胁。一般的军事大国每年约有数千吨至数万吨的废弃火炸药积累下来，若不能妥善地处理这些危险品，将会对社会带来严重的后果。这些固体废物对环境的危害主要有：

（1）污染水体。火炸药行业固体废物未经无害化处理随意堆放，将随天然降水或地表径流进入河流、湖泊，长期淤积，其有害成分将会对水体造成巨大的危害。固体废物的有害成分如处理不当，能随溶沥水进入土壤，从而污染地下水，同时也可能随雨水渗入水网，流入水井、河流以至附近海域，被植物摄入，再通过食物链进入人体，影响人体健康。

（2）污染大气。固体废弃物中的干物质或轻质随风飘扬，会对大气造成污染。另外，含有炸药以及炸药衍生物的有机固体废弃物长期堆放，在适宜的温度和湿度下会被微生物分解，同时释放出有害气体。

（3）侵占土地，污染土壤。火炸药行业的固体废物产生量增加得相当迅速，许多城市不得不利用大片的城郊边缘的农田来堆放固体废物。土壤是许多细菌、真菌等微生物聚居的场所，这些微生物在土壤功能的体现中起着重要的作用，他们与土壤本身构成了一个平衡的生态系统。然而，火炸药工业所产生的未经处理的有害固体废物，经过风化、雨淋、地表径流等作用，其有毒液体将渗入土壤，改变土壤的性质和土壤的结构，进而杀死土壤中的微生物，破坏了土壤中的生态平衡，污染严重的地方甚至寸草不生。火炸药中危险成分会抑制植物根系的生长，还可通过食物链危害人类。此外，受污染的土壤，自净能力降低，而且很难通过稀释扩散减轻其毒性。

第3章
火炸药工业废水处理方法

3.1 概述

随着现代化学工业的迅速发展，化学合成的有机物在生产、使用和销毁等过程中对水体造成了重大污染，对生态环境构成了直接威胁。火炸药工业产生的工业废水是重要的污染源之一，火炸药工业是国家重点治理的环境污染行业。在火炸药的加工、制造、生产和销毁过程中会产生大量的废水，这些废水中可能含有梯恩梯（TNT）、黑索今（RDX）、奥克托今（HMX）、硝化甘油（NG）等多种硝基化合物，这类化合物化学性质稳定且复杂，很难被一般微生物所降解，同时又具有较强的毒性、致癌性、致畸性和致突变性。例如，TNT可通过皮肤或呼吸作用被人和哺乳动物吸收，造成急性和慢性中毒，损害肝脏、肾、眼睛等器官，严重时危及生命；常温下TNT在水中的溶解度为130mg/L，微量溶于水就会对水生动植物产生极大的危害；RDX具有剧毒性和较强的致癌性，可对人体中枢神经系统造成危害。

火炸药行业排放的废水具有浓度高、盐分高、成分复杂等特点。例如TNT精制废水为深红色不透明液体，色度高达1.0×10^5倍，COD一般高于1.0×10^5mg/L左右，其中2,4-二硝基-5-磺酸甲苯钠含量约为2.7%～6.8%，2,4-二硝基-3-磺酸甲苯钠含量约为1.2%～4.0%，TNT大约为3200mg/L，还有二硝基甲苯（DNT）与亚硫酸钠的反应产物等。RDX生产废水COD浓度高达27000mg/L，其中RDX浓度约为95mg/L，乙酸乙酯浓度约为13900mg/L。二硝基重氮酚（DDNP）废水COD高达15000～39000mg/L，色度高达19000～356000倍。火炸药工业排放废水中的污染物绝大部分含硝基，一般认为难以生物降解甚至不可生物降解，因此在自然界中难以通过水体自净作用实现自然净化。若此类废水处理不当或直接排放到环境当中，势必会对土壤、水体等造成极大的危害，并通过生物链威胁到人类的健康和生存。由此可见，火炸药工业废水必须进行有效处理，方可外排。

长期以来如何处理火炸药生产废水一直是人们所关注的热点问题。然而，目前火炸药生产废水，特别是高浓度废水，尚未有很好的实用治理方法。例如采用焚烧法处理 TNT 精制废水，虽然实现了 TNT 红水的零排放，但存在安全隐患大、焚烧炉的使用寿命短、尾气净化困难、炉渣处理难度大、费用高及二次污染严重等系列问题。近年来，火炸药生产废水的有效净化、无害化治理和资源化利用愈加受到人们的关注。因此，开展火炸药废水处理方法研究，提出一系列相对实用的处理技术，将有利于火炸药工业的健康发展，有利于提高火炸药工业的环保水平。国内外对火炸药废水处理技术主要分为物理法、化学法和生物法三大类，其工艺方式和特点千差万别，废水处理的效率和可重复利用率也有待进一步提高。因此，有必要根据不同的使用环境和条件，针对火炸药工业废水的特点及其处理技术进行深入研究，这对于我国军事工业及国民经济的可持续发展具有重大的战略意义。

3.2 物理处理方法

物理法是通过物理作用分离和去除废水中不溶解的呈悬浮状态的污染物（包括油膜、油珠）及部分溶解性污染物的方法。在处理过程中，污染物的化学性质不发生变化。物理处理方法具有回收率高、耗能低、净化效率高等优点，被广泛运用于火炸药废水治理中。目前应用较多的有气浮分离法、萃取法、蒸发法、吸附法、膜分离法等。

3.2.1 气浮分离法

气浮分离法是利用高度分散的小气泡吸附或黏附废水中的疏水性固体或液体等非溶解性颗粒，形成水-气-颗粒三相混合体系，颗粒黏附气泡后，形成表观密度小于水的絮体或颗粒而上浮到水面，使废水得到净化的一种固液分离技术。

首先介绍几个基本概念。亲水性：如果颗粒易被水润湿，则称该颗粒为亲水性的；疏水性：如果颗粒不易被水润湿，则是疏水性的；润湿接触角：在静止状态下，当气、液、固三相接触时，气-液界面张力线和固-液界面张力线之间的夹角（包含液相的）称为平衡接触角，用 θ 表示，如图 3-1 所示。水对各种物质润湿性的大小，可以利用它们与水的接触角来衡量。当接触角 $\theta < 90°$ 时，则该物质为亲水性物质；当 $\theta > 90°$ 时，则该物质为疏水性物质。一般疏水性物质的气浮效果较好，而亲水性物质的气浮效果较差。下面将对悬浮物与气泡的附着条件进行深入的探讨。

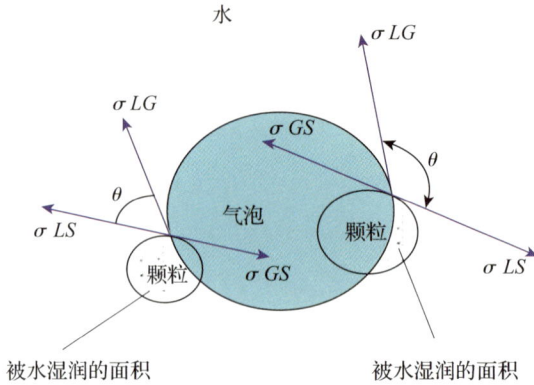

图 3 - 1　气泡与颗粒的作用过程图

按照物理化学的热力学理论，任何体系均存在力图使界面能减少到最小的趋势，下面来具体地分析悬浮物与气泡附着的条件。气泡与颗粒的作用过程如图 3-1 所示。

界面能：$W = \sigma S$；（其中，S 为界面面积；σ 为界面张力）

附着前：$W1 = \sigma_{水气} + \sigma_{水粒}$（假设 S 为 1）；

附着后：$W2 = \sigma_{气粒}$；

最终界面能的减少量为

$$\Delta W = \sigma_{水气} + \sigma_{水粒} - \sigma_{气粒}；\tag{3-1}$$

$\sigma_{水气}$、$\sigma_{水粒}$、$\sigma_{气粒}$ 三个力之间的关系如图 3-1 所示。从图中可以得出：

$$\sigma_{水粒} = \sigma_{气粒} + \sigma_{水气}\cos(180 - \theta)\tag{3-2}$$

由（1）式和（2）式可得

$$\Delta W = \sigma_{水气}(1 - \cos\theta)\tag{3-3}$$

由于任何体系均存在力图使界面能减少到最小的趋势。因此，悬浮物与气泡附着的条件必须满足 $\Delta W > 0$

即

$$\sigma_{水气}(1 - \cos\theta) > 0\tag{3-4}$$

由式（4）可得

当 $\theta \to 0$ 时，$\cos\theta \to 1$，$\Delta W = 0$；因此不能气浮；

当 $0 < \theta < 90$ 时，$0 < \cos\theta < 1$，$\Delta W < \sigma_{水气}$；此时，虽然颗粒能够附着在气泡上，但是附着不牢；

当 $90 < \theta < 180$ 时，$\Delta W > \sigma_{水气}$；此时，颗粒与气泡附着比较牢固，比较容易气浮；

当 $\theta \to 180$，$\triangle W = 2\sigma_{水气}$；此时，$\triangle W$ 达到最大值，颗粒最易被气浮。

同时，$\cos\theta = (\sigma_{气粒} - \sigma_{水粒})/\sigma_{水气}$，水中颗粒 θ 与表面张力 $\sigma_{水气}$ 有关。$\sigma_{水气}$ 增加，θ 增大，有利于气浮。为了增加气泡的稳定性，有时会添加一些表面活性剂；但是如果表面活性剂过多，则会导致 $\sigma_{水气}$ 下降，润湿接触角 θ 减小，从而影响到气浮的效果。因此，必须选择适宜的表面活性剂添加量，才能既保证气泡的稳定性，又能保证良好的气浮效果。

气浮法可用于沉淀法不适用的场合，以分离比重接近于水和难以沉淀的悬浮物，例如油脂、纤维、藻类等，也可用以处理金属废水、印染废水、食品工业废水等。在火炸药工业废水处理方面，可在处理废水的同时回收废水中的有用物质。例如，炸药废水中所含的硝化棉细断后成为细粒状，相对密度虽然大于 1，但由于其比表面积大，若采用气浮的方法使颗粒空隙中充满空气，则可使硝化棉漂上水面进而实现回收。水中极小的油粒，密度虽小却很难自动浮上水面。如果这些污染物能与水中形成的大量小气泡黏附在一起，由于气泡的浮上作用，可使黏附的污染物质迅速浮上液面。一般情况下，硝酸甘油等微小油粒的浮上速度仅为 $1\mu m/s$，而气泡的浮上速度达到了 $1mm/s$，用气泡携带油粒的浮上速度可提高近 1000 倍。即使相对密度大于 1 的固体物质，也可通过气泡助浮而迅速上升分离。

3.2.2 萃取法

萃取法可用于火炸药行业废水的处理，其处理废水的原理是利用与水互不相溶的特定溶剂与废水充分混合，使得废水中的目标污染物重新转移而溶入特定溶剂，接着将溶有污染物的溶剂与废水相分离，以此实现废水中污染物的去除和有用物质的回收的目的。萃取过程的原理见图 3-2。

萃取法具有处理周期短、成本低、

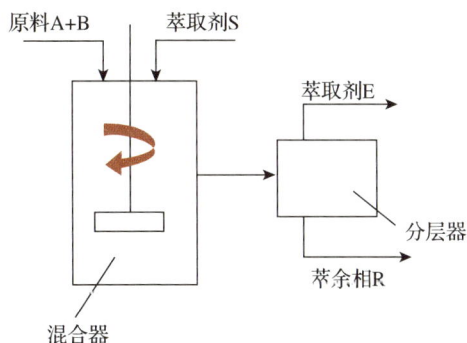

图 3-2 萃取过程原理

易于实现工业化等优点，可处理浓度较高的 TNT 废水，还可用于回收固体推进剂中价格昂贵的卡硼烷等。有研究人员采用超临界 CO_2 作为萃取剂成功地从 B 炸药中通过萃取 TNT 组分回收到 RDX。南京理工大学王连军团队应用通过膜萃取试验，考察了两相压力差和流速对萃取效率的影响，废水中 TNT 的萃取率可达 90%；采用聚偏氟乙烯中空纤维膜器，甲苯为萃取剂，对废水中 TNT 的去除率可达 95%。

　　然而，萃取法也存在一些不足，即用于废水中有机物的萃取技术还不够成熟，萃取剂成本很高，萃取剂通常具有一定水溶性和毒性，易于造成二次污染，因此在选择萃取剂时受到了一定的限制。

3.2.3　混凝法

　　在火炸药等工业废水的处理中，混凝法是一种很重要的物理处理方法。通过向水中投加混凝剂及助凝剂，使混凝剂在水中通过电离和水解等化学作用互相聚合而形成胶体，然后通过胶体的压缩双电层、吸附电性中和、吸附架桥和沉淀物网捕等作用与水体中的杂质和有机物胶体结合形成更大的颗粒絮体，颗粒絮体在水的紊流中彼此易碰撞吸附，形成絮凝体（亦称绒体或矾花）。絮凝体具有强大吸附力，不仅能吸附悬浮物，还能吸附部分细菌和溶解性物质。絮凝体形成过程中，体积不断增大而下沉。

1. 混凝法的概念

　　物质在水中存在的形式有三种：溶解状态、胶体状态和悬浮状态。一般认为，颗粒粒径小于 1nm 的为溶解物质，颗粒粒径在 $1\sim100$nm 的为胶体物质，颗粒粒径在 $100\sim1000$nm 为悬浮物质。其中的悬浮物质是肉眼可见物，可以通过自然沉淀法进行去除；溶解物质在水中是从离子或分子状态存在的，可以向水中加入药剂使之反应生成不溶于水的物质而去除，或者通过吸附、离子交换、膜分离等方法加以去除；而胶体物质由于胶粒具有双电层结构而具有稳定性，不能用自然沉淀法去除，需要向水中投加一些药剂，使水中难以沉淀的胶体颗粒脱稳而互相聚合，尺寸增加至能自然沉淀的程度而去除。这种通过向水中加入药剂而使胶体脱稳形成沉淀的方法称为混凝，所投加的药剂称为混凝剂。

2. 混凝的基本原理

　　胶体的中心是由不溶于水的分散相物质分子组成的胶核，胶核具有巨大的比表面积，可以选择性地吸附一层带同号电荷的离子，这层离子称为胶粒的电位离子。电位离子决定了胶粒的带电符号和电荷多少，构成了双电层的内层。由于电位离子的静电引力，在其周围的溶液中又吸引了众多的异号离子，形成了反离子层，构成了双电层的外层。其中紧靠内层的反离子被电位离子牢固地吸引着，当胶核运动时，它们也随之运动，称为反离子吸附层，反离子吸附层和电位离子组成了胶团的固定层。固定层以外的反离子，由于电位离子对它们的引力较弱，不能随胶核一起运动，并有向水中扩散的趋势，称为反离子扩散层。固定层与扩散层之间的交界面称为滑动面。滑动面以内的部分称为胶粒，胶粒和扩散层一起构成了电中性的胶团。当胶粒运动时，扩散层中的大部分反离子就会脱离胶团，向溶液主体扩散，使胶粒产生剩余电荷，胶粒和扩散层之间形成电位差，称为胶体的电动电位（ζ电位）。这就是胶体微粒的双电层结构理论，如图 3-3 所示。胶核所带电荷的符号就是胶体所带电荷的符号。胶体微粒之所以能在水中保持稳定性，原因在于胶粒之间的静电斥力（胶粒常常带有同种电荷而具有斥力）、胶体表面的水化作用及胶粒之间相互吸引

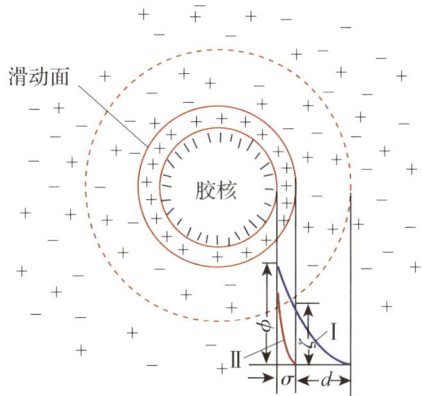

图 3-3 胶体双电层结构

的范德华力等共同作用。胶微带电越多，ζ电位就越大，带电荷的胶粒和反离子与周围水分子发生水化作用越大，水化壳也越厚，胶体越具有稳定性。向水中投加药剂，使胶体失去稳定性而形成微小颗粒，而后这些均匀分散的微小颗粒再进一步形成较大的颗粒，从液体中沉淀下来，这个过程称为凝聚。

凝聚有以下几方面的作用：

1）压缩双电层作用

水中黏土胶团含有吸附层和扩散层，合称双电层。双电层中正离子浓度由内向外逐渐降低，最后与水中的正离子浓度大致相等。因此双电层有一定的厚度。如向水中加入大量电解质，则其正离子就会挤入扩散层而使之变薄，进而挤入吸附层，使胶核表面的负电性降低。这种作用称为压缩双电层作用（图 3-4）。

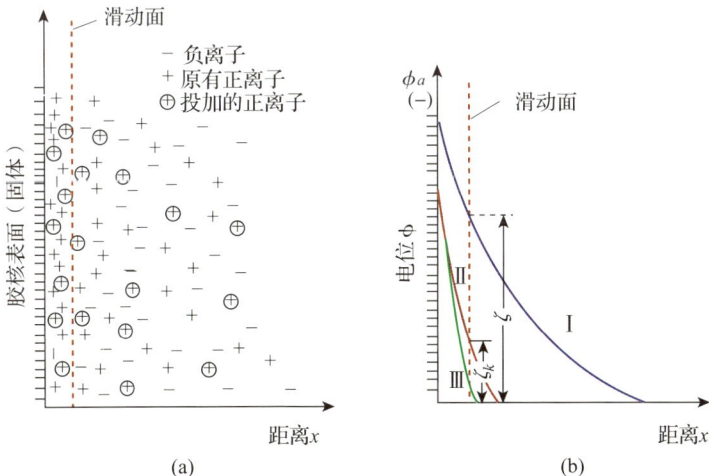

图 3-4 压缩双电层作用

由于离子的扩散作用，水中的反离子进入胶体的扩散层和吸附层，从而为保持胶体电中性所需的扩散层中的正离子的减少，扩散层厚度变薄，压缩了扩散层，于是ζ电位降低，排斥势能 ER 也随之降低，排斥能峰 E_{max} 也会减小甚至消失。当ζ电位下降至一定程度，使 $E_{max}=0$，胶粒发生聚集，此时的电位成为临界电位。当ζ电位降低至ζ$=0$ 时称为等电状态，此时排斥势能 ER 消失，则排斥能峰 E_{max} 也消失。

简而言之，压缩双电层作用机理为，通过加入电解质压缩扩散层而导致胶粒脱稳凝聚的作用机理。脱稳是胶粒因ζ电位降低而失去稳定性的过程，而凝聚是脱稳胶体相互凝结形成微小絮凝体的过程。

2）吸附-电中和作用

对于混凝剂投量过多而使胶体重新稳定的现象，可以用电中和作用机理解释：若混凝剂投加量过多，会使水中原来带负电荷的胶体变化为正电荷的胶体，这是因为胶核表面吸附了过多正离子的结果，从而使胶体又重新稳定。若混凝剂投加量适中，带有正电荷的高分子物质或高聚合离子吸附了带负电荷的胶体离子以后，就产生电性中和作用，从而导致胶粒ζ电位的降低，并达到临界电位，再通过吸附作用，使胶体达到脱稳凝聚的目的。吸附-电中和作用和压缩双电层作用的区别和联系如表3-1所示。

表3-1　压缩双电层作用和吸附-电中和作用的对比

	胶体ζ电位降低原因	总电位是否变化	作用单元	带电胶粒异同
压缩双电层	依靠溶液中反离子浓度增加而使胶体扩散层厚度减小（静电作用）	否	简单离子	同种
吸附-电中和	异号反离子直接吸附在胶核表面，从而使彼此的电性中和	是	高分子或高聚合离子	异种

3）吸附架桥作用

对高分子絮凝剂，有的表面不带电，为非离子型，有的表面带负电荷，仍然能对负电荷的胶体杂质起混凝作用，这个现象可用吸附架桥作用机理来解释（图3-5）。高分子絮凝剂为线性分子、网状结构，其中碳碳单键一般情况下是可以旋转的，聚合度较大，即主链较长，在水介质中主链是弯曲的，其表面积较大，吸附能力强。在主链的各个部位吸附了很多固体颗粒，就像是为固体颗粒架了许多桥梁，让这些固体颗粒相对地聚集起来形成大的颗粒。

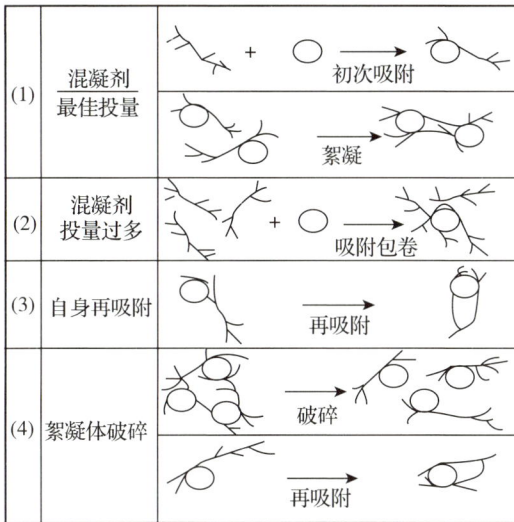

图 3-5　高分子物质或高聚合物在不同情况下对胶粒的吸附架桥作用

4）絮体的网捕作用

无机混凝剂（如铝盐或铁盐）投量很多时，会在水中形成高聚合度的多羟基化合物的絮体或大量氢氧化物沉淀，形成絮凝网状结构，在沉淀过程中可以吸附、卷带水中胶体颗粒共同沉淀，此过程称为絮凝剂的网捕作用，这是一种机械作用。对于低浊度水，可以利用这个作用机理，在水中投加大量混凝剂，以达到去除胶体杂质的目的。

3. 常见的混凝剂

常用的混凝剂有无机絮凝剂、有机高分子絮凝剂、生物絮凝剂等。无机絮凝剂主要产品有硫酸铝、聚合氯化铝、三氯化铁、硫酸亚铁、聚合硫酸铁、聚合硅酸铝、聚合硅酸铁、聚合氯化铝铁、聚合硅酸铝铁和聚合硫酸氯化铝等。有机高分子絮凝剂以聚丙烯酰胺类产品为代表，生物絮凝剂是一类由微生物产生的具有絮凝能力的高分子有机物，主要有蛋白质、黏多糖和纤维素。下面简单介绍几种常用的混凝剂。

1）聚合氯化铝（PAC）

聚合氯化铝是应用最广泛的一种絮凝剂。固体裸露易吸潮，但在常温下化学性能稳定，久储不变质，无毒无害。聚合氯化铝易溶于水，水溶液为无色至黄褐色透明状液体，在水中易于发生水解，水解过程中伴随有电化学、凝聚、吸附、沉淀等物理化学现象。相对于硫酸铝而言，聚合氯化铝混凝效果随温度变化较小，形成絮体的速度较快，絮体颗粒和相对密度都较大，沉淀性能好，所需的投加量小。聚合氯化铝适宜的 pH 值范围在 5～9 之间，最佳处理范围在 6～8 之间。PAC 具有反应快、耗药少、成本低、矾花大、沉降快、滤性好等突出优点，可提高设备利用率。PAC 过量投加一般不会出现胶体的再稳定现象。聚合氯化铝水溶液呈弱酸性，pH 值在 5.5～6.0，对设备的腐蚀性很小。

2）聚合硫酸铁（PFS）

聚合硫酸铁简称聚铁，是淡黄色无定型粉状固体，极易溶于水，水溶液随时间的延长由浅黄色变成红棕色透明溶液。在产品的储存和使用过程中，聚合硫酸铁对设备基本无腐蚀作用。聚合硫酸铁投药量低，而且基本不用控制液体的 pH 值。与铝盐相比，聚合硫酸铁絮凝速度更快，形成的矾花大，沉降速度更快。另外，聚合硫酸铁还具有脱色、去除重金属离子、降低水中 COD 和 BOD 浓度的作用，但其出水容易显黄色。

3）聚丙烯酰胺（PAM）

聚丙烯酰胺按离子特殊性分类，可分为阳离子型、阴离子型、非离子型和两性酰胺四种。阳离子酰胺主要用于水处理，阴离子酰胺主要用于造纸、水处理，两性酰胺主要用于污泥脱水处理。聚丙烯酰胺易溶于冷水，分子量对溶解度影响不大，但高分子量的酰胺浓度超过质量分数 10% 以后，会形成凝胶状态。溶解温度超过 50℃，PAM 发生分子降解而失去助凝作用。因此溶解聚丙烯酰胺时要用 45～50℃ 的温水最为适宜。配制聚丙烯酰胺溶液一般配成质量浓度为 0.05%～2% 的溶液。阳离子酰胺黏度较小，可配制成浓度较大的溶液；阴离子酰胺黏度较大，可适当配制成浓度较小的溶液。配制溶液时不可浓度过大，否则不容易控制加药量，容易造成加药过量。聚丙烯酰胺的加入量很小，一般加药量在 $(0.1～2)×10^{-6}$。聚丙烯酰胺溶液用于处理废水时，加药后的絮凝效果与搅拌时间有关。当已经形成大块絮凝时，不可剧烈搅拌，否则会使已经形成的较大矾花被打碎，变成细小的絮凝体，从而影响沉降效果。

4. 影响混凝效果的因素

影响混凝效果的因素比较复杂，其中主要由水质本身的复杂变化引起，其次还要受到混凝过程中水力条件等因素的影响。

1）水质的影响

工业废水中的污染物成分及含量随行业、工厂的不同而千变万化，而且通常情况下同一废水中往往含有多种污染物。废水中的污染物在化学组成、带电性能、亲水性能、吸附性能等方面都可能不同，因此某一种混凝剂对不同废水的混凝效果可能相差很大。另外有机物对于水中的憎水胶体具有保护作用，因此对于高浓度有机废水采用混凝沉淀方法处理效果往往不好。有些废水中含有表面活性剂或活性染料一类污染物质，通常使用的混凝剂对它们的去除效果也大多不理想。

2）水体碱度的影响

碱度指水中含碱物质的多少。铝盐混凝剂的水解反应为：$Al^{3+} + 3H_2O \rightarrow Al(OH)_3 + 3H^+$。由该反应式可以看出，水解过程不断产生 H^+，会导致水的 pH 值不断下降，要使水的 pH 值保持在最佳范围，则水中应有足够的碱性物质与 H^+ 中和。当原水的碱度不足或混凝剂投量较多，水中产生大量 H^+ 时，必须投加石灰等碱性物质来中和水解过程中产生的 H^+，从而保证混凝效果。

3）水体 pH 值的影响

每种絮凝剂都有它适合的 pH 值范围，超出它的范围就会影响絮凝效果。比如对于铝盐，由于不同 pH 值条件下铝盐水解产物的形态不同，混凝的效果也不一样。铝盐水解以后生成的是具有两性的氢氧化铝，在酸性条件下，pH < 4 时氢氧化铝易溶于水，其反应为：$Al(OH)_3 + 3H^+ = Al^{3+} + 3H_2O$。此时铝盐在水中以大量的铝离子 Al^{3+} 形式存在，由于铝离子没有吸附架桥作用，不能使水中杂质黏结在一起，因此混凝效果不好。而在碱性条件下，当 pH 值大于 8 时，氢氧化铝也溶于水，其反应为：$Al(OH)_3 + OH^- = AlO_2^- + 2H_2O$。所以，当选用铝盐如聚合氯化铝为混凝剂时，pH 值应控制在 6.5～7.5 最为合适，这时才能形成稳定的氢氧化铝胶体沉淀。

4）水温对混凝效果的影响

无机盐混凝剂的水解反应是吸热反应，水温低时不利于混凝剂水解。水的黏度也与水温有关，水温低时水的黏度大，致使水分子的布朗运动减弱，不利于水中污染物质胶粒的脱稳和聚集，因而不易形成絮凝体。水温低时胶体水化作用增强，妨碍胶体凝聚，升高水温絮凝效果则会提高。因此，在低温条件下，必须增加絮凝剂用量。然而，水温过高时形成的絮凝体细小，污泥含水率增大，难以处理。由此可见，水温过高或过低对絮凝均不利。一般水温条件宜控制在 20～30℃。同时为提高低温水的混凝效果，可以采取以下措施：采用 PAC、铁盐作混凝剂；投加活化硅酸作为助凝剂；增加混凝剂投加量，尽量利用絮凝剂的网捕作用去除水中杂质。

5）絮凝剂投加量、性质和结构的影响

各种絮凝剂都有在相应条件下的最佳投加量，低于或者超过这个最佳量都会使絮凝效果变差。用量不足时，絮凝不彻底，用量过量则会造成胶体的再稳定，降低絮凝效果。所以，不同的絮凝剂要在使用之前做小试确定其最佳加入量。对于高分子絮凝剂来说，其结构和性质对絮凝作用影响很大。无机高分子絮凝剂的聚合度越大，其电中和能力和吸附架桥功能越强。而对于有机絮凝剂来说，除了聚合度的影响外，线性结构的絮凝剂絮凝作用大，而环状或支链结构的有机高分子絮凝剂絮凝效果较差。

6）水力学条件及混凝反应的时间的影响

将一定的混凝剂投加到废水中后，首先要使混凝剂迅速、均匀地扩散到水中。混凝剂充分溶解后，所产生的胶体与水中原有的胶体及悬浮物接触后，会形成许许多多微小的矾花，这个过程又称为混合。混合过程要求水流产生激烈的湍流，在较快的时间内使药剂与水充分混合，混合时间一般要求几十秒至两分钟。混合作用一般靠水力或机械方法来完成。在完成混合后，水中胶体等微小颗粒已经产生初步凝聚现象，生成了细小的矾花，其尺寸可达 $5\mu m$ 以上，但还不能达到靠重力可以下沉的尺寸（通常需要 $0.6\sim1.0mm$ 以上）。因此还要靠絮凝过程使矾花逐渐长大。在絮凝阶段，要求水流有适当的紊流程度，为细小矾花提供相碰接触和互相吸附的机会，并且随着矾花的长大这种紊流应该逐渐减弱下来。絮凝过程反应时间一般控制在 $10\sim30mim$，此阶段要求水流产生平稳的湍流。

5. 混凝剂的选择

针对处理某种特定的废水选择适应的混凝剂时，通常综合以下几方面的考虑来确定。

（1）处理效果好，对希望去除的污染物有较高的去除率，能满足设计要求。为了达到这一目标，有时需要两种或多种混凝剂及助凝剂同时配合使用。

（2）混凝剂及助凝剂的价格应适当，需要的投加量应当适中，以防止由于价格昂贵造成处理运行费用过高。

（3）混凝剂的来源应当可靠，产品性能比较稳定，并应宜于储存和投加方便。

（4）所有的混凝剂都不应对处理出水产生二次污染。当处理出水有回用要求时，要适当考虑出水中混凝残余量所造成的轻微色度等影响（例如采用铁盐作混凝剂时）。

基于上述原理，混凝法可作为一种经济简便的技术应用于火炸药废水的处理。TNT 及 RDX 可与大分子的阳离子表面活性剂形成不溶性的复合物而去除。

使用 N-牛脂基-1,3-二氨基丙烷，产生的沉淀可以很快地过滤，固体干燥后及燃烧时也不会发生爆炸，废水中 TNT 在 23h 后可从 110mg/L 降低到 0.1mg/L 以下。采用新型有机混凝剂聚酰胺-胺型树枝状高分子（PAMAM）并结合离子交换柱、活性炭净化池处理 TNT 废水，使 COD 从 101000mg/L 降低至 364mg/L 左右，达到国家二级排放标准。采用聚合硫酸铁与聚合氯化铝作絮凝剂，臭氧作氧化剂治理含萘以及 2-萘酸等有机物的废水，可使 COD 从 3000mg/L 降低至 120mg/L 左右，去除率为 96%，取得良好效果。然而，混凝法具有处理效果易受水质影响、工艺复杂、投料量大等缺点，在火炸药工业废水处理领域的应用受到了很大的限制。

3.2.4　吸附法

1. 吸附理论

吸附法是指在一定条件下，利用多孔性吸附材料将废水中的一种或数种组分吸附于表面，再用适宜试剂、加热或吹脱等方法将吸附组分解吸，达到分离和富集的目的。吸附剂在吸附废水中的杂质时，既有物理作用，又有化学作用。如果吸附剂与被吸附物质之间是通过分子间引力（即范德华力）而产生吸附，称为物理吸附。物理吸附具有以下特点：

（1）气体的物理吸附类似于气体的液化和蒸气的凝结，故物理吸附热较小，与相应气体的液化热相近；

（2）气体或蒸气的沸点越高或饱和蒸气压越低，它们越容易液化或凝结，物理吸附量就越大；

（3）物理吸附一般不需要活化能，故吸附和脱附速率都较快。任何气体在任何固体上只要温度适宜都可以发生物理吸附，没有选择性；

（4）物理吸附可以是单分子层吸附，也可以是多分子层吸附；

（5）被吸附分子的结构变化不大，不形成新的化学键，故红外、紫外光谱图上无新的吸收峰出现，但可有位移；

（6）物理吸附是可逆的；

（7）固体自溶液中的吸附多数是物理吸附。

如果吸附剂与被吸附物质之间产生化学作用，生成化学键引起吸附，称为化学吸附，与物理吸附相比，化学吸附主要有以下特点：

（1）吸附所涉及的力与化学键力相当，比范德华力强得多。

（2）吸附热近似等于反应热。

（3）吸附是单分子层的。因此可用朗缪尔等温式描述，有时也可用

Freundlich 公式描述。捷姆金吸附等温式只适用于化学吸附。

（4）化学吸附具有选择性。

（5）对温度和压力具有不可逆性。另外，化学吸附还常常需要活化能。确定一种吸附是否化学吸附，主要根据吸附热和不可逆性。

物理吸附和化学吸附并非互不相容，随着条件的变化可以相伴发生，但在一个系统中，可能某一种吸附是主要的。在污水处理中，多数情况下，往往是几种吸附的综合结果。如果吸附过程是可逆的，当污水和吸附剂充分接触并达到吸附平衡时，吸附速度和解吸速度相等，吸附质在溶液中的浓度和吸附剂表面上的量不再改变。此时，污染物在溶液中的残余浓度称为平衡浓度，而在吸附剂上的质量称为单位吸附量，简称吸附量。

吸附量表示了吸附剂能力（吸附容量）的大小，以 x/m（g 吸附质/g 吸附剂）表示，即单位质量吸附剂所吸附的吸附质的质量。在温度一定时，吸附量随污水中剩余吸附质浓度的提高而增加。吸附量随平衡浓度变化的曲线称为吸附等温线，如图 3-6 所示。

曲线可分为三个区段：第 Ⅰ 区段为低浓度区，x/m 与 C 接近于直线关系；平衡浓度继续提高时，x/m 值的增长速度趋向缓慢；进入第

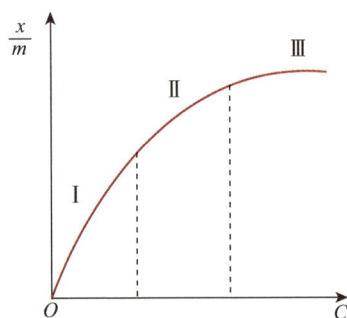

图 3-6　吸附等温线

Ⅲ 区段时，曲线几乎和横轴平行，即平衡浓度继续增加，吸附量 x/m 已无显著变化。

吸附等温线的数学表达式叫吸附等温式。对于曲线的第 Ⅱ 区段（中等浓度），通常应用 Freundlich 经验公式来表示：

$$\frac{x}{m} = KC^{1/n}$$

式中，x/m 和 C 分别为吸附量和平衡浓度；n 和 K 为经验常数，它与吸附剂、吸附质和水温有关。上式取对数可得到下面的直线方程式：

$$\lg x/m = \lg K + \frac{1}{n}\lg C$$

该直线的截距为 $\lg K$，斜率为 $1/n$。如在一定试验条件下，用不同浓度的溶液，测定吸附平衡时 x/m 和 C 的数值，即可绘制出这种直线，从而求得 K 和 n，见图 3-7。

根据 Freundlich 吸附等温线可以确定在相同条件下，吸附质在不同剩余浓度下的被吸附量，用于评定某种吸附剂对特定废水的吸附效果。目前在火炸药

行业废水处理的研究和应用中，比较常见的吸附剂为活性炭和树脂，因此本节将对活性炭吸附法和树脂吸附法进行详细介绍。

2. 活性炭吸附法

在用吸附法处理火炸药工业废水时，普遍采用活性炭进行吸附处理，活性炭吸附已成为火炸药工业废水处理领域最普遍的预处理和深度处理技术。活性炭的吸附过去主要用于食品、化学和医药工业中的糖、酒、染料、药品的精制，后来才逐步地应用到废水、废气的净化方面。

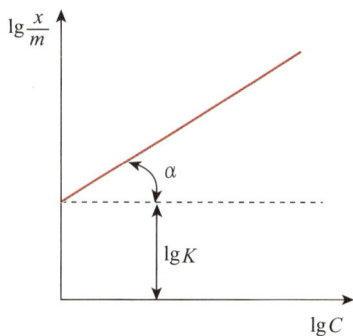

图 3 - 7　Freundlich 吸附等温线（直线形式）

采用活性炭吸附技术处理炸药废水，水质净化程度高，运行稳定可靠。活性炭吸附技术处理火炸药工业废水的流程见图 3 - 8。

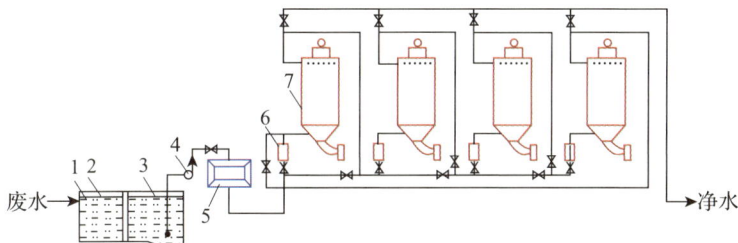

图 3 - 8　活性炭吸附法处理火炸药工业废水的工艺流程

1—沉淀池；2—滤网；3—调节池；4—泵；5—过滤器；6—转子流量计；7—吸附柱。

来自工房的火炸药生产废水首先会进入沉淀池以去除大部分悬浮物、泥沙和杂物，沉淀池分成数个格子，格与格之间用网孔 20 目的过滤网隔开，将废水中的漂浮颗粒、黏稠杂物隔离在调节池外。废水通过提升泵从调节池经过滤器打入高位槽，之后经转子流量计进入吸附柱。吸附柱通常是 2～4 根为一组，正常工作时其中一根可留作更换新碳备用，其余吸附柱可串联或并联使用。当第 1 根吸附柱饱和后需要更新碳时，备用柱再与其他各柱串联或并联进行工作，如此轮换交替。

采用活性炭吸附处理梯恩梯-黑索今混合废水时，由于梯恩梯和黑索今的吸附性能有差别，使得处理梯恩梯-黑索今混合废水时的吸附性能比单独处理梯恩梯废水时吸附性能低得多。美国依阿华陆军弹药厂的研究表明，当浓度较高时（大于 40mg/L），废水中两种物质的单独吸附能力几乎相等，而当浓度较低时，对黑索今的吸附能力要比梯恩梯低很多。在梯恩梯和黑索今同时存在的废水中，因为竞争吸附，其中任何一种物质的吸附能力都低于两种物质分别单独存在时的吸附能力。当黑索今的浓度低于梯恩梯的浓度时，梯恩梯的吸附能力明显降低，而黑索今的吸附能力则未受明显影响。

3. 树脂吸附法

除活性炭吸附技术外，树脂吸附法是火炸药工业废水处理领域另外一种研究和应用较多的吸附技术。吸附树脂是 20 世纪 60 年代初在吸附技术和离子交换技术的基础上发展起来的一类具有多孔性立体结构的树脂。多孔性树脂通常以苯乙烯和二乙烯苯等材料作为合成单体，在甲苯等有机溶剂存在下，通过悬浮共聚等技术进行生产。多孔性树脂外观呈鱼籽样的小圆球，广泛用于废水处理、药剂分离和提纯，用作化学反应催化剂的载体，气体色谱分析及凝胶渗透色谱分子量分级柱的填料。多孔性树脂的特点是容易再生，可以反复使用，如果配合使用阴、阳离子交换树脂，可以达到极高的分离净化水平。

早在 1973 年，美国的技术人员使用 Rohm‑Hass 公司生产的牌号为 Amberlite XAD‑2 和 XAD‑4 的聚合树脂，对陆军弹药废水的处理进行小型试验和中型试验（树脂性能参数如表 3‑2 所示）。1976 年 2 月，美国一些弹药厂进行了工业规模的应用试验，证明吸附树脂用于火炸药工业废水的处理在技术和经济上是合理可行的。

表 3‑2　火炸药工业废水处理所用吸附树脂的性能参数

参数	XAD‑2	XAD‑4	天津 D‑101
孔隙率/%	12	51	64
湿真密度/(g/mL)	1.02	1.02	1.01
比表面积/(m²/g)	330	750	550
平均孔径/nm	900	500	600
骨架密度/(g/mL)	1.07	1.08	1.08
标准筛尺寸/目	20～50	20～50	20～80

天津市制胶厂曾用 D‑101 型吸附树脂对梯恩梯生产废水进行吸附试验（树脂性能参数如表 3‑2 所列），试验过程采用了三台装有 10kg D‑101 吸附树脂的不锈钢固定吸附柱，泵送的废水经过滤器在吸附柱内由下而上进行升流吸附。当吸附柱达到饱和时，再利用甲苯在柱内降流解吸，甲苯萃取液通过蒸馏塔进行分离，可获得工业纯甲苯，蒸馏结晶可用于制造工业梯恩梯。研究人员对树脂吸附和活性炭吸附作了技术经济分析和比较，认为树脂吸附技术在梯恩梯生产废水的处理方面是可行的。浙江工业大学叶李广采用静态吸附和动态吸附的

方法研究了 NDA‑150 大孔树脂对硝基苯甲醚的吸附效果。结果表明，该树脂对硝基苯甲醚的吸附在 pH 值为 1～7 时的吸附效果较好，在 pH 为 3.0 时的吸附效果达到最佳。静态吸附动力学显示，该树脂在 24h 内吸附达到平衡，硝基苯甲醚的静态饱和吸附量为 396.8mg/g。动态吸附动力学显示，硝基苯甲醚在 NDA‑150 树脂吸附系统内的动态吸附量可达到 729.6mg/g。

4. 活性炭（树脂）的再生

采用活性炭、树脂等吸附剂对火炸药工业废水进行处理，能有效降低目标污染物及 COD 含量。但当吸附过程运行一定时间后，活性炭和树脂等吸附剂会因吸附饱和而失效，此时必须进行再生处理。饱和吸附剂的再生方法很多，主要有溶剂法、化学再生法（酸碱法）、蒸气法、湿式空气氧化法、生化法和热再生法等。目前活性炭的再生普遍采用的是热再生法，该方法利用高温燃烧气体，加入适量的水蒸气成为高温氧化性气体，直接加热饱和的活性炭，增大吸附质的动能而使之解吸。同时，借助蒸气与吸附物质在高温下发生热解产生的有机物残碳的相互作用，进行水煤气转化反应或脱碳过程，从而扫除活性炭空隙结构中的有机残留物。吸附的有机物经过高温氧化后生成二氧化碳、水、氧化氮等废气排出。由于梯恩梯、黑索今等炸药在高温下有爆炸的隐患，热再生工艺可分成两部分进行，即热分解和活化。首先使饱和碳经过斜板式热分解，把所含的硝基化合物大部分分解为氮氧化物和其他有机物，然后再对活性炭进行活化再生。树脂再生一般采用溶剂法，可采用乙醇、甲苯等溶剂进行脱附处理。TNT 等硝基化合物为吸附质时，吸附饱和的树脂，甲苯是最好的解吸溶剂。研究表明吸附硝基苯甲醚后的 NDA‑150 树脂若用无水乙醇做脱附剂，脱附效果优于碱液但是仍不理想，造成脱附率低的原因主要有吸附质与树脂表面官能团间形成了较强的化学键以及树脂微孔对吸附质分子的锁定作用。然而，对于吸附 TNT 饱和后的树脂再生，当吸附床流过的甲苯体积接近吸附床的体积时，TNT 解吸率可达到 90%～95%。一般只需要 1.5 倍体积的甲苯就能使吸附饱和的树脂解吸完全。吸附用的树脂虽然比活性炭价高，但使用寿命较长。活性炭和树脂吸附火炸药工业废水时都存在相同的问题，即吸附过程只是将梯恩梯等污染物从水相转移至固相，没有实现真正的去除。而吸附饱和的活性炭和树脂再生所产生的高浓度废液仍需进一步处理，若处理不当，易于造成二次污染。

3.2.5　膜分离法

1. 膜分离法原理

膜分离是利用分离膜对混合物中各组分的选择渗透作用性能的差异，以外界能量或化学位差为推动力，对双组分或多组分混合的气体或液体进行分离、分级、提纯和富集的技术。膜分离技术是一种新型高效的分离技术，是对非均相体系中不同组分进行分离、纯化与浓缩的一门新兴的边缘交叉学科。膜分离技术具有过程不发生相变及副反应、无二次污染、分离效率高、操作条件温和、能耗低等优点，是缓解资源短缺、能源危机和治理环境污染的重要措施，因而得到世界各国的普遍重视，目前已在海水淡化、化工、印染、环保、食品、生化过程等领域得到了广泛的应用和研究。目前膜分离技术被公认为20世纪末至21世纪中期最有发展前途的高科技之一。在短短的几十年里膜技术迅速发展，受到世界范围的瞩目。扩散定理、膜的渗析现象、渗透压原理、膜电势等一系列研究为膜的发展打下了坚实的理论基础，相关科学技术的突飞猛进也使得膜的实际应用成为可能。

2. 膜分离法的分类

从材料的角度，膜可分为有机膜、无机膜以及有机无机杂化膜；根据膜结构，又可分为对称膜和不对称膜；按分离原理，膜分离技术分为微滤（MF）、超滤（GF）、电渗析（ED）、纳滤（NF）和反渗透（RO）等。几种主要的膜分离技术过程示意图见图3-9。

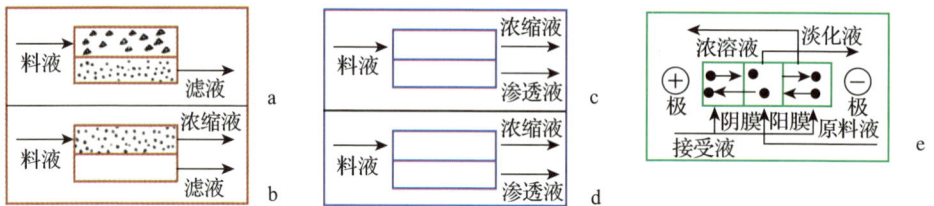

图3-9　膜分离过程示意
a—微滤；b—超滤；c—纳滤；d—反渗透；e—电渗析。

1）微滤

微滤又称微孔过滤，是以多孔膜（微孔滤膜）为过滤介质，在膜两侧的压力差推动下，截留溶液中的砂砾、淤泥、黏土等颗粒和贾第虫、隐孢子虫、藻类和一些细菌等，而溶剂、小分子及少量大分子溶质都能透过膜的分离过程。微滤膜能截留 $0.1\sim1\mu m$ 之间的颗粒，能阻挡住悬浮物、细菌、部分病毒及大尺度的胶体的透过，允许大分子有机物和无机盐等通过。微滤的过滤原理有三种：筛分、滤饼层过滤、深层过滤。一般认为微滤的分离机理为筛分机理，膜的物理结构起决定作用。此外，吸附和电性能等因素对截留率也有影响。其有效分离范围为 $0.1\sim10\mu m$ 的粒子，操作静压差为 $0.01\sim0.2MPa$。

随着生物技术的发展，生物和微滤集成技术在城市污水处理领域的市场将越来越大。在工业废水处理中可用于涂料行业废水、含油废水、含重金属废水和硝化棉废水等对象的处理，在这些领域已有工业化的应用实例。然而，微滤膜价格较高且易受污染，是其应用的主要障碍。研制抗污染、易清洗、耐高温、抗溶剂的长寿命膜及膜组件是当前研究的热点。

2）超滤

超滤是一种膜分离技术，能够将溶液净化、分离或者浓缩。超滤介于微滤与纳滤之间，三者之间无明显的分界线。一般来说，超滤膜的孔径在 1nm～0.05μm 之间，操作压力为 0.1～0.5MPa。主要用于截留去除水中的悬浮物、胶体、微粒、细菌和病毒等大分子物质。根据膜材料，超滤膜可分为有机膜和无机膜。按膜的外型又可分为：平板式、管式、毛细管式、中空纤维和多孔式。超滤膜的工作以筛分机理为主，以工作压力和膜的孔径大小来进行废水的净化处理。以中空纤维为例，以进水方式可分为外压式：原水从膜丝外进入，净水从膜丝内制取；反之则为内压式。内压式的工作压力较外压式要低。超滤膜在饮用水深度处理、工业用超纯水和溶液浓缩分离等许多领域中，得到了广泛应用。超滤膜在使用过程中，主要的问题是膜通量随运行时间的延长而降低，同微滤膜一样，也存在着膜污染问题。价格高也是其应用的主要障碍。

3）纳滤

纳滤是一种介于反渗透和超滤之间的压力驱动膜分离过程，纳滤膜的孔径范围在几个纳米左右。与其他压力驱动型膜分离过程相比，出现较晚。纳滤膜是荷电膜，能进行电性吸附。在相同的水质及环境下制水，纳滤膜所需的压力小于反渗透膜所需的压力。所以从分离原理上讲，纳滤和反渗透有相似的一面，亦有不同的一面。纳滤膜的孔径和表面特征决定了其独特的性能，对不同电荷和不同价数的离子又具有不同的 Donann 电位。纳滤膜的分离机理为筛分和溶解扩散并存，同时又具有电荷排斥效应，可以有效地去除二价和多价离子，去除分子量大于 200 的各类物质，可部分去除单价离子和分子量低于 200 的物质。纳滤膜的分离性能明显优于超滤和微滤，与反渗透膜相比具有部分去除单价离子、过程渗透压低、操作压力低、节约能量等优点。纳滤技术是目前膜分离领域的研究热点之一。在工业废水处理领域，纳滤膜主要应用于含溶剂废水的处理。纳滤膜易受污染，对比其他传统的污水处理方法，处理成本相对比较高。目前国际上有关纳滤膜的制备、性能表征、传质机理等方面的研究还不够系统、全面和深入。

4）反渗透

将相同体积的稀溶液（如淡水）和浓液（如海水或盐水）分别置于一容器的两侧，中间用半透膜阻隔，稀溶液中的溶剂将自然地穿过半透膜，向浓溶液侧流动，浓溶液侧的液面会比稀溶液的液面高出一定高度，形成一个压力差，达到渗透平衡状态，此种压力差即为渗透压。渗透压的大小决定于浓液的种类、浓度和温度，与半透膜的性质无关。若在浓溶液侧施加一个大于渗透压的压力时，浓溶液中的溶剂会向稀溶液流动，此种溶剂的流动方向与原来渗透的方向相反，这一过程称为反渗透。反渗透又称逆渗透，是一种以压力差为推动力，从溶液中分离出溶剂的膜分离操作。对膜一侧的料液施加压力，当压力超过它的渗透压时，溶剂会逆着自然渗透的方向作反向渗透。从而在膜的低压侧得到透过的溶剂，即渗透液；高压侧得到浓缩的溶液，即浓缩液。

反渗透膜对几乎所有的溶质都有很高的脱除率。反渗透技术的大规模应用主要面向苦咸水和海水的淡化脱盐、难以用其他方法处理的混合物的分离。在污水处理方面，反渗透已广泛应用于城市污水处理和回用、电镀废水处理、纸浆和造纸工业废水处理、制药废水处理等。反渗透法处理出水质量很高，在水处理中通常用于废水的深度处理。

5）电渗析

电渗析过程是电化学过程和渗析扩散过程的结合。在外加直流电场的驱动下，利用离子交换膜的选择透过性（即阳离子可以透过阳离子交换膜，阴离子可以透过阴离子交换膜），阴、阳离子分别向阳极和阴极移动。离子迁移过程中，若膜的固定电荷与离子的电荷相反，则离子可以通过，如果它们的电荷相同，则离子被排斥，从而实现溶液淡化、浓缩、精制或纯化等目的。电渗析技术首先用于苦咸水的处理和工业纯水的制备中，在重金属废水处理、放射性废水处理等工业污水处理中也得到了广泛的应用。然而，电渗析的应用也有其自身的一系列问题，例如只能用于去除水中带有电荷的盐分，对水中呈电中性的有机物去除效率较低。另外，电渗析在运行过程中易发生浓差极化而产生结垢。

3. 膜分离法在火炸药工业废水处理领域的应用

美国的技术人员使用聚砜超滤膜处理火炸药加工废水，处理水量为 $7.6m^3/d$，废水中的悬浮炸药颗粒流经孔径为 $0.04\mu m$ 的聚砜超滤膜后被回收，超滤出水经两级活性炭过滤后排放。南京理工大学王连军团队采用中空纤维膜萃取法处理梯恩梯废水进行了研究，其萃取原理见图 3-10，废水在中空纤维管内流动的同时，萃取剂在管外逆流流动，两相物质在膜壁进行传质萃取。由于聚砜膜是一种疏水性膜，不易吸附水分子，对有机分子有一定的吸附能力，而膜外流动的萃取剂使中空纤维膜全部浸没于萃取剂中。当膜内梯恩梯废水以层流形式流过时，梯恩梯分子被吸附到膜孔中和孔壁上。所采用的萃取剂（如煤油）对梯恩梯有较大的溶解性，当萃取剂在膜的另一侧流动时，就会从膜孔中把梯恩梯萃取走。这样，梯恩梯不断地被膜孔吸附，又不断地被萃取剂萃取走，从而使废水中的梯恩梯不断减少，而萃取剂中的梯恩梯浓度不断增加。研究结果表明，采用聚砜膜作为分离膜、以煤油作萃取剂来萃取废水中的梯恩梯，其萃取效率可达 90% 以上，处理后的废水中梯恩梯含量符合国家排放标准。然而，聚砜膜的耐腐蚀性较差，易膨胀，长期使用效果较差，而且价格昂贵，今后应寻求一种廉价实用的新材料。如采用聚偏氟乙烯膜作为分离膜、以甲苯作萃取剂进行梯恩梯废水的处理也是一种可行的处理方法，废水中梯恩梯的萃取效率可达 95% 以上，处理后的废水梯恩梯含量符合国家排放标准，并且采用聚偏氟乙烯膜时工艺简单，膜使用寿命较长，效率较高。

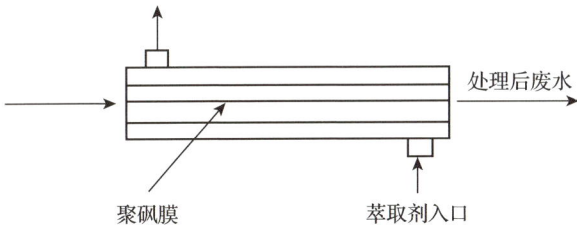

图 3-10　中空纤维膜萃取法处理梯恩梯废水原理示意图

3.2.6　其他物理处理方法

除了以上处理方法之外，还有蒸发法、浮选法、结晶法、冷冻法等物理处理方法。物理处理法速率较快，设备运行费用较低，可以大量地处理火炸药废水，但是物理方法对预处理要求较高，水中的污染物难以彻底去除，容易造成二次污染。因此，物理处理技术一般需要结合其他处理方法来对炸药废水进行处理，才能达到有效降低污染和保护环境的目的。

3.3　化学处理方法

化学处理法是通过一系列的化学反应来改变废水中污染物的结构和物化性质，将污染物无害化或降低其生物毒性，以达到治理废水的目的。废水的化学处理方法主要包括中和法、还原法、氧化法、化学沉淀法等，被广泛运用于火炸药废水治理中。

3.3.1　中和法

在火炸药生产及其配套的废酸处理等过程中，产生各类酸性或碱性废水，尤其以酸性废水最为常见。酸碱废水通常利用化学中和法投加中和剂来调节 pH 值，中和酸度和碱度并生成盐类和沉淀去除污染物。酸性废水中酸的质量分数差别很大，低的小于 1%，高的大于 10%。酸性废水排放是火炸药工业环境污染的重要问题之一，具有污染面广、污染持续时间长、危害程度严重等特点，不仅污染水体和土壤、危害水生生物及农作物，而且还严重腐蚀管道、水泵、钢轨等设备设施和建筑物。碱性废水和酸性废水具有一样的危害，是所有工业废水中最常见的一种污水。碱性废水中碱的质量分数有的高于 5%，有的低于 1%。酸碱废水中，除含有酸碱外，常含有酸式盐、碱式盐及其他无机物和有机物。酸碱废水具有较强的腐蚀性，需经适当废水处理方可外排。酸碱废水处理的一般原则是：

（1）高浓度的酸碱废水，应优先考虑回收利用的废水处理法。根据水质、水量和不同工艺要求，进行厂区或地区性调度，尽量重复使用。如重复使用有困难或浓度偏低、水量较大，可采用浓缩的废水处理法回收酸碱。

（2）低浓度的酸碱废水，如梯恩梯洗涤用水、硝化棉漂洗用水、酸洗槽的清洗水、碱洗槽的漂洗水，在不影响工艺的前提下，可以合理套用或循环使用，以便减少排放量。对于必须排放的低浓度酸碱废水，应进行中和处理。

中和酸性废水常用的方法是投药中和法和过滤中和法。

1. 投药中和法

投药中和法是应用广泛的一种中和方法。最常用的碱性药剂是石灰，有时也选用苛性钠、碳酸钠、石灰石等。选择碱性药剂时，不仅要考虑它本身的溶解性、反应速度、成本、二次污染、使用方便等因素，而且还要考虑中和产物的性状、数量及处理费用等因素。投药中和法一般分为干投法和湿投法。

干投法是根据废水含酸量，将石灰等药剂直接投入，设备简单、反应慢，用量是理论值的 1.4～1.5 倍。另外，干投法还得将石灰等药剂粉碎，操作时粉尘多，劳动强度大。湿投法是先在消解槽内将石灰等药剂消解成 40%～50% 的浓度后，再投入乳液槽，搅拌均匀，配成浓度为 5%～10% 的碱性溶液，以供中和使用。槽内设有转速不低于 40r/min 的搅拌器，以防止沉淀。不宜采用压缩空气搅拌，因为空气中的二氧化碳与钙离子等反应生成沉淀，既浪费石灰等药剂，又容易引起堵塞。湿投法的设备较多，但在中和反应时迅速而完全，投加中和剂量仅为理论用量的 1.05～1.10 倍。

酸碱中和的反应是很迅速的，因此混合、反应可在同一个池内进行。在设计混合反应池时，混合反应时间一般采用 2～5min。当废水中含有重金属离子时，混合反应时间应按去除重金属离子的要求确定。

中和药剂的用量可按下式计算

$$G = \frac{QC_s a_s K}{a \cdot 1000} \quad (\text{kg/h})$$

式中，Q 为废水流量，m^3/h；C_s 为废水的酸度，mg/L；a_s 为中和剂的比耗量（见表 3-3）；K 为反应不均匀系数，一般采用 1.1～1.2。但以石灰中和硫酸时，干法采用 1.4～1.5，湿法采用 1.05～1.10。中和硝酸和盐酸时采用 1.05。a 为药品纯度，%，一般石灰含 60%～80% 的有效氧化钙，熟石灰含 65%～75% 的氢氧化钙。

表 3-3　中和剂的比耗量 a_s

酸类名称	中和 1g 酸所需的中和剂/g				
	氧化钙	碳酸钙	碳酸镁	氢氧化钙	碳酸钙·碳酸镁
硫酸	0.57	1.02	0.86	0.76	0.95
硝酸	0.45	0.80	0.67	0.59	0.74
盐酸	0.77	1.38	1.15	1.01	1.27
乙酸	0.47	0.84	0.70	0.62	1.53

当酸性废水中含有铅、锌、铜等重金属离子时，计算中和剂的投料量，应增加与重金属离子化合物生成沉淀的药剂量。例如：

$$Zn^{2+} + Ca(OH)_2 \longrightarrow Zn(OH)_2 \downarrow + Ca^{2+}$$

某工厂长期采用湿投法中和处理酸性废水，其废水平均处理量为 1500m^3/d，其中主要是硝化棉酸性废水，废水的 pH 值为 1～2，总酸度为 800～1200mg/L。酸性废水经一次沉淀池沉淀后流入中和池，加入石灰乳进行中和后，流入二次沉淀池除去硫酸钙废渣，中性废水再经延时曝气池生化处理后排出。二次沉淀池中污泥含水率为 99%，浓缩池污泥含水率为 89%。将污泥用圆筒真空过滤机脱水（真空度：3000～4000Pa，真空抽气量：5～8m^3/min，风压：0.2kgf/cm^2，风量：1～1.5m^3/min），滤渣层厚度为 3～6mm，滤渣含水率 66%。在二次沉淀内沉淀出废石膏渣，平均排出量约 4～10t/d。生石灰消耗量为 2～8kg/m^3。废石膏渣能代替天然石膏来制作水泥，各项指标都能达到国家标准。此外还可以制造蒸气氧化粉煤灰硅酸盐砌块和粉煤灰砖。

2. 过滤中和法

使废水通过具有中和能力的碱性固体颗粒物滤料时发生的中和反应，称为过滤中和。如果废水中含有大量悬浮物、油脂类、重金属盐时，则需进行预处理。具有中和能力的碱性滤料有石灰石、大理石或白云石等。前两种的主要成分是碳酸钙，后一种的主要成分是碳酸钙和碳酸镁。

选用滤料与中和产物的溶解度密切相关，过滤中和反应在滤料颗粒表面反应，如果中和产物的溶解度很小，就会在滤料表面形成不溶性硬壳，阻止中和反应继续进行。废水中各种酸在中和后形成的相应盐类，在水中也具有不同的溶解度，其值随温度而变（见表 3-4）。中和硝酸、盐酸时，采用石灰石作滤料较好，其反应式如下：

$$2HNO_3 + CaCO_3 \longrightarrow Ca(NO_3)_2 + H_2O + CO_2 \uparrow$$

$$2HCl + CaCO_3 \longrightarrow CaCl_2 + H_2O + CO_2 \uparrow$$

中和硫酸时，最好采用白云石作滤料。反应产生的硫酸镁溶于水，不会包覆滤料表面而影响中和效果，生成的石膏（$CaSO_4$）的量也较少，仅为石灰石与硫酸反应生成量的一半。但白云石来源少，价格高，反应速度慢。白云石和硫酸的反应式如下：

$$2H_2SO_4 + CaCO_3 \cdot MgCO_3 \longrightarrow CaSO_4 \downarrow + MgSO_4 + 2H_2O + 2CO_2 \uparrow$$

$$H_2SO_4 + CaCO_3 \longrightarrow CaSO_4 \downarrow + H_2O + CO_2 \uparrow$$

过滤中和的设备通常有：

(1) 普通中和滤池。普通中和滤池为固定床，水的流向有平流式和竖流式两种。目前多采用竖流式。普通中和滤池的滤床厚度为 1～1.5m，滤料粒径一般为 30～50mm，过滤速度一般不大于 5m/h，接触时间不小于 10min。应注意的是，滤料中不得混有粉料，废水中如含有可能堵塞滤料的悬浮物时，应进行预处理。

表 3-4　常见的几种酸中和产物的溶解度

中和产物名称	不同温度时的溶解度/$(g \cdot L^{-1})$				
	0℃	10℃	20℃	30℃	40℃
$NaNO_3$	730	800	880	960	1040
$Ca(NO_3)_2 \cdot 4H_2O$	1020	1153	1293	1526	1959
$NaCl$	357	358	360	363	366
$CaCl_2 \cdot 6H_2O$	595	650	745	1020	—
$Na_2CO_3 \cdot 10H_2O$	70	125	215	388	—

（续）

中和产物名称	不同温度时的溶解度/(g·L⁻¹)				
	0℃	10℃	20℃	30℃	40℃
$CaCO_3$	难溶	难溶	难溶	难溶	难溶
$MgCO_3$	难溶	难溶	难溶	难溶	难溶
$Na_2SO_4 \cdot 10H_2O$	50	90	194	408	—
$CaSO_4 \cdot 2H_2O$	1.76	1.93	2.03	2.09	2.10
$MgSO_4 \cdot 7H_2O$	—	309	355	408	456

（2）升流式膨胀滤池。如图 3-11 所示，滤池主要结构为：底部为进水设备，采用大阻力穿孔管布水，孔径 9~12mm，进水设备上面是卵石垫层，厚度为 0.15~0.2m，卵石粒径为 20~40mm，垫层上面是石灰石滤料，粒径 0.5~3mm，滤床膨胀率保持在 50% 左右，膨胀后的滤层高度为 1.5~1.8m，滤层上部清水区高度为 0.5m，水流速度逐渐缓慢，出水由出水槽均匀汇集出流。滤床总高度为 3m 左右，直径大于 2m。废水从滤池的底部进入，水流自下向上流动，从池顶流出。废水上升滤速高达 50~70m/h，粒料间相互碰撞摩擦，加上生成的 CO_2 气体作用，有助于防止结壳，滤料表面不断更新，可以取得较好的中和效果。

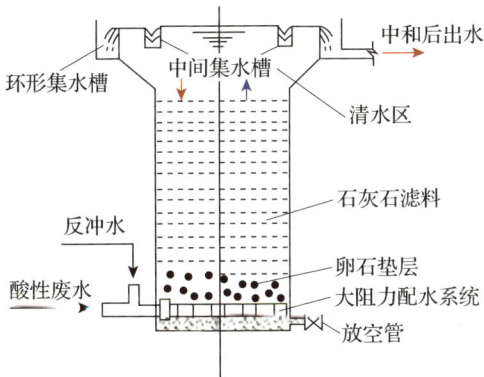

图 3-11 升流膨胀滤池

（3）变速膨胀中和滤池。筒体为倒圆锥体，上粗下细，滤料层的截面积是变化的，其底部滤速较大，可使大颗粒滤料处于悬浮状态，上部滤速较小，可保持上部微小滤料不致流失，可防止滤料表面结垢，同时提高滤料的利用率，图 3-12 所示是一种变速膨胀中和滤池。试验结果表明，用锥形中和滤池时，过滤速度可大幅度提高，下部滤速为 130~150m/h，上部滤速为 40~60m/h，进水的硫酸浓度达到 2.8g/L 时依然能正常工作，未发现滤料板结和堵塞现象。用变速膨胀中和滤池处理酸性废水，操作简单，出水 pH 值稳定，沉渣少，清池掏渣工作量少。但进水中硫酸浓度要严格控制在允许范围内（不大于 0.4%），废水中的悬浮物、油脂、杂物的含量亦应严格控制，因为这些物质会黏附在滤料表面，减少反应面积，同时制约石灰石在水中的自由翻滚而影响中和效果。某厂采用变速膨胀中和滤池处理硝化棉酸性废水，最大处理量为 8000t/d，当废水中的硫酸浓度为 3.1g/L，或含硫酸 2.9～3.1g/L、硝酸 2.2～2.3g/L 时，处理后出水的 pH 值均可稳定达到 6.2～6.6。

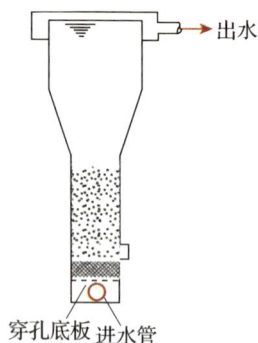

图 3-12　变速膨胀中和滤池

（4）滚筒中和滤池。如图 3-13 所示，装于滚筒中的滤料随滚筒一起转动，使滤料相互碰撞，及时剥离由中和产物形成的覆盖层，可以加快中和反应速度，废水由滚筒的另一端流出。滚筒直径 1m 或更大，长度为直径的 6～7 倍。滚筒转速约为 10r/min，转轴倾斜角度为 0.5°～1°。滤料粒径十几毫米，装料体积约为转桶体积的一半。进水中硫酸浓度可以超过允许浓度的数倍，滤料粒径不必碎得很小。然而，滚筒式中和滤池负荷率低（约为 $36m^3 \cdot m^{-2} \cdot h^{-1}$），构造复杂且动力费用较高，运转时噪声较大，同时对设备材料的耐腐蚀性能要求较高。

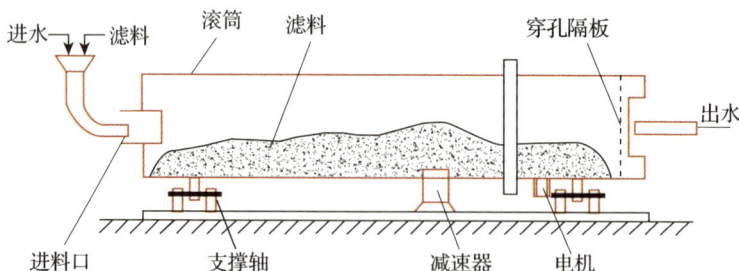

图 3-13　滚筒中和滤池

3.3.2　还原法

化学还原法是指通过化学试剂的还原性，在一定条件下经电子的转移将污染物质进行还原降解，降低废水毒性和改善废水可生化性。化学还原法主要应用于难于被氧化或具有拉电子特性的物质。火炸药废水中常见的污染物质一般是硝基芳香族化合物，此类化合物的苯环易发生亲电取代，不易发生氧化反应。因而在一般情况下，利用氧使芳环破裂而达到使硝基芳香族化合物分子裂解是不容易的。但在适合条件下，硝基芳香族化合物可以被还原成亚硝基化合物、羟胺基化合物以及氨基芳香族化合物等。化学还原法主要基于零价铁的还原作用，比较常见的是内电解法。

内电解法基于金属腐蚀溶解的电化学原理，即利用两种具有不同电极电位的金属，或一种金属和一种非金属，浸没在废水中形成原电池，通过金属腐蚀反应产生电场。借助电场作用，使废水中的胶体粒子和杂质通过电极沉积、凝聚和氧化还原的电化学反应，使废水得到净化。

目前较常用的内电解法为催化铁内电解法，或者叫做铁还原法、铁碳法。催化铁内电解法不仅可以通过内电解反应去除难降解有机物，同时电极反应中得到的新生态氢具有较大的活性，能破坏发色物质的发色结构，使偶氮基断裂、大分子分解为小分子、硝基芳香族化合物还原为氨基芳香族化合物。在反应过程中产生的大量 Fe^{2+} 和 Fe^{3+} 离子，可以水解生成的铁的氢氧化物胶体，铁的氢氧化物胶体是很好的絮凝剂。废水中铁的氢氧化物胶体带正电荷，它能与带相反电荷的一些物质及废水中的电解质发生沉聚作用。

内电解的基本原理是利用铁屑中的铁和焦炭组分构成微小原电池的正极和负极，以废水为电解质溶液，发生氧化－还原反应，形成原电池。在反应中，铁粉和焦炭构成了完整的回路，在它的表面上，电流在成千上万个细小的微电池内流动。铁粉作为阳极被腐蚀，而焦炭则作为阴极。电极反应如下：

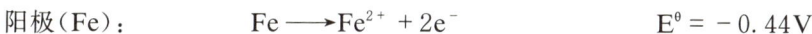

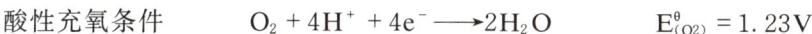

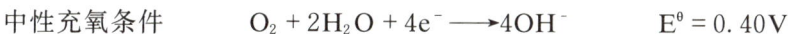

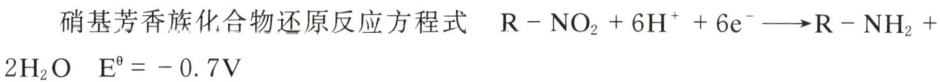

阳极（Fe）：　　　　　$Fe \longrightarrow Fe^{2+} + 2e^-$　　　　　$E^\theta = -0.44V$

阴极：酸性条件　　$2H^+ + 2e^- \longrightarrow 2[H] \longrightarrow H_2$　　　$E^\theta_{(H^+/H_2)} = 0V$

酸性充氧条件　　$O_2 + 4H^+ + 4e^- \longrightarrow 2H_2O$　　　$E^\theta_{(O_2)} = 1.23V$

中性充氧条件　　$O_2 + 2H_2O + 4e^- \longrightarrow 4OH^-$　　　$E^\theta = 0.40V$

硝基芳香族化合物还原反应方程式　　$R-NO_2 + 6H^+ + 6e^- \longrightarrow R-NH_2 + 2H_2O$　　$E^\theta = -0.7V$

内电解对色度去除有明显的效果。这是由于电极反应产生的新生态二价铁离子及电子具有较强的还原能力，可使某些有机物的发色基团硝基—NO_2、亚硝基—NO 还原成氨基—NH_2，另外，氨基芳香族化合物的可生化性也明显高于硝基芳香族化合物。新生态的二价铁离子也可使某些不饱和发色基团（如偶氮基—N＝N—）的双键打开，使发色基团破坏而除去色度，使部分难降解环状和长链有机物分解成易生物降解的小分子有机物而提高可生化性。此外，二价和三价铁离子是良好的絮凝剂，特别是新生的二价铁离子具有更高的吸附－

絮凝活性，调节废水的 pH 可使铁离子变成氢氧化物的絮状沉淀，吸附污水中的悬浮或胶体态的微小颗粒及有机高分子，可进一步降低废水的色度，同时去除部分有机污染物质使废水得到净化。

铁碳内电解的过程受多种因素影响，主要有以下几种因素：

（1）pH 的影响。由于各种废水中所含污染物种类不同，内电解法所需 pH 值也不同。一般由于 pH 的降低提高了氧的电极电化，加大微电解电位差，COD 去除率随 pH 值的降低而增大。但 pH 过低会使溶铁量增大。过量的 H^+ 会与 Fe 和 $Fe(OH)_2$ 反应，破坏絮凝体，产生多余有色的 Fe^{2+}。

（2）铁碳投加比的影响。在铁中加入焦炭，铁与焦炭形成原电池，加快电极反应，提高反应效率。但当碳的体积比铁的体积大时，COD 去除率随着碳投加量的增加而降低。因为碳过量，减少了有效活性位点，抑制微小原电池的电极反应。

（3）停留时间的影响。停留时间长短决定了反应作用时间的长短。停留时间越长，氧化还原等作用发挥得越彻底，但停留时间过长，会使铁的消耗量增加，溶出的 Fe^{2+} 大量增加，并氧化成为 Fe^{3+}，造成色度的增加及后续处理的问题。

（4）温度的影响。在一定的温度范围内，活化能基本不受温度变化影响，但温度升高增加反应物质的内能，有利于提高反应速度。从之前的实验来看，温度提高，电解速度增大，色度去除率增加。

（5）曝气的影响。曝气可提高溶解氧浓度，增加原电池的阴极电极电势，加大原电池的电化学腐蚀动力，同时产生有利于反应的中间产物。曝气形成的气泡有利于溶液中铁碳填料的混合，可使填料相互摩擦而去除其表面沉积的钝化膜。但是，过大的曝气量会减少铁碳的接触，影响原电池反应。

对催化铁内电解法处理硝基苯废水的机理进行了研究，结果表明：降解的过程符合准一级动力学规律，硝基苯可以在铁电极上直接得到电子还原，该反应在强酸和弱碱的条件下效果较好，反应速率常数随进水浓度的增加而增大。当温度升到 45℃ 以上时，升温可以显著改善处理效果。采用两级微电解-混凝动态处理含硝基芳香族化合物的氯霉素废水，可以有效提高废水的可生化性，目标污染物的去除率高达 90% 以上。南京理工大学沈锦优等采用铁刨花和铜刨花作为内电解材料还原预处理含 2,4-二硝基氯苯的废水，可将 2,4-二硝基氯苯有效地还原为 2,4-二氨基氯苯，废水可生化性得到了明显改善，BOD/COD 比值可由 0.005 ± 0.001 提高到 0.168 ± 0.007，废水生物毒性显著降低，$EC_{50,48h}$ 可由 0.65% 增加到 5.20%，内电解出水可通过后续的"厌氧-好氧"生化过程得到有效治理。此外,南京理工大学沈锦优等采用铁刨花和铜刨花作为内电解填料,还原处理 2,4 -二硝基苯甲醚废水、2,4 -二硝基苯甲醚等硝基芳香族化合物,可在 HRT 为 8h 的条件下在内电解系统内被有效地还原为对应的氨基芳香族化合物。

目前,国内外研究人员和工程技术人员虽然对内电解法进行了大量的实验研究和工程应用,但在理论上,对其反应过程中电极上实际发生的反应机理、反应产物和反应动力学等方面仍有待继续深入研究。在工程应用的过程中,内电解法也存在下列问题需要改进和加强:

(1) COD 去除效果不明显。铁碳还原法去除色度效果相对较好,但去除 COD 效果不是很明显,尤其对高色度高浓度废水的处理效果不是很理想,通常需要与其他方法联合操作,例如后续采用 Fenton 氧化法等高级氧化法进一步提高废水的可生化性,随后采用生化法进一步去除 COD。

(2) 铁屑结块。内电解絮凝床中最常用的填料为钢铁屑和铸铁屑。钢铁屑含碳量低,内电解反应慢,处理效果差;铸铁屑中含碳量高,处理效果好,但随处理时间的增加,铸铁屑的粒径逐渐减小。铸铁屑由于强度低,易被压碎成粉末状而结块,将降低内电解的处理效率。目前主要通过采用具有蓬松结构的铁刨花替代易结块的钢铁屑和铸铁屑。

(3) 絮凝床堵塞。随内电解法絮凝床运行时间的增长,填料中聚集悬浮物增多,加上金属化合物的浓集,易将填料孔隙堵塞,需定期反冲。但铁屑密度大,需较强的冲洗强度,工程应用中须配套较大功率的反冲洗设备,投资增大。采用具有蓬松结构的铁刨花替代易结块的钢铁屑和铸铁屑也可有效缓解絮凝床堵塞的问题。

内电解法作为一种实用的废水处理方法,虽然存在很多的不足和缺陷,但是经过多方面的研究和探索,在不久的将来会在废水处理工作中为环境保护做出更大的贡献。

3.3.3 氧化法

化学氧化法是指利用强氧化剂的氧化性,在一定条件下与水中的有机污染物发生反应,从而达到消除污染的目的。科学技术的迅猛发展促进了一系列新的氧化处理技术的研究,氧化处理法发展快,应用研究多。其中,超临界水氧化法、紫外臭氧氧化法、低温等离子体氧化法、Fenton 催化氧化法、电化学氧化法等技术在难降解工业废水处理方面得到了广泛的研究,其中有些技术已得到了实际的工程应用。在火炸药工业废水中,梯恩梯、黑索今等有机物在一定条件下均能被氧化成易降解的中间产物，其至可被氧化成 CO_2、H_2O 以及其他小分子的无毒有机物，有害物质得以完全去除，又不产生二次污染。因此，在梯恩梯等火炸药工业废水的治理中可以借鉴这些难降解有机废水的氧化处理技术。

1. 超临界水氧化法

超临界水氧化（supercritical water oxidation，SCWO）技术是一种可实现对多种有机废物进行深度氧化处理的技术。它利用了水在超临近状态下近似于非极性有机溶剂的特性，使得有机物能与空气、氧气等气体混溶形成均相反应体系，进而实现有机物高效快速氧化分解，生成二氧化碳、水和氮气。所谓超临界，是指流体物质的一种特殊状态。当把处于汽液平衡的流体升温升压时，热膨胀引起液体密度减小，而压力的升高又使汽液两相的相界面消失，成为均相体系，这就是临界点。当流体的温度、压力分别高于临界温度和临界压力时就称为处于超临界状态。超临界流体具有类似气体的良好流动性，但密度又远大于气体，因此具有许多独特的理化性质。图 3-14 为超临界水氧化装置示意图。

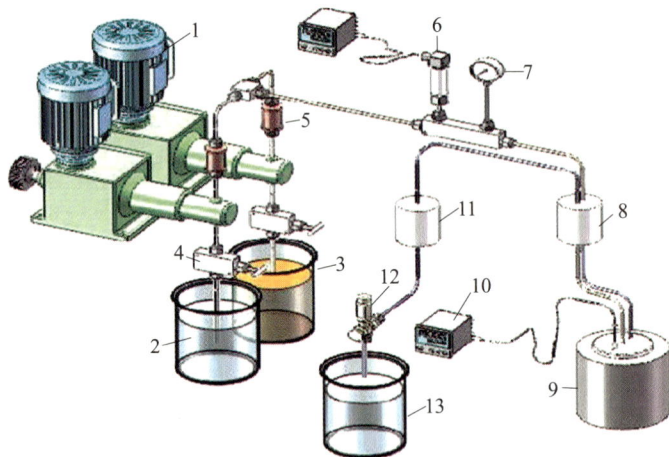

图 3-14 超临界水氧化装置示意图

1—高压柱塞泵；2—双氧水罐；3—废水罐；4—排空阀；5—止回阀；6—温度计；7—压力表；
8—热交换器；9—反应釜；10—温度控制仪；11—冷凝器；12—背压阀；13—废液罐。

水的临界点温度是 374.3℃、压力是 22.05MPa，如果将水的温度、压力升高到临界点以上，即为超临界水，其密度、黏度、电导率、介电常数等基本性能均与普通水有很大差异，表现出类似于非极性有机化合物的性质。因此，超临界水能与非极性物质（如烃类）和其他有机物完全互溶，而无机物特别是盐类，在超临界水中的电离常数和溶解度却很低。同时，超临界水可以和空气、氧气、氮气和二氧化碳等气体完全互溶。利用超临界水氧化法处理污染物时，先将氧化剂和水混合，废物和水混合，然后将混合物送入超临界水氧化器进行反应。如果有些物质不能混合或者不宜混合，这时若把氧化剂和水、废物和水在混合之前就分别加热到水的临界温度以上，就解决了混合的问题，避免形成爆炸性混合物。具有挥发性、常态下不溶于水的易燃有机物，均可采用相似的处理方法。

由于超临界水对有机物和氧气均是极好的溶剂，因此有机物的氧化可以在富氧的均一相中进行，反应不存在因需要相间转移而产生的限制。同时，400~600℃的高反应温度也使反应速度加快，可以在几秒的反应时间内，即可达到99%以上的氧化分解率。超临界水氧化反应完全彻底，有机碳转化为 CO_2，氢转化为 H_2O，卤素原子转化为卤离子，硫和磷分别转化为硫酸盐和磷酸盐，氮转化为硝酸根和亚硝酸根离子或氮气。超临界水氧化技术是一种清洁、无污染、对环境友好的有机废物处理技术，在处理有毒、难降解的有机废物方面具有独特的效果。通过 SCWO 处理的有机物最终排放物是 CO_2、H_2O、N_2 等小分子无机物，没有二次污染，由于超临界水这些特有的性质，使得超临界水氧化技术成为极有前景的难降解有机废水处理新技术。

超临界水氧化法在火炸药工业污染处理领域已有大量的尝试。例如，用超临界水氧化法处理 TNT 炸药污染物，进水中 TNT 浓度相当于 TNT 溶解度的1/2，可实现 TNT 污染的有效去除。在进行火炸药污染的超临界水氧化处理时，可采用碱性水解－超临界水氧化耦合技术。首先通过在碱水中发生硝酸酯断裂的水解反应，使硝化纤维素等大分子降解为小分子物质。实践证明，碱性水解法是火炸药转化为无害、少害或非含能物质的简单而廉价的方法。将碱性水解与超临界水氧化结合的两步法，可能成为一种处理大量梯恩梯炸药等污染物的经济有效的方法。通过碱性水解预处理，在常压、低于 100℃下将梯恩梯炸药转变成水溶性的非爆炸性物质，再通过超临界水氧化反应转变成无害的 CO_2、N_2 及少量的 NO_3^-、NO_2^-。

尽管超临界水氧化技术有许多优点，已经展现出了良好的工业应用前景，但是超临界水氧化法还有一些实际技术问题需要解决，例如反应条件苛刻（需高温高压条件）、对设备材质要求高，从而导致超临界水氧化法处理成本高。目前我国已研发出了较小型的超临界水氧化处理成套装置，研究表明其对 TNT 废水中 TNT 等特征污染物的处理效率可高达 90% 以上，但是处理能力为 500L/h 的超临界水氧化处理装置造价高达 200 万元，从而使该技术的大规模工程应用受到了很大的限制。

2. 芬顿 (Fenton) 催化氧化技术

1894 年，H. J. Fenton 首次发现 H_2O_2 与 Fe^{2+} 组成的混合液能迅速氧化苹果酸，并把这种由 H_2O_2 与 Fe^{2+} 组成的混合液称为标准芬顿 (Fenton) 试剂。近年来的研究中，Fenton 试剂受到研究人员广泛的青睐，相继进行了许多深入的研究，并成功用于多种工业废水的处理。Fenton 技术所应用的 Fenton 试剂之所以具有很强的氧化能力，是因为其中同时含有 Fe^{2+} 和 H_2O_2，H_2O_2 可在酸性条件下被亚铁离子有效地催化分解生成羟基自由基（·OH），并引发更多的其他自由基，其反应机理如下（以 RH 表示有机物）：

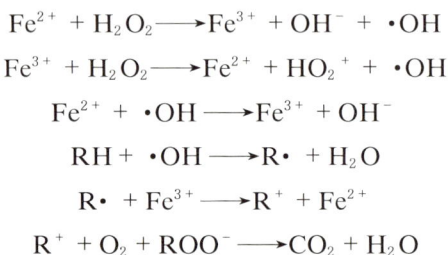

$$Fe^{2+} + H_2O_2 \longrightarrow Fe^{3+} + OH^- + \cdot OH$$

$$Fe^{3+} + H_2O_2 \longrightarrow Fe^{2+} + HO_2^+ + \cdot OH$$

$$Fe^{2+} + \cdot OH \longrightarrow Fe^{3+} + OH^-$$

$$RH + \cdot OH \longrightarrow R\cdot + H_2O$$

$$R\cdot + Fe^{3+} \longrightarrow R^+ + Fe^{2+}$$

$$R^+ + O_2 + ROO^- \longrightarrow CO_2 + H_2O$$

H_2O_2 在 Fe^{2+} 的催化作用下分解生成具有高反应活性的羟基自由基（·OH），·OH 的氧化电位除元素氟外是最高的，属于一种无机氧化剂。·OH 能攻击有机物分子夺取氢，将大分子有机物降解为小分子有机物或 CO_2 和 H_2O，或无机物。同时 Fe^{2+} 作为催化剂最终可被氧化成 Fe^{3+}，在一定条件下，可有 $Fe(OH)_3$ 胶体出现，它有絮凝作用，可大量地去除水中的悬浮物，增强去除效果。Fenton 试剂氧化法可在常温常压下破坏各种类型的有机物，无需昂贵的设备投资，只需投加 H_2O_2 与 Fe^{2+} 等药剂并调节酸度，具有设备投资省的优点。正是因为 Fenton 试剂氧化法在废水处理中的广谱而有效的应用价值，该方法在全球范围内得到了普遍重视和广泛关注。

研究人员在利用 Fenton 试剂氧化法处理 TNT 污染的土壤时发现，增加土壤含水量时，Fenton 法处理效果提高，这就意味着 Fenton 法对 TNT 等火炸药废水的处理是有效的。采用 Fenton 试剂处理 70mg/L 的 TNT 废水，黑暗处 24h 内 TNT 被完全破坏，其中 40% 被直接矿化，若使反应体系暴露于光中，矿化率可超过 90%。对 Fenton 法处理火炸药废水进行了系统的研究，结果表明，在 pH 值为 3.0、温度为 20~50℃ 条件下，当 Fe^{2+} 和 H_2O_2 与黑索今和奥克托金的摩尔比适当时，利用 Fenton 法可使黑索今和奥克托今迅速分解，反应在 1~2h 内可使污染物完全降解，使氮转化为硝酸根与氮气，37% 的碳可转化为 CO_2。提高反应温度体系有利于黑索今和奥克托今的去除。研究发现，在 25℃ 时，反应 70min，黑索今可以降解 90%，当温度升为 50℃，反应 30min 就可以使黑索今完全降解，在实验所设置的整个温度范围内，甲酸等中间产物很快消失，反应满足准一级动力学特征。然而，Fenton 反应速率对 Fe^{2+} 和 H_2O_2 摩尔比的变化并不像对温度变化那样敏感，但提高该比值也有利于反应速率的提高。

Fenton 试剂法也存在着一些不足。它的反应 pH 控制得较为严格，且 Fe^{2+} 的消耗速率远高于其再生速度，一般需要投加较多的 Fe^{2+} 来维持反应，导致了在 Fenton 反应后续的中和阶段会产生大量的含铁污泥，需要作为危险固废进行分离和处理，增加了大量的成本，不利于工业化应用。近年来，内电解－Fenton 耦合技术的应用可有效地缓解这一问题，在内电解反应可产生一定量的 Fe^{2+}，可应用于后续的 Fenton 反应。此外，内电解过程可有效地实现 TNT 等硝基芳香族化合物的还原，还原产物易于在后续 Fenton 反应中被氧化降解。南京理工大学王连军团队采用内电解－Fenton 耦合技术处理 2，4－二硝基苯甲醚生产废水，2，4－二硝基苯甲醚等硝基芳香族化合物可在 HRT 为 8h 的条件下在内电解系统内被有效地还原为对应的氨基芳香族化合物，在 pH 值为 3.0、H_2O_2/Fe^{2+} 摩尔比为 15、H_2O_2 投加量为 216mmol/L、HRT 为 5h 的条件下，芳香族化合物的去除率可高达 77.2%。南京理工大学王连军团队在此基础上设计了上向流"内电解－Fenton"一体化系统处理 2，4－二硝基苯甲醚生产废水，反应系统底部内电解产生的 Fe^{2+} 可原位用于反应系统上端的 Fenton 反应，在无外加 Fe^{2+} 的条件下可实现较高的氧化效率。和分置式内电解－Fenton 系统相比，一体化系统可有效降低双氧水消耗量和铁泥产量，双氧水消耗量可由分置式系统的 216mmol/L 降低至 100mmol/L，铁泥产生量可由 13.6g/L 降低至 3.5g/L。由此可见，与内电解过程的耦合将有效克服传统 Fenton 技术存在的一系列问题，"内电解－Fenton"耦合工艺具有广阔的应用前景。

3. 臭氧氧化技术

1840 年，德国科学家舍拜恩在电解稀硫酸时，发现有一种特殊臭味的气体释出，因此将它命名为臭氧。臭氧是强氧化剂，其氧化能力在天然元素中仅次于氟。1908 年，法国建造了用臭氧消毒自来水的试验装置。20 世纪 50 年代臭氧氧化法开始用于城市污水和工业废水处理。20 世纪 70 年代臭氧氧化法和活性炭等处理技术相结合，成为污水高级处理和饮用水除去化学污染物的主要手段之一。

目前，臭氧作为一种强氧化剂，在废水处理中得到了广泛的应用。臭氧具有很强的氧化性，可以氧化多种化合物，而且具有耗量小，反应速度快、不产生污泥等优点，因此被成功地应用于饮用水、工业废水及循环冷却水处理工艺中，特别是近二十年来，人们发现氯消毒会产生对人体有致癌作用的消毒副产物，而臭氧杀灭活细菌和病毒的效率要远优于氯消毒，同时还可有效地去除水中的色、臭味和铁、锰等无机物质，并能降低 UV 吸收值、TOC、COD 及氨氮，所以臭氧氧化技术在水处理方面得到了越来越广泛的应用，并由此发展出多种更有效的耦合处理工艺。

臭氧的产生原理为氧气在电子、原子能射线、等离子体和紫外线等射线流的轰击下能分解为氧原子，这种氧原子极不稳定，具有高活性，能很快和氧气结合成三原子的臭氧。目前，生产臭氧的方法大致有：无声放电法、核辐射法、紫外线法（低压汞灯）、等离子体射流法和电解法等。电晕放电是利用高速电子轰击干燥氧气，使其分解为氧原子。高速电子具有足够的动能（6~7eV），通过氧原子与氧气及其他任何气体分子三体碰撞，反应形成臭氧。工业上常采用在空气或氧气中无声高频高压沿面放电产生臭氧。当以空气作为气源时，产生臭氧的浓度为 10~20g/m³；以氧气为气源时，臭氧的浓度可增加 2 倍，而电耗减半。电解法是一种利用直流电源电解含氧电解质产生臭氧的方法，含有水化荧光阴离子电解质的水溶液在室温下用高电流功率可将其氧化成 O_3。此种方法产生的臭氧浓度高，成分纯净，在水中溶液度高。紫外线辐射法是利用低压汞灯辐射产生臭氧，产生臭氧浓度低，适用于实验室消毒等用途，其优点在于方法简单，对温度变化不敏感，易于通过对汞灯功率的线性控制来调控臭氧的产量。

臭氧在常温下为蓝色气体，有刺激性腥臭气味，液态时为蓝黑色，熔点为 -192.5 ± 0.4℃，沸点为 -111.9 ± 0.3℃，气体密度 21~44g/L，溶解度为 0.68g/L。理论上臭氧的溶解度随温度的升高而降低。它对紫外线的最大吸收波长为 254nm，我国环境空气质量标准（GB3095—1996）中规定臭氧的浓度限值（1 小时平均）一级标准为 0.12mg/m³；二级标准为 0.16mg/m³；三级标准为 0.20mg/m³。臭氧是一种强氧化剂，在水中的氧化还原电位为 2.07V，仅次于氟（2.5V），其氧化能力高于氯（1.36V）和二氧化氯（1.5V）。臭氧在水中的分解速度很快，在含有杂质的水溶液中能迅速回复到氧气的状态，若水温接近 0℃时能更稳定些。研究表明，臭氧在水中的分解速度随水温和 pH 值的提高而加快，由于臭氧具有强氧化性，可与除金、铂外的所有金属发生反应，能氧化许多有机物，极易与—SH、=S、—NH、=NH、—OH 和—CHO 等反应，与芳香族化合物也能反应，但速度较慢，而与脂肪族化合物几乎不能反应。基于臭氧能氧化金属的原因，在实际的生产中常使用含 25% 的铬铁合金来制造臭氧发生设备，而且在发生设备和计量设备中，不能用普通的橡胶作密封材料，必须采用耐腐蚀的硅胶或者耐酸橡胶。

臭氧在工业废水处理中的应用也十分广泛，可用于对含酚、含氰及印染等废水的处理。臭氧能使氰络盐中的氰迅速分解（铁氰络盐除外）。其反应分为两步：臭氧首先将剧毒的 CN^- 氧化为低毒的 CNO^-，然后再进一步氧化为 CO_2 和 N_2。含酚废水是一种最常见的工业废水，其与臭氧反应的速度很快。酚的降解速度与臭氧投量、接触时间及气泡大小有关，臭氧与酚类反应速度顺序是：间苯三酚＞间苯二酚＞邻苯二酚＞苯酚，臭氧与酚的反应受 pH 影响很大，pH 越高，反应速率越快，臭氧耗量越小。

尽管臭氧具有极强的氧化性，但也存在一定的局限性。事实上，对于某些有机物或其中间产物（特别是在低浓度时），臭氧很难将其完全氧化，此时单独使用臭氧并不是最佳的方法，于是，随着臭氧技术在处理中的广泛应用，人们开始研究一些更为有效的复合臭氧氧化水处理技术（如光催化臭氧化法），并取得了令人满意的效果，其中最为常用的技术为紫外－光催化臭氧氧化法。

4. 光氧化法

紫外线是电磁波谱中波长范围为 $10 \sim 400nm$ 的辐射的总称，不能引起人们的视觉感应。1801 年德国物理学家里特发现日光光谱的紫端外侧一段能够使含有溴化银的照相底片感光，因而发现了紫外线的存在。紫外线可以激发某些化学反应，并用这类反应破坏有害物质和废物。此方法的实质是物质的分子通过吸收紫外线的能量成为"激发"态。激发态在达到稳定态的过程中可能发生状态变化或发生化学变化，与外界进行能量交换。其中，引发的物质离解、重排等光化学反应就是能量变化的结果，这是利用紫外线法破坏污染物的主要依据。已经发现包括臭氧、过氧化氢在内的一些氧化剂能促进紫外线与污染物的光化学反应，增强或加速污染物的降解。所以，诱导光化学反应按氧化反应的方式进行，并生成所希望的产物，就成为该方法研究的主要内容，通过提供合适的氧化剂、还原剂、聚合剂等反应附加物是优化反应的主要方法。

光氧化分为光激发氧化和光催化氧化。光激发氧化是将氧化剂（臭氧、过氧化氢、氧和氧气）的氧化作用和光化学辐射相结合，能产生具有强氧化能力的自由基，其氧化效果远强于单独使用紫外线或臭氧；光催化氧化就是在光的作用下进行的化学反应，例如在水溶液中加入一定量的催化剂，在紫外线辐射下产生强氧化能力的自由基。

据研究，TNT 在 253.7nm 附近有较为明显的吸收带，因此能被紫外线氧化破坏。饱和的 TNT 水溶液在敞口的石英玻璃器中用紫外线照射 24h，其浓度可从 100mg/L 降到 0.16mg/L；而在密闭的条件下用紫外线照射，能够完全消除 TNT 及其分解产物。但紫外线氧化法的缺点是处理速度慢及处理量较小。炸药废水中常含的炸药都是难于氧化的物质。美国通用电器公司研究发现，在实验室中，臭氧虽然可分解梯恩梯，但分解速度慢且不完全。此外，臭氧更是难于处理黑索今、奥克托今及这些物质的混合物。要提高臭氧的氧化速度和效率，必须采用其他措施促进臭氧的分解而产生活泼的 ·OH 基。研究表明，O_3/UV 的处理效率强于单独臭氧处理，并且能氧化臭氧难于降解的有机物。

臭氧在紫外线的照射下激发解离为氧原子和氧分子，同时基态氧在水中迅速与水反应生成 ·OH 基，反应如下：

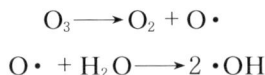

$$O_3 \longrightarrow O_2 + O\cdot$$

$$O\cdot + H_2O \longrightarrow 2\cdot OH$$

·OH 基是一种具有最强活性的氧化性基，它可以把臭氧难以分解的饱和烃中的氢离解出来，形成有机物自身氧化的引发剂，从而使有机物完全氧化，这是各类氧化剂单独使用都不能做到的。在臭氧与紫外线并用的情况下，有机物的氧化具备了更有利的条件，如下式所示（以 RH 表示有机物）：

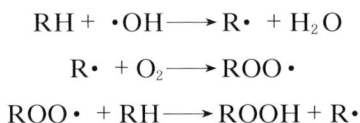

$$RH + \cdot OH \longrightarrow R\cdot + H_2O$$

$$R\cdot + O_2 \longrightarrow ROO\cdot$$

$$ROO\cdot + RH \longrightarrow ROOH + R\cdot$$

自从 20 世纪 70 年代初，发现 O_3/UV 能有效降解废水以来，学者们对 O_3/UV 氧化进行了许多研究和试验。研究发现，在中性条件时：①初始阶段反应是由臭氧控制的；②臭氧是参与反应的反应物；③紫外线能促使中间产物降解。通过实验，发现紫外线、臭氧、双氧水 + 紫外线以及臭氧 + 紫外线等方法降解梯恩梯废水的速度与效率有以下特点：

（1）单纯紫外线照射过程中，反应初期的梯恩梯浓度降低主要是发生形式转化，并未真正实现矿化。可见弹药废水的处理不能简单的以梯恩梯检测作为判别标准，其环境危害尚需进一步研究。

（2）从臭氧静态氧化试验分析的各项指标看，除梯恩梯外均已达到排放要求，梯恩梯的含量虽然有显著降低，但要使梯恩梯达到排放要求，则需要更长的氧化时间和更大的臭氧投加量。

（3）单纯的 $H_2O_2^+$ 紫外线难以对饱和梯恩梯废水进行有效处理，需要采用氧化性更强的氧化剂或采用催化剂催化 H_2O_2 的活性。

（4）梯恩梯等硝基化合物在紫外线照射下性质稳定，但能够被臭氧氧化。

（5）通过臭氧 + 紫外线静态试验的处理效果来看，废水中物质的去除速度较快，颜色变化迅速、明显。对废水中各项指标的检测表明，在足够氧化时间和投加量的情况下，臭氧 + 紫外线氧化处理梯恩梯废水是可行的。

（6）梯恩梯在紫外线－臭氧反应过程中，2,4,6-三硝基苯甲酸、3,5-二硝基苯是其主要的几种中间产物。

从紫外线－臭氧氧化梯恩梯试验的初步结果来看，随着氧化反应的进行，溶液 pH 值逐渐降低。在酸性条件下，不利于臭氧的溶解和污染物的降解。研究结果表明：紫外线＋臭氧氧化工艺处理弹药废水是可行的；紫外线对梯恩梯的降解有促进作用；反应初期，臭氧作为控制因素，首先氧化废水中易氧化的有机物，COD 浓度降低较快；反应后期，臭氧过量投加，COD 作为控制因子，浓度变化缓慢。梯恩梯的氧化在反应开始后 1h 发生；水样经预处理去除水样中悬浮态梯恩梯以及形成的絮体，处理结果很好，监测指标均能够达到排放要求；氧化反应在 3h 之后进行缓慢，建议反应时间控制为 3h。然而，单纯采用臭氧加紫外线氧化法处理火炸药工业废水在工程上是不经济的，工程应用中必须考虑臭氧加紫外线氧化法处理后出水的生物处理与稳定处理，建议采用臭氧加紫外线氧化法－生物处理组合工艺。

5. 电化学氧化法

电化学氧化处理技术就是在特定的电化学反应器内，施加一定的电压电流，通过一系列的化学反应、电化学过程或物理过程，利用阳极的氧化能力去除废水中的污染物的技术。早在 19 世纪国外就有学者提出利用电化学氧化技术处理废水，并对电化学氧化降解氰化物进行了研究，此后电化学氧化技术发展缓慢。从 1970 年开始，随着电力工业的发展，研究者们开始广泛研究电化学氧化技术对废水的处理。Mieluch 等于 1975 年首次采用电化学氧化法处理水中苯酚类有机物，同年研究人员提出了电化学氧化苯酚类有机物的降解历程及降解产物。此后电化学氧化技术迅速发展，电化学氧化的理论研究也不断深入，证实了许多有机化合物的氧化反应、加成反应或分解反应都可以在电极上进行，这为通过电化学氧化法降解有机污染物提供了理论依据，从而推动了电化学氧化技术在废水处理中的应用。电化学氧化技术比一般的化学氧化技术具有更强的氧化能力，而且主要依靠电能，基本不用投加其他化学药剂，因此具有了其他废水处理技术难以比拟的优越性。在最近 20 年，电化学氧化技术处理皮革废水、垃圾渗滤液、造纸废水、炼油废水和印染废水等含有机污染物废水的应用研究逐步加快，特别是在处理生物难降解有机污染物的方面优势明显，目前电化学氧化技术已受到了广大研究者极大的关注。

电化学氧化机理可以分为直接电化学氧化和间接电化学氧化。直接电化学氧化是有机化合物直接被电极氧化，有些有机物甚至能够被直接矿化成二氧化碳。在直接氧化反应过程中，有机化合物被吸附在阳极表面，直接与电极进行电子传递。所谓间接电化学氧化就是利用电极反应所产生的具有强氧化作用的氧化剂使污染物被氧化，从而达到降解污染物的目的。也可以通过外加化学试剂，使其在电化学反应过程中转变为氧化剂，这些由电化学反应产生的氧化剂主要有活性氯（氯气、氯酸盐，次氯酸盐）、过氧化氢、臭氧等氧化性物质。

电化学氧化反应体系中，是在阳极发生氧化反应，氧化降解有机物，阳极的特性直接决定了有机物的氧化效率。阳极材料对有机物氧化的反应产物、反应机理和电流效率等都有很大的影响，电化学阳极的选择是电化学氧化技术在废水处理应用中最重要的因素之一。目前使用的阳极材料主要有以下几种：碳素和石墨电极、铂电极、二氧化钌电极、二氧化铱电极、二氧化铅电极、掺硼金刚石薄层电极等。

电催化氧化电极根据其结构可分为二维电极和三维电极两大类。对于二维电极，应用比较广泛的是金属氧化物涂层电极。通过金属氧化物涂层的改性和制备方法的改进，二维电极可获得更好的电化学稳定性和电催化活性。但是，二维电极只由阳极和阴极构成，有限接触面积有限，羟基自由基等活性物质的时空产率不高。三维电极又名三元电极，也称粒子电极或床电极，它是在传统的二维电解槽的电极间填充颗粒状、碎屑状或者其他形状的工作电极材料，并使填充的工作电极材料表面带电，成为新的一极（第三极），且在工作电极材料表面能够发生电化学反应。由于第三极的加入，三维电极的电极有效面积较大，能以较低的电流密度提供较高的电化学氧化效率，且粒子电极之间的间距小，传质过程可以得到极大的改善，时空产率和电流效率可以大大提高，尤其对低电导率的有机废水，二维电极体系处理效果不佳，需要投加大量电解质，使电化学处理费用增大。而三维电极在一定程度上克服了这一缺点，其处理效果明显。三维电极电化学体系具有独特的结构特点和较高的电流效率和时空产率，已引起了越来越多研究者的关注，是电化学氧化水处理技术中的热点问题。

研究人员采用活性炭作为粒子电极材料，研究三维电极氧化法处理苯酚废水，研究结果表明，在电压为 $30V$ 和电解时间为 $30min$ 的条件下，三维电极连续 200 次重复运行后，COD 的去除量为 $1350mg/L$，去除率仍然较高。有学者研究了活性炭粒子电极在三维电极氧化法处理硝基苯酚废水中的作用，研究结果表明，活性炭不仅对硝基苯酚的吸附效果较好，还能生成强氧化性活性物质氧化降解硝基苯酚，因此，增大了电化学氧化法对硝基苯酚的去除率。研究人员研究了炭气凝胶作为粒子电极材料处理染料废水的可行性，研究结果表明，采用炭气凝胶作为粒子电极的三维电极能有效催化氧化降解染料废水的有机物，色度去除率一直高于 95%。研究人员采用改性瓷土作为粒子电极材料，研究三维电极氧化法处理表面活性剂废水，研究结果表明，此三维电极能有效氧化降解表面活性剂，在 pH 为 3 和电流密度为 38.1mA/cm² 的电解条件下，三维电极对废水 COD 的去除率为 86%，远高于二维电极的处理效果。研究人员采用溶胶 – 凝胶法制备了 Mn – Sn – Sb/γ – Al₂O₃ 改性粒子电极，并以苯酚为模型污染物考察了粒子电极的电催化活性，结果表明所制 Mn – Sn – Sb/γ – Al₂O₃ 粒子电极不仅具有相当高的电催化活性，而且在电化学氧化过程中电催化性能稳定，经 5 次重复使用后粒子电极仍具有较高的电催化活性，张芳等比较了不同催化剂改性粒子电极的电催化活性差异，发现负载二氧化锡的改性粒子电极对模拟废水中苯酚的去除率最高，而负载二氧化锰的改性粒子电极对苯酚模拟废水的矿化效果最好。

南京理工大学王连军团队应用电化学氧化法预处理黑索今（RDX）、地恩梯（DNT）实际废水，考察了不同电极材料（TiO₂ – NTs/SnO₂ – Sb 电极、TiO₂ – NTs/SnO₂ – Sb/PbO₂ 电极和三维电极）、不同电流密度、不同 pH 值、不同 Na₂SO₄ 电解质浓度等因素对电化学氧化预处理黑索今、地恩梯实际废水的影响，结果表明，电化学氧化法能有效去除废水的 COD 以及硝基化合物，电化学氧化体系通过阴极电化学还原和阳极电化学氧化的协同作用可以有效降解 RDX。综合实验结果，确定了电催化氧化预处理 RDX 实际废水的最优操作参数：电流密度为 20mA/cm²，Na₂SO₄ 电解质的浓度为 5g/L，初始 pH 值为 5.0，流速为 7.5mL/min。RDX 实际废水经过电化学预处理后，COD 去除率为 39.2%，RDX 去除率为 97.5%，BOD/COD 提高至 0.51，废水的可生化性得到了很大的提高。将电化学预处理后的 RDX 废水按不同稀释比进入 A/O 生化系统，并获得了稳定的工艺性能。综合实验结果，确定了三维电极预处理 DNT 废水的最优操作参数：电流密度为 30mA/cm²，初始 pH 值为 5.0，Na₂SO₄ 电解质的浓度为 5g/L。经过连续重复运行 12 次实验，证明了改性 Sn – Sb – Ag 陶粒对 DNT 废水具有较高的电催化活性。采用改性 Sn – Sb – Ag 陶粒作为粒子电极的三维电极（SCP – EO）提高了电化学体系的电流效率和废水的可生化性。SCP – EO 工艺对 DNT 废水处理中，COD 和 TOC 的去除速率常数和二维电极相比均得到了明显提高。

3.3.4 化学沉淀法

化学沉淀法是向废水中投加某些化学物质，使它和废水中欲去除的污染物发生直接的化学反应，生成难溶于水的沉淀物而使污染物分离除去的方法。化学沉淀法经常用于处理含有汞、铅、铜、锌、铬、硫、氟、砷等有毒化合物的废水。叠氮化铅、斯蒂芬酸铅、斯蒂芬酸钡、苦味酸铅等起爆药废水中通常含

有高浓度的 Pb^{2+} 和 Ba^{2+} 离子，通常可以采用化学沉淀法进行去除。

　　各种固体盐类都是呈离子晶体结构的强电解质，而水是分子极性很强、溶解能力很高的天然溶剂。当固体盐类进入水中时，盐类离子就会生成水合离子，这个过程称为溶解。当某种盐在水中溶解度达到平衡状态时，该盐的溶解达到最大限度，称为该种盐的溶解度。根据化学平衡原理，溶解度达到平衡时，存在所谓溶解度平衡常数。溶解平衡常数等于两种离子溶解度的乘积，称为溶解度常数或简称为溶度积（K_s）。溶解盐类废生沉淀的必要条件是其离子的浓度积大于溶度积。因此，化学沉淀法的实质主要是向水中投加某种适当的化学物质，以使投入的离子与水中的有害离子形成溶度积很小的难溶盐和难溶氢氧化物沉淀析出。

　　溶度积（K_s）是常数，其数值可参考有关的化学手册。表 3-5 为溶度积简表，包括了上述一些离子的难溶液盐或难溶氢氧化物。当能结合成难溶盐的两种离子的浓度之积超过此盐溶度积时，该盐将析出，而这两种离子的浓度将下降，需要去除的离子就与水分离。例如水中的 Zn^{2+} 浓度为 a，为了去除 In^{2+}，可投加 Na_2S，S^{2-} 的浓度为 b，若 $a \cdot b$ 超过 ZnS 的 $K_s = 1.2 \times 10^{-23}$，则 ZnS 从水中析出，$Zn^{2+}$ 的浓度降低。由此可见，只要待去除离子有难溶盐或难溶氢氧化物，它们都能用化学沉淀法从废水中去除。

表 3-5　溶度积简表

化合物	溶度积	化合物	溶度积
$Al(OH)_3$	$11.1 \times 10^{-15}(18°C)$	$Fe(OH)_2$	$1.64 \times 10^{-14}(18°C)$
$AlPO_4$	$9.84 \times 10^{-21}(25°C)$	$Fe(OH)_3$	$1.1 \times 10^{-36}(18°C)$
$AgBr$	$4.1 \times 10^{-13}(18°C)$	FeS	$3.7 \times 10^{-19}(18°C)$
$AgCl$	$1.56 \times 10^{-10}(25°C)$	Hg_2Br_2	$1.3 \times 10^{-21}(25°C)$
Ag_2CO_3	$6.15 \times 10^{-12}(25°C)$	Hg_2Cl_2	$2 \times 10^{-18}(25°C)$
Ag_2CrO_4	$1.2 \times 10^{-12}(25°C)$	Hg_2I_2	$1.2 \times 10^{-28}(25°C)$
Ag	$1.5 \times 10^{-16}(25°C)$	HgS	$4 \times 10^{-53} - 2 \times 10^{-49}(18°C)$
Ag_2S	$1.6 \times 10^{-49}(18°C)$	$MgCO_3$	$2.6 \times 10^{-5}(12°C)$
$BaCO_3$	$7 \times 10^{-9}(16°C)$	MgF_2	$7.1 \times 10^{-9}(18°C)$
$BaCrO_4$	$1.6 \times 10^{-10}(18°C)$	$Mg(OH)_2$	$1.2 \times 10^{-11}(18°C)$
$BaSO_4$	$0.87 \times 10^{-10}(18°C)$	$Mn(OH)_2$	$4 \times 10^{-14}(18°C)$
$CaCO_3$	$0.99 \times 10^{-8}(15°C)$	MnS	$1.4 \times 10^{-15}(18°C)$

（续）

化合物	溶度积	化合物	溶度积
$CaSO_4$	2.45×10^{-5}（25°C）	$PbCO_3$	3.3×10^{-14}（18°C）
CdS	3.6×10^{-29}（18°C）	$PbCrO_4$	1.77×10^{-14}（18°C）
CoS	3×10^{-26}（18°C）	PbF_2	3.2×10^{-8}（18°C）
$CuBr$	4.15×10^{-8}（18~20°C）	PbI_2	7.47×10^{-9}（15°C）
$CuCl$	1.02×10^{-6}（18~20°C）	PbS	3.4×10^{-28}（18°C）
CuI	5.06×10^{-12}（18~20°C）	$PbSO_4$	1.06×10^{-5}（18°C）
CuS	8.5×10^{-45}（18°C）	$Zn(OH)_2$	1.8×10^{-14}（18~20°C）
Cu_2S	2×10^{-47}（16~18°C）	ZnS	1.2×10^{-23}（18°C）

需要指出的是，物质的易溶与难溶是相对的，可用较难溶的物质作为沉淀剂去除能构成更难溶盐的某一离子。例如难溶盐 $CaSO_4$ 的 K_s 值较低（2.45×10^{-5}），但 $BaSO_4$ 的 K_s 值更低（0.87×10^{-10}），可以用 $CaSO_4$ 作为水中 Ba^{2+} 的沉淀剂。

沉淀剂用量的计算，可以某黏胶纤维厂含锌废水的处理为例加以说明。黏胶纤维厂纺练车间的酸浴是硫酸和硫酸锌的溶液。从酸浴槽出来的丝束将附着的酸带入塑化槽，由不断注入的温水稀释成塑化浴，塑化槽的溢流成为废水。废水的成分与塑化浴相同，是稀释了的酸浴，应与回流酸浴一起进入循环，流向酸站。若采用直接排放，则塑化槽废水应按工业废水排放标准进行处理。塑化浴溢流一般需要中和硫酸和去除锌离子，后者可采用化学沉淀法。从表 3-5 可看出，$Zn(OH)_2$ 和 ZnS 的 K_s 都很小，氢氧化物和硫化物都可作为 Zn^{2+} 的沉淀剂；若采用硫化物，中和与沉淀必须分步进行，否则将产生有毒的 H_2S，增加处理的复杂性；若采用碱性物质为中和剂，则中和与沉淀可同步进行。一般而言，黏胶纤维厂耗用大量 $NaOH$，黏胶纤维厂碱站排放的碱性废水应予以充分利用，可用作塑化浴溢流的硫酸中和以及 Zn^{2+} 去除；碱站排放的碱性废水量不足时，再补充 $NaOH$ 或 $Ca(OH)_2$。当碱液用量缺口较小时，用 $NaOH$ 比较经济且便于管理，可避免沉淀中夹杂 $CaSO_4$ 杂质，既减少了废渣的产生量，又可为沉渣 $Zn(OH)_2$ 回用酸浴创造条件。在实际操作中，沉淀剂用量常以计算量为参考，以 pH 为控制参数，因考虑反应速率，一般常过量操作。

对于废水中 Pb^{2+} 的处理，从表 3-5 可看出，$PbCO_3$ 沉淀的 K_s 值较低，可优先考虑的 $PbCO_3$ 沉淀形式。南京理工大学沈锦优和王连军教授团队采用 Na_2CO_3 中和法去除 K·D 起爆药废水中的重金属 Pb^{2+} 离子，采用 $NaOH$ 和 Na_2CO_3 混合碱液中和法去除叠氮化铅、斯蒂芬酸铅、斯蒂芬酸钡等混合起爆药生产废水中的

Pb^{2+} 和 Ba^{2+} 离子，可将废水中一类污染物 Pb^{2+} 浓度降至 1mg/L 以下，稳定达到《兵器工业水污染物排放标准—火工药剂（GB14470.2—2002）》对 Pb^{2+} 的排放要求。

3.3.5　焚烧法

对于高浓度难降解的有机废水和废液（COD 高于 $1×10^5$ mg/L），焚烧法成为最佳的处理途径。焚烧法是目前处理火炸药废水最常用的方法，尤其适用于高浓度火炸药工业废水的处理。典型的高浓度有机废液焚烧处理工艺流程如图 3-15 所示。然而，火炸药工业废水的高温焚烧会产生大量的氮氧化物、二噁英等污染物造成空气污染，在操作过程中也可能发生爆炸，危险性高，而且会造成二次污染。在焚烧过程中如何减少空气污染物的形成、确保人员的人身安全是焚烧法面临的首要问题。

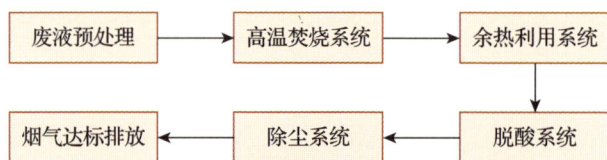

图 3-15　高浓度有机废液焚烧处理工艺流程图

梯恩梯生产中每吨成品约产生 1t 红水。红水的成分复杂，难以回收利用，是严禁排放的废水。目前我国梯恩梯生产厂一般是将红水送往沉淀池，经简单沉淀后进行焚烧处理。焚烧红水是利用红水中的有毒组分二硝基甲苯磺酸钠及其他硝基化合物的可燃性，将红水与燃料（重油或煤气）一起送入焚烧炉中燃烧，达到氧化分解有毒物质的目的。若能燃烧完全，红水中的二硝基甲苯磺酸钠在燃烧炉内发生的反应主要是：

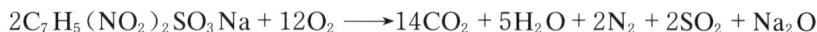

$$2C_7H_5(NO_2)_2SO_3Na + 12O_2 \longrightarrow 14CO_2 + 5H_2O + 2N_2 + 2SO_2 + Na_2O$$

采用流化床对 TNT 生产中碱性废水的焚烧处理进行了研究，确定了流化床的流化条件及最佳燃烧温度，分析结果显示焚烧过程中未产生有害气体。红水中其他不含硫的有机物燃烧成二氧化碳、氮、水。红水中的亚硝酸钠在炉内与二氧化碳反应生成硝酸钠，而硝酸钠在 888℃ 高温下会熔化成液态，但不分解。当供氧不足燃烧不完全时，硫酸钠将被碳或一氧化碳还原为硫化钠。所以，控制通入燃烧炉内的空气量，就可以控制炉渣中硫酸钠和硫化钠的比例。通常，1t 红水经过浓缩焚烧能产生 40～50kg 的炉渣。炉渣的组分大致见表 3-6。

表 3-6　炉渣的成分组成　　　　　　　　　　　　　　（%）

硫酸钠	碳酸钠	硫化钠	水不溶物
85	5	3～6	1～2

　　焚烧法处理红水的工艺流程见图 3-16 所示。稀红水经沉淀池除去浮药后，流入废水处理工房的稀红水贮槽，通过泵将稀红水送入高位计量槽，再经流量计加入鼓泡浓缩器中，在此稀红水与焚烧炉排出的高温烟道气相遇，进行鼓泡预热浓缩，从鼓泡浓缩器流出的浓红水相对密度达到约 $1.28kg/m^3$（80℃），经过滤器除渣后进入浓红水贮槽，再用泵送入喷枪雾化喷入焚烧炉内，与同时喷入的雾化重油一起在炉内燃烧，由鼓风机不断鼓入适量空气，以确保浓红水与重油燃烧完全。从浓缩器排出的废气中除了含有大量水汽外，还含有氧化氮、二氧化氮、硫化氢和二氧化硫等酸性有害气体，可采用碱液吸收净化。浓红水在 800～1000℃ 的炉温下与重油燃烧生成硫酸钠、硫化钠等无机盐类，呈熔融状态的炉渣定期从焚烧炉后部的出渣口排出，待炉渣冷却成块后，破碎并包装入库。重油从重油库通过齿轮泵经保温管打入重油贮槽，油温保持在 70～90℃ 备用。焚烧炉开工时，将木柴投入焚烧炉内点燃，为防止耐火砖衬里在温度剧变时产生变形破裂，烘炉升温应均匀缓慢。待温度升到约 600℃，再将重油经喷枪喷入炉内，进行雾化燃烧烘炉（新炉烘炉时间约两周，旧炉烘炉时间可缩短）。在烘炉同时可进行稀红水浓缩的准备工作。焚烧炉由炉体和喷雾系统两部分组成。炉体是用钢板焊制成的卧式圆柱形容器，前端有浓红水和重油喷嘴口及观察孔，后端有出渣口。炉身要有足够的长度以保证一定的燃烧时间。

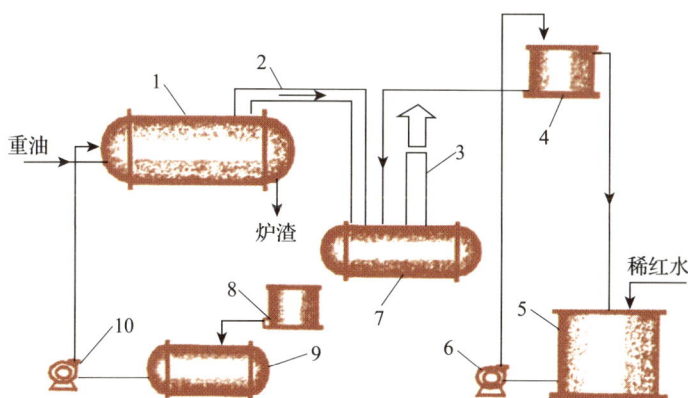

图 3-16　焚烧法处理红水工艺流程

1-焚烧炉；2-烟道气管；3-烟囱；4-稀红水高位槽；5-稀红水贮槽；
6，10-离心泵；7-鼓泡浓缩器；8-过滤器；9-浓红水贮槽。

由于炉内高温燃烧的熔渣具有较强的碱性，焚烧炉内若采用一般瓷土耐火砖，炉体寿命仅为3～6个月。而若采用铬镁耐火砖衬炉，炉体可连续工作1～2年。为减少炉温辐射损失，炉体内壁衬砌一层厚度为5～10mm的石棉板、一层硅藻土砖保温。为防止炉内压力异常增高引起爆炸，炉体上部设有防爆孔。此外，炉体上还设有人孔，供开工点火使用。炉体后段上部有排烟口，经烟道与鼓泡浓缩器相连。喷雾系统由浓红水喷枪和重油喷枪组成。浓红水和重油燃烧是否完全，主要取决于雾化程度。实践证明，用压缩空气作动力的高压雾化喷枪，比机械雾化喷枪的雾化效果好，燃烧完全，安全操作有保证，同时可提高处理废水的能力，降低重油消耗，炉渣中硫化钠质量分数由2%～5%增加到10%。

鼓泡浓缩器为钢制卧式圆筒形设备，主要由壳体、鼓泡管、挡板、烟囱等几部分组成。鼓泡管的出口呈锯齿形，外壳由碳钢焊制，鼓泡管的上半截用耐火砖衬里，以防高温烟道气烧坏鼓泡管。鼓泡管下段插入红水的深度一般为100～200mm，浸在红水中的锯齿在高温下易被腐蚀，所以宜采用不锈钢制造带锯齿的下段鼓泡管。为减轻鼓泡管出口齿缝处液面剧烈扰动对其余液面部分的影响，在靠近出料口处有一块挡板，以保证鼓泡浓缩器中液面平稳、浓红水能连续稳定地流出。

采用焚烧炉处理红水，应特别注意安全问题。焚烧炉曾经发生过爆炸事故，主要原因是雾化不良和操作不当，使得重油和红水没有完全燃烧，在炉底形成的固体残渣积存量过大。此外，鼓泡器液面过高，红水倒流入焚烧炉内，也会引起爆炸事故。为防止焚烧炉发生爆炸事故，必须采取以下措施：①采用压缩空气高压雾化，以提高雾化程度；②减少停炉次数和停炉时间，停炉时炉内要保持一定温度；③安装雾化观察孔，经常观察炉内雾化情况和燃烧情况；④加高烟道气管高度，并经常检查和防止鼓泡器的滋流口堵塞现象，以免红水倒流入焚烧炉；⑤加固炉体，增加其耐压强度。由于焚烧炉排出的炉渣含硫化钠，曾经将其提供给造纸厂生产硫化钠用。现在美国已将这种炉渣列为有毒物质，造纸厂不再使用，目前还未找到处置炉渣的更合适方法。储存这种炉渣时，在多雨地区要防止雨水冲淋炉渣后外流或渗入地下，引起地表水和地下水源污染。

3.3.6 其他化学处理方法

除上述处理法外，火炸药工业废水常用的化学处理法还有脉冲等离子体水处理法、碱分解法、镍催化法和液中放电法等。化学处理法在处理火炸药工业废水时具有较高的去除效率，可以实现目标污染物的彻底的矿化和无害化处理。但是，化学法运行成本普遍较高，并且对设备的材质和安全性要求较高，在实际工程中的大规模使用受到了一定的制约。为充分发挥化学处理方法的技术优势，有效控制废水处理成本，应注重开发化学处理－生物处理组合技术，化学处理应以改善废水可生化性、降低废水生物毒性为主要目的，化学处理出水水质得到一定改善后再接入生物处理系统，进行彻底的矿化和无害化治理，从而充分发挥生物过程经济、环保的技术优势。

3.4 生物处理方法

由于物理法和化学法存在工艺流程复杂、处理费用高、易造成二次污染等问题，此类方法在火炸药废水处理的应用受到限制，而生化法处理火炸药废水具有很大的开发潜力。废水生化处理是利用生物的新陈代谢作用，对废水中的污染物进行转化和稳定，使之无害化的处理方法。对污染物进行转化和稳定的主体是微生物。由于微生物具有来源广、易培养、繁殖快、对环境适应强、易变异等特性，在生产上能较容易地采集菌种进行培养繁殖，并在特定条件下进行驯化，使之适应有毒工业废水的水质条件，从而通过微生物的新陈代谢使有机物无机化，有毒物质无害化。再者，微生物的生存条件温和，新陈代谢过程中不需高温高压，无需投加催化剂，用生化法进行污染物的转化和一般化学法相比，具有得天独厚的技术优越性。生物处理方法的废水处理成本低廉，运行管理方便，尤为重要的是生化法不产生二次污染，是更为安全可靠的处理方法，因此越来越多的研究者致力于火炸药废水生化法处理的技术和应用研究。然而，火炸药废水中的主要污染物绝大部分含硝基，一般认为难以生物降解且可能对微生物具有较强的生物毒性，这对生化法处理此类废水提出了严峻挑战。废水的生物处理法主要包括好氧生化法、厌氧生化法以及厌氧好氧联合工艺法等。

3.4.1 好氧生物处理技术

废水的好氧生化处理法是好氧微生物在有氧的条件下，将有机物氧化分解，并以释放的能量来实现其机体的功能，如繁殖、增长和运动等。微生物利用污水中存在的有机污染物（以溶解状和胶体态为主）为底物进行好氧代谢，这些高能位的有机物经过一系列的生化反应，逐级释放能量，最终以低能位的无机物稳定下来，以便返回自然环境或进一步处理，最终达到无害化的要求。鉴于好氧分解的特点，废水的好氧生化处理法效率高，速度快，处理后废水无异臭，水质清。为了保持微生物的好氧环境，必须向废水提供充足的氧。综合考虑废水的好氧生化处理法的处理效果和处理成本，此法已广泛用于低浓度有机废水的处理。

目前废水好氧生化法已广泛应用于火炸药工业废水的处理，按照微生物的生长状态，分为好氧悬浮生长处理技术（以活性污泥为主）和好氧附着生长处理技术（以生物膜法为主）两大类。活性污泥法是以污水中有机污染物作为培养源，在有氧条件下对微生物群体进行混合连续培养，形成呈絮花状的活性污泥。活性污泥是由微生物群、原生物群、藻类以及被吸附的有机物和无机物的所构成的复合体。利用活性污泥在废水中的凝聚、吸附、氧化、分解和沉淀等作用，可以去除废水中的有机和部分无机污染物。生物膜法是使微生物群体附着在固体介质（滤料等）的表面上，形成生物膜，在废水与生物膜接触的过程中，有机污染物被吸附、氧化和分解，使得废水得到净化。

1. 好氧悬浮生长处理技术

1）活性污泥法的基本原理

向生活污水注入空气进行曝气，并持续一段时间以后，污水中即生成一种呈悬浮状态的絮凝体。这种絮凝体主要是由大量繁殖的微生物群体所构成，它有巨大的表面积和很强的吸附性能，称为活性污泥（activated sludge）。活性污泥法处理废水的基本流程如图 3 - 17 所示，主要设备是曝气池和沉淀池。需处理的污水和从沉淀池回流的活性污泥同时进入曝气池，向曝气池鼓入空气，使污泥和活性污泥充分混合接触，以保证旺盛的生物代谢过程。污水中的有机物不断地被微生物摄取、分解而使污水净化。混合液流入沉淀池，污泥发生沉淀从而使污水和活性污泥分离，净化水向外排放，一部分活性污泥回流到曝气池，剩余污泥从系统中排除。

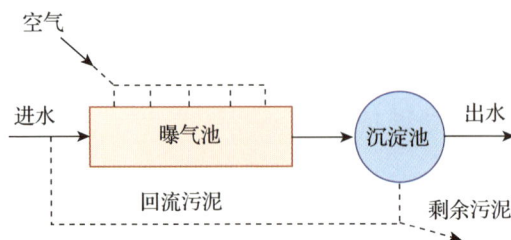

图 3 - 17　活性污泥法基本流程图

2）活性污泥的组成

活性污泥是由活性的微生物、微生物自身氧化的残留物、吸附在活性污泥上的有机物和无机物组成。其中，微生物是活性污泥的主要组成部分。活性污泥中的微生物是由细菌、真菌、原生动物、后生动物等多种微生物群体相结合所组成的复杂的生态系。活性污泥通常为黄褐色絮状颗粒，其直径一般为 0.02～2mm，含水率一般为 99.2%～99.8%，密度因含水率不同而异，一般为 1.002～1.006g/cm³。细菌是活性污泥组成和净化功能的中心，是活性污泥中微生物群落的最主要部分。污水中有机物的性质和活性污泥法的运行操作条件决定了哪些种属的细菌占优势，例如含蛋白质的污水有利于产碱杆菌属和芽孢杆菌属，而醣类污水或烃类污水则有利于假单孢菌属。在一定的能量水平（即细菌的活动能力）下，细菌构成了活性污泥的絮凝体的大部分，并形成菌胶团，具有良好的自身凝聚和沉降性能。在活性污泥中，除细菌外还出现原生动物，是细菌的首次捕食者，继之出现后生动物，是细菌的二次捕食者。

3）净化过程与机理

（1）初期去除与吸附作用。在很多活性污泥系统里，当污水与活性污泥接触后很短的时间（10～45min）内就出现了很高的有机物（BOD）去除率。这种初期高速去除现象是吸附作用所引起的。由于污泥表面积很大，可达 2000～10000m²/m³ 混合液，且表面具有多糖类黏质层，因此，在污水和污泥接触的初期，污水中悬浮的和胶体的物质是被絮凝和吸附去除的。

（2）微生物的代谢作用。活性污泥中的微生物以污水中各种有机物作为营养，在有氧的条件下，将其中一部分有机物合成新的细胞物质（原生质），对另一部分有机物则进行分解代谢，即氧化分解以获得合成新细胞所需要的能量，并最终形成 CO_2 和 H_2O 等稳定物质。

（3）絮凝体的形成与凝聚沉降。如果有机物转化所形成的菌体未能从污水中分离出去，这样的净化不能算结束。为了使菌体从水中分离出来，现多采用重力沉降法在活性污泥池后的沉淀池内进行污泥分离。如果活性污泥絮体处于极度松散状态，由于其大小与胶体颗粒大体相同，它们将保持稳定悬浮状态，难以实现沉降分离。为此，必须使菌体凝聚成为易于沉降的絮凝体，絮凝体的形成一般是是通过丝状细菌的繁殖来实现的。

4）活性污泥法的分类

按废水和回流污泥的进入方式及其在曝气池中的混合方式，活性污泥法可分为推流式和完全混合式两大类。

推流式活性污泥曝气池有若干个狭长的流槽，废水从一端进入，在曝气的作用下，以螺旋方式推进，流经整个曝气池，至池的另一端流出，随着水流的过程，污染物被降解。此类曝气池又可分为平行水流（并联）式和转折水流

（串联）式两种。其工艺流程如图 3–18 所示。在推流式活性污泥系统中，废水中污染物浓度自池首至池尾是逐渐下降的，由于在曝气池内存在这种浓度梯度，废水降解反应的推动力较大，效率较高。曝气池可以做得比较大，不易产生短路，适合于处理量比较大的情况。氧的利用率不均匀，入流端利用率高，出流端利用率低，会出现池尾供气过量的现象，增加动力费用。推流式曝气池运行方式较为灵活，可采用多种运行方式。

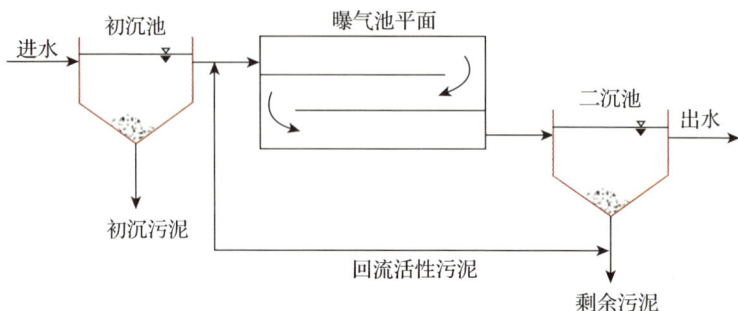

图 3–18　推流式曝气池工艺流程

完全混合式活性污泥曝气池，是废水进入曝气池后在搅拌的作用下迅速与池中原有的混合液充分混合，因此混合液的组成、微生物群的量和质是完全均匀一致的。其工艺流程图如图 3–19 所示。这意味着曝气池中所有部位的生物反应都是同样的，氧吸收率都是相同的。完全混合式活性污泥法具有如下特点：抗冲击负荷的能力强，池内混合液能对废水起稀释作用；由于全池需氧要求相同，能节省动力；有时曝气池和沉淀池可合建，不需要单独设置污泥回流系统，便于运行管理；连续进水、出水可能造成短路，易引起污泥膨胀；池子体积不能太大，因此一般用于处理量比较小的情况，比较适宜处理高浓度的有机废水。

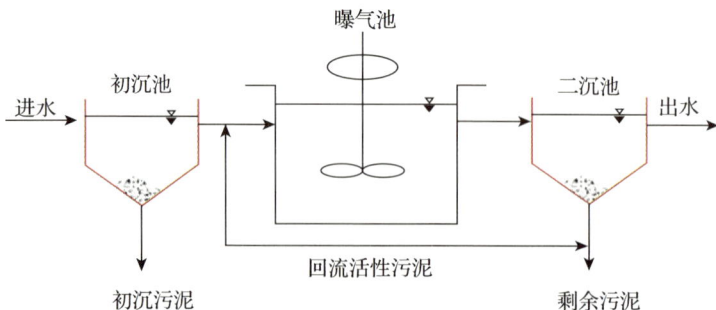

图 3–19　完全混合曝气池工艺流程

按供氧方式，活性污泥可分为鼓风曝气式和机械曝气式两大类。鼓风曝气式是采用空气（或纯氧）作氧源，以气泡形式鼓入废水中，适合于长方形曝气池，布气设备装在曝气池的一侧或池底，气泡在形成、上升和破裂时向水中传氧并搅动水流。机械曝气式是用专门的曝气机械，剧烈地搅动水面，使空气中的氧溶解于水中，通常曝气机兼有搅拌和充氧作用，使系统接近完全混合型。

5）活性污泥的评价指标

（1）混合液悬浮固体（mixed liquor suspension solid，MLSS）。混合液是曝气池中污水和活性污泥混合后的混合悬浮液。混合液固体悬浮物浓度是指单位体积混合液中干固体的含量，单位为 mg/L 或 g/L，工程上还常用 kg/m³，也称混合液污泥浓度（一般用 X 表示）。它是计量曝气池中活性污泥数量多少的指标。一般活性污泥法中，MLSS 浓度一般为 2～4g/L。

（2）混合液挥发性悬浮固体（mixed liquor volatile suspension solid，MLVSS）是指混合液悬浮固体中的有机物的重量，单位为 mg/L、g/L 或 kg/m³。把混合液悬浮固体在 600℃ 焙烧，能挥发的部分即是挥发性悬浮固体，剩下的部分称为非挥发性悬浮固体。一般在活性污泥法中用 MLVSS 表示活性污泥中生物的含量。在一般情况下，MLVSS/MLSS 的比值较固定，对于生活污水，常在 0.75 左右，对于工业废水，其比值视水质不同而异。

（3）污泥沉降比（settling volume，SV）。污泥沉降比是指曝气池混合液在 100mL 量筒中，静置沉降 30min 后，沉降污泥所占的体积与混合液总体积之比的百分数，所以也常称为 30min 沉降比。正常的活性污泥在沉降 30min 后，可以接近它的最大密度，故污泥沉降比可以反映曝气池正常运行时的污泥量，此数据可用于控制剩余污泥的排放。此外，SV 还能及时反映出污泥膨胀等异常情况，便于及早查明原因，采取措施。污泥沉降比测定比较简单，并能说明一定问题，已成为评定活性污泥的重要指标之一。

（4）污泥体积指数（sludge volume index，SVI）。污泥体积指数也称污泥容积指数，是指曝气池出口处混合液，经 30min 静置沉降后，沉降污泥体积中 1g 干污泥所占容积的毫升数，单位为 mL/g，一般不标明单位。它与污泥沉降比有如下关系：$SVI = (SV \times 10) / X$ 式中：X 的单位为 g/L，SVI 以百分数代入。SVI 值能较好地反映出活性污泥的松散程度（活性）和凝聚、沉降性能。SVI 值过低，说明污泥颗粒细小紧密，无机物多，缺乏活性和吸附力；SVI 值过高，说明污泥难于沉降分离，并使回流污泥的浓度降低，甚至出现污泥膨胀，导致污泥流失等后果。一般认为，处理生活污水时 SVI＜100 时，沉降性能良好；SVI 为 100～200 时，沉降性能一般；SVI＞200 时，沉降性能不好。一般控制 SVI 为 50～150 之间较好。

（5）活性污泥的生物相：活性污泥中出现的微生物主要包括细菌、放线菌、真菌、原生动物和少数其他微型动物。在正常情况下，细菌主要以菌胶团形式存在，游离细菌仅出现在未成熟的活性污泥中，也可能出现在废水处理条件变化（如毒物浓度升高、pH 值过高或过低等）导致菌胶团解体时。游离细菌过多是活性污泥处于不正常状态的特征。

6）影响活性污泥法处理效果的因素

（1）污泥负荷（L_s）。在活性污泥法中，一般将有机物（BOD_5）与活性污泥（MLSS）的重量比值（food to biomass，F∶M），称为污泥负荷，一般用 L_s 表示。污泥负荷又分为质量负荷和容积负荷。质量负荷（organic loading rate）即单位重量活性污泥在单位时间内所承受的 BOD_5 量，单位为 kg BOD_5/（kgMLSS·d）。容积负荷（volumetric loading rate）是曝气池单位有效容积在单位时间内所承受的 BOD_5 量，单位为 kg BOD_5/（m^3·d）。

污泥负荷的计算公式为

$$L_s = Q S_0 / V X$$

式中：L_s 为活性污泥负荷，kg BOD/（kgMLSS·d）；Q 为废水的处理量，m^3/d；V 为曝气池的有效容积，m^3；S_0 为进水 BOD_5 浓度，kg/m^3；X 为活性污泥浓度，kg MLSS/m^3。

污泥负荷与废水处理效率、活性污泥特性、污泥生成量、氧的消耗量有很大关系，是设计活性污泥法时的主要参数，温度对污泥负荷的选择也有一定影响。污泥负荷影响活性污泥特性，采用不同的污泥负荷，微生物的营养状态不同，活性污泥絮凝和沉降性也就不同。实践表明，在一定的活性污泥法系统中，污泥的 SVI 值与污泥负荷之间有复杂的变化关系。SVI 与污泥负荷曲线是具有多峰的波形曲线，有 3 个低 SVI 的负荷区和两个高 SVI 的负荷区。如果在运行时负荷波动进入高 SVI 负荷区，污泥沉降性差，将会出现污泥膨胀。一般在高负荷时应选择在 1.5～2.0kg BOD（kgMLSS·d）范围内，中负荷时为 0.2～0.4kg BOD/（kgMLSS·d），低负荷时为 0.03～0.05kg BOD/（kgMLSS·d）。

（2）污泥龄和水力停留时间（HRT）。污泥龄（sludge age）是曝气池中工作着的活性污泥总量与每日排放的污泥量之比，单位是天（d）。在运行稳定时，曝气池中活性污泥的量保持常数，每日排出的污泥量也就是新增长的污泥量，污泥龄也就是新增长的污泥在曝气池中平均停留时间，或污泥增长一倍平均所需要的时间。污泥龄也称固体平均停留时间或细胞平均停留时间。污泥龄是影响活性污泥处理效果的重要参数。水力停留时间 HRT 是指水在处理系统中的停留时间，单位也是 d。HRT $= V/Q$，V 是曝气池的体积，Q 是废水的流量。

（3）溶解氧（dissolved oxygen，DO）。对于推流式活性污泥法，氧的最大需要量出现在污水与污泥开始混合的曝气池首端，常供氧不足。供氧不足会出现厌氧状态，妨碍正常的代谢过程，滋长丝状菌。供氧多少一般用混合液溶解氧的浓度表示。活性污泥絮凝体的大小不同，所需要的最小溶解氧浓度也就不一样。絮凝体越小，与污水的接触面积越大，也越利于对氧的摄取，所需要的溶解氧浓度就小。絮凝体大，则所需的溶解氧浓度就大。为了使沉降分离性能良好，较大的絮凝体是所期望的，因此溶解氧浓度以 2mg/L 左右为宜。

（4）营养物。在活性污泥系统里，微生物的代谢需要一定比例的营养物，除以 BOD 表示的碳源外，还需要氮、磷和其他微量元素。生活污水含有微生物所需要的各种元素，但某些工业废水却缺乏氮、磷等重要元素。一般认为活性污泥系统对碳源、氮、磷的需要应满足 BOD∶N∶P＝100∶5∶1 的比例要求。

（5）pH 值。对于好氧生物处理，pH 值一般以 6.5～9.0 为宜。pH 值低于6.5，真菌即开始与细菌竞争，降低到 4.5 时，真菌将占优势，严重影响沉降分离。值超过 9.0 时，代谢速度受到阻碍。需要指出的是 pH 值是指混合液而言，而不是指进水 pH 值。对于碱性废水，生化反应可以起缓冲作用，对于以有机酸为主的酸性废水，生化反应也可以起缓冲作用。

（6）水温。在微生物酶系统不受变性影响的温度范围内，水温上升就会使微生物活动旺盛，就能够提高反应速度。水温上升还有利于混合、搅拌、沉降等物理过程，但不利于氧的转移。对于活性污泥过程，一般认为水温在 20～30℃时效果最好，35℃以上和 10℃以下净化效果即降低。

（7）有毒物质。对生物处理有毒害作用的物质很多。毒物大致可分为重金属、H_2S 等无机物质和氰、酚等有机物质。这些物质对细菌的毒害作用，或是破坏细菌细胞某些必要的生理结构，或是抑制细菌的代谢进程。毒物的毒害作用还与 pH 值、水温、溶解氧、有无其他毒物及微生物的数量或是否驯化等有很大关系。

（8）污泥回流比。污泥回流比是指回流污泥的流量与曝气池进水流量的比值，一般用百分数表示，符号为 R。污泥回流量的大小直接影响曝气池污泥的浓度和二次沉淀池的沉降状况，所以应适当选择，一般在 20％～50％之间，有时也高达 150％。

7）活性污泥增长规律

活性污泥中的微生物是多菌种的混合群体，其生长繁殖规律比较复杂，但也可用其增长曲线表示一般规律。在静态培养体系中，即在一个无进出水的密闭系统中，如果给微生物提供完全、充分的营养及环境条件，则活性污泥的增长过程可分为延迟期、对数增长期、稳定期和衰亡期四个阶段。在每个阶段，有机物（BOD）的去除率、去除速率、氧的利用速度及活性污泥特征等都各不相同。延迟期代表了微生物适应新环境需要的时间，可长可短，取决于水质及微生物培养历史。在对数增长期，由于营养物浓度超过微生物的需要量，生长不受限制，生物量呈对数增长。由于营养物浓度随微生物的消耗逐渐下降，微生物繁殖世代时间增长，毒性代谢产物逐渐增高，当营养物浓度达到生长限度时，细菌的生长进入稳定器。在内源呼吸期，营养物耗竭，迫使微生物代谢自身的原生质，生物量逐渐减少。

2. 好氧附着生长处理技术

废水的好氧附着生长处理技术，通常被称为生物膜法。好氧微生物和原生动物、后生动物等好氧微型动物附着于固体介质（滤料、盘片等）的表面进行生长繁殖，形成生物膜，污水通过与生物膜的接触，水中的有机污染物作为营养物质被吸附、氧化、分解，从而使污水得到净化。

1）生物膜的形成和成熟

生物膜的形成必须具有以下几个前提条件：①具备起支撑作用、供微生物附着生长的载体物质，在生物滤池中称为滤料，在接触氧化工艺中称为填料，在好氧生物流化床中称为载体；②供微生物生长所需的营养物质，即废水中的有机物、N、P以及其他营养物质；③作为接种物的微生物。含有营养物质和接种微生物的污水在填料的表面流动，一定时间后，微生物会附着在填料表面而增殖和生长，形成一层薄的生物膜。生物膜的成熟是指在生物膜上由细菌及其他各种微生物组成的生态系统对有机物的降解功能都达到了平衡和稳定。生物膜从开始形成到成熟，一般需要30天左右。

2）生物膜的结构

生物膜表面容易吸取营养物质和溶解氧，形成好氧和兼氧微生物组成的好氧层。在生物膜内层，由于微生物的利用和扩散阻力，制约了溶解氧向生物膜内层的渗透，形成由厌氧和兼性微生物组成的厌氧层。生物膜的基本结构如图3-20所示。

生物膜为高度亲水物质，外侧附着一层薄薄的附着水层，附着水流动很慢，其中的有机物大多已被生物膜中的微生物所摄取，其浓度要比流动水层中的有机物浓度低。与此同时，空气中的氧扩散转移进入生物膜好氧层，供微生物呼吸。生物膜上的微生物利用溶入的氧气对有机物进行氧化分解，产生无机盐和二氧化碳，达到水质净化的效果。厌氧层微生物缺少溶解氧，依靠厌氧产甲烷、缺氧反硝化等作用对废水中的污染物进行转化和降解。有机物代谢过程的产物沿着相反方向从生物膜经过附着水层排到流动水或空气中去。

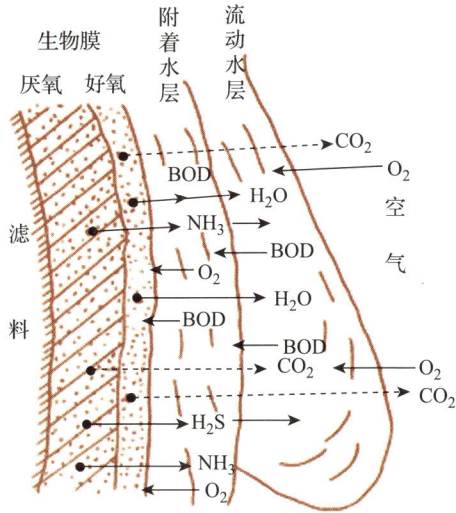

图 3-20　生物膜结构示意图

3）生物膜的更新与脱落

生物膜的更新和脱落主要经历以下几个过程：①厌氧膜的出现：随着生物膜厚度的不断增加，氧气不能透入的生物膜内部深处将转变为厌氧状态。成熟的生物膜一般都由厌氧膜和好氧膜组成，好氧膜是有机物降解的主要场所，一般厚度为 2mm。②厌氧膜的加厚：由于厌氧过程的代谢产物增多，导致厌氧膜与好氧膜之间的平衡被破坏。气态产物的不断逸出，减弱了生物膜在填料上的附着能力，使生物膜逐步成为老化生物膜，其净化功能较差且易于脱落。③生物膜的更新：老化膜脱落后，新生生物膜将继续生长，生物膜处于动态平衡状态，而新生生物膜的净化功能较强。

基于生物膜的更新与脱落原理，在生物膜的运行过程中需要遵循以下几个原则：①减缓生物膜的老化进程；②控制厌氧膜的厚度；③加快好氧膜的更新；④尽量控制使生物膜不集中脱落。

4）影响生物膜法污水处理效果的主要因素

（1）温度。温度是影响微生物正常代谢的重要因素之一。任何一种微生物都有一个最佳生长温度，在一定的温度范围内，大多数微生物的新陈代谢活动都会随着温度的升高而增强，随着温度的下降而减弱。好氧微生物的适宜温度范围是 10～35℃，一般水温低于 10℃，对生物处理的净化效果将产生不利影响。在温度高的夏季，生物处理效果最好，而在冬季水温低，生物膜的活性受到抑制，处理效果受到影响。水温在接近细菌生长的最高生长温度时，细菌的代谢速度达到最大值，此时可使胶体基质作为呼吸基质而消耗，使污泥结构松散而解体，吸附能力降低，出水由于漂泥而浑浊，出水 SS 升高，出水 BOD 反而增加。温度升高还会使饱和溶解氧降低，氧的传递速率降低，在供氧跟不上时造成溶解氧不足，污泥缺氧腐化而影响处理效果，超过最高温度时，最终会导致细菌死亡。因此，对温度高的工业废水必要时应予以降温措施。

（2）pH 值。微生物的生长、繁殖与 pH 值有着密切关系，对好氧微生物来说，pH 值在 6.5～8.5 较为适宜。细菌经驯化后对 pH 值的适应范围可进一步提高。如印染废水进入水解酸化池时，pH 值控制在 9.0～10.5 范围内，经长期驯化后，处理效果保持良好。一般来讲，废水中大多含有碳酸、碳酸盐类、铵盐及磷酸盐类物质，污水具有一定的缓冲 pH 值变化的能力。在一定范围内，对酸或碱的加入能起到缓冲作用，不至于引起 pH 值大的变化。一般来说，城市污水大都具有一定的缓冲能力。生物反应都是在酶的参与下进行，酶反应需要合适的 pH 值，因此污水的 pH 值对细菌的代谢活性有很大的影响。此外，pH 值还会改变细菌表面电荷，从而影响细菌对营养的吸收。微生物对 pH 值的波动十分敏感，即使在其生长 pH 值范围内的 pH 值的突然改变也会引起细菌活性的明显下降，这是由于细菌对 pH 值改变的适应比对温度改变的适应过程慢得多，因此在生化系统运行过程中应尽量避免污水 pH 值的突然改变。

（3）水力负荷。水力负荷的大小直接关系到污水在反应器中与载体上生物膜的接触时间。微生物对有机物的降解需要一定的接触反应时间作保证。水力负荷越小，污水与生物膜接触时间越长，处理效果越好。水力负荷的大小在控制生物膜厚度、改善传质方面也有一定的作用。水力负荷的提高，其紊流剪切作用对膜厚的控制以及对传质的改善有利，但水力负荷应控制在一定的限度以内，以免因水力冲刷作用过强，造成生物膜的流失。因此，不同的生物膜法工艺应有其适宜的水力负荷。

（4）溶解氧。溶解氧是生物处理的一个重要控制因素。在生物膜法处理中，溶解氧应保持一定的水平，一般以 4mg/L 左右为宜。在这种情况下，活性污泥或生物膜的结构正常，沉降、絮凝性能良好。而溶解氧的低值，一般应维持不低于 2mg/L，而且这个低值亦只是发生在反应器的局部地区，如反应器的进水口区域，有机物相对集中及较多的地方。另外，氧供应过多，反而会因代谢活动增强，营养供应不上而使污泥或生物膜自身产生氧化，促使污泥老化。

（5）载体表面结构与性质。生物载体对处理效果的影响主要反映在载体的表面性质，包括载体的比表面积的大小、表面亲水性及表面电荷、表面粗糙度、载体的密度、堆积密度、孔隙率、强度等。因此载体的选择不仅决定了可供生物膜生长的比表面积的大小和生物膜量的大小，而且还影响着反应器中的水动力学状态。在正常生长环境下，微生物表面带有负电荷，如果载体表面带正电荷，这将使微生物在载体表面附着、固定过程更易进行。载体表面的粗糙度有利于细菌在其表面附着、固定，粗糙的表面增加了细菌与载体间的有效接触面积，比表面积形成的孔洞、裂缝等对已附着的细菌起到屏蔽保护，使其免受水力剪切的冲刷作用。

（6）生物膜量及活性。生物膜的厚度反映了生物量的大小，也影响着溶解氧和基质的传递。当考虑生物膜厚度时，要区分膜的总厚度与活性厚度，生物膜中的扩散阻力（膜内传质阻力）限制了过厚生物膜实际参与降解基质的生物膜量。只有在膜活性厚度范围（70～100nm）内，基质降解速度随膜厚度的增加而增加。当生物膜为薄层膜时，膜内传质阻力小，膜的活性好。当生物膜超出活性厚度时，基质降解速度与膜厚无关。由此推知，各种生物膜法适宜的生物膜厚度应控制在150nm以下。随生物膜厚度增大，膜内传质阻力增加，单位生物膜量的膜活性下降，已不能提高生物膜对基质的降解能力，反而会因生物膜的持续增厚，膜内层由兼性层转入厌氧状态，导致膜的大量自动脱落（超过600nm即发生脱落），或填料上出现积泥，或出现填料堵塞现象，从而影响到生物膜反应池的出水水质。

（7）有毒物质。一般在工业废水中，存在着对微生物具有抑制和杀害作用的化学物质，这类物质称之为有毒物质，如重金属离子、酚、氰等。毒物对微生物的毒害作用，主要表现在细胞的正常结构遭到破坏以及菌体内的酶变质，并失去活性。如重金属离子（砷、铅、镉、铬、铁、铜、锌等）能与细胞内的蛋白质结合，使它变质，使酶失去活性。为此，在废水生物处理中，对这些有毒物质应严加控制。不过，它们对微生物的毒害和抑制作用，有一个量的概念。即当达到一定浓度时，这个作用才显示出来。只要在允许的浓度内，微生物还是可以承受的。对生物处理来讲，废水中存在的毒物浓度的允许范围至今还未有一个统一的标准，还需通过试验不断完善。对某一种废水来说，必须根据具体情况，作具体的分析，必要时通过试验，以确定生物处理对水中毒物的容许浓度。微生物通过适应和驯化，可能会承受更高一些的浓度。相对于活性污泥体系，生物膜体系对有毒物质的耐受能力和抗冲击负荷能力要强得多。因此，生物膜法较活性污泥法更适用于工业废水的处理。

（8）盐度。污水中的盐度对微生物维持正常的渗透压非常重要，虽然微生物对盐度有一定的驯化和适应能力，但微生物通常不适应短时间盐度的大幅度、突然变化，尤其是对盐度的突然降低比盐度的突然升高更加敏感，容易引起活性污泥的解体。

3.4.2　厌氧生物处理技术

厌氧生物处理是在没有分子氧及化合态氧存在的条件下，兼氧细菌与厌氧细菌（主要是厌氧微生物）降解和稳定有机物的生物处理方法。在厌氧生物处理过程中，复杂的有机化合物被降解、转化为简单的化合物，同时释放能量。在这个过程中，有机物的转化分为三部分：一部分转化为甲烷，这是一种可回收利用的能源；还有一部分被分解为二氧化碳、水、氨、硫化氢等无机物，并为细胞合成提供能量；少量有机物则被转化、合成为新的细胞物质。由于仅有少量有机物用于合成，故相对于好氧生物处理，厌氧生物处理的污泥增长率小得多。

厌氧法不需要提供氧，但反应速度慢，处理有机物效果相对较差，出水常带有异臭及由硫化铁等形成的黑色物质，水质浑浊。当废水量较大时，设备十分庞大，基建费用也较高。从技术经济上来说，厌氧法适宜于水量小、浓度高的有机废水，以及废水处理过程中产生的有机污泥的消化。然而，厌氧过程可以通过厌氧发酵回收沼气，这是综合利用废物能源的重要途径。针对火炸药等工业废水的处理，一般利用厌氧法作为有机废水的预处理步骤，待浓度显著降低后，再进一步进行好氧处理，以求节省费用和获得较好的处理效果。

厌氧生物处理是一种低成本的废水处理技术，是将废水的处理和能源的回收利用相结合的一种技术。包括中国在内的大多数国家面临严重的环境问题、能源短缺问题以及经济发展与环境治理的矛盾，需要有效、简单、费用低廉的技术。废水的厌氧生物处理技术可以同时实现能源生产和环境保护，其产物可以被积极利用而产生经济价值。例如，处理过的洁净水可被用于鱼塘养鱼、灌溉和施肥；产生的沼气可作为能源；剩余污泥可以作为肥料并用于土壤改良。因此，厌氧技术在我国工业废水处理领域大行其道，已成为特别适合我国国情的一种技术。

1. 厌氧生物处理的一般原理

在废水的厌氧生物处理过程中，废水中的有机物经大量微生物的共同作用，被最终转化为甲烷、二氧化碳、水、硫化氢。在此过程中，不同的微生物的代谢过程相互影响，相互制约，形成复杂的生态系统。对复杂物料的厌氧过程的叙述，有助于我们了解这一过程的基本内容。所谓复杂物料，即指那些高分子的有机物，这些有机物在废水中以悬浮物或胶体形式存在。复杂物料的厌氧降解过程可以被分为四个阶段，如图 3-21 所示。

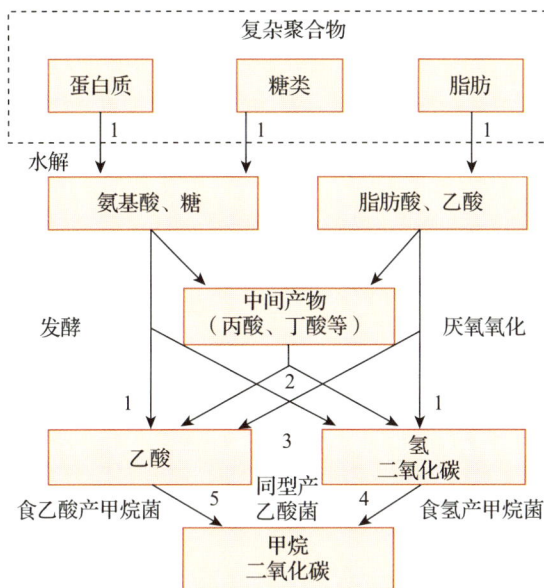

图 3-21 厌氧消化分解有机物流程图

1—水解和发酵细菌；2—产酸细菌；3—同型产乙酸菌；4—食氢产甲烷菌；5—食乙酸产甲烷菌。

（1）水解阶段。大分子有机物因为相对分子质量较大，不能透过细胞膜，因此无法被细菌直接利用。因此它们在第一阶段被细菌分泌的各种酶分解为小分子。例如纤维素被纤维素酶水解为纤维二糖与葡萄糖，淀粉被淀粉酶分解为麦芽糖和葡萄糖，蛋白质被蛋白酶水解为短肽与氨基酸等。这些小分子的水解产物能够溶解于水并透过细胞膜为细菌所利用。

（2）发酵（或酸化）阶段。在这一阶段，上述水解阶段所产生的小分子化合物在发酵细菌（即酸化菌）的细胞内转化为更为简单的化合物并分泌到细胞外。这一阶段的主要产物有挥发性脂肪酸（VFA）、醇类、乳酸、二氧化碳、氢气、氨、硫化氢等。与此同时，酸化菌也可利用部分物质合成新的细胞物质，产生剩余污泥。

（3）产乙酸阶段。在此阶段，上一阶段的产物被进一步转化为乙酸、氢气、碳酸以及新的细胞物质。

（4）产甲烷阶段。这一阶段里，乙酸、氢气、碳酸、甲酸和甲醇等被转化为甲烷、二氧化碳，合成新的细胞物质。一般认为，在厌氧生物处理过程中约有 70% 的甲烷产自乙酸的分解，其余的主要产自氢气和二氧化碳。

在以上阶段里，还包含着以下过程：水解阶段里有蛋白质水解、碳水化合物的水解和脂类水解；发酵酸化阶段包含氨基酸和糖类的厌氧氧化与较高级的脂肪酸与醇类的厌氧氧化；产乙酸阶段可利用中间产物形成乙酸和氢气，可由氢气和二氧化碳形成乙酸；甲烷化阶段主要由乙酸形成甲烷，亦可利用氢气和二氧化碳形成甲烷。除以上这些过程之外，当废水含有硝酸根离子和硫酸根离子时，废水的厌氧生物处理过程还会同时伴随反硝化和硫酸盐还原等过程。需要指出的是，虽然厌氧生物过程主要分为以上四个阶段，但是在厌氧反应系统中，四个阶段是同时进行的，并保持某种程度的动态平衡，这种动态平衡一旦被 pH 值、温度、有机负荷等外加因素所破坏，则首先将使产甲烷阶段受到抑制，其结果会导致低级脂肪酸的积存和厌氧进程的异常变化，甚至会导致整个厌氧消化过程停滞。

2. 厌氧生物处理工艺的分类

废水厌氧生物处理技术发展到今天已取得了很大的进展，已开发出各种厌氧反应器种类很多。按照厌氧反应器的发展历史，一般将 20 世纪 50 年代以前开发的厌氧消化工艺称为第一代厌氧反应系统，如化粪池、稳化池、普通消化池、高速消化池、厌氧接触法等；20 世纪 60 年代以后开发的厌氧消化工艺称为第二代或现代厌氧反应器，如厌氧生物滤池、升流式厌氧污泥床反应器（UASB）、厌氧膨胀床、厌氧流化床、厌氧生物转盘、厌氧折流板反应器；进入 20 世纪 90 年代以后，随着以颗粒污泥为主要特点的 UASB 反应器的广泛应用，在此基础上又发展了同样以颗粒污泥为根本的颗粒污泥膨胀床（EGSB）反应器和厌氧内循环（IC）反应器，一般把 EGSB 和 IC 反应器称为第三代厌氧反应器。

按厌氧反应器的流态分类，可将厌氧生物处理系统分为活塞流型厌氧反应器和完全混合型厌氧反应器，或介于活塞流和完全混合两者之间的厌氧反应器。如化粪池、升流式厌氧滤池和活塞流式消化池接近于活塞流型，带搅拌的普通消化池和高速消化池是典型的完全混合反应器，而升流式厌氧污泥层反应器、厌氧折流板反应器和厌氧生物转盘等是介于完全混合与活塞流之间的厌氧反应器。

按厌氧微生物在反应器内的生长情况，厌氧反应器又可分为悬浮生长厌氧反应器和附着生长厌氧反应器。如传统消化池、高速消化池、厌氧接触法和升流式厌氧污泥床反应器等，厌氧活性以絮体或颗粒状悬浮于反应器液体中生长，称为悬浮生长厌氧反应器。而厌氧滤池、厌氧膨胀床、厌氧流化床和厌氧生物转盘等，微生物附着于固定载体或流动载体上生长，称为附着生长厌氧反应器。把悬浮生长与附着生长结合在一起的厌氧反应器称为复合厌氧反应器，如 UBF，其下面是升流式污泥床，而上面是充填填料厌氧滤池，两者结合在一起，故称为升流式污泥床–过滤反应器，英文缩写为 UBF。

在 UASB 反应器基础上衍生发展起来的膨胀颗粒污泥床（EGSB）、内循环反应器（IC）和升流式固体厌氧反应器（USR），可以达到比 UASB 更高的有机负荷。EGSB 反应器利用外加的出水循环可以使反应器内部形成很高的上升流速，提高反应器内的基质与微生物之间的接触和反应，可以在较低温度下处理较低浓度的有机废水。IC 反应器依靠厌氧生物过程本身所产生的大量沼气形成内部混合液的充分循环与混合，可以达到更高的有机负荷，通常反应器的高径比较大，相当于将 2 个 UASB 反应器上下叠加，利用下层污泥床产生的沼气作为动力来实现反应器内混合液的循环。UASB 反应器去掉三相分离器后就成了用于处理高悬浮固体有机物原料的 USR，原料从底部进入消化器内，与消化器里的活性污泥接触，使原料得到快速消化，未消化的有机物固体颗粒和沼气发酵微生物靠自然沉降滞留于消化器内，上清液从消化器上部溢出，从而获得比水力滞留期高得多的固体滞留期和微生物滞留期。

按厌氧消化阶段分类，可将厌氧反应器分为单相厌氧反应器和两相厌氧反应器。单相反应器是把产酸阶段与产甲烷阶段结合在一个反应器中，而两相厌氧反应器则是把产酸阶段和产甲烷阶段分别在两个互相串联的反应器中进行。由于产酸阶段的产酸菌反应速率快，而产甲烷阶段的反应速率慢，因此两者分离，可充分发挥产酸阶段微生物的作用，从而提高了系统整体反应速率。

3. 影响厌氧生物处理效果的主要因素

（1）温度。厌氧消化可在不同的操作温度下进行。其中，低温消化的操作温度为 15～25℃；中温消化为 30～35℃；高温消化为 50～55℃。一般认为中温消化的最适宜温度范围为 30～40℃。污泥消化以 30～35℃为好，粪便的消化以 36～40℃为好，工业废水则各不相同。厌氧消化系统对温度的突变十分敏感，温度的波动对去除率影响很大，如果突变过大，会导致系统停止产气。

（2）pH 值。厌氧反应器中的 pH 值对厌氧反应不同阶段的产物有很大影响。产甲烷的 pH 值范围在 6.5～8.0 之间，最佳的 pH 值范围在 6.5～7.5 之间，若超过此界限范围，产甲烷速率将急剧下降，而产酸菌的 pH 值范围在 4.0～7.5 之间。因此，当厌氧反应器运行的 pH 值超出甲烷菌的最佳 pH 值范围时，系统中的酸性发酵可能超过甲烷发酵，会导致反应器内呈现"酸化"现象。重碳酸盐及氨氮等是形成厌氧处理系统碱度的主要物质，碱度越高，缓冲能力越强，这有利于保持稳定的 pH 值，一般要求系统中的碱度在 2000mg/L 以上，氨氮浓度介于 50～200mg/L 为好。

（3）氧化还原电位。厌氧环境是厌氧消化赖以正常运行的重要条件，厌氧环境的保持主要以体系中的氧化还原电位来反映。不同的厌氧消化系统要求的氧化还原电位不尽相同，即使同一系统中，不同细菌菌群所要求的氧化还原电位也不尽相同。在厌氧发酵过程中，非产甲烷细菌对氧化还原电位的要求不甚严格，甚至可在 $-100 \sim 100mV$ 的兼性厌氧条件下生长。产甲烷菌对氧化还原电位的要求在 $-350 \sim -400mV$。pH 值对氧化还原电位有重要影响。

（4）有毒物质。在厌氧消化过程中，某些物质（重金属、氯代有机物等）会对厌氧过程产生抑制和毒害作用，使得厌氧消化速率降低。此外，部分厌氧发酵过程的产物和中间产物（如挥发性有机酸、H_2S、氨氮等）也会对厌氧发酵产生抑制作用。

（5）水力停留时间。厌氧反应器的水力停留时间可以通过料液的过流速度来反映。加大料液流速，增加了反应器进水区的扰动，生物污泥与进水有机物之间相互接触随之增加，有利于提高去除率。但料液过流速度过高，会造成污泥流失。因而，为使系统维持足量的生物污泥，过流速度需有一定的限度。

（6）有机容积负荷。有机容积负荷在某种程度上反映了微生物与有机物之间的供需关系，它是影响污泥生长、污泥活性程度和生物降解过程的重要因素。有机负荷过高时，可能导致甲烷反应和酸化反应的不平衡，由于产甲烷过程速率较慢，过高的有机容积负荷容易导致系统酸化。对特定的废水而言，容积负荷与温度、废水性质及浓度有关，它不仅是厌氧反应器设计重要参数，同时也是重要控制参数，一般有机容积负荷的数值需要通过试验确定。

（7）污泥负荷。反应器内单位重量的污泥在单位时间内接纳的有机物量，称为污泥负荷，单位为 kg BOD_5/(kgVLSS·d)，采用污泥负荷比容积负荷更能从本质上反映微生物代谢同有机物的关系。在典型的工业废水中，厌氧处理采用的污泥负荷率在 $0.5 \sim 1.0$kg BOD_5/(kgVLSS·d) 之间，为一般好氧处理的 2 倍。另外，厌氧容积负荷为 $5 \sim 10$kg/(m^3·d)，高的可达 50kg/(m^3·d)，为好氧处理（$0.5 \sim 1.0$kg/(m^3·d)）的 $5 \sim 10$ 倍，甚至 20 倍以上。

4. 厌氧生物处理技术的主要特点

（1）相比好氧生物处理技术，厌氧生物处理技术能耗大大降低，而且可以回收生物能（甲烷）。好氧法需要消耗大量能量供氧，曝气费用随有机物浓度增加而增大，而厌氧法不需要充氧，产生的沼气还可以作为能源。废水有机物达到一定浓度后，沼气能量可以抵偿所消耗的能量。但厌氧生物处理过程所产生的气味往往较大，现场卫生条件往往难以保证。

（2）相比好氧生物处理技术，厌氧生物处理技术污泥产量很低。厌氧微生物的增殖速率比好氧微生物低得多，产酸菌的产率系数 Y 为 $0.15 \sim 0.34$kgVSS/kgCOD，产甲烷菌的产率系数 Y 为 0.03kgVSS/kgCOD 左右，而好氧微生物的产率系数 Y 为 $0.25 \sim 0.60$kgVSS/kgCOD。厌氧生物处理系统剩余污泥产量只有好氧生物处理系统的 5%～20%。然而，厌氧生物增殖缓慢，因而厌氧设备启动和处理时间比好氧设备长。

（3）相比好氧生物处理技术，厌氧生物处理技术应用范围广。由于供氧限制，好氧法一般只适用于中、低浓度的有机废水的处理，而厌氧法既适用于高浓度有机废水，也适用于中、低浓度有机废水。厌氧微生物有可能对好氧微生物不能降解的一些有机物进行降解或者部分降解。例如，火炸药工业废水中常见的硝基芳香族化合物由于硝基的强吸电子作用，苯环上电子云密度较低，导致苯环上的亲电子攻击受阻，好氧微生物难以对其进行氧化降解，在厌氧条件下，如果存在充足的电子供体（乙酸等小分子有机物），硝基芳香族化合物很容易被还原为氨基芳香族化合物，氨基芳香族化合物在好氧条件下的降解难度明显低于其母体硝基芳香族化合物，其生物毒性亦明显低于其母体硝基芳香族化合物。

（4）相比好氧生物处理技术，厌氧生物体系反应过程较为复杂。厌氧生物反应是由多种不同性质、不同功能的微生物协同工作的一个连续的生物过程，并保持某种程度的动态平衡。反应过程的复杂性也在一定程度上决定了厌氧生物体系废水处理功能的多样性。然而，正是因为厌氧生物处理过程中所涉及的生化反应过程较为复杂，厌氧生物过程是多种不同性质、不同功能的微生物协同作用的体系，不同种属微生物间的相互配合和平衡较难控制，因此废水厌氧处理系统的启动、运行和管理需要更高的技术要求。厌氧微生物，特别是其中的产甲烷菌对温度、pH 值等环境因素非常敏感，也使得厌氧反应系统的运行和应用受到了很多限制。

（5）厌氧生物处理系统的负荷通常高于好氧过程，厌氧处理工艺在处理高浓度的工业废水时常常可以达到很高的处理效率。厌氧处理采用的污泥负荷率一般为好氧处理的 2 倍，容积负荷为好氧处理的 5～10 倍，甚至高达 20 倍以上。然而，厌氧生物处理过程出水水质通常较差，一般需要利用好氧生物处理技术进行进一步的处理。

3.4.3　厌氧-好氧联合处理技术

好氧生物处理就是在充分供氧或者供气的条件下，借助好氧微生物（主要是好氧细菌）或兼性好氧微生物，将污水中有机物氧化分解成较稳定的无机物的处理过程。处理过程中，废水中的一部分有机物在细菌生命活动过程中被同化、吸收，转化成增殖的细菌菌体部分，另一部分有机物则被氧化分解成简单的无机物（如二氧化碳、水、硝酸根离子等），并释放能量供细菌等微生物生命活动的需要。厌氧生物处理法是在断绝氧气的条件下，利用厌氧微生物和兼性厌氧微生物的作用，将废水中的各种复杂有机物转化成比较简单的无机物（如二氧化碳）或有机物（如甲烷）的处理过程。

如前所述，与好氧生化法相比，厌氧生化法具有应用范围广、能耗低、负荷高、剩余污泥数量少、氮磷的营养需要量较少等优点。此外，厌氧处理过程有一定的杀菌作用，可以杀死废水和污泥中的寄生虫卵、病毒等。厌氧污泥可以长期储存，厌氧反应器可以季节性或间歇性运转，与好氧生化法相比，在停止运行一段时间后，能较迅速启动。针对火炸药工业废水的处理，厌氧生物处理技术已被证明对火炸药工业废水中有机污染的去除更有效，经济性更好，明显优于好氧生物处理技术。但是，厌氧生物处理法也存在一些缺点：第一，厌氧微生物增殖缓慢，因而厌氧设备启动和处理时间比好氧设备长；第二，出水往往达不到排放标准，需要作进一步处理，故一般厌氧处理后再串联好氧处理；第三，厌氧处理系统操作控制因素较为复杂。然而在采取厌氧与其他工艺组合的条件下，厌氧生物处理在火炸药废水处理中一定会发挥出重要作用。实际生产应用中，由于好氧生物处理技术和厌氧生物处理技术这两种方法都有一定的缺点和优势，一般是将两种方法组合在一起来进行废水处理应用。组合工艺可把两者的优点有机地结合起来，处理效果可大幅度提高。

1. 组合生化法处理装药厂梯恩梯废水

早在 20 世纪 40 年代，国外就已经开始探索装药厂梯恩梯废水生化处理的可行性。当时的研究认为，梯恩梯在自然界中难以生物降解。后来由于分离和筛选出了能转化和降解梯恩梯的微生物，使生化处理梯恩梯废水的研究得以继续进行。装药厂弹体装药废水主要是冲洗工房地面、设备工具的废水以及水溶除尘器的排水，废水中含梯恩梯 20～92mg/L，含二硝基萘 3～5mg/L，除了溶解的药物之外，还有未溶的浮药、颗粒药及少量油污、泥灰等杂物。从长期被梯恩梯粉尘及废水污染的土壤和生活污水中取出的样品，经过培养、分离和筛选可以获得以梯恩梯为碳源和氮源而生长的好氧、厌氧及兼氧细菌，这些细菌中有的能将浓度为 100mg/L 的梯恩梯在 24h 内转化 90% 以上，有的菌种转化梯恩梯的最高浓度可达 190mg/L。经过鉴定，这些菌种分别属于柠檬杆菌属、肠杆菌属、芽孢杆菌属、埃希氏菌属、克氏杆菌属以及假单胞菌属。其中，假单胞菌转化梯恩梯的条件比其他几个菌属的要苛刻，营养条件要求更丰富一些。

生化法处理梯恩梯废水的工艺流程见图 3-22 所示。含梯恩梯的废水由车间排出后，先经车间排出口的沉淀池进行初步沉淀，再经地下管路自流到处理站沉淀池，然后进入营养投配池，根据废水量按比例投加营养。营养投配池中的废水用泵不定期地送入储水池内，储水池供调节处理水量用。另外，在调节池内接入菌种，使废水同时获得静置生化效果。储水池内的废水经转子流量计用泵送到接触生化塔顶部溢流槽，经连通管引向生化塔底部后在塔内均匀上升，水层通过以焦炭为填料的生物膜进行生化处理后，从塔顶溢流槽自流到沉淀吸附塔的顶部配水槽，在连通管作用下，废水由沉淀吸附塔底部均匀上升，分别经过焦炭填料层、活性炭填料层，进行吸附、生化反应、脱色后，获得净化的废水最后从沉淀吸附塔顶溢流排入下水道。经过该过程处理后的废水中梯恩梯、二硝基萘含量以及 COD、BOD 等都可达到国家工业"三废"排放试行标准的要求。

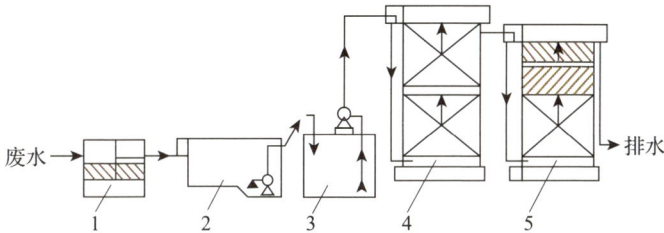

图 3-22 生化法处理梯恩梯废水工艺流程

1—沉淀池；2—营养投配池；3—储水池（静置生化池）；4—接触生化塔；5—沉淀吸附塔。

2. 两步生化法处理梯恩梯和黑索今混合废水

装药厂弹体装药（黑索今-梯恩梯）废水中通常含梯恩梯 $30\sim50mg/L$、黑索今 $17\sim34mg/L$，pH 为 $6.5\sim7.0$。生化法处理含梯恩梯和黑索今混合废水时均采用厌氧活性污泥法，因为经研究认为好氧活性污泥法对去除黑索今基本无效。梯恩梯与黑索今虽然同为含硝基的化合物，但黑索今为饱和的杂环化合物，其—C—N—结构稳定，难以生物降解，而梯恩梯则较易生物降解。所以在处理梯恩梯-黑索今混合废水时，微生物首先利用的是梯恩梯，这就干扰了反应系统去除黑索今的能力。为此，对于含梯恩梯-黑索今混合废水要采用两步生化法处理。即先经过静态槽进行兼性好氧处理。除去其中大部分梯恩梯，然后在接触生化柱内处理黑索今。

从受黑索今污染的土壤中采集样品，经过培养、分离，筛选出能降解黑索今的细菌（主要是棒状杆菌属），再将种菌接种于含黑索今的肉汁斜面上，活化约 24h，待菌苔很厚时，接种于装有 200mL 黑索今培养基的三角瓶中，在 28℃摇床上振荡培养 48h，将菌液与等体积的含黑索今培养基混合后，充满接触氧化柱，通气培养两昼夜，使微生物一边繁殖一边附着在软性填料上，然后停止通气，沉降 2h，去掉一半上清液，再加入新培养菌液和培养基，继续通气培养 2d。当填料上有菌膜时，加入低浓度的黑索今废水进行驯化，连续进水，待菌膜长到一定程度（约 4～5d），即可正常加入混合废水进行处理。

　　两步生化法处理梯恩梯–黑索今废水的试验工艺流程见图 3–23 所示。混合废水先在 10L 的静态生化槽停留 24h（静态生化槽也接种降解黑索今的菌种，并加入 0.02% 的葡萄糖液作营养），去除大部分梯恩梯后，进入 10L 的高位槽补加营养液（葡萄糖 0.07%，磷酸氢二钠 0.005% 和磷酸二氢钾 0.005%），然后自下而上进入串联的两级接触生化柱（柱高 75cm，直径 7.5cm，内装软性纤维填料），压缩空气与水流方向相同，同时从柱底进入。废水和纤维填料上的微生物充分接触，以去除黑索今和剩余的梯恩梯。在 28～35℃ 下连续运行 40d，出水中梯恩梯浓度、黑索今浓度、COD 浓度平均值仅为 0.4mg/L、2.8mg/L 和 57.3mg/L，去除率均高于 85%，处理效果稳定（见表 3–7）。

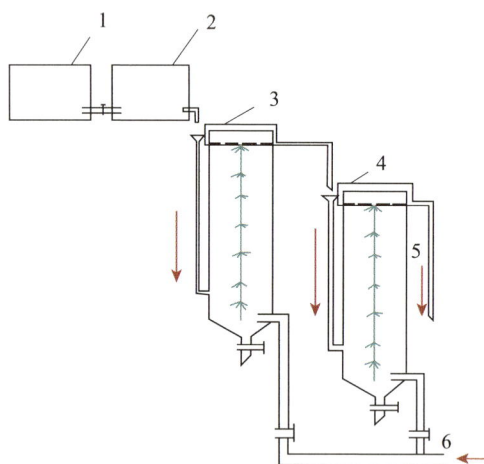

图 3–23　两步生化处理梯恩梯-黑索今废水流程

1—静态生化槽；2—高位槽；3—第一级生化柱；4—第二级生化柱；5—出水；6—压缩空气与水。

表 3–7　两步生化法处理梯恩梯-黑索今废水动态试验结果

分析项目	进水浓度/(mg/L)		出水浓度/(mg/L)		平均去除率/%
	范围	平均值	范围	平均值	
TNT	29～50.5	42.3	0～2	0.4	99.0
RDX	16.5～34.4	21.3	0～4.8	2.8	86.7
COD	320～660	517.2	36～74	57.3	88.9
BOD	435～595	529	23.3～57	38.7	92.7
$NO_3^- - N$	0.31～2.7	1.3	0～0.24	0.06	95.3
$NO_2^- - N$	0.17～0.82	0.4	0～0.2	0.02	95.5
$NH_4^+ - N$	—	—	1～9.4	4.3	—

3. 好氧－缺氧组合生化法处理起爆药生产废水

在兵器工业废水中，K·D、二硝基重氮酚、D·S 共沉淀、硝酸肼镍等各种起爆药生产废水除含有高浓度 COD、硝基酚类化合物之外，通常还含有某些重金属离子（如铅、汞、镍、镉），有的还含有叠氮化物，污染因子多，具有很大的治理难度。北方工程设计研究院的王玉龙等提出采用"化学沉淀－化学氧化－序批式活性污泥－深度化学氧化"组合工艺处理起爆药废水，但序批式活性污泥系统污泥流失和失活等问题无法解决，过量氧化剂的投加造成废水处理成本偏高。某起爆药生产企业采用"芬顿（Fenton）氧化法－化学沉淀"工艺对起爆药废水进行预处理，可有效去除废水中的硝基酚类物质及 Pb^{2+} 离子，但预处理系统出水生物毒性仍然较高，难以达到生化进水要求。因此，适合起爆药生产废水水质的微生物的培养和驯化尤为重要。

K·D 起爆药是由南京理工大学开发研究的一种新型起爆药。该起爆药性能优良，其主要成分为碱式苦味酸铅和叠氮化铅，兼有三硝基间苯二酚铅火焰感度高和叠氮化铅起爆能力大、耐压性好等优点，使火雷管的装配大为简化，在工业雷管乃至军用火工品中的应用前景十分广阔。K·D 起爆药生产废水中主要有毒污染物为 Pb^{2+} 和 2,4,6-三硝基苯酚（俗称苦味酸）。此外，K·D 起爆药生产废水中还含有高浓度的硝酸盐氮。硝酸盐氮的排放可引起水体富营养化，硝酸盐进入人体会还原为致癌的亚硝酸盐，导致婴幼儿高铁血红蛋白症。如果 K·D 起爆药生产废水不经处理直接排放，将会对环境造成严重污染。针对 K·D 起爆药生产废水的处理，一般采用传统的化学沉淀－活性炭吸附－化学沉淀组合工艺，即用 $NaNO_2$ 和 H_2SO_4 溶液进行销爆除铅，经过沉淀和分离，将 Pb^{2+} 以 $PbSO_4$ 沉淀形式分离出来，然后进入活性炭吸附柱，去除苦味酸，最后投加石灰石或碳酸钠进一步中和除铅。该工艺在运行过程中需要不断投加化学药品和活性炭以保证处理效果，运行费用较高，给企业造成了沉重的经济负担。吸附饱和的活性炭消耗较大，无法再生，只能采取焚烧的处理手段，活性炭在焚烧过程中产生了二次污染和安全问题。此外，出水并未进行脱氮处理，仍然含有高浓度的硝态氮。

南京理工大学沈锦优等利用以苦味酸为唯一碳源、氮源和能源的培养基，从长期受到苦味酸污染的工厂排污口土样中，筛选得到可以苦味酸为唯一碳源、氮源和能源生长，可实现苦味酸完全矿化的菌株，命名为 Rhodococcus sp. NJUST16。在此基础上开发出了"销爆－化学沉淀除铅－曝气生物滤池去除苦味酸－缺氧反硝化/好氧膜生物反应器"全流程组合处理工艺，该工艺的核心为"曝气生物滤池－缺氧/好氧膜生物反应器"的两级生化工艺，工艺流程如图

3-24所示，各工段出水效果如表3-8所列。

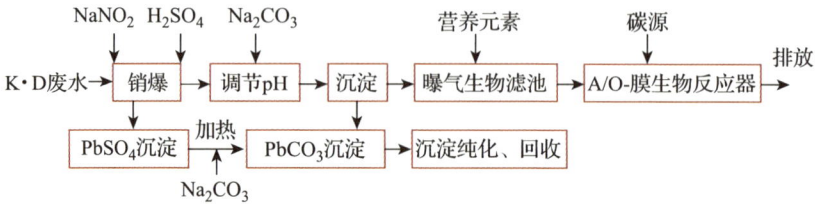

图3-24　K·D起爆药生产废水处理工艺

表3-8　K·D起爆药生产废水处理工艺运行效果

工段 指标	销爆后	化学沉淀出水	滤池出水	A/O-膜生物反应器出水	排放标准
苦味酸/(mg/L)	1190~1210	1160~1180	2.1~3	1~2.5	3
COD/(mg/L)	3100~3300	3050~3200	105~125	90~120	150
BOD/(mg/L)	—	—	16~20	20~30	30
Pb^{2+}/(mg/L)	15~23	<1	<1	<1	1
NO_3^--N/(mg/L)	3400~3600	3500~3700	3500~3700	<1	无
色度（稀释倍数）	1400~1500	1400~1500	90~110	90~110	120
pH值	1~2	7.8~8.1	6.9~7.2	7~8	6~9

可见，经化学沉淀处理后，废水中Pb^{2+}可降低至排放标准以下。苦味酸等有机物以及色度的去除主要发生在曝气生物滤池工段，该工段出水COD和BOD分别在125mg/L和20mg/L以下，色度低于110，苦味酸浓度在3mg/L以下。硝态氮的去除主要发生在缺氧/好氧-膜生物反应器工段，该工段出水中硝态氮几乎可完全去除且未出现亚硝酸盐氮的积累，出水COD和BOD分别控制在120mg/L和30mg/L以下，由于膜的截流作用出水微生物浓度和浊度较低。K·D起爆药生产废水经过"销爆-化学沉淀-曝气生物滤池-缺氧/好氧膜生物反应器"的全工艺流程的处理，出水水质已经满足了《兵器工业水污染物排放标准-火工药剂 GB 14470.2—2002》所要求的标准，废水中主要污染因子得到了有效控制。该废水处理工艺处理效果稳定可靠，处理过程经济高效，操作简便，二次污染小。

在 Rhodococcus sp. NJUST16 等功能菌剂的基础上，南京理工大学沈锦优和王连军教授团队开发出了适合于混合起爆药废水厌氧/缺氧生物处理的复合菌剂 NJUST-S1 以及适合于混合起爆药废水好氧生物处理的复合菌剂 NJUST-

S2。经过"内电解－芬顿－混凝沉淀"组合工艺预处理后的混合起爆药废水泵入投加复合菌剂 NJUST－S1 的缺氧池，在缺氧池内投加酸以及生物降解必需的营养物，利用废水中含有高浓度硝态氮的特点进行反硝化反应脱除 COD，缺氧池出水进入投加复合菌剂 NJUST－S2 的曝气生物滤池好氧生物处理工段，实现生物难降解残余物的生物降解，进一步降低废水 COD，出水达到《兵器工业水污染物排放标准-火工药剂》（GB 14470.2—2002）所要求的水质标准，稳定实现达标排放。

3.5 火炸药工业废水处理工程实例

3.5.1 硝化甘油吸收药废水处理——厌氧/好氧组合工艺

1. 废水水质概况

某工厂硝化甘油吸收药废水由硝化甘油各工序产生的废水、吸收药制造及火药成型生产各工序产生的含危险品药渣废水组成。硝化甘油生产废水主要包括硝化甘油洗涤排水、脉冲输送排水、溢流水及冲洗水（设备、地面）。生产期间硝化甘油废水水量平均为 9.6t/h，流量相对较稳定，折合每生产 1t 硝化甘油产生废水 18.3t。吸收药废水量为 13t/t 产品。硝化甘油吸收药废水经销爆工房处理后，仍含有一定量的硝化甘油和二硝基甲苯（DNT），有机污染物浓度较高。销爆后的硝化甘油吸收药废水具体水质指标如表 3－9 所列。

表 3－9 硝化甘油吸收药废水水质

序号	项目	污染物指标	排放标准
1	COD	1000～1400mg/L	100
2	SS	80～100mg/L	70
3	pH	8～9	6～9
4	氨氮	6.01～7.49mg/L	15
5	石油类	0.143～0.345mg/L	5
6	色度	232～268	50
7	硝化甘油	50～80mg/L	80
8	DNT	0.045～0.05mg/L	3.0
9	Pb	0.57～1.14mg/L	1.0

硝化甘油各生产工序产生的废水，经管道收集后，由升液井内的升液器提

升进入销爆处理工房的曲道器，去除废水中部分硝化甘油后，流入蒸煮槽，采用氢氧化钠中和废水中的酸性物质，并采用蒸煮工艺，分解硝化甘油，最后经沉淀处理后排入废水处理站。吸收药制造及火药成型生产驱水工序产生的含危险品药渣废水，用管道收集后，进入销爆处理工房含渣废水收集槽，一小部分废水用泵输送到蒸煮槽，与硝化甘油废水一道进行蒸煮处理，其余大部分废水用泵输送到沉淀池，经沉淀处理后排入废水处理站。

2. 废水处理工艺流程及简要说明

硝化甘油吸收药废水处理工艺流程见图 3-25。来自硝化甘油吸收药生产线的废水（经销爆处理后），经过机械格栅去除大块悬浮物后进入废水集水井，用一次提升泵打入废水调节池，在池内调节水质均衡水量后用二次提升泵定量抽送到 pH 调节混凝反应池，pH 调节后端加入聚合氯化铝（PAC）和聚丙烯酰胺（PAM）反应充分后自流入废水初淀池，初淀池内的污泥利用重力的作用沉降至污泥斗内，由潜水泵抽送至污泥贮池。开启蒸气加热设施，保持水温在 15℃ 以上，废水在厌氧池中通过厌氧菌的厌氧消化分解作用，将大分子的污染物质，分解为易进行好氧生化反应的小分子物质，并消耗部分污染物作为自身能源。厌氧处理出水自流到好氧池，在好氧池内通过好氧菌的作用，将污染物进行氧化分解，并利用风机向池底鼓入空气，为好氧菌提供氧气。好氧池出水在空气搅拌的作用下，加入 PAC 和 PAM 后进入二沉池，经混凝沉淀作用后，污泥下沉，上清液经溢流堰出水排放。硝化甘油吸收药废水处理系统设计处理能力为 600m³/d。

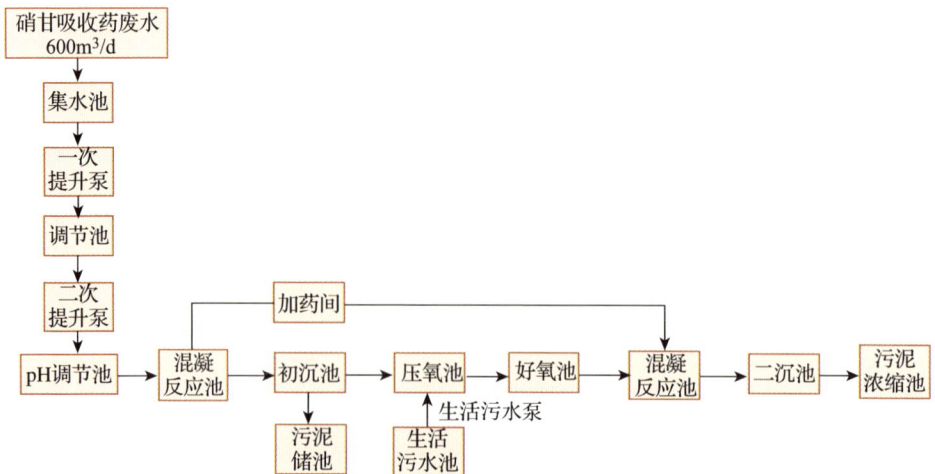

图 3-25　硝化甘油吸收药废水处理工艺流程图

3. 主要处理单元设计

主要处理单元及其设计参数见表 3‑10。

表 3‑10　主要处理单元及水力停留时间

序号	构筑物名称	单位	数量	水力停留时间/h
1	集水池	座	1	1.5
2	一次提升泵房	座	1	—
3	调节池	座	1	92
4	二次提升泵房	座	1	—
5	pH 调节池	座	1	0.24
6	混凝反应池	座	1	0.5
7	初沉池	座	2	—
8	NG 厌氧池	座	1	23
9	好氧池	座	1	18
10	混凝反应池	座	1	1.4
11	二沉池	座	2	3.0
12	污泥储池	座	2	—
13	风机房	座	1	—
14	生活污水泵房	座	1	—
15	生活污水池	座	1	—
16	污泥浓缩池	座	2	—

4. 工程主要构筑物及设备

工程主要构筑物及设备实物见图 3‑26。

废水物化处理水池　　　　　　　　生化处理水池

图 3‑26　工程主要构筑物照片

二沉池　　　　　　　　　　　　　　　加药装置

图 3-26　工程主要构筑物照片（续）

5. 技术经济指标

硝化甘油吸收药废水处理系统（处理能力 600t/d），总投资约为 2000 万元。废水处理中心总占地面积为 6247m²。硝化甘油吸收药废水处理设备装机容量为 90kW。经过上述处理工艺，硝化甘油吸收药废水基本可以达标排放，吨水处理成本（不含折旧）为 3.77 元。处理后的硝化甘油吸收药废水达到《污水综合排放标准》（GB8978—1996）第二类污染物一级标准和《兵器工业水染物排放标准-火炸药》（GB14470.1—2002）中新建项目一级标准。

3.5.2　DNT、TNT 生产混合废水处理——内电解/芬顿/厌氧/好氧/吸附组合工艺

1. 废水水质概况

某工厂废水主要来源于 DNT 生产线精制过程产生的碱性红水、低浓度 TNT 生产废水、清洗水、清下水和生活污水等。高浓度有机碱性废水预处理工艺设计处理规模 10 万吨/年，实际废水处理量约 5.5 万吨/年；生化二级处理及深度处理工艺设计处理规模 180 万吨/年，实际废水处理量约 68 万吨/年。

高浓度有机碱性废水主要污染物有：COD 约 4000mg/L，硝基苯类约 600mg/L。废水排放执行《污水综合排放标准》（GB 8979—1996）第二类污染物一级标准，pH 值和硝基苯类物质排放标准限值分别为 6～9 和 2.0mg/L，COD 的排放要求低于 50mg/L。

2. 废水处理工艺流程及简要说明

1）高浓度有机碱性废水预处理工艺流程及简要说明

高浓度有机碱性废水的处理采用酸析-内电解-芬顿-混凝-沉淀组合工艺。

高浓度有机碱性废水用泵输送至调节池后，用清水或低浓度污水（视生产情况而定）调节水质，调节后废水 COD3000mg/L 左右、硝基化合物 800mg/L 左右。再将调节池中水输送至酸析池，用酸将废水 pH 值调至 2～3 之间（酸析操作也可在调节池中进行，调节时需预先测定所用酸的浓度，然后与废水按一定比例混合调节），酸性废水在酸析池静止一段时间后，自流至硝基水池中。利用硝基水池泵将酸性废水输送至装有铁铜填料的微电解池中，同时向微电解池加入一定量的双氧水进行芬顿氧化反应，待完全反应之后，废水自流至中和反应池，加碱中和后进入反应混凝池，投加絮凝剂、助凝剂进行进一步的混凝。混凝后的污水自流注满沉淀池后，经沉淀池进入涡凹气浮装置，除去悬浮物后，废水送污水处理生化车间进行生化处理。当沉淀池中污泥量较大时，开启污泥压滤机，将沉淀中污水与污泥通过污泥泵输送至压滤机，压滤后的污水送污水处理生化车间，污泥压滤后集中清理。具体工艺流程见图 3-27。

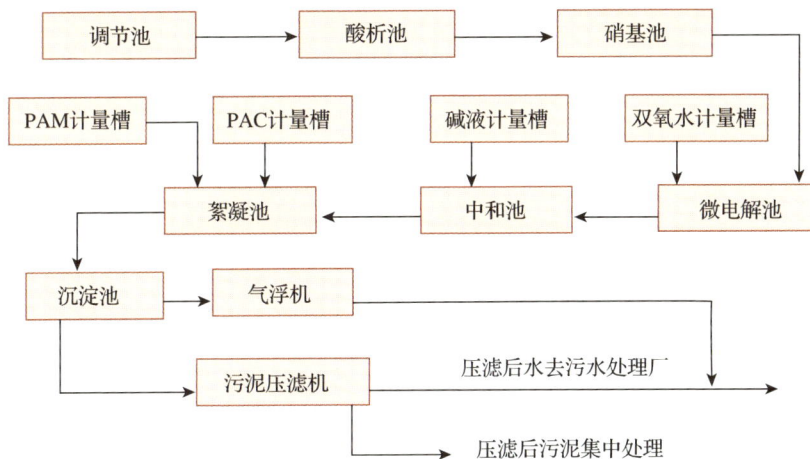

图 3-27　高浓度有机废水预处理工艺流程示意图

2）达标处理及深度处理工艺流程及简要说明

达标处理及深度处理采用"微电解预处理＋固定化微生物生化技术｜活性炭吸附技术"组合工艺技术，即：采用微电解还原技术进行预处理，把废水中的难降解、不可生化物质转化为可生化降解的物质，提高废水的可生化性。废水经过预处理后，再采用生物法进行生化处理，除去水中的有机物质。生化处理后采用活性炭吸附对生化处理的出水进行深度处理，进一步除去水中的有机物质，使废水全部达标排放。具体工艺流程见图 3-28。

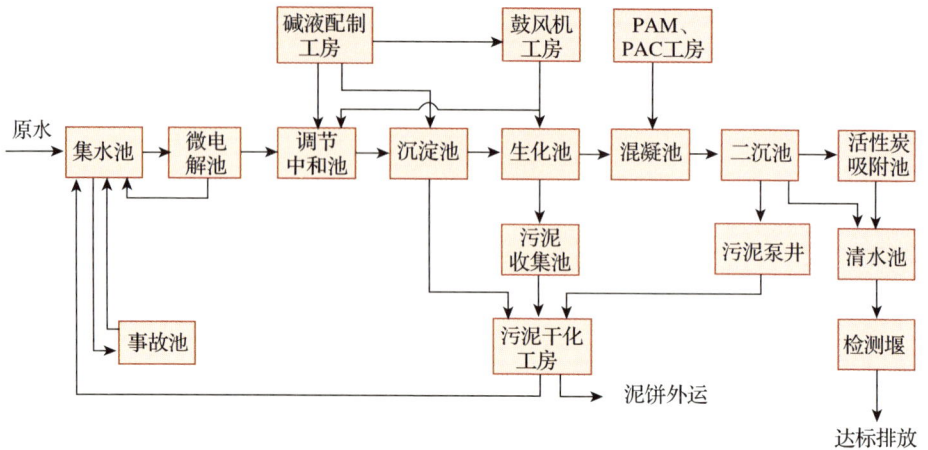

图 3 - 28 达标处理及深度处理工艺流程示意图

3. 主要的废水处理单元

高浓度有机碱性废水预处理系统主要处理单元见表 3 - 11。

表 3 - 11 高浓度有机碱性废水预处理系统主要处理单元

序号	构筑物名称	单位	数量	备 注
1	调节池	座	1	就地（防腐）、新建
2	酸析池	座	1	就地（防腐）、新建
3	硝基池	座	1	就地（防腐）、新建
4	微电解池	座	1	就地（防腐）、新建
5	中和池	座	1	就地（防腐）、新建
6	絮凝池	座	1	就地（防腐）、新建
7	沉淀池	座	1	就地（防腐）、新建

达标处理及深度处理系统主要处理单元见表 3 - 12。

表 3 - 12 达标处理及深度处理系统主要处理单元

序号	名称		单位	数量	备注
1	集水池	稀酸生产线	座	2	地上为砖混结构，渠道为钢筋混凝土结构
		TNT 生产线	座	2	
		硝化棉生产线	座	2	
		苯胺生产线	座	2	
		一硝基甲苯生产线	座	2	

（续）

序号	名称		单位	数量	备注
1	集水池	间二硝基苯生产线	座	2	
		生活污水	座	2	
2	内电解反应池		座	2	全部为钢筋混凝土结构
3	絮凝沉淀池		座	4	钢筋混凝土结构
4	调节池		座	4	钢筋混凝土结构
5	接触氧化池		座	8	钢筋混凝土结构
6	二沉池		座	8	钢筋混凝土结构
7	吸附池		座	8	钢筋混凝土结构
8	污泥浓缩池		座	1	钢筋混凝土结构
9	鼓风机房		座	1	钢筋混凝土排架结构
10	污泥脱水间		座	1	钢筋混凝土排架结构
11	污泥干化池		座	4	钢筋混凝土结构
12	污水泵房		座	1	钢筋混凝土结构
13	综合楼		m²	1200	砖混结构
14	配电房		m²	110	砖混结构

4. 工程主要构筑物及设备

工程主要构筑物及设备见图 3 - 29。

双氧水工房　　　　　　　　　微电解池 + 加药池 + 絮凝池

图 3 - 29　工程主要构筑物及设备

碱槽

中和池

初沉池

生化工房

生化池

二沉池

图 3 - 29　工程主要构筑物及设备（续）

5. 废水处理技术经济指标

废水达标处理和深度处理系统总投资 6699 万元，占地面积 50000m²。高浓度有机碱性废水预处理系统总投资 1900 万元，占地面积 10000m²。经过上述处理工艺，TNT、DNT 废水基本可以达标排放。高浓度有机碱性废水预处

理成本（不含折旧）约 220 元/吨，达标处理和深度处理成本（不含折旧）约
13.5 元/吨。

3.5.3　TNT 红水处理焚烧法

1. 废水水质概况

废水来源于某工厂 TNT 生产线精制过程中产生的红水。按满负荷生产计，
红水产生量约 4.2 万吨/年，其主要污染物有：COD 约 80000～100000mg/L，
硝基苯类约 3000～4000mg/L。废气排放标准执行《危险废物焚烧污染控制标
准》（GB 18484—2001）中规定的污染物排放限值。

2. 废水处理工艺流程及简要说明

首先，用稀红水泵将贮水池的稀红水打入高位槽，然后自流入鼓泡器。在
鼓泡器内，稀红水被焚烧炉排出的高温烟道气浓缩为密度 1.25～1.30g/cm³
（60℃）后，由出口管流入浓红水转手槽，然后用槽内的液下泵，将浓红水
送至焚烧炉前，通过高压雾化水枪喷入焚烧炉内，与渣油同时焚烧。焚烧
过程所需的空气由鼓风机送入炉内。焚烧炉所产生的高温烟道气经鼓泡器，
由烟囱排入大气中。焚烧后的无机盐残渣在熔融状态下，每隔一定时间从
焚烧炉后的排渣口排出。排出的残渣（芒硝）经冷却后，捣碎、称量、包
装后送入库房或运出。废水焚烧炉设计处理能力 16.2 万吨/年。具体工艺
流程见图 3-30。

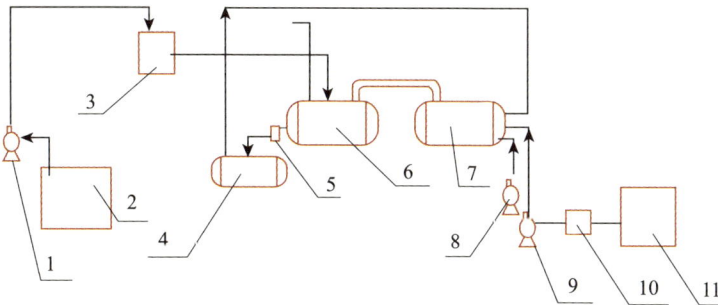

图 3-30　废水焚烧处理工艺流程示意图

1—稀红水泵；2—沉淀池；3—稀红水高位槽；4—浓红水转手槽；5—浓红水测定槽；
6—鼓泡器；7—焚烧炉；8—鼓风机；9—油泵；10—过滤槽；11—油贮槽。

3. 主要构筑物、主要设备

主要构筑物、主要设备如表 3-13 所列。

表 3-13　各工序主要生产设备一览表

序号	工序名称	设备名称	单位	数量	材质	备注
1	浓红水焚烧	鼓风机	台	2	铸铁	—
2	浓红水焚烧	焚烧炉	台	3	碳钢砖砌	—
3	重油收发	重油槽	个	2	碳钢	—
4	重油收发	重油泵	台	2	铸铁	—
5	稀红水浓缩	鼓泡器	台	3	碳钢	—
6	红水输送	稀红水贮水池	个	1	钢筋混凝土	地下式
7	红水输送	稀红水泵	台	2	碳钢	—
8	红水输送	稀红水高位槽	个	1	碳钢	—
9	红水输送	浓红水转手槽	个	2	碳钢	卧式
10	红水输送	浓红水泵	台	2	碳钢	—

4. 工程主要构筑物及设备

工程主要构筑物及设备实物见图 3-31。

焚烧炉

浓红水槽

焚烧工房

图 3-31　工程主要构筑物及设备照片

5. 废水处理技术经济指标

工程占地面积 $5000m^2$，然而由于该工程建设时间早，工艺设备落后，处理成本高，吨水处理成本（不含折旧）约 700 元，同时产生二次污染（排放的大气中二恶英超标）。后续须酌情对该工程设施进行改造，降低吨水处理成本，对焚烧尾气进行进一步的处理，使尾气达标排放。

3.5.4　黑索今、太安、奥克托今等硝胺类炸药废水处理——活性炭吸附/厌氧/好氧/曝气生物滤池（BAF）法

1. 废水水质概况

某工厂主要生产黑索今、奥克托今、太安炸药等产品，所产生的废水可简称为硝胺类废水。该工厂硝胺类废水年产量约为 20 万吨/年，废水处理系统设计处理能力为 76 万吨/年。该硝胺类废水中主要含有 RDX、丙酮、硝酸铵、硝酸乙酸酯、乙酸乙酯、丙酮和少量的树脂胶状物等副产物，废水中含有的有机物大多为可生化有机物，来水硝基化合物浓度一般在 $40\sim100mg/L$，但来水酸度较高，一般在 $0.6\%\sim1.5\%$（以 HNO_3 计）。废水排放指标执行《污水综合排放标准》（GB 8978—1996）、《兵器工业水污染物排放标准》（GB 14470.1—2002）。废水水质情况以及排放要求见表 3-14。

表 3-14　废水水质指标及排放要求

项　目	水质指标	排放要求
pH 值	$1\sim3$	$6\sim9$
悬浮物 SS/（mg/L）	200	$\leqslant70$
化学需氧量 COD_{Cr}/（mg/L）	3000	$\leqslant100$
氨氮/（mg/L）	$200\sim250$	$\leqslant15$
硝基化合物/（mg/L）	$40\sim100$	$\leqslant2.0$

2. 废水处理工艺流程及简要说明

本工艺采用以物理化学预处理结合生物处理工艺为主的处理方案。废水处理系统由以下几个主要工序构成，具体工艺流程见图 3-32。

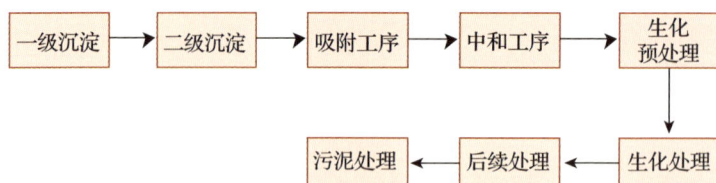

图 3－32　硝胺类炸药废水处理系统工艺流程

一级沉淀工序和二级沉淀工序主要是负责废水的收集、沉淀、调节和输送。在一级泵站调节池均衡调节废水水量和水质，在二级泵站调节池对废水进行调节后通过提升泵将废水送入吸附工序。吸附工序的主要作用是废水经活性炭吸附后，降低废水中的硝化物含量。本工艺系统共有 5 台吸附柱组成，其中 4 台分两组并联（每组 2 台串联），1 台备用，视水质水量，也可采用单台吸附，多台并联的方式。中和工序主要是通过在中和滚筒投加石灰石的方式来降低废水中的酸度，并调节水质。接收Ⅲ级泵站输送的硝胺类废水，对经过吸附、中和处理的废水进行加碱中和，提高其 pH 值，降低废水悬浮物含量，保证后续生化处理的要求。值得注意的是，项目原先拟采用微电解还原技术预处理还原RXD 等硝基化合物，然而由于废水中富含乙酸乙酯及其他树脂胶状物，此类物质易包裹于零价铁材料表面，使其表面钝化，影响微电解效果，故预处理工艺未采用微电解还原技术。将预处理工序的出水，通过厌氧＋好氧工艺，利用微生物生化的方法进行处理。厌氧段，采用 UASB 处理工艺，分解去除部分有机物，好氧处理系统采用活性污泥法＋BAF 处理工艺，可将废水中的硝胺类污染物等物质氧化，后续的 BAF 处理工艺去除生化过程中产生的氨氮及少量有机物染物。该工序合格废水将进入后处理工序进行深度处理，采用"氧化、絮凝→过滤→活性炭吸附"的处理工艺，以去除废水中剩余的微量污染物及色度，确保废水的达标排放。将预处理工艺产生的无机污泥及生化处理工艺产生的有机污泥进行浓缩、压滤处理后，以泥饼形式外运处理。

3. 主要废水处理单元

硝胺类炸药废水主要处理单元见表 3－15。

表 3－15　废水处理单元及设计参数

序号	名称	单位	数量	水力停留时间/h
1	一级泵站调节池	座	1	80
2	二级泵站	座	1	－
3	曝气池	座	1	2

（续）

序号	名称	单位	数量	水力停留时间/h
4	立式沉淀塔	座	1	2
5	卧式沉淀塔	座	1	3
6	预处理池	座	1	9
7	一沉池	座	1	24
8	生化处理池：厌氧池	座	1	200
	生化处理池：好氧池		1	100
9	BAF 池	座	1	38
10	中间水池	座	1	9
11	均衡池	座	1	9
12	二沉池	座	1	33
13	有机污泥池	座	1	7
14	污泥浓缩池	座	1	24
15	清水池	座	1	33

4．工程主要构筑物及设备实物照片

硝胺类炸药废水主要构筑物及设备照片如图 3-33 所示。

预处理池

沉淀池

厌氧池

好氧池

图 3-33　工程主要构筑物及设备

中间水池、均衡池   清水池

图 3－33   工程主要构筑物及设备（续）

5. 技术特点及工程经济指标

活性炭吸附/厌氧/好氧/BAF 集成工艺的特点是系统的适应能力强，能处理多种类型高浓度有机废水。针对硝基化合物毒性强、难生化的特点，采用厌氧、好氧两级生化系统，此过程易控、运行平稳。生化系统末端采用 BAF 工艺，提高了生化系统对难降解有机物和氨氮的处理能力。废水处理设备在运行上有较大的灵活性及可调性，以适应水质及水量的变化。废水处理工程占地面积为 $36600m^2$，装机容量为 $1310kW$，投资金额为 5500 万元。经过上述处理工艺，硝胺类炸药废水基本可以达标排放，吨水处理成本为 69.2 元。

3.5.5   精制棉、硝化棉混合废水处理——微电解/厌氧/好氧法

1. 废水水质概况

精制棉废水来源于某工厂生产过程中产生的黑液、塔釜液等，废水量约为 $2000m^3/d$，COD 浓度为 $2000\sim3000mg/L$，色度平均为 2000 倍，SS 浓度为 $600mg/L$。硝化棉酸性废水的水量为 $5000m^3/d$，COD$<150mg/L$，酸碱度平均为 $15g/L$，SS 浓度为 $80mg/L$。该类废水目前执行《兵器工业水污染物排放标准》（GB 14470.1—2002）棉短绒为原料的标准。

2. 废水处理工艺流程及简要说明

工艺流程见图 3－34。硝化棉废水中和后进入斜板沉淀池，斜板沉淀池出水用管线引入黑液调节池，与精制棉黑液混合后按照生化流程处理，即氧化沟—竖流沉淀池—预曝气池—好氧池—二沉池—集水池—气浮池，出水达标后排放。精制棉黑液设计水量：稀黑液 1500t/d，浓黑液 240t/d，酸水 350t/d。硝化棉酸水设计水量：5000t/d。弱酸水和其他散水 3000t/d。

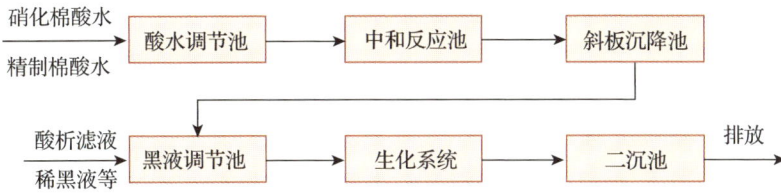

图 3 - 34　工艺流程图

3. 主要构筑物

硝化棉、精制棉废水处理单元如表 3 - 16 所列。

表 3 - 16　主要构筑物

序号	名称	单位	数量	备注
1	酸水池	座	1	钢砼结构，环氧树脂防腐
2	缺氧池	座	3	内壁防腐，池底部耐酸瓷砖防腐
3	黑液调节池	座	1	
4	竖流沉淀池	座	2	钢砼结构
5	好氧池	座	6	钢砼结构
6	二沉池	座	1	结构为钢砼结构，玻璃钢防腐
7	精制棉生化污泥池	座	1	结构为钢砼结构，玻璃钢防腐
8	酸水调节池	座	1	半地下钢砼结构，玻璃钢防腐
9	斜板沉淀池	座	1	半地下钢砼结构，玻璃钢防腐
10	氧化沟	座	1	半地下钢砼结构

4. 工程主要构筑物及设备

硝化棉、精制棉废水处理主要构筑物及设备照片如图 3 - 35 所示。

石灰制浆系统　　　　　　　　　　　浅层气浮系统

图 3 - 35　工程主要构筑物及设备照片

新建氧化沟   新建酸析浅层气浮

新建酸析滤液池

图 3 - 35   工程主要构筑物及设备照片 (续)

3.5.6   混合起爆药生产废水处理——内电解/芬顿/混凝沉淀/缺氧/好氧组合工艺

1. 废水水质概况

混合起爆药生产废水来源于某起爆药生产企业生产车间,主要产品为2,4,6-三硝基间苯二酚、叠氮化铅、四氮烯等起爆药产品,废水经过销爆处理后呈现 COD 浓度高、硝基酚类物质浓度高、重金属 Pb^{2+} 离子浓度高、色度高、酸度高、BOD 浓度低等特点,BOD/COD 低于 0.05,可生化性极差。废水处理系统出水水质应达到《兵器工业水污染物排放标准-火工药剂》(GB 14470.2—2002) 要求,具体进水水质情况和排放要求如表 3 - 17 所列。

表 3 - 17   某企业混合起爆药废水水质指标 (销爆后)

参数	数值	排放标准
COD/(mg/L)	12000~14000	150
Pb^{2+}/(mg/L)	1100~1500	1.0

（续）

参数	数值	排放标准
硝基酚类物质/（mg/L）	1000～1200	3.0
BOD/（mg/L）	390～450	30
N_3^-/（mg/L）	10～20	5
色度/倍	300～350	80
pH 值	2～3	6～9

2. 废水处理工艺流程及简要说明

针对混合起爆药废水的特点，南京理工大学沈锦优等开发了"内电解－芬顿－混凝－沉淀－缺氧反硝化－滤池深度处理"组合工艺，废水处理系统工艺流程如图 3-36 所示。

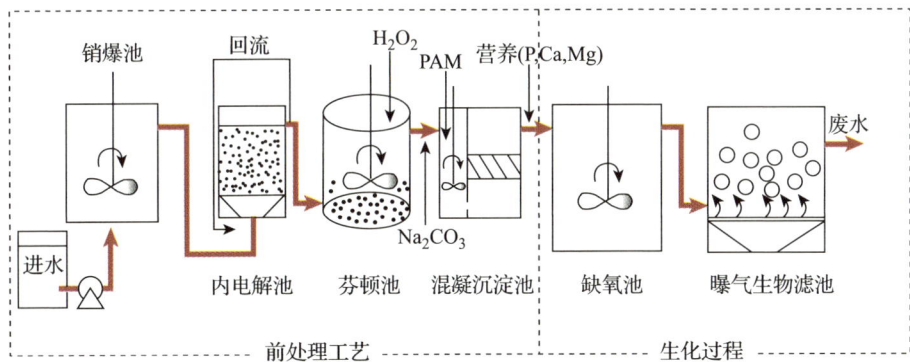

图 3-36 混合起爆药废水处理工艺流程图

内电解工段，利用酸性条件下零价铁（Fe^0）的还原作用，实现 2,4,6-三硝基间苯二酚等硝基化合物的有效还原，同步去除一定量的 Pb^{2+}。芬顿氧化工段，利用内电解工段产生的 Fe^{2+}，投加双氧水，构成芬顿试剂，产生羟基自由基，实现污染物的氧化降解，并去除部分 COD 和销爆工段未能处理完全的叠氮。混凝工段，投加 Na_2CO_3 调节 pH 值，利用内电解工段产生的铁离子作为絮凝剂，投加聚丙烯酰胺（PAM）作为助凝剂，形成絮凝作用，有效去除 Pb^{2+} 和少量有机物。沉淀池污泥采用板框压滤机进行脱水处理，沉淀池出水进入缺氧调节池，调节水质水量，在调节池内投加酸以及生物降解必需的营养物，利用废水中含有高浓度硝态氮的特点进行反硝化反应脱除 COD。曝气生物滤池（BAF）深度处理工段，实现生物难降解残余物的生物降解，进一步降低废水 COD，实现达标排放。缺氧调节池内投加复合菌剂 NJUST-S1，曝气生物滤池内投加复合菌剂 NJUST - S2。

考虑到混合起爆药废水酸性较强、硝基酚类物质含量较高的特点，物化阶段采用"内电解还原－芬顿氧化"组合技术，破坏难降解污染物的结构，提高废水可生化性，其反应机理如图 3－37 所示。销爆后的起爆药废水 pH 值为 2.0～3.0，具备了铁腐蚀的强化条件。在该 pH 值条件下，铁刨花等铁基材料可加速腐蚀，产生 Fe^{2+} 并同步释放出电子，用于硝基酚类物质以及部分 Pb^{2+} 的还原。呈亮黄色的混合起爆药废水经内电解处理后变为棕黄色，其原因可能是生成了氨基酚类物质和 Fe^{3+}。经内电解处理后，出水 pH 值上升至 3.5～4.0，含有大量铁腐蚀产生的 Fe^{2+}，具备了芬顿氧化所要求的酸度和 Fe^{2+} 浓度。内电解出水提升至芬顿氧化池，在芬顿氧化池内投加 H_2O_2 并搅拌，采用氧化还原电位仪在线控制双氧水投加，Fe^{2+} 和 H_2O_2 所构成的芬顿试剂可有效产生羟基自由基类活性物质（OH·和 HO_2·），从而引发和传播自由基链反应；在高浓度的羟基自由基类活性物质的作用下，内电解工段的还原产物氨基酚类物质易于发生聚合或开环反应，聚合产物可通过后续混凝沉淀工艺进行去除，开环产物可通过后续生物强化处理工段去除。此外，羟基自由基类活性物质可有效去除部分 COD 和销爆工段未能处理完全的 N_3^- 离子。

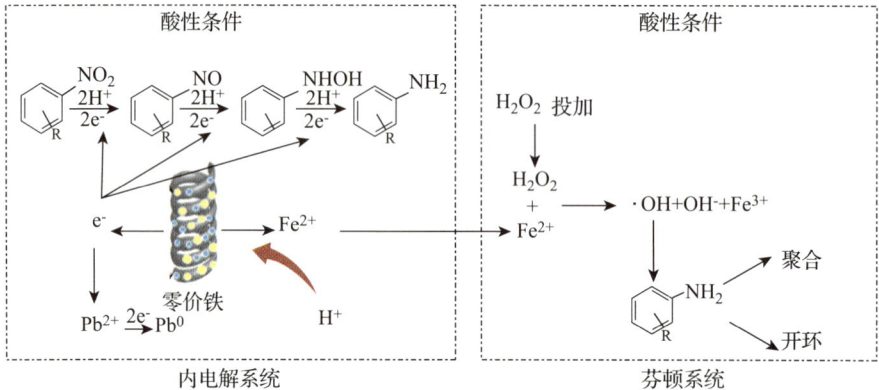

图 3－37　内电解－芬顿反应机理图

芬顿氧化工段出水自流进入混凝工段，在混凝池内投加 Na_2CO_3 溶液调节 pH 值至碱性，采用 pH 仪在线控制碱液投加。在 Na_2CO_3 的作用下，通过 $PbCO_3$ 的沉淀作用，可以有效去除 Pb^{2+} 离子。在碱性条件下，芬顿氧化工段出水中的铁离子可作为絮凝剂，形成絮凝作用，通过投加聚丙烯酰胺（PAM）作为助凝剂，可以形成尺寸较大的矾花絮体，有效捕捉废水中的沉淀物及聚合产物，从而达到去除 Pb^{2+} 离子和有机污染物的目的。混凝工段所产生的矾花絮体沉淀物可在斜管沉淀池内有效沉降，经板框压滤后作危险废物处理。沉淀池出水 COD 降低至 5000mg/L 以下，硝基酚类物质浓度达到 8.0mg/L 以下，Pb^{2+}离子浓度可降低至 1.0mg/L 以下，N_3^-离子完全去除，主要致毒污染物得到了有效控制，废水可生化性明显提高。

　　紫外可见扫描谱图的变化也证实了物化预处理工段对硝基酚类物质的有效降解。如图 3-38 所示，原水在 250nm、340nm 以及 400nm 左右有三个特征吸收峰，这三个峰均为典型的硝基酚类物质的特征吸收峰。内电解出水 340nm 和 400nm 处的特征吸收峰得到了明显减弱。芬顿出水未出现明显的特征吸收峰，但在低波长处吸收增强，推测为芬顿出水中出现了大量大分子聚合产物。混凝沉淀工段的出水，几乎所有的特征吸收峰均得到了明显减弱，且并未出现新的特征吸收峰，可以推测混凝沉淀出水中芳香族化合物已得到有效控制。

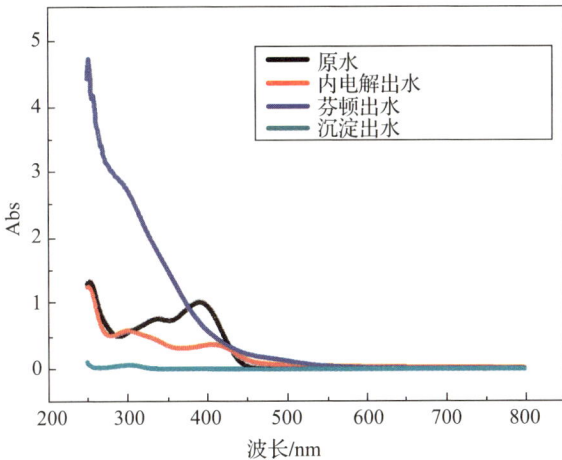

图 3-38　物化处理各工段出水稀释 50 倍的紫外－可见扫描谱图变化

　　混凝沉淀工段出水进入生物强化处理工段，进行有机物的深度降解。考虑到起爆药废水中往往含有高浓度硝酸盐氮等化合态氧，硝酸盐氮等化合态氧可以作为有机物降解的良好电子受体，生物强化工段采用了缺氧生物降解技术，缺氧反应如下式所示（电子供体以乙酸为例）：

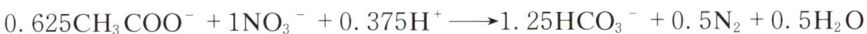

$$0.625CH_3COO^- + 1NO_3^- + 0.375H^+ \longrightarrow 1.25HCO_3^- + 0.5N_2 + 0.5H_2O$$

　　以有机物为电子供体、化合态氧为电子受体的缺氧反应过程，将消耗大量酸度，因此应在缺氧池内采用在线 pH 仪控制酸度的投加。考虑到起爆药废水水质的特殊性，缺氧池内需投加南京理工大学自主研发的高效组合菌剂 NJUST－S1 以及必要的营养液，组合菌剂 NJUST－S1 可以利用复杂的有机物（如芳香族化合物）作为电子供体进行反硝化反应，达到去除 COD 并同步脱氮的效果。如图

3-39所示，缺氧反应工段可将COD从4400mg/L降至800mg/L以下。

　　为进一步去除缺氧出水中的残余有机污染物，采用曝气生物滤池技术对缺氧反应池出水进行深度处理。曝气生物滤池作为集生物氧化和截留悬浮固体于一体，可实现COD的深度削减，出水悬浮物浓度低，避免了后续沉淀池的使用。其具有容积负荷高、水力负荷大、运行能耗低、运行费用低等特点，适用于水量较小的起爆药生产废水的处理。曝气生物滤池工段接种微生物采用高效组合菌剂NJUST-S2，实现了缺氧反应工段出水中难生物降解残余物的氧化去除，可将COD从（746.50±120.50）mg/L降至（80.83±31.16）mg/L（如图3-39所示），实现了混合起爆药废水的达标排放。

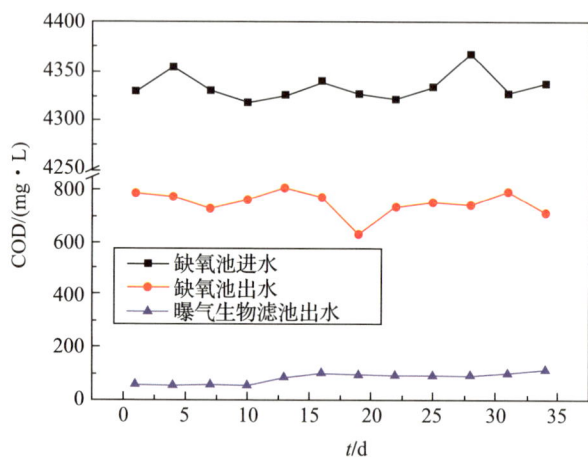

图 3-39　生物强化处理工段 COD 去除效果

3. 组合处理工艺工程应用效果分析

　　"内电解-芬顿-混凝-沉淀-缺氧反硝化-滤池深度处理"组合工艺系统稳定运行条件下各工段的去除效果见表3-18所列。

表 3-18　组合工艺各工段出水水质指标

参数	销爆后	内电解出水	芬顿出水	混凝出水	缺氧出水	滤池出水
硝基酚类物质/(mg/L)	<1200	<48	<12	<8	<1.8	<0.5
Pb^{2+}/(mg/L)	<1500	<950	<920	<1.0	<0.2	<0.1
COD/(mg/L)	<14000	<10000	<7300	<5000	<750	<120
BOD/(mg/L)	<450	<1200	<1800	<1200	<90	<10
BOD/COD	0.05	0.15	0.25	0.25	0.15	0.10

（续）

参数	销爆后	内电解出水	芬顿出水	混凝出水	缺氧出水	滤池出水
N_3^-/(mg/L)	<20	<20	低于检测限	低于检测限	低于检测限	低于检测限
色度/倍	<350	<150	<40	<10	<20	<10
pH 值	2.0~3.0	3.5~4.0	3.0~3.5	8.0~9.0	7.5~8.5	6.5~7.5

经过"内电解－芬顿－混凝－沉淀"预处理后，BOD/COD 可由低于 0.05 提高至 0.25 左右，废水可生化性明显得到提升，为后续生物强化处理创造了良好的条件。2,4,6－三硝基间苯二酚在内电解工段可以得到有效去除，内电解出水中 2,4,6－三硝基间苯二酚浓度可降低至 50mg/L 以下。通过 Na_2CO_3 的沉淀作用，Pb^{2+} 离子可以得到有效控制，混凝沉淀工段出水 Pb^{2+} 离子浓度可稳定降至 <1.0mg/L。N_3^- 离子可在芬顿氧化工段被完全破坏，芬顿氧化出水 N_3^- 离子无法检测到。混合起爆药生产废水的色度可通过"内电解－芬顿－混凝－沉淀"预处理工段得到有效控制，废水经内电解工段后色度可由 350 倍左右降低至 150 倍左右，经芬顿氧化和混凝工段处理后色度可进一步降低至 10 倍以下。图 3－40 为组合工艺各工段出水照片，由图可见，混合起爆药废水经组合工艺处理后，废水由亮黄色变为棕黄色再变为接近无色，从感官上有了明显改善。

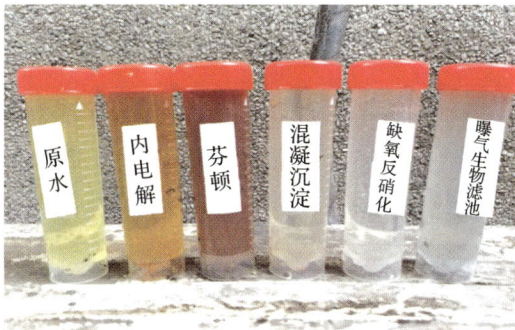

图 3－40　组合工艺各工段出水照片

"内电解－芬顿－混凝－沉淀－缺氧反硝化－滤池深度处理"组合工艺处理成本合计为 73.6 元/吨废水，主要包括药剂费、电费和污泥处理费。药剂费主要包括铁刨花、双氧水、碳酸钠、聚丙烯酰胺等消耗品，估算为 39.6 元/吨废水；电能消耗主要用于空气压缩机、加药泵、进水泵等设备的运行，估算为 16.0 元/吨废水；污泥处理费用合计为 18.0 元/吨；现场操作工人为生产部门员工兼职，人工成本未计入。工厂原有的"活性炭吸附－化学沉淀"组合工艺由于活性炭消耗量过大，处理成本超过 1500 元/吨废水（吸附饱和活性炭的处

理成本未计入）。工厂曾经考虑委托外运的方法处理废水，但处理成本高达
3000～4000元/吨废水。"内电解－芬顿－混凝－沉淀－缺氧反硝化－滤池深度
处理"组合工艺的废水处理成本远低于委托外运和"活性炭吸附－化学沉淀"
组合工艺，具有显著的经济效益。此外，混合起爆药废水经"内电解－芬顿－
混凝－沉淀－缺氧反硝化－滤池深度处理"组合工艺处理后，出水可达到《兵
器工业水污染物排放标准–火工药剂》（GB 14470.2—2002）的要求，实现达标
排放，保障了企业的正常生产，具有显著的环境效益和社会效益。

3.6 火炸药工业中水回用工程实例

3.6.1 废水水质概况

废水主要来源于某工厂经过达标处理的酸性废水及工厂废水处理生化系统
排水。酸性达标水水量为1000m³/d，工厂废水处理生化系统排水600m³/d，共
计1600m³/d。由于酸性废水采用石灰乳中和工艺处理，出水中含有部分的钙离
子。工厂废水处理生化系统排水含有极微量的火炸药污染物。该类废水执行
《城市污水再生利用景观环境用水水质》（GB/T 18920—2002）回用标准。

3.6.2 废水处理工艺流程及简要说明

经过处理的酸性达标水进入氧化池氧化后（冬季出水加温，控制废水水温
在15℃以上，由氧化提升泵打入曝气生物滤池进行生化处理，经吸附在陶粒
填料上的好氧微生物过滤分解作用，废水中污染物得以进一步去除，生化出水
自流入中间水池后，再用泵打入机械过滤器进行固液分离，出水自流入回用水
消毒池，经过消毒的水通过回用水泵送至各用水点。该套废水处理工艺设计处
理能力为1600m³/d，具体工艺流程见图3－41。

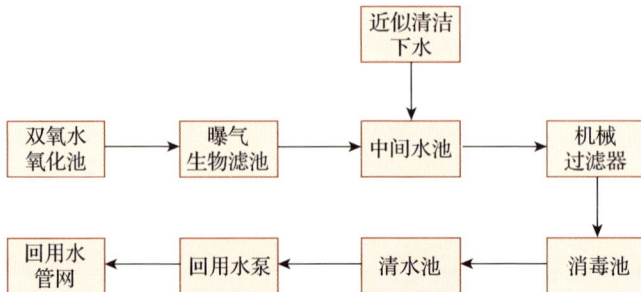

图3－41　废水深度处理工艺流程图

3.6.3　主要构筑物设计参数

废水深度处理主要构筑物设计参数如表 3 - 19 所列。

表 3 - 19　主要构筑物设计参数

序号	构筑物名称	停留时间/h	备注
1	过滤设备间	1.5	钢砼结构，环氧树脂防腐
2	氧化池	1.5	钢砼结构，环氧树脂防腐
3	消毒池	1.0	钢砼结构，环氧树脂防腐
4	清水池	15	钢砼结构，环氧树脂防腐
5	曝气生物滤池	3	钢砼结构，环氧树脂防腐
6	中间水池	1.8	钢砼结构，环氧树脂防腐
7	处理设备及监测间	—	钢砼结构，环氧树脂防腐

3.6.4　工程主要构筑物及设备

废水深度处理主要构筑物及设备如图 3 - 42 所示。

滤池进水　　　　　　　　　　　　BAF 处理池

机械过滤器　　　　　　　　　　　消毒装置

图 3 - 42　工程主要构筑物及设备

3.6.5　废水深度处理技术经济指标

废水深度处理设备装机容量为 135kW。废水深度处理的吨水成本为 1.85 元。采用双氧水氧化-曝气生物滤池组合深度处理工艺，通过双氧水氧化破坏进水中低浓度难降解污染物的结构，可有效提高生化系统对难降解有机物和氨氮的处理能力。曝气生物滤池基于生物膜法技术原理，适合于低浓度废水的深度处理。以双氧水氧化-曝气生物滤池组合工艺为核心的深度处理工艺在运行上有较大的灵活性及可调性，以适应水质及水量的变化，可稳定达到回用水质要求。

参考文献

[1] 刘渝，游青，王晓川. 火炸药工业废水处理技术研究进展 [J]. 工业安全与环保，2008，34（7）：25-27.

[2] 李健生，郝艳霞. 膜萃取法处理 TNT 生产废水的研究 [J]. 华北工学院学报，1998，19（3）：257-260.

[3] MORRIS J B. Separation of RDX from Composition B via a supercritical fluid extraction process [R]. ARMY RESEARCH LAB ABERDEEN PROVING GROUND MD，1997.

[4] 郝艳霞，李健生，王连军，等. 膜萃取法在 TNT 废水处理中的应用 [J]. 南京理工大学学报，2001，25（5）：543-546.

[5] 乌锡康. 有机化工废水治理技术 [M]. 北京：化学工业出版社，1999.

[6] 周贵忠，谭惠民，罗运军，等. TNT 红水处理新方法 [J]. 工业水处理，2002，22（6）：14-16.

[7] 赵锡斌，阎金宏. 絮凝沉淀—臭氧氧化法处理有机废水 [J]. 天津化工，2000（5）：39-40.

[8] 白云明，叶李广，李非里，等. NDA-150 树脂吸附对硝基苯甲腈的行为研究 [J]. 浙江工业大学学报，2012，40（1）：30-34.

[9] LOCKE J G. Treatment and recycle of high explosive contaminated water [R]. Mason and Hanger – Silas Mason Co., Inc., Amarillo, TX（United States），1994.

[10] E. 马特松. 腐蚀基础 [M]. 北京：化学工业出版社，1990.

[11] 樊金红，徐文英，高廷耀. 催化铁内电解法处理硝基苯废水的机理与动力学研究 [J]. 环境污染治理技术与设备，2005，6（011）：5-9.

[12] 于采宏，郎咸明，刘峥，等. 微电解法处理氯霉素硝基废水实验研究 [J].

环境保护科学，2002，(1)：26-29.

[13] MANTZAVINOS D. Removal of benzoic acid derivatives from aqueous effluents by the catalytic decomposition of hydrogen peroxide [J]. Process Safety and Environmental Protection，2003，81 (2)：99-106.

[14] Li Z M，COMFORT S D，SHEA P J. Destruction of 2，4，6-trinitrotoluene by Fenton oxidation [J]. Journal of Environmental Quality，1997，26 (2)：480-487.

[15] ZOH K D，STENSTROM M K. Fenton oxidation of hexahydro-1，3，5-trinitro-1,3,5-triazine (RDX) and octahydro-1,3,5,7-tetranitro-1,3,5,7-tetrazocine (HMX) [J]. Water Research，2002，36 (5)：1331-1341.

[16] 李同川. TNT 生产废水流化床的焚烧方法 [J]. 化工进展，2006，25 (z1)：628-630.

[17] 陈勇. 高析氧电位电极的制备及处理含硝基化合物（黑索今、硝基苯、地恩梯）废水的研究 [D]. 南京：南京理工大学，2012.

[18] 沈锦优. K·D 起爆药生产废水生物强化处理技术研究 [D]. 南京：南京理工大学，2010.

[19] 王宁，马方平，张国银，等. 混合起爆药生产废水的"物化-生物强化"集成工艺处理技术 [J]. 含能材料，2018，26 (5)：455-460.

04 / 第4章
火炸药工业废气处理方法

4.1 概述

火炸药工业是工业生产中的主要大气污染源之一，火炸药生产过程中产生各种气态污染物和粉尘，若处置不当或直接排入环境，将对大气环境造成严重危害。火炸药行业排放的气态污染物有以下特点。

（1）成分复杂。火炸药生产过程中根据工艺和产品的不同而产生不同性质和不同浓度的大气污染物。火炸药的原料、中间物、副产物、产品及它们在环境中形成的转化物，有几十种之多，其中大部分有毒有害，主要包括氮氧化物（NO_x）、硫酸雾、四硝基甲烷（TNM）、硝基甲苯和甲醛等40多种大气污染物。例如，地恩梯生产废气主要有硝化器和洗涤器排出的废气（含有地恩梯蒸气、一硝基甲苯蒸气和氮氧化物等）、各种原料槽和废酸贮槽排出的废气（含有少量甲苯、氮氧化物和硫氧化物）。梯恩梯生产中产生的废气如表4-1所列，为防止梯恩梯生产中废气污染物的危害，美国制订了梯恩梯生产装置废气污染物的排放浓度标准（见表4-2）。黑索今生产中采用直接硝解法时放出大量硝烟，采用乙酐法时从各贮槽及溶解槽排出放空气体（其中主要有害物是乙酸蒸气和硝酸蒸气）。硝化棉生产中排放一些一氧化碳、二氧化碳、氧化亚氮、一氧化氮和二氧化氮。废酸浓缩工艺中产生酸雾。无烟火药生产过程中排放一些溶剂蒸气。除了一些气态污染物，火炸药制造过程中还会产生一些固体粉尘，排放的粉尘有梯恩梯粉尘、黑索今粉尘和棉尘等。总的来说，火炸药制造过程中产生的污染大气环境的主要污染物是硫酸雾、二氧化硫、硝烟、氮氧化物、固体粉尘。

表 4 - 1　梯恩梯生产产生的废气指标

大气污染物名称		排放量/(kg/d)
环保局控制的污染物	固体颗粒	90.7
	二氧化硫	1312.7
	一氧化碳	34
	氮氧化物	31.1
	非甲烷烃	55.8
特有污染物	梯恩梯粉尘	33.1
	四硝基甲烷	（排放量小）
	三硝基苯	（排放量小）
	不对称梯恩梯	（排放量小）
	硝基酚	（排放量小）
	三硝基苯甲醛	（排放量小）
	地恩梯	（排放量小）
	一硝基甲苯	（排放量小）
	甲苯	（排放量小）
其他污染物	硫酸雾	271.7
	硝酸雾	（排放量小）
	氨	（缺乏数据）

表 4 - 2　美国梯恩梯生产中废气污染物排放浓度标准

废气污染物	排放浓度标准/(10^{-6})
一氧化碳	50
一氧化氮	25
二氧化氮	5
硝酸	2
硫酸	$1/(mg \cdot L^{-1})$
四硝基甲烷	1
甲苯	100
一硝基甲苯	5
地恩梯	$1.5/(mg \cdot L^{-1})$
梯恩梯	0.2
二硝基甲酚	0.2

（2）排放量大。由于火炸药行业生产的特殊性，存在试剂用量大、反应不完全及副产物和废药产生量大等因素，火炸药生产过程中向大气排放大量成分复杂的大气污染物。据粗略估计，火炸药行业烟尘排放量约为 2.4Gm³/年，主

要的污染物为硫酸雾、硝烟和粉尘。硫酸雾主要来自火炸药生产过程中废硫酸的浓缩，浓度约为 $1\sim50g/m^3$。硝烟主要来自硝化机、废酸脱硝、硝酸浓缩等生产环节。硝烟中主要含有氮氧化物及硝酸蒸气和硝酸雾，浓度约为 $15\%\sim40\%$，经初步吸收处理后，排放尾气中氮氧化物浓度约为 $700\sim20000mg/L$，目前硝烟治理已成为火炸药行业的一大难题。在火炸药生产过程中，固体粉尘以炸药粉尘对人体危害最大，炸药粉尘主要来自制造厂的成品干燥、制片和包装工序，硝铵炸药的原料粉碎、混药，弹药厂的筛分、混合、预热、装药以及弹口螺纹清理等工序。在火炸药生产车间，每立方米空气中约含几百毫克固体粉尘，其含量取决于工序和操作地点。

（3）有毒。火炸药行业排入环境的污染物大多有毒。美国根据哺乳动物的口服半致死量（LD_{50}）和吸入半致死浓度（LC_{50}）将毒性物质分为 6 级。根据分级原则，美国将火炸药工业排放的大气污染物进行了毒性分级，属于高毒物质的有 4,6-二硝基-O-甲酚和 N-亚硝基二甲胺等；属于中毒物质的有地恩梯、黑索今和甲酚等 10 多种；属于轻毒物质的有醋酐、醋酸、环己酮和一硝基甲苯等 30 多种。由于现代火炸药行业的的迅猛发展，各种污染物的排放量也逐渐增加，如此种类复杂且量大的有毒污染物以气体等形态进入环境，在环境中扩散、迁移、累积、转化，许多水体、土壤已遭受它们的污染，严重破坏了生态平衡，损害了人类及其他生物体的健康。多数高能炸药有毒且能诱导机体突变，被美国环境保护署（EPA）划为第一类环境危害物质。

4.2　硫酸雾的控制方法

4.2.1　火炸药行业中硫酸雾的来源及特征

火炸药生产过程中产生的硫酸雾主要来自废硫酸浓缩。硫酸浓缩主要有直接加热法和间接加热法（即鼓式浓缩和锅式浓缩），这两种浓缩过程都产生硫酸雾。但锅式浓缩过程中，硫酸雾在浓缩塔内与入塔的冷稀硫酸对流接触而降温凝结，当它上升到塔顶时，硫酸含量已经很少，然后再由水减压器抽出，被水直接冷凝成酸性废水，经密闭水沟排出，所以锅式浓缩不再向环境中排放硫酸雾。

在鼓式浓缩器中，重油或其他燃料燃烧产生的高温炉气与酸直接接触使之加热，依次进入高浓度硫酸的第 1 室和低浓度的第 2 室、第 3 室……，第 1 室连续流出成品硫酸，最后一室连续排出浓缩尾气。在此过程中，产生大量的水蒸气和硫酸蒸气，其中还有少量硫酸和有机物受热分解产生的三氧化硫和氮的氧化物。成品酸浓度越高、产量越大，生成的酸雾量就越多。生产上虽已采用了一些净化装置，但仍然会向大气中排放大量硫酸雾。

硫酸蒸气是产生硫酸雾的源泉，但硫酸蒸气要形成酸雾，必须具备两个基本条件：①含硫酸蒸气的气体急速冷却降温，以及硫酸蒸气过饱和；②气体中存在大量的冷凝中心，例如尘埃和烟尘，使硫酸蒸气可附着于冷凝中心凝集成雾。根据硫酸浓缩器的各室条件分析，浓缩器的第 2 室最具备上述两项成雾条件。因此，鼓式浓缩产生的酸雾主要是在浓缩器的第 2 室形成的。

长期的工业实践表明，废酸品种和燃料种类对生成酸雾有很大影响。例如，在同样条件下，浓缩梯恩梯废酸的尾气，酸雾在 $2g/m^3$（标准状态下）以上，而黑索今废稀硫酸浓缩尾气则低于 $0.5g/m^3$。又如采用柴油、天然气等轻质燃料时，只需要除沫器、旋风分离器等简单除雾装置就可把尾气酸雾降至 $0.5g/m^3$ 以下，但采用重油燃料时，同样条件下尾气酸雾可高达 $5g/m^3$ 以上。梯恩梯废酸较黑索今废酸具有更多挥发性和易于分解的物质，而重油中的杂质含量较轻质燃料大很多，在燃烧和浓缩过程中，不可避免地分解成各类碳氢化合物和游离碳颗粒，硫酸蒸气可以它们为核心凝聚成更多的硫酸雾。此外，浓缩器中高速气流的鼓泡作用，也能产生机械夹带的酸沫和雾沫。

硫酸雾的粒滴直径一般小于 $10\mu m$，它以液体为分散相，分散在气体介质中，具有气溶胶的特点，对光线呈散射现象。气溶胶在气体介质中做布朗运动，不因重力作用而沉降。尾气中的雾沫和酸沫的液滴直径通常大于 $10\mu m$，在排出后能就近落下，俗称"酸雨"。

鼓式浓缩尾气的另一个特点是温度高、酸度大。由双室浓缩器出来的尾气温度通常在 $160\sim170℃$。三室浓缩器的尾气温度约为 $150℃$，四室浓缩器的尾气温度也在 $130℃$ 以上。除雾装置的回收酸浓度约在 $60\%\sim70\%$，可见尾气的酸度相当大。这样的温度和酸度，在选用除雾器材质时，既要考虑材料强度，又要考虑耐腐蚀、价格合理等因素。

4.2.2 电滤器除雾

1. 电滤器除雾原理

在高压电作用下，电滤器中两电极间形成强大电场，当含酸雾的气体通过电场时，酸雾粒滴即带上电荷，并在电场作用下移向电极。雾滴附着于电极壁上，借重力作用沿电极下流，汇集成酸液排出（图 4 - 1）。

电滤器中的两个电极，正极称为沉降极（或集尘极），由导线接地，负极称为电晕极（或放电极），与通有高压直流电的阴极相连，通电时，电晕极放电，并在其周围形成电场。

采用管状沉降极，用金属导线作电晕极并安装在管子中心时，则电晕极和沉降极中间任何一点 A 的电场强度 E_x 可用下式表示，即

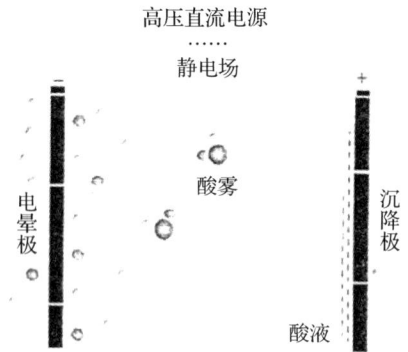

图 4 - 1　电滤器除雾原理

$$E_x = \frac{V}{X L_n \frac{R}{r}} \qquad (\text{V/cm})$$

式中：V 为电位差（V）；X 为 A 点距电晕极中心的距离（cm）；R 为沉降极（管状）的半径（cm）；r 为电晕极导线的半径（cm）。

由上式可知，越接近电晕极处的电场强度越大，在电晕极表面附近的电场强度最大。当两个电极接上直流电源并逐渐加大电压到 20kV 以上时，电极周围就出现一圈紫蓝色微光，并伴有轻微爆裂声和嗡嗡响声，这就是电晕放电或简称电晕。继续增高电压时，电晕范围逐渐扩大，电流也相应增加。当电压达到某一值时，电场强度足以使气体分子中的一个或若干个电子解离，发生气体电离作用。

在电晕极附近气体发生电离的局部空间，称为电晕区。电晕区内由于气体电离而产生的正、负离子，在向负、正电极移动过程中，如遇带酸雾的气体，酸雾质点就带上电荷，也像正、负电荷一样移向相反的电极。电晕区通常只占电滤器管子截面很小的一部分，其半径约为 2～3cm。而电晕区以外由于没有正离子，在电滤器管子的大部分横截面上，酸雾质点仅能获得负电荷向正极管移动，与正电极上异性电荷中和后，在管壁表面聚集成酸液，并借重力作用沿电极表面流下。因此，绝大部分酸雾都沉降在正极管壁上，电晕区内只有很少一部分酸雾带上正电荷而移向负电极，聚集成酸液沿负极流下。

电滤器只能用直流电，不能用交流电。在保证不发生电击穿的前提下，提高电压（一般为 60～90kV）有利于提高除雾效率。当电极间距离调至恰当时，电压容易升高，但若电晕极悬挂不正或弯曲，就会使电压降低。电滤器内电晕极的数量较多，只要有一根悬挂不正或弯曲，在此处就会产生火花。

同样，沉降极不直也会产生火花，此时电滤器的电压不易提高，除雾效率下降。

2. 电滤器的系统流程

如图 4－2 所示，电除雾所需的直流电是借机械整流器将高压交流电整流得到的，电压为 220～380V 的交流电源从配电盘上接到可调变压器的变压线路，再通过升压变压器把线路电压提高到 60～90kV。此高压电经机械整流器整流后送到电滤器，电滤器的电晕极与整流器的阴极相连，而沉降极和整流器的正极接地，电滤器的二电极间就形成强大的静电场。

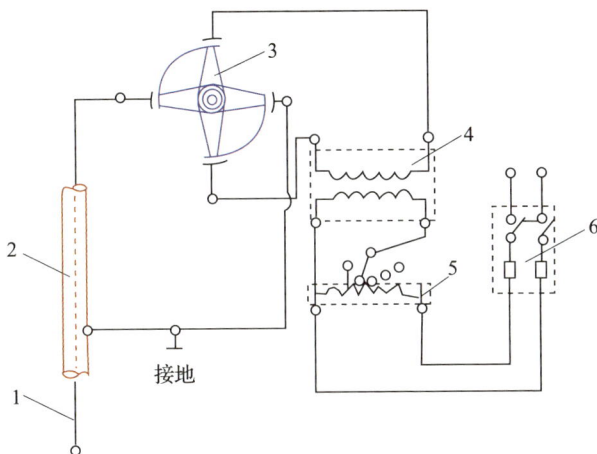

图 4－2　电滤器系统流程

1—电晕极；2—沉降极；3—机械整流器；4—升压变压器；

5—可调变压器；6—配电盘。

3. 电滤器的构造

废酸处理鼓式浓缩器通常采用的电滤器结构如图 4－3 所示。电滤器用耐酸砖和安山岩砌成豆式双室矩形设备。它主要由基座、外壳、拱圈、固紧结构、电极系统、气体分布板、绝缘箱及排气筒等部分组成。电滤器外壳上设有安装孔、气体入口和捕集的稀硫酸出口。

电滤器电晕极的形状为六角管状，材料为硅铁。沉降极的截面有板状、六角管状和圆管状三种。由于鼓式浓缩器最后一室的尾气温度为 130～180℃，这使得电滤器的结构复杂而笨重。若改用其他轻而能耐高温、耐硫酸腐蚀的材料制造沉降极，必将大大简化电滤器的结构。

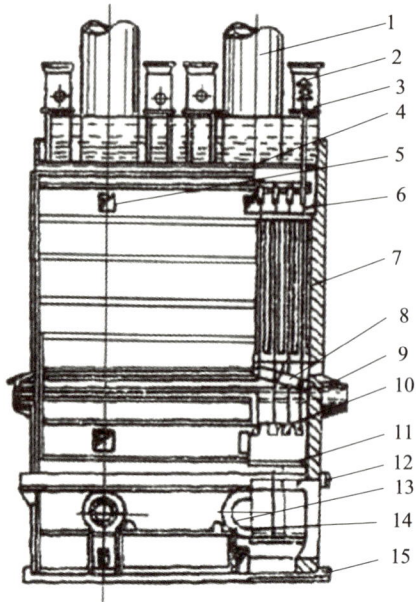

图 4 - 3   电滤器机构

1—排气筒；2—高压磁瓶；3—绝缘箱；4—顶盖；5—安装孔；6—电晕极；

7—沉降极；8—拱圈；9—紧固结构；10—重锤；11—气体分布板；12—上围槽；

13—气体入口；14—稀硫酸排出口；15—下围槽。

4. 电滤器的工艺条件

电滤器系统处于高电压下运行，要保证安全运行，力求提高除雾效率，降低电耗，其主要工艺条件如表 4 - 3 所列。

表 4 - 3   电滤器的工艺条件

工艺条件	工艺参数要求
电源电压/V	260～350
低压电流/A	25～40
高压电压/kV	60～90
高压电流/mA	80～140
净化气产量/(m^3/h)	16500～32000
沉降级中气体流速/(m/s)	0.75～1.25
容许操作压力/Pa	$-4 \times 10^3 \sim 2 \times 10^4$
入电滤器两室的气体温差/℃	＜10
电滤器出口温度/℃	80～130
出口尾气酸雾含量/(g/m^3)	0.5
除雾效率/%	99

4.2.3　文丘里管除雾

文丘里管由收缩管、喷头、喉管和扩散管组成，如图 4 - 4 所示。

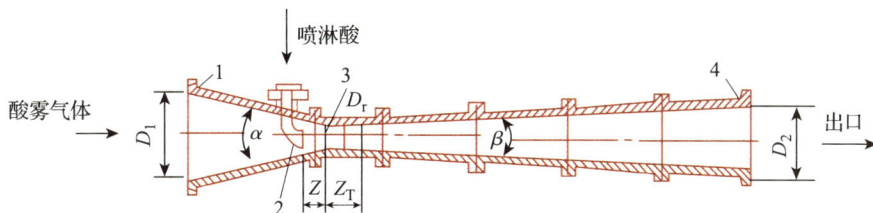

图 4 - 4　文丘里管

1—收缩管；2—喷头；3—喉管；4—扩散管。

1. 文丘里管除雾原理

酸雾气体进入收缩管后，流速逐渐增大，进入喉管时，流速达到最大值会产生负压而抽吸液体，使气液密切接触。当喷淋酸经喷头在喉管处喷成液膜时，被高速气流冲击成直径约 $40\sim50\mu$m 的细小液滴，大大增加了气液两相的接触表面，此时酸雾和冲击成的小液滴均匀分散在湍流气相中，发生剧烈的碰撞和凝聚。在扩散管中，气流速度减小，压力回升，加上喷淋酸温度较低的因素，酸雾凝聚作用加快进行，一部分较大的液滴沉积下来，由扩散管末端的膨胀节引出，其余较细小的液滴则在旋风分离器和除沫器中除去。

2. 工艺流程及条件

文丘里管除雾系统包括文丘里管、旋风分离器（见图 4 - 5）、除沫器（见图 4 - 6）和喷酸系统，文丘里管除雾系统工作流程如图 4 - 7 所示。

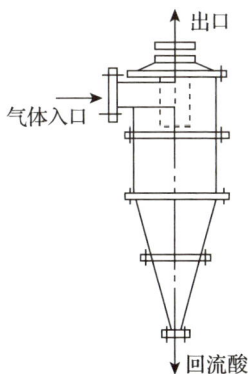

图 4 - 5　旋风分离器

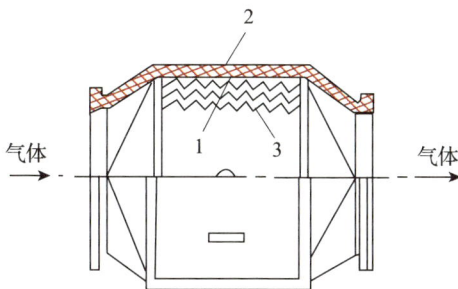

图 4 - 6　除沫器

1—铅内衬；2—钢壳；3—波纹板。

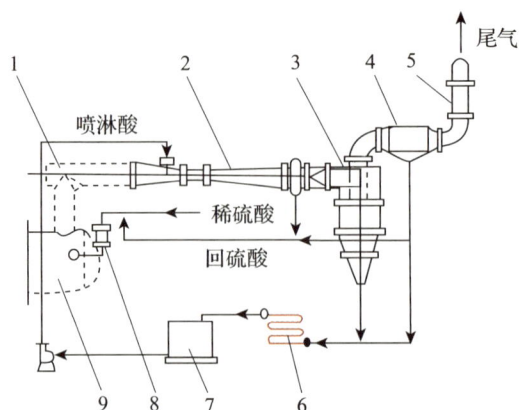

图 4-7 文丘里管除雾流程

1—盔管；2—文丘里管；3—旋风分离器；4—除沫器；5—排气筒；
6—回流酸冷却器；7—回流酸收集槽；8—流量计；9—浓缩器。

　　文丘里管与浓缩器的盔管（内衬耐酸砖）相连，从浓缩器排出的含酸雾气体进入文丘里管，喷淋酸（稀硫酸）用泵打入文丘里管，经喷头喷出与含酸雾气体一并进入文丘里管的喉管、扩散管，再经旋风分离器、挡板除沫器分离出酸滴，尾气由排气筒排入大气。含酸雾气体中的酸滴，部分在扩散管后的膨胀节里排出，流入浓缩器的最后一室，大部分酸滴在旋风分离器及除沫器内捕集下来，经回流酸冷却器冷却后流入收集槽，作为循环喷淋使用。文丘里除雾的工艺条件见表 4-4。

表 4-4 文丘里除雾的工艺条件

工艺条件	工艺参数要求
气体入口温度/℃	130～180
喷淋酸浓度/%	63～68
喷淋酸压力/kPa	294～441
喷淋酸温度/℃	55～70
液气比/（L/m³）	0.5～1.0
喉管处气流速度/（m/s）	70～100
排气筒尾气温度/℃	90～120

3. 影响文丘里管除雾效率的因素

　　（1）喉管气流速度。在一定范围内增大喉管处的气流速度，强化介质传热过程，可提高除雾效率。但气流速度过大，酸雾来不及凝聚就被高速气流带走，并可将喷淋酸冲击成更细小的酸雾造成二次酸雾，设备易于磨损，动力消耗也大，故一般气流速度控制在 70～100m/s，只要不小于 30m/s，即可保证相当的除雾效果。

（2）液气体积比。提高液气比可加强捕集酸雾的能力，但阻力会增加，动力消耗增大，故一般控制在 0.5～1.0L/m³ 为宜。

（3）喷淋酸的浓度和温度。生产中常采用废酸脱硝后的冷却稀硫酸作为喷淋酸，浓度为 63%～68%。喷淋酸浓度大时，与高温气体作用放出的稀释热就大，会降低酸雾的冷凝效果，甚至使喷淋酸产生二次酸雾，浓度过低时会增加浓缩器的负荷。同理，喷淋酸温度较高时也会降低冷凝效果，温度过低时会因温差太大造成硅铁材料的损坏，因此，喷淋酸温度一般控制在 55～70℃。

文丘里管除雾的主要优点为设备简单、制作加工方便；气流中带有尘粒时也不易堵塞；除雾、除尘效率较高。缺点主要包括：气流阻力损失大，动力消耗高，对气体流量变化的适应性差，当负荷变化时必须同时调整喉管截面，以保证所需的喉管气流速度和液气比。

4.2.4 纤维（丝网）除雾

纤维（丝网）除雾可用于除去蒸气和气体中的微小液滴，是一种结构简单、费用低廉、除雾效果较好的方法，在工业上得到了广泛应用。丝网可用金属线或非金属纤维编织而成。制作丝网的材料不同，其除雾原理也有所差别。顾里中等通过试验研究探讨了丝网除雾机理，同时试验确定了丝网阻力降与除雾效率、丝网层数、装填密度及气流速度等工艺参数的定量关系。根据除雾原理，丝网可分为两种类型：一类是用直径较粗的金属线或非金属纤维编织的丝网，即粗纤维丝网，它主要利用惯性冲击作用除雾，通过丝网的含雾气体要有一定的速度（即高速型）；另一类是细纤维丝网作的，它主要利用扩散吸附作用除雾，对通过丝网的含雾气体要求有较低的速度（即高效型）。粗纤维丝网除雾和细纤维丝网（玻璃棉）除雾的原理不同，构造亦有区别。

1. 粗纤维丝网除雾

1）除雾原理

粗纤维丝网除雾主要依靠高速液体微粒以惯性碰撞和拦截效应来捕集酸雾。根据粒子的惯性与介质阻力相等时粒子得到固定沉积速度的原理，通过公式推导得到惯性参数 φ_1（粒子惯性运动移动距离与纤维直径之比）的表达式：

$$\varphi_1 = \frac{W_t}{D_c} = \frac{d_c^2 u_G \rho}{18 \eta D_c}$$

式中：W_t 为粒子惯性运动所移动的距离；D_c 为纤维直径；d_c 为雾粒直径；u_G 为气体运动速度；ρ 为粒子密度；η 为流体黏度。

φ_1 是无因次量，其值越大，意味着雾粒与纤维碰撞机会越大，捕集效率越高。当粒径小于 50% 时，气流速度应提高 4 倍才能获得相同的 φ_1 值。由于粗纤维除雾主要是利用惯性冲击作用除雾，因此要求通过丝网的含雾气体要有较高的速度，属于高速型除雾，适宜于捕集粒径大于 $3\mu m$ 的雾粒。

如果雾粒运动的流线与捕集体不在同一中心线上，则小的雾粒可能不会与捕集体接触，但如果粒径大到一定程度，与捕集体接触机会就会增大。这种由于粒子的运动与捕集体不在同一中心线上而被拦截的作用称为拦截效应，它主要不是依据惯性碰撞，而是依据雾粒形状的大小。拦截效应一般用拦截参数 φ_2 表示，即

$$\varphi_2 = \frac{d_c}{D_c}$$

φ_2 也是无因次量。该式表明，雾粒越大，纤维越细，拦截效应越显著。

2）除雾滤料

丝网是除雾装置最重要的组成部分。用作丝网的材料应能耐浓度 80% 以下的硫酸腐蚀，并能耐 180℃ 的高温，应具备憎水性能好、强度高、比表面积大而收缩性小等特点。目前多采用非金属丝网，如氟-46、聚四氟乙烯、玻璃窗纱等。

氟-46 和聚四氟乙烯丝网在 130～180℃ 酸性尾气作用下会产生收缩现象（收缩率约为 10%～13%）。故使用前应在工作温度下加热 30～60min 后安装使用。玻璃窗纱价格低廉货源广，有良好的耐热性，能耐高温腐蚀，也不会因高温收缩造成短路，只是强度较氟塑料丝网的低，不耐气流冲击。玻璃窗纱的每根经纬纱由 200 根直径 $5\mu m$ 的玻璃纤维轻度捻并而成，窗纱孔数每 100mm 长度上 57 孔（14～15 目）。除雾效果与窗纱层数和阻力降有关，图 4-8 所示为四室浓缩器窗纱除雾后尾气中酸雾含量的变化情况。

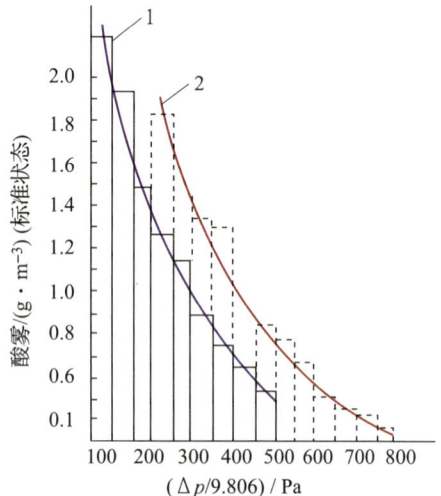

图 4-8　四室浓缩器窗纱阻力降与尾气酸雾含量的关系

1—50 层窗纱；2—100 层窗纱。

由图 4 - 8 可知，随着窗纱层数增加，阻力加大，尾气酸雾浓度降低。增加层数虽可提高除雾效率，但动力消耗大了，浓缩器受压也大，易于漏酸漏气，炉前还容易回火。当阻力超过 9kPa 以上时，连稀硫酸也不能正常加入。如阻力降控制在 5~6kPa，50 层窗纱，气速为 3~4m/s，尾气酸雾可接近设计标准 0.5g/m³。

3）气液流向

在丝网除雾器中有气液逆流和气液顺流两种方式。气液逆流时含雾气体从除雾器下部进入，当气体中的液滴冲击丝网并凝聚其上时，液滴表面张力作用使小液滴不断增大，下落在丝网底部形成一个有效蓄液层，夹带液体雾粒的气体首先通过此蓄液层，然后进入丝网上部。这种气液逆流除雾方式，如能控制蓄液层厚度为丝网厚度的 1/3~1/4，即可获得较好的除雾效果。因此，在设计和操作时，必须十分注意气体上升速度和酸雾含量。气体通过丝网的容许速度与雾沫含量、液体乳度和表面张力等因素有关，同时也与丝网装填密度有关。在鼓式浓缩的情况下，氟 - 46 丝网的气流容许速度为 1.3~2.0m/s，以 1.5m/s 为宜。气流速度超过 3m/s 时，容易产生液泛和液体的重新雾化。可在网垫 2/3 高度处设置一带有 U 形液封的排液管，当蓄液层升高时，液体可从排液管中自动溢出，以确保网垫中蓄液层的正常高度。采用气液顺流方式除雾时，含雾气体从除雾器顶部进入，自上而下，经丝网后与捕集的酸液从除雾器下部出来。与气液逆流除雾相比，没有酸液滞留在网垫中，不会发生液泛，可以充分保证除雾效率。

4）除雾器构造

丝网除雾器一般为圆筒形设备（见图 4 - 9），其外壳和部件可采用高硅铜、高硅铁、硬铅或钢衬耐酸砖制作。除雾器内一般安装二层平铺丝网，网间距约为除雾器直径的 75%。丝网下设支承格栅，丝网上设压紧格栅，以避免丝网被高速气流冲开。

除雾器内上下两层丝网，厚为 55~100mm，阻力约为 3~5kPa。上层网型为 40/100，装填密度为 350kg/m³，下层网型为 80/100，装填密度为 550kg/m³。若采用玻璃窗纱作滤料，窗纱应事先按设备内径裁制，用氟塑料丝或玻璃纤维缝好。窗纱层数按照尾气中酸雾含量和阻力降等要求确定，一般用 50~100 层，安装时可将它平铺在除雾器底部的蓖子上，因窗纱强度差，最好在蓖子上先铺一层

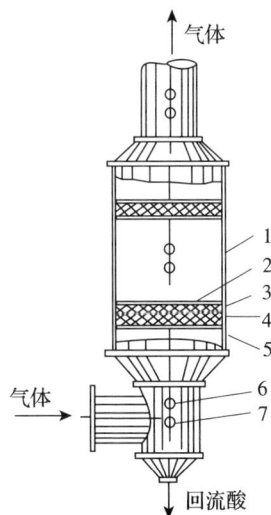

图 4 - 9　粗纤维丝网除雾器
1—壳体；2—压紧格栅；3—丝网；
4—支承格栅；5—支座；6—采样口；
7—测温（压）口。

波纹填料，使窗纱受力均匀，窗纱上面再压一块空心铅板，空心面积按没计的气流速度确定。

2. 细纤维丝网（玻璃棉）除雾

1）除雾原理

悬浮在气体中的液体微粒在较低的流速下，以布朗运动向致密的细纤维丝网进行分子扩散，当与纤维表面接触时就被吸附，由于毛细管作用使液滴不断增大，再从纤维上脱落下来。由于细纤维丝网除雾主要是利用扩散吸附作用除雾，因此要求通过丝网的含雾气体要有较低的速度，属于高效型除雾，适宜用来除去粒径小于 $3\mu m$ 的雾粒。

除雾效率与纤维的比表面积、空隙率和厚度有关。液体微粒和丝网的碰撞几率与纤维表面积成正比，故应尽可能使用直径较细的纤维（如玻璃棉）制作丝网，以增大微粒与纤维的接触表面积。纤维的空隙率越小，网垫厚度越大，除雾效率便越高，但阻力会越大。阻力随空隙率增大而降低，在空隙率恒定条件下，为使除雾效率增大，必须减小纤维直径，才能达到高效低阻的目的。

通过对不同直径、不同装填密度和气流速度的小型玻璃棉（厚度为 60mm）丝网试验，得知除雾效率与阻力降有关，而阻力降与装填密度成平方关系，与气流速度成直线关系，与纤维直径成倒数的 0.3 次方关系。因此，若要降低酸雾同时又要减少阻力，不宜提高装填密度和气流速度，而应当尽量采用直径细的纤维，因为它对阻力的影响较其他两个因素小得多。

细纤维丝网除雾时气流速度不是主要因素，气流速度低于 0.2m/s 时，除雾效率几乎不受影响。为使酸雾通过网垫能很好地扩散吸附，一般要求气流速度小于 0.5m/s，但不宜超过 1m/s。

2）除雾装置

玻璃棉除雾器（见图 4-10）属于低速型除雾器，要求的气流速度为粗纤维除雾器（高速型）的 1/10～1/15，因此，滤层面积应比高速型大 10～15 倍。为了缩小设备体积，一般将玻璃棉制成许多中空圆筒形网垫元件，根据需要采用不同的连接。例如，用两个内径为 2m、高 3m 的除雾器并联，每个除雾器共有玻璃网垫元件 28 个，每 4 个串成 1 组，7 组并列。气体由除雾器顶侧进入，由 7 孔板分别进入 7 组玻璃棉网垫，再通过棉层向外排出。玻璃棉网垫由笼式高硅铜内外框架固定，网垫厚度一般为 50～60mm。网垫捕集的酸雾集结成液滴后顺网垫外表流至器底，排入稀硫酸计量槽，经浓缩回收。

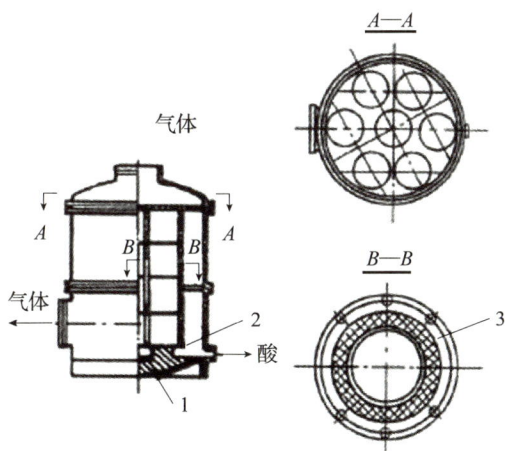

图 4 - 10　玻璃棉除雾器

1—垫块；2—法兰；3—玻璃棉。

　　用作低速型除雾器滤料的玻璃棉，除了要求直径尽量细之外，还要求有良好的憎水性。若对玻璃棉滤料进行适当处理，可大大提高其憎水性并减少网垫阻力（如表 4 - 5 所示）。用聚四氟乙烯水乳液处理玻璃棉的方法，是将直径为 0.002mm 的玻璃棉先在 250～300℃下脱脂，然后放在浓度为 2%～4% 的聚四氟乙烯水乳液中浸透，再在 330℃烘去水分并恒温 1h，使聚四氟乙烯烧结和牢固附着于玻璃棉上，如此重复 5～6 次后即可使用。这样处理过的玻璃棉憎水性好，阻力小，但也较易损坏。

表 4 - 5　玻璃棉丝网处理效果比较

玻璃棉网垫处理情况	网垫厚度/mm	阻力/Pa
未经处理	55～60	4.41～6.86
聚四氟乙烯水乳液处理	＜100	1.96～4.91
有机硅树脂浸渍	＜100	1.41～2.45

3. 粗、细纤维丝网两级除雾工艺

　　玻璃纤维除雾器结构简单、投资和维护费用较少，但阻力大，易于堵塞。处理梯恩梯废酸时，因其中含有较多的有机物质，易于吸附在丝网上，使除雾效率逐渐降低。而硝化棉、硝化甘油废酸采用丝网除雾器时，除雾效果较好，不过也要注意鼓式浓缩器炉前燃烧情况，特别是在点火升温阶段，应保证燃烧完全，尽量避免丝网被未燃尽物堵塞。

　　从鼓式浓缩器排出的含有大量酸雾和酸沫的混合气体是一种气溶胶，液体

颗粒粒径的分布范围很大。因此，采用单一的除雾装置难以使之完全净化。通常，高速型除雾器可以100%除去粒径大于$3\mu m$的雾粒，对于粒径小于$3\mu m$雾粒的捕集效果很低，而低速型除雾器对于粒径小于$3\mu m$雾粒的捕集效率可达98%以上。所以，将两种除雾器结合起来使用，可以达到较高的除雾效果。

针对火炸药厂脱硝废硫酸的三室浓缩器产生的硫酸雾，采用玻璃窗纱和玻璃棉两级串联除雾，可以取得良好的效果，其工艺流程如图4-11所示。主要工艺条件和技术指标如表4-6所列。

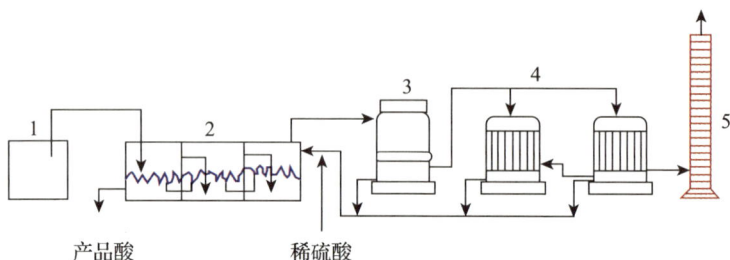

图4-11　三室浓缩器两级除雾工艺流程

1—燃烧室；2—三室浓缩器；3—玻璃窗纱除雾器；4—玻璃棉除雾器；5—烟囱。

表4-6　三室浓缩器两级除雾试验条件及技术指标

名称	玻璃窗纱除雾器	玻璃棉除雾器
除雾滤料	玻璃窗纱10层	直径$10\mu m$，玻璃棉厚60mm，装填密度为$180kg/m^3$
气流速度/(m/s)	3~4	0.2~0.3
阻力/kPa	平均2.14	平均2.5
系统阻力/kPa	3.92~4.9	3.92~4.9
出口酸雾/(g/m^3)	9.98	0.48
产品酸浓度/%	93	93
燃料	100号重油或原油	100号重油或原油

4.3　硝烟、氮氧化物的控制方法

在火炸药制造过程中产生的硝烟主要含有氮氧化物以及硝酸蒸气和硝酸雾。从各类硝化机和废酸脱硝、硝酸浓缩过程中产生的硝烟，在生产上虽大都采用了水吸附法进行吸收，通过几个串联的吸收塔生产稀硝酸回收使用，但仍有硝烟排放。由于最后几个水吸收塔中的氮氧化物浓度很低，吸收过程进行的非常缓慢。因此，在吸收尾气中一般仍含有 1% 左右的氮氧化物。此外，生产上的废酸稀释、废酸热安定处理的硝酸槽进料操作中排放的硝烟浓度很大，浓硝酸、稀硝酸贮槽也有硝烟排放。虽然这些大多属于间歇性排放，排放点比较分散，但是在火炸药生产区域这样的硝烟排放点很多，对厂区空气的污染不容忽视。对于硝烟污染，除了在生产上采取必要的管理之外，还需要加强治理措施。目前治理氮氧化物的方法主要有液体吸收法、吸附法和催化还原法三大类。

4.3.1 液体吸收法

利用吸收剂将混合气体中的一种或多种组分有选择地进行吸收分离的过程称为吸收。具有吸收作用的物质称为吸收剂，被吸收的组分称为吸收质，吸收操作得到的液体称为吸收液，被吸收后的气体称为吸收尾气。吸收法净化气态污染物是利用混合气体中各成分在吸收剂中的溶解度不同，或与吸收剂中的组分发生选择性化学反应，从而将有害组分从气流中分离出来。液体吸收法是分离、净化气体混合物最重要的方法之一。

根据吸收过程中发生化学反应与否，将吸收分为物理吸收和化学吸收。物理吸收是指在吸收过程中不发生明显的化学反应，单纯是被吸收组分溶解于液体的过程，如用水吸收 HCl 气体。化学吸收是指吸收过程中发生明显化学反应，如用氢氧化钠溶液吸收 SO_2，用酸性溶液吸收 NH_3 等。由于化学反应增大了吸收的传质系数和吸收推动力，加大了吸收速率，因此在处理废气流量大、成分比较复杂、吸收组分浓度低等特点的废气时，靠物理吸收往往难以达到排放标准，大多采用化学吸收。

用液体吸收法吸收废气中氮氧化物具有工艺较简单、投资少、对各类排放废气的适应性好、可根据具体情况选择相宜的吸收液、能以硝酸盐等形式回收氮氧化物从而达到综合治理的目的等优点。液体吸收法的缺点是对氮氧化物的吸收效率往往不高，对含氮氧化物较多的废气净化效果较差，不宜处理气量很大的废气。

液体吸收法烟气脱氮工艺常用的吸收剂主要有水、碱溶液、稀硝酸、浓硫酸等。按吸收剂的种类可分为水吸收法、酸吸收法、碱吸收法、氧化-吸收法、吸收-还原法等。工业上应用较多的是碱吸收法和氧化-吸收法。

1. 水吸收法

采用水吸收法处理火炸药制造过程中产生的硝烟是一种比较简便的方法。用水吸收氮氧化物时，水和二氧化氮可生成硝酸和亚硝酸。

$$2NO_2 + H_2O \longrightarrow HNO_3 + HNO_2$$

亚硝酸在通常情况下不稳定，很快分解生成硝酸、一氧化氮和水。在吸收过程中，吸收设备中的水逐渐变成稀硝酸，而氮氧化物在稀硝酸中的溶解度比在水中的溶解度大得多，所以吸收可以顺利进行。然而，氮氧化物中的一氧化氮不与水发生反应，并且在水吸收二氧化氮的过程中还将释放出一部分一氧化氮。因此，水吸收法的净化效率不高，去除率往往只有 $30\% \sim 50\%$，尤其不适合用来处理主要含一氧化氮的燃烧废气。水吸收法在处理火炸药制造过程中产生的硝烟方面有较多的应用，以梯恩梯生产为例，从硝化器排烟管排出的废气，其中含有一氧化氮、二氧化氮、一氧化碳、二氧化碳和四硝基甲烷等，该废气一般排入硝烟系统，用水吸收成稀硝酸，尾气通过洗涤器，然后排入大气。

2. 酸吸收法（包括硫酸法、稀硝酸法）

在吸收法中采用浓硫酸作吸收液时，浓硫酸（质量浓度 $\geqslant 73\%$）和氮氧化物反应可生成亚硝基硫酸（或硫酸氧化氮）。

$$NO + NO_2 + 2H_2SO_4 \longrightarrow 2NOHSO_4 + H_2O$$

一氧化氮在硫酸中的溶解度不大，而在含有三氧化二氮（N_2O_3）的硫酸中溶解度可提高几十倍。若硫酸中含有 $NOHSO_4$ 和硝酸，则一氧化氮将与硝酸反应生成三氧化二氮和硫酸氧化氮（$N_2O_3 \cdot NOHSO_4$），可进一步提高对一氧化氮的吸收效率。亚硝基硫酸可通过废酸脱硝或硝酸浓缩回用。

美国 Chenweth 研究所开发了采用 30% 左右的稀硝酸作吸收液的方法，广泛用于硝酸厂的尾气治理，可以回收硝酸，具有经济、简便的优点。该方法是先在 20℃ 和 $1.5 \times 10^5\,Pa$ 的条件下用稀硝酸吸收氮氧化物，生成硝酸，然后将吸收液在 30℃ 下用空气进行吹脱，吹出氮氧化物后，将硝酸进行漂白，冷却后再用于吸收。采用稀硝酸吸收氮氧化物，去除率可达 $80\% \sim 90\%$。

3. 碱溶液吸收法

在吸收法中采用碱性溶液作吸收液时，碱性物质与氮氧化物的反应为：

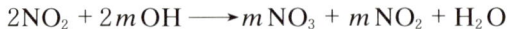

$$2NO_2 + 2mOH \longrightarrow mNO_3 + mNO_2 + H_2O$$

$$NO + NO_2 + 2mOH \longrightarrow 2mNO_2 + H_2O$$

$$2NO_2 + Na_2CO_3 \longrightarrow NaNO_2 + NaNO_3 + CO_2$$

$$NO + NO_2 + Na_2CO_3 \longrightarrow 2NaNO_2 + CO_2$$

式中的 m 可为 K^+、Ca^{2+}、Mg^{2+}、$(NH_4)^+$ 等。

通常将二氧化氮在氮氧化物中所占的百分比称为氮氧化物的氧化度。从以上反应可以看出，碱液吸收不像用水吸收那样会在反应中生成一氧化氮，如果氮氧化物的氧化度小于 50%，则多余的一氧化氮很难被吸收，故碱液吸收法适用于氧化度较大的含氮氧化物的废气。

碱液吸收法中可选用的碱液为氢氧化钠、碳酸钠、氢氧化钙和氨等碱性物质的溶液。采用石灰乳作吸收剂时价格便宜，但因氢氧化钙溶解度很小，未溶解的石灰易堵塞管道，故不常采用。

烧碱法中采用氢氧化钠溶液作吸收剂，此时只要废气中的 NO_2 与 NO 的物质量比大于等于 1，则这两种氮氧化物均能被有效吸收，生成的硝酸盐可作为肥料，吸收液浓度约 10% 时可使氮氧化物的脱除率达到 80%～90%。在吸收时，希望成品吸收液中硝酸钠和亚硝酸钠的浓度尽可能高些，但在吸收温度下，当亚硝酸钠的浓度超过其溶解度时会析出结晶，堵塞管道和设备，因此必须控制吸收剂浓度。氢氧化钠溶液的初始浓度一般应控制在小于 30%。表 4-7 中列出了一些温度下氢氧化钠和亚硝酸钠的饱和溶液浓度。氢氧化钠与氮氧化物反应生成的亚硝酸钠最大浓度 c_B（%）可用下式计算，即

$$c_B = \frac{c_A M}{c_A M + (100 - c_A)} \times 100$$

式中：c_A 为吸收液中氢氧化钠的初始浓度，%；M 为亚硝酸钠与氢氧化钠的相对分子质量之比值。

表 4-7　氢氧化钠和亚硝酸钠溶液的饱和浓度

温度/℃	氢氧化钠饱和浓度/%	氢氧化钠饱和浓度相应的亚硝酸钠浓度/%	亚硝酸钠饱和浓度/%
0	29.6	41.9	41.9
5	32.0	45.1	42.7
10	34.0	47.0	43.5
20	52.2	65.5	45.1
30	54.3	67.0	47.0

纯碱法中所用的吸收剂为碳酸钠。若采用 28% 浓度的碳酸钠溶液作吸收液，经两塔串联流程处理硝酸生产尾气，氮氧化物的脱除效率约为 70%～80%。由于碳酸钠的价格比氢氧化钠便宜，故纯碱法有逐步取代烧碱法的趋势，但纯碱法的吸收效果比烧碱法差。

氨水法是用氨水喷洒氮氧化物的废气，或者向废气中通入气态氨，使氮氧化物转变为硝酸铵与亚硝酸铵，其反应为

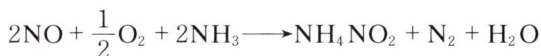

$$2NO_2 + 2NH_3 \longrightarrow NH_4NO_3 + N_2 + H_2O$$

$$2NO + \frac{1}{2}O_2 + 2NH_3 \longrightarrow NH_4NO_2 + N_2 + H_2O$$

$$2NO_2 + \frac{1}{2}O_2 + 2NH_3 \longrightarrow NH_4NO_2 + 2NO + H_2O$$

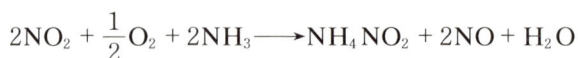

由于是气相反应，速率很快，反应瞬间即可完成，从而可有效地进行连续运转。氨水法的效率比较高，氮氧化物的脱除率可达 90%。该法的缺点是处理后的废气中带有生成的硝酸铵和亚硝酸铵，形成雾滴，产生白色烟雾，扩散到大气中造成二次污染。此外，亚硝酸铵不稳定，在温度较高或有酸性介质的条件下，可进行激烈分解反应，可能发生爆炸。因此，采用氨水法时应尽量满足三个条件：①操作温度低于 35℃；②一般溶液不呈酸性；③控制亚硝酸铵的浓度不能高于 25%。在实际应用中，还有采用将氨水法与碱溶液吸收法结合起来的二级处理方法（即先用氨水吸收，然后用碱液吸收），可达到理想的处理效果。

4. 还原吸收法（包括氯－氨法、亚硫酸盐法）

氯－氨法是利用氯的氧化能力与氨的中和还原能力来治理氮氧化物，其反应为

$$2NO + Cl_2 \longrightarrow 2NOCl$$

$$NOCl + 2NH_3 \longrightarrow NH_4Cl + N_2 + H_2O$$

$$2NO_2 + 2NH_3 \longrightarrow NH_4NO_3 + N_2 + H_2O$$

氯-氨法对氮氧化物的去除率比较高，可达 80%～90%，所产生的氮气对环境也不存在污染问题。但由于氯-氨法反应过程中将生成氯化铵和硝酸铵，呈现白色烟雾，还需要采用电除尘分离处理，使该法的推广使用受到限制。

采用亚硫酸盐水溶液吸收氮氧化物的原理，是将氮氧化物吸收并还原为氮气，即

$$2NO + 2SO_3^{2-} \longrightarrow N_2 + 2SO_4^{2-}$$

$$2NO_2 + 4SO_3^{2-} \longrightarrow N_2 + 4SO_4^{2-}$$

亦可采用硫化物及尿素等物质的水溶液来吸收氮氧化物，即

$$4NO + S^{2-} \longrightarrow 2N_2 + SO_4^{2-}$$

$$2NO_2 + S^{2-} \longrightarrow N_2 + SO_4^{2-}$$

$$NO + NO_2 + (NH_2)_2CO \longrightarrow 2N_2 + CO_2 + 2H_2O$$

5. 氧化吸收法（包括次氯酸钠法、高锰酸钾法、臭氧氧化法）

如前所述，对于氧化度较低的含氮氧化物废气，采用碱液吸收工艺吸收效率不高。为此，可先用氧化剂将氮氧化物中的部分一氧化氮氧化，以提高其氧化度，然后再用碱液吸收。这也称为氧化-碱吸收法。常用的氧化剂有次氯酸钠、高锰酸钾、浓硝酸和臭氧等。日本的 NE 法是采用碱性高锰酸钾溶液作吸

收剂，氮氧化物的去除率达 93%～98%。这类方法效率较高，但运行费用也较高。

氧化剂采用硝酸（大于 40%）时的氧化反应为

$$2HNO_3 + NO \longrightarrow 3NO_2 + H_2O$$

氧化剂硝酸先与一氧化氮反应生成二氧化氮，然后再用氢氧化钠或碳酸钠与氮的氧化物（NO_x）反应生成硝酸盐和亚硝酸盐。该反应为吸热反应，提高温度有利于氧化反应的进行。但温度超过 40℃后，氮氧化物的氧化度又有所下降，这是由于温度升高会使溶解在硝酸中的一氧化氮从溶液中进入气相所致。所采用的硝酸浓度高，则氧化效率高，当硝酸浓度大于 40%时，可使一氧化氮氧化率达到 50%以上，因此氧化吸收法一般选用 44%～47%的硝酸作为氧化剂。硝酸中的四氧化二氮含量升高时，一氧化氮的氧化率下降，需将氧化用的硝酸"漂白"到含四氧化二氮小于 0.2g/L。

硝酸氧化-碱吸收法的工艺流程如图 4-12 所示。含 NO_x 的尾气用风机送入氧化塔内，与漂白后的硝酸逆向接触。经硝酸氧化后的 NO_x 气体进入硝酸分离器分离硝酸后依次进入碱吸收塔，经二串联塔吸收后放空。作为氧化剂的硝酸用硝酸泵从硝酸循环槽打至硝酸计量槽，然后定量地打入漂白塔，在漂白塔内用压缩空气漂白的硝酸进入氧化塔，氧化 NO_x 后又进入硝酸循环槽，空气自漂白塔上部排出。

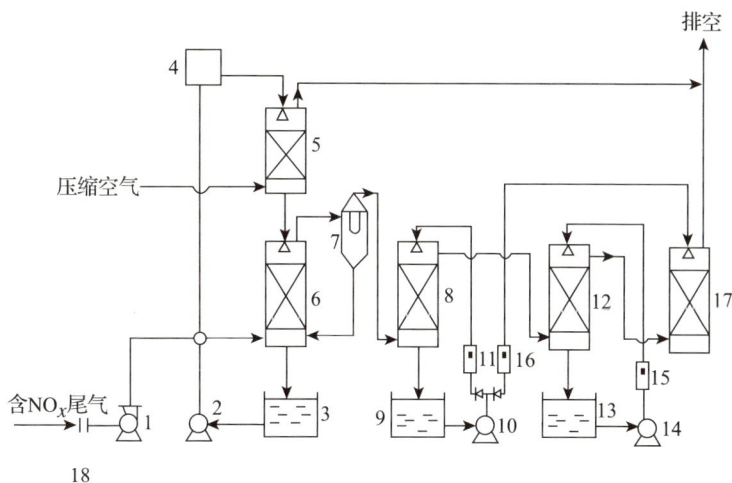

图 4-12 硝酸氧化-碱吸收法的工艺流程

1—风机；2—硝酸循环泵；3—硝酸循环槽；4—硝酸计量槽；5—硝酸漂白塔；
6—硝酸氧化塔；7—硝酸分离器；8,12,17—碱吸收塔；9,13—碱循环槽；
10,14—碱循环泵；11,15,16—转子流量计；18—孔板流量计。

4.3.2　吸附法

吸附法是利用某些具有从气体混合物中有选择地吸收某些组分的能力（有时还兼有催化作用）的多孔性固体来脱除气态污染物中有害物质的方法。所用的多孔性固体称为吸附剂，被吸附的物质称为吸附质。

1. 吸附法的影响因素

影响吸附的因素很多，主要有操作条件、吸附剂和吸附质的性质、吸附质的浓度等。

（1）操作条件的影响。操作条件主要是指温度、压力、气体流速等。对物理吸附而言，在低温下对吸附有利。对于化学吸附过程，提高温度对吸附有利。从理论上讲，增加压力对吸附有利，但压力过高不仅增加能耗，而且在操作方面需要更高的要求，在实际工作中一般不提倡。当气体流速过大时，气体分子与吸附剂接触时间短，对吸附不利。若气体流速过小，处理气体的量相应变小，又会使设备增大。因此气体流速要控制在一定的范围之内。

（2）吸附剂性质的影响。衡量吸附剂吸附能力的一个重要概念是"有效表面积"，即吸附质分子能进入的表面积。被吸附气体的总量随吸附剂表面积的增加而增加。吸附剂的孔隙率、孔径、颗粒度等均影响比表面积的大小。

（3）吸附质性质的影响。除吸附质分子的临界直径外，吸附质的相对分子质量、沸点和饱和性等也对吸附量有影响。如用同一种活性炭吸附结构类似的有机物时，其相对分子质量越大、沸点越高，吸附量就越大。而对于结构和相对分子质量都相近的有机物，其不饱和性越高，则越易被吸附。

（4）吸附质浓度的影响。吸附质在气相中的浓度越大，吸附量也就越大。但浓度大必然使吸附剂很快饱和，使再生次数增加，因此吸附法不宜净化污染物浓度高的气体。

2. 吸附剂的种类

吸附剂的种类很多，可分为无机吸附剂和有机吸附剂，天然吸附剂和合成吸附剂。天然矿产品如活性白土和硅藻土等经过适当的加工，就可以形成多孔结构，可直接作为吸附剂使用。合成的无机材料吸附剂主要有活性炭、活性炭纤维、硅胶、活性氧化铝及合成沸石分子筛等。近年来还研制出多种大孔吸附树脂，与活性炭相比，具有选择性好、性能稳定、易于再生等优点。目前，工业上广泛采用的吸附剂主要有以下几种：

（1）活性炭。活性炭是应用最早、用途较为广泛的一种优良吸附剂。它是由各种含碳物质如煤、木材、果壳、果核等炭化后，再用水蒸气或化学试剂进行活化处理，制成孔穴十分丰富的吸附剂。活性炭的孔径一般为 50nm 以下，活性焦炭 20nm 以下，炭分子筛 10nm 以下。其中，炭分子筛的孔径均一，具有良好的选择性。

活性炭是一种具有非极性表面、具有疏水性、对有机物亲和度高的吸附剂，常常被用来吸附回收空气中的有机溶剂或用来净化某些气态污染物。在实际工作中，对活性炭的技术指标有一定的要求（如表 4-8 所列）。

表 4-8　活性炭的技术指标范围

堆密度/(kg/m³)	200~600	孔容/(cm³/g)	0.01~0.1	比热容/[kJ/(kg℃)]	0.84
灰分/%	0.5~8.0	比表面积/(m²/g)	600~1700	着火点/℃	300
水分/%	0.5~2.05	平均孔径/nm	0.7~1.7		

目前，采用分子筛和活性炭吸附烟气中的氮氧化物以净化烟气，已得到了广泛的应用。活性炭对氮氧化物的吸附过程是伴有化学反应的过程。氮氧化物被吸附到活性炭表面后，活性炭对其有还原作用，即

$$2NO + C \longrightarrow N_2 + CO_2$$

$$2NO_2 + 2C \longrightarrow N_2 + 2CO_2$$

活性炭对氮氧化物的吸附容量较小，仅为吸附二氧化硫容量的五分之一左右，因而需要的活性炭的数量较大。另外，活性炭的解吸再生较为麻烦，处理不当会发生二次污染，故实际应用有困难。

（2）活性氧化铝。活性氧化铝是指氧化铝的水合物加热脱水而形成的多孔物质。活性氧化铝可以吸附极性分子，无毒，机械强度大，不易膨胀。活性氧化铝的比表面积约为 $150\sim350m^2/g$，宜在 200~250℃ 温度下再生。其技术指标如表 4-9 所列。

表 4-9　活性氧化铝的技术指标

堆密度/(kg/m³)	608~928	平均孔径/nm	1.8~4.8
比热容/[kJ/(kg℃)]	0.88~1.04	再生温度/℃	200~250
孔容/(cm³/g)	0.5~2.05	最高稳定温度/℃	500
比表面积/(m²/g)	210~360		

（3）硅胶。硅胶是用硅酸钠与酸反应生成硅酸凝胶（$SiO_2 \cdot nH_2O$），然后在 115~130℃ 下烘干、破碎、筛分而制成各种粒度的产品。硅胶具有很好的亲

水性，当用硅胶吸附气体中的水分时，能释放出大量的热量，导致硅胶容易破碎，但吸附量很大，可达自身质量的50%。工业上硅胶的主要技术指标如表4-10所列。

表4-10　工业用硅胶的主要技术指标

| 堆密度/(kg/m³) | 800 | 比表面积/(m²/g) | 600 |
| 比热容/[kJ/(kg℃)] | 0.92 | SiO₂含量/% | 99.5 |

采用硅胶为吸附剂时，氮氧化物中的NO_2浓度大于0.1%、NO浓度大于1%～5%的情况下吸附效果良好。但气体中含固体杂质时不宜采用此法，因为固体杂质会堵塞吸附剂空隙而使其失效。

（4）沸石分子筛。应用最广的沸石分子筛是具有多孔骨架结构的硅酸盐结晶体。分子筛具有许多孔径均匀的微孔，比孔径小的分子能进入孔穴而被吸附，比孔径大的分子被拒之孔外，因此具有强的选择性。与其他吸附剂相比较，沸石分子筛具有如下特点：具有很高的吸附选择性；具有很强的吸附能力；是强极性吸附剂，对极性分子特别是对水分子具有强的亲和力；热稳定性和化学稳定性高。

沸石（如泡沸石、丝光沸石等）分子筛对二氧化氮有较高的吸附能力，但对一氧化氮基本不吸附。然而，在有氧条件下，分子筛能够将一氧化氮催化氧化，转变为二氧化氮加以吸附。一般每处理$1kgNO_2$，需要使用17kg沸石。沸石分子筛具有较高的去除NO的能力，可以有效解决液体吸收法对NO去除效果不佳的问题。同时，沸石分子筛可耐热、耐酸，是一种较有前途的吸附剂。用丝光沸石分子筛吸附处理硝酸尾气，可使尾气中的氮氧化物的质量分数由0.3%～0.5%下降到0.005%以下，但是合成丝光沸石成本较高。采用沸石分子筛吸附氮氧化物方法的缺点是设备体积庞大，成本较高，再生周期较短。

3. 吸附法的特点及适用范围

吸附法净化气态污染物的优点是：①净化效率高；②能回收有用组分；③设备简单，流程短，易于实现自动控制；④吸附剂无腐蚀性，不会造成二次污染。因此，吸附法适用于以下应用场合：

（1）对于低浓度气体，吸附法的净化效率比吸收法高。吸附法常用于浓度低、毒性大的有害气体，但吸附法处理的气体量不宜过大。

（2）用吸附法净化有机溶剂蒸气，具有较高的效率。

（3）当处理的气体量较小时，用吸附法灵活方便。例如，防毒面具实际上就是一个小型的吸附器。

总之，吸附法对生产尾气中氮氧化物的脱除效率很高，并且能回收氮氧化物。但由于吸附容量较小，需要吸附剂量大，因而设备较庞大，投资大。

4.3.3　催化还原法

催化还原法是在催化剂作用下，利用还原剂将氮氧化物还原为无害的氮气的方法。依据还原剂是否与空气中的氧气发生反应，可将催化还原法分为选择性催化还原法和非选择性还原法。

1. 非选择性还原法

非选择性还原法是指将废气中的氮氧化物和氧两者不加选择地一并还原，由于氧被还原时会放出大量的热，所以，采用非选择性还原法可以回收能量（要求在脱硝装置中余热回收系统）。如果回收合理，几乎可在处理废气过程中不必再消耗能量。

可在非选择性还原法中作催化剂的有：Pt、Pd、Co、Ni、Cu、Cr、Mn 等金属的氧化物。载体多采用氧化铝，含催化剂量约为 0.5%（一般为 0.1%～1%）。亦有将 Pt 或 Pd 镀在镍基合金上，制成网状再构成空心圆柱置于反应器中。钯的催化活性较高，起燃温度较低，价格便宜。但在使用钯催化剂之前需对废气进行脱硫处理，以免钯中毒。当气体中 SO_2 浓度大于 $1cm^3/m^3$ 时，催化剂钯容易发生中毒。

非选择性还原法中的还原剂可采用氢、甲烷、一氧化碳和低碳氢化合物，或者使用包含以上几种组分的混合气体（例如合成氨释放气、焦炉气、天然气、炼油厂尾气和气化石脑油等），一般将这些气体通称为燃料气。采用甲烷作还原剂时，甲烷与氮氧化物发生下列主反应：

$$CH_4 + 4NO_2 \longrightarrow 4NO + CO_2 + 2H_2O$$

$$CH_4 + 2O_2 \longrightarrow CO_2 + 2H_2O$$

$$CH_4 + 4NO \longrightarrow 2N_2 + CO_2 + 2H_2O$$

通常，上述三个反应中第一个反应的速率最快，该反应将有色的 NO_2 还原为无色的 NO，称为"脱色反应"，同时伴随着燃烧，将产生大量的热，第三个反应的速率最慢，它总是在前两个反应完全之后才能进行，该反应使 NO 被完全还原，称为"消除反应"。当废气中含有过剩的氧时，第二个反应的速率会很快，从而会产生较多的热量。催化反应需将气体预热至 480℃ 左右，反应结束时以控制温度不超过 800℃ 为好。因此，需要控制废气中的氧含量保持在 3% 以下。除了上述主反应之外，还可能发生甲烷与氮氧化物反应生成氨的副反应。

非选择性还原法还原剂用量大，需要贵金属作为催化剂，还需要有热回收装置。该方法投资大，运行费用高，因此已逐渐被淘汰，多采用选择性催化还原法。

2. 选择性催化还原法

选择性催化还原法（selective catalytic reduction，SCR）是以氨作还原剂，通常在空气预热器的上游注入含 NO_x 的烟气。此处烟气温度约 $290\sim400℃$ ，是还原反应的最佳温度。在含有催化剂的反应器内 NO_x 被还原为 N_2 和水，催化剂的活性材料通常由贵金属、碱性金属氧化物或沸石等组成。NO_x 被选择性地还原的反应式为

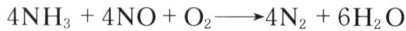

$$4NH_3 + 4NO + O_2 \longrightarrow 4N_2 + 6H_2O$$

$$8NH_3 + 6NO_2 \longrightarrow 7N_2 + 12H_2O$$

与氨有关的潜在氧化反应包括有

$$4NH_3 + 5O_2 \longrightarrow 4NO + 6H_2O$$

$$4NH_3 + 3O_2 \longrightarrow 2N_2 + 6H_2O$$

选择性催化还原法烟气脱氮工艺流程如图 4-13 所示，含 NO_x 的废气经过除尘、脱硫、干燥等预处理后，进入预热器进行预热，然后与净化后的 NH_3 在混合器内按定比例混合均匀，再进入装有催化剂的反应器内，在适当的温度下进行催化还原反应，反应后的气体经分离器除去催化剂粉尘后直接排放。

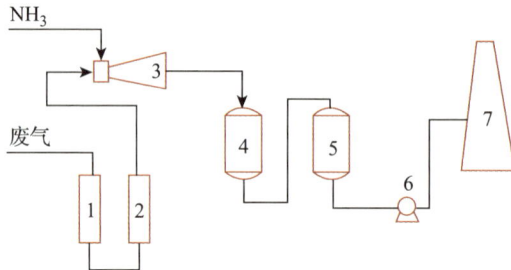

图 4-13　选择性还原法烟气脱氮工艺流程图
1,2—预热器；3—混合器；4—反应器；5—过滤分离器；6—尾气透平；7—排气筒。

温度对还原效率有显著影响，提高温度能改进 NO_x 的还原，但当温度进一步提高，氧化反应变得越来越快，从而导致 NO_x 的产生。铂、钯等贵金属催化剂的最佳操作温度为 $175\sim290℃$；金属氧化物催化剂，例如以二氧化钛为载体的五氧化二钒催化剂，在 $260\sim450℃$ 下操作效果最好；对于沸石催化剂，通常可在更高温度下操作。

工业应用的实践表明，SCR 系统对 NO_x 的转化率一般为 $60\%\sim90\%$。压力损失和催化转化器空间气速的选择是 SCR 系统设计的关键。据报道，催化转化

器的压力损失介于 5～7mbar，取决于所用催化剂的几何形状，例如平板式或蜂窝式，其中平板式具有较低的压力损失。当 NO_x 的转化率为 60%～90% 时，空塔气速可选为（2200～7000）m^3/h。由于催化剂的费用在 SCR 系统的总费用中占较大比例，从经济的角度出发，通常选用较大的空塔气速。

催化剂失活和烟气中氨残留是与 SCR 工艺操作相关的两个关键问题。长期操作过程中催化剂"毒物"的积累是失活的主因，降低烟气的含尘量可有效地延长催化剂的寿命。由于烟气中硫氧化物的存在，所有未反应的 NH_3 都将转化为硫酸盐，下式是可能的反应路径，即

$$2NH_3(g) + SO_3(g) + H_2O(g) \longrightarrow (NH_4)_2SO_4(s)$$

生成的硫酸铵为亚微米级的微粒，易于附着于催化转化器内或者下游的空气预热器以及引风机。随着 SCR 系统运行时间的增加，催化剂活性逐渐丧失，烟气中残留的氨或者"氨泄露"也将增加。

选择性催化还原法（SCR）通常用氨作为还原剂，在铂或非重金属催化剂的作用下，在较低温度条件下，NH_3 有选择地将尾气中的 NO_x 还原为 N_2，而基本上不与氧气发生反应，从而避免了非选择性催化还原法的一些技术问题。该法催化剂易得，还原剂的起燃温度低，催化床与出口气体温度较低，有利于延长催化剂寿命和降低反应器对材料的要求。总之，催化还原法对氮氧化物的脱除效率高，设备紧凑，操作平稳。但其投资和运行费用均较高，且要消耗还原气和燃料气，氮氧化物则被还原成无用的氮气而放空。

4.4 二氧化硫的治理方法概述

二氧化硫是火炸药工业向环境中排放的主要大气污染物之一，排放的二氧化硫主要来源于废硫酸浓缩和生产线所需燃料的燃烧。通常，除一氧化碳之外，二氧化硫是危害最大、数量最多的大气污染物。二氧化硫进入空气后，在空气中金属粉尘的催化作用下，会与二氧化氮和氧一起发生光化学反应，进一步氧化产生三氧化硫。吸湿性强的三氧化硫在湿度大的空气中很容易形成酸雾。这就是受二氧化硫污染地区经常会出现硫酸雾或硫酸雨的原因。按脱硫剂的形态不同将烟气脱硫技术分为湿法烟气脱硫、半干法烟气脱硫和干法烟气脱硫。

4.4.1 湿法烟气脱硫

湿法烟气脱硫技术是用含有吸收剂的溶液或浆液在湿状态下吸收烟气中的 SO_2 并处理脱硫产物。湿法烟气脱硫技术是气液反应，脱硫反应速率快，效率

高，易操作控制，系统运行稳定可靠，是目前广泛采用的烟气脱硫方法之一，多用于燃用中高硫煤机组或大容量机组的电站锅炉。然而，湿法烟气脱硫技术存在系统堵塞及脱硫设备易腐蚀等问题，为了避免二次污染，必须对脱硫过程中产生的废水进行处理，导致运行成本增加。目前已经商业化的湿法脱硫工艺主要有：石灰石/石灰洗涤法、钠碱吸收法、碱式硫酸铝石膏法等。

石灰石/石灰洗涤法脱硫工艺是烟气脱硫最早采用的工艺之一。因石灰石来源广泛，原料易得，成本低，目前仍是技术最成熟、应用最广泛的技术，特别适用于电站锅炉的脱硫装置。根据最终产物及共利用情况的区别，又将石灰石/石灰洗涤法分为石灰石/石灰-抛弃法、石灰石/石灰-石膏法和石灰石/石灰-亚硫酸钙法。其中石灰石/石灰-石膏法经过30多年的发展，已成为技术最成熟、运行状况最稳定的烟气脱硫工艺，脱硫效率可达90%以上。

1. 石灰石/石灰-石膏法

1）反应原理

用石灰石或石灰浆液吸收烟气中二氧化硫的工艺分为吸收和氧化两个工序，先吸收生成亚硫酸钙，然后再氧化为硫酸钙，吸收过程在吸收塔内进行，主要反应如下，即

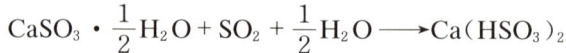

$$Ca(OH)_2 + SO_2 \longrightarrow CaSO_3 \cdot \frac{1}{2}H_2O + \frac{1}{2}H_2O$$

$$CaCO_3 + SO_2 + \frac{1}{2}H_2O \longrightarrow CaSO_3 \cdot \frac{1}{2}H_2O + CO_2$$

$$CaSO_3 \cdot \frac{1}{2}H_2O + SO_2 + \frac{1}{2}H_2O \longrightarrow Ca(HSO_3)_2$$

氧化过程在氧化塔内进行，主要反应如下，即

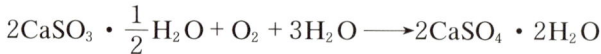

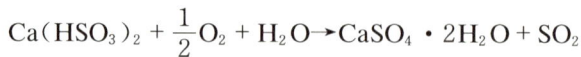

$$2CaSO_3 \cdot \frac{1}{2}H_2O + O_2 + 3H_2O \longrightarrow 2CaSO_4 \cdot 2H_2O$$

$$Ca(HSO_3)_2 + \frac{1}{2}O_2 + H_2O \longrightarrow CaSO_4 \cdot 2H_2O + SO_2$$

2）工艺流程

石灰石/石灰-石膏法烟气脱硫装置由吸收剂制备系统、烟气吸收及氧化系统、脱硫副产物处置系统、脱硫废水处理系统、烟气系统、自控和在线监测系统等组成。典型的工艺流程如图4-14所示。锅炉烟气经进口挡板门进入脱硫增压风机，通过烟气换热器后进入吸收塔，洗涤脱硫后的烟气经除雾器除去带出的小液滴再通过烟气换热器从烟囱排放，脱硫副产物经过旋流器、真空皮带脱水机脱水成为脱水石膏。

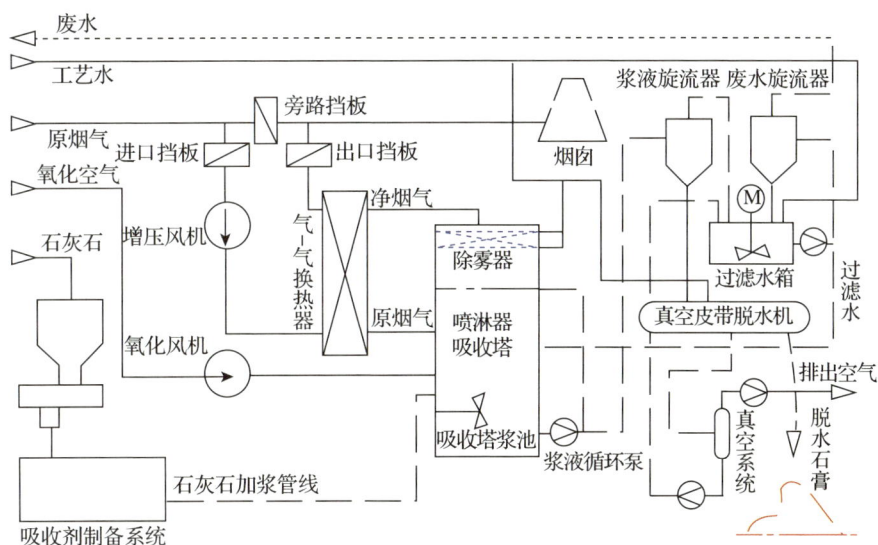

图 4-14 典型石灰石/石灰-石膏法烟气脱硫工艺流程图

3）操作影响因素

（1）浆液的 pH 值。浆液的 pH 值是影响脱硫效率的重要因素。一方面，浆液的 pH 值影响吸收过程，pH 值高，传质系数增高，SO_2 的吸收速度加快，pH 值低，SO_2 的吸收速度下降，pH 值下降到 4.0 以下时，则几乎不能吸收 SO_2。另一方面，pH 值影响石灰石/石灰的溶解度。用石灰石吸收 SO_2 时，pH 值较高时，$CaCO_3$ 溶解度很小而 $CaSO_4$ 溶解度则变化不大，随着 SO_2 的吸收，溶液 pH 值降低，溶液中溶有更多的 $CaSO_3$，在石灰石粒子表面形成一层液膜，液膜内部的石灰石的溶解使 pH 值上升，这样石灰石粒子表面被液膜内表面析出的 $CaSO_3$ 所覆盖使粒子表面钝化，故而浆液的 pH 值应控制适当。一般情况下，石灰石系统控制 pH 值范围为 5～7。

（2）吸收温度。吸收温度低，有利于吸收，但温度过低会使 H_2SO_3 和 $CaCO_3$ 或 $Ca(OH)_2$ 之间的反应速度降低。因此，一般控制烟气的温度为 50～60℃。

（3）石灰石的粒度。石灰石的粒度直接影响其溶解速度，减少石灰石粒度可以加快其溶解速度，同时增大与 SO_2 的接触面积，有利于脱硫。一般石灰石粒度为 200～300 目。

（4）浆液浓度。浆液浓度的选择应控制在合适的范围，因为过高的浆液浓度易产生堵塞、磨损和结垢，但浆液浓度较低时，脱硫率较低且 pH 值不易控制。浆液浓度一般控制在 10%～15%。

2. 钠碱吸收法

钠碱吸收法通常采用 NaOH 或 Na_2CO_3 水溶液吸收排气中的 SO_2 后，直接将吸收液处理成副产品。与石灰石/石灰法相比，钠碱法具有吸收速度快，不存在堵塞和结垢问题等优点。根据钠碱液的循环使用与否，可分为循环钠盐法和亚硫酸钠法。

1) 循环钠盐法

循环钠盐法又称 Wellman – Lord 法，采用 NaOH 或 Na_2CO_3 作为初始吸收剂，在低温下吸收烟气中的 SO_2，反应方程式为

$$2Na_2CO_3 + SO_2 + H_2O \longrightarrow 2NaHCO_3 + Na_2SO_3$$

$$2NaHCO_3 + SO_2 \longrightarrow Na_2SO_3 + H_2O + 2CO_2$$

$$2NaOH + SO_2 \longrightarrow Na_2SO_3 + H_2O$$

$$Na_2SO_3 + SO_2 + H_2O \longrightarrow 2NaHSO_3$$

由上述反应方程式可知，NaOH 或 Na_2CO_3 水溶液只是在最初时起吸收作用，当吸收液循环使用时起吸收作用的实际是亚硫酸钠溶液。将吸收 SO_2 后含有 $NaHSO_3$ 的吸收液送入解吸系统，加热使 $NaHSO_3$ 分解，反应方程式为

$$2NaHSO_3 \longrightarrow Na_2SO_3 + SO_2 + H_2O$$

将固体 Na_2SO_3 用水溶解后返回吸收系统重复使用，而高浓度的 SO_2 可以送去制酸或生产硫黄等产品。该法最大的优点是可以回收高浓度的 SO_2，适用于大流量烟气的净化，脱硫效率超过 90%。

2) 亚硫酸钠法

亚硫酸钠法是将 Na_2SO_3 吸收 SO_2 后得到的 $NaHSO_3$ 溶液用 NaOH 或 Na_2CO_3 中和，使 $NaHSO_3$ 转变为 Na_2SO_3，反应方程式为

$$NaOH + NaHSO_3 \longrightarrow Na_2SO_3 + H_2O$$

$$Na_2CO_3 + 2NaHSO_3 \longrightarrow 2Na_2SO_3 + H_2O + CO_2$$

当溶液温度低于 33℃时，结晶出 $Na_2SO_3 \cdot 7H_2O$ 经过分离、干燥可得到无水 Na_2SO_3 成品。图 4 – 15 是亚硫酸纳法工艺流程图。将配制好的 Na_2CO_3 溶液送入吸收塔，与含 SO_2 的气体逆流接触，循环吸收至溶液的 pH 值在 5.6～6.0 时即可得到 $NaHSO_3$ 溶液。将吸收后的 $NaHSO_3$ 溶液送至中和槽，用 NaOH 溶液中和至 pH 为 7.0 时，用蒸气加热，驱尽其中的 CO_2，加入适量的硫化钠溶液以除去铁和重金属离子。然后继续用烧碱中和至 pH 为 12 左右，再加入少量的活性炭脱色，过滤后便得到含量约为 21% 的 Na_2SO_3 溶液。用蒸气加热浓缩、结晶，用离心机甩干、烘干后，就得到了 Na_2SO_3 产品，纯度可达 96%，可作

为纺织、化纤、造纸工业的漂白剂或脱氯剂。亚硫酸钠法具有脱硫效率高（90%～95%）、工艺流程简单、操作方便、脱硫费用低等优点。其主要缺点是碱消耗量大，因而只适合于小流量烟气的净化。

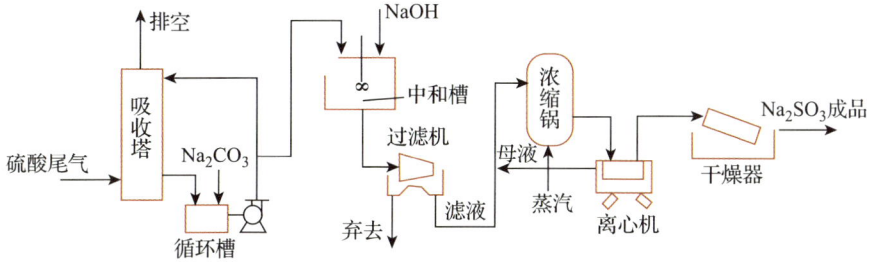

图 4-15　亚硫酸钠法工艺流程图

3. 碱性硫酸铝-石膏法

碱性硫酸铝-石膏法是采用碱性硫酸铝溶液作为吸收剂吸收 SO_2，将吸收后的吸收液经过氧化后用石灰石再生，再生过的碱性硫酸铝溶液循环使用，主要产物为石膏。

1）反应原理

（1）吸收剂的制备。碱式硫酸铝水溶液的制备可用粉末硫酸铝，即 $Al_2(SO_4)_3 \cdot 16 \sim 18H_2O$ 溶于水，添加石灰石或石灰粉中和，沉淀出石膏，即得所需碱度的碱式硫酸铝，其主要反应如下，即

$$2Al_2(SO_4)_3 + 3CaCO_3 + 6H_2O \longrightarrow$$
$$Al_2(SO_4)_3 \cdot Al_2O_3 + 3CaSO_4 \cdot 2H_2O + 3CO_2$$

（2）吸收。吸收塔中碱性硫酸铝溶液吸收 SO_2 的反应方程式为

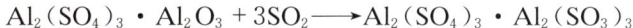

$$Al_2(SO_4)_3 \cdot Al_2O_3 + 3SO_2 \longrightarrow Al_2(SO_4)_3 \cdot Al_2(SO_3)_3$$

（3）氧化。氧化塔中利用压缩空气将吸收 SO_2 后生成的 $Al_2(SO_4)_3 \cdot Al_2(SO_3)_3$ 浆液氧化，反应式为

$$Al_2(SO_4)_3 \cdot Al_2(SO_3)_3 + \frac{3}{2}O_2 \longrightarrow 2Al_2(SO_4)_3$$

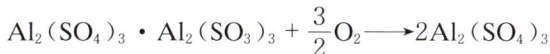

（4）中和。中和槽中加入石灰石作为中和剂，再生出碱式硫酸铝吸收剂，同时沉淀出石膏，反应方程式为

$$2Al_2(SO_4)_3 + 3CaCO_3 + 6H_2O \longrightarrow Al_2(SO_4)_3 \cdot Al_2O_3 + 3CaSO_4 \cdot 2H_2O + 3CO_2$$

2）工艺流程

碱式硫酸铝-石膏法吸收 SO_2 的工艺流程如图 4-16 所示。该工艺过程主要

由吸收剂的制备系统、吸收系统、氧化系统、中和再生系统组成。主要设备为吸收塔和氧化塔。吸收塔为双层填料塔，塔的下段为增湿段，上段为吸收段，顶部安装除沫器。氧化塔为空塔，在塔底装置特殊设计的喷嘴，压缩空气和吸收液同时经过该喷嘴喷入塔内。

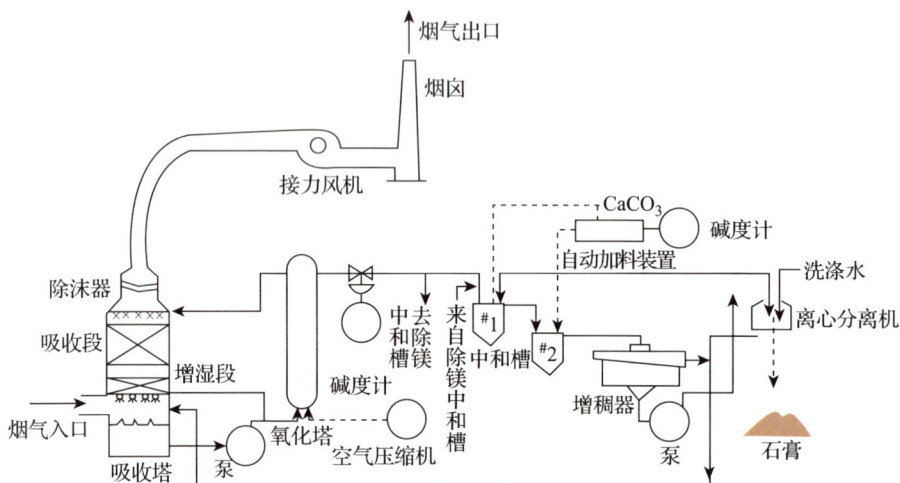

图 4-16 碱式硫酸铝-石膏法工艺流程图

吸收 SO_2 后的吸收液送入氧化塔，塔底鼓入压缩空气，使 $Al_2(SO_4)_3 \cdot Al_2(SO_3)_3$ 氧化。氧化后的吸收液大部分返回吸收塔循环使用，只引出小部分送至中和槽，加入石灰石再生，并产生副产品石膏。碱式硫酸铝石膏法的优点是处理效率高，液气比较小，氧化塔的空气利用率较高，设备材料较易解决。

3）吸收效率的关键影响因素

（1）吸收液碱度。一般来说吸收液碱度越高，吸收效率也越高。但碱度在 50% 以上时容易生成絮状物，将妨碍吸收操作，碱度过低则会降低吸收液的吸收能力。因此工业生产中常常将碱度控制在 20%～30%，中和后的吸收剂碱度控制为 25%～35%。

（2）操作液气比。由于溶液对 SO_2 有良好的吸收能力，即使液气比较小，也可取得较好的吸收效果。但液气比的大小与吸收温度、烟气中 SO_2 和 O_2 的浓度有关，当吸收温度较高、SO_2 浓度较大或 O_2 含量较低时均需增大液气比值。工业生产中，吸收段液气比值控制为 $10L/m^3$，增湿段则为 $3L/m^3$。

（3）氧化催化剂。在工业生产中，为了减少操作的液气比值，可在吸收液中加入氧化催化剂强化氧化反应。一般使用 $MnSO_4$ 作催化剂，一般加入量为 $1～2g/L$。

4.4.2　半干法烟气脱硫

半干法烟气脱硫技术是指脱硫剂在干燥状态下脱硫，在湿状态下再生，或者在湿状态下脱硫、在干状态下处理脱硫产物，最为常见的方法是旋转喷雾干燥法。旋转喷雾干燥法是将碱性吸收剂的悬浮液或溶液，通过高速旋转雾化器雾化为细小的雾滴后喷入吸收塔中，在塔中与经气流分布器导入的热烟气接触，水蒸气和碱性吸收液在干湿两种状态下与 SO_2 反应，干燥产物用除尘器除去。该法设备简单，操作方便，系统能耗较低，但脱硫效率不高（80%～85%），吸收剂消耗大。

1. 反应原理

烟气中 SO_2 被雾化的吸收剂浆液吸收，在雾滴与 SO_2 反应的同时，雾滴中的水分被高温蒸气干燥，因此所得生成物是粉状干料，含游离水分一般在 2% 以下。然后用除尘器进行气固分离，即达到烟气脱硫的目的。

2. 工艺流程

旋转喷雾干燥脱硫工艺流程如图 4-17 所示，主要分为脱硫浆液的制备、脱硫浆液的雾化、雾滴与烟气接触、SO_2 吸收和水分的蒸发、灰渣的再循环与排除等五个部分。

（1）脱硫浆液的制备。石灰仓内的粉状石灰经螺旋输送机送入消化槽，制成高浓度的浆液，然后进入配浆槽，过滤去除大颗粒的杂质。在配浆槽内用水将浓浆稀释到浓度为 20% 左右。制备好的石灰浆液用泵输送至吸收剂罐，再用泵输送到高位槽。

（2）脱硫浆液的雾化。制备好的石灰浆液从高位槽自动流入旋转离心雾化器内、经分配器进入高速旋转的雾化轮，浆液被喷射成石灰乳雾化微滴。

（3）雾滴与烟气接触。烟气沿切线方向进入喷雾干燥吸收塔顶部的蜗壳状烟气分配器，沿雾化轮四周进入塔内，正好与吸收剂形成逆向接触。

（4）SO_2 吸收和水分的蒸发。烟气与吸收剂在吸收塔内接触后，即发生热交换和化学反应。烟气中的 SO_2 与 $Ca(OH)_2$ 反应生成 $CaSO_3$ 和 $CaSO_4$ 微粒。

（5）灰渣的再循环与排除。部分粉粒在喷雾干燥吸收塔内被收集，剩余部分粉粒和烟气中的飞灰随气流进入袋式除尘器或电除尘器而被分离。为提高脱硫剂的利用率，吸收塔和除尘器排出的灰渣部分被循环便用，其余部分则进行综合利用。

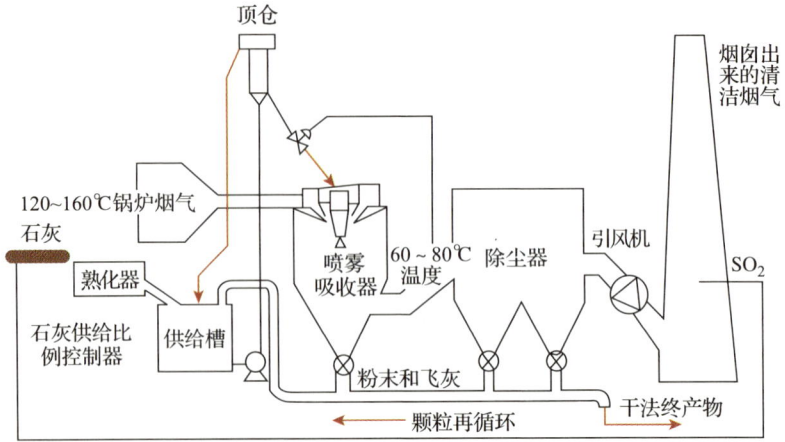

图 4-17 旋转喷雾干燥脱硫工艺流程

3. 脱硫效率的关键影响因素

试验结果表明,脱硫效率随钙与硫比值的增大而增大。钙与硫的比值小于1时,脱硫效率完全由吸收剂的量决定;当钙与硫的比值大于1时,脱硫效率增加缓慢,石灰利用率也下降。因此,为了提高系统运行的经济性及所要求的脱硫效率,在操作上要根据烟气中 SO_2 的浓度和烟气温度调节好喷入的吸收剂量。

由于 SO_2 与吸收剂的反应主要发生在液滴上,因而吸收剂的雾化状况、烟气同雾滴的接触状况和作用时间对 SO_2 的脱除和吸收剂的利用率都有影响。增大液气比,吸收剂喷出雾滴多,则有利于气液间的良好接触,但使水分蒸发量增大,造成烟气中水分增加,在滤袋中冷凝。另外液气比的增大,则意味着吸收剂的利用率降低。反之,若降低液气比,即减少吸收剂的用量,就可能达不到要求的脱硫率。

4.4.3 干法烟气脱硫

干法烟气脱硫是用粉状或粒状吸附剂来脱除烟气中的 SO_2,最常见的为活性炭吸附法。吸附法脱除 SO_2 是用活性固体吸附剂吸附烟气中的 SO_2,然后再用一定的方法把被吸附的 SO_2 释放出来,实现吸附剂的再生并实现吸附剂的循环使用。目前应用最多的吸附剂是活性炭,以活性炭为吸附剂的干法烟气脱硫技术在工业上已有较成熟的应用。

1. 反应原理

活性炭对烟气中的 SO_2 的吸附,既有物理吸附,也有化学吸附,特别是当烟气中存在着氧气和水蒸气时,化学反应表现得尤为明显。这是因为在此条件下，活性炭表面对 SO_2 与 O_2 的反应具有催化作用，使烟气中的 SO_2 被 O_2 转化成 SO_3，SO_3 再和水蒸气反应生成硫酸。

2. 工艺流程

德国鲁奇活性炭制酸法采用卧式固定床吸附流程，如图 4–18 所示。含 SO_2 尾气先在文丘里洗涤器内被来自循环槽的稀硫酸冷却并除尘。洗涤后的气体进入固定床活性炭吸附器，经活性炭吸附净化后的气体排空。在气流连续流动的情况下，从吸附器顶部间歇喷水，洗去在吸附剂上生成的硫酸，此时得到 $10\% \sim 15\%$ 的稀酸。此稀酸在文丘里洗涤器内冷却尾气时，被蒸浓到 $25\% \sim 30\%$，再经进一步浓缩，最终可达 70%，可用来生产化肥。该流程脱硫效率达 90% 以上。

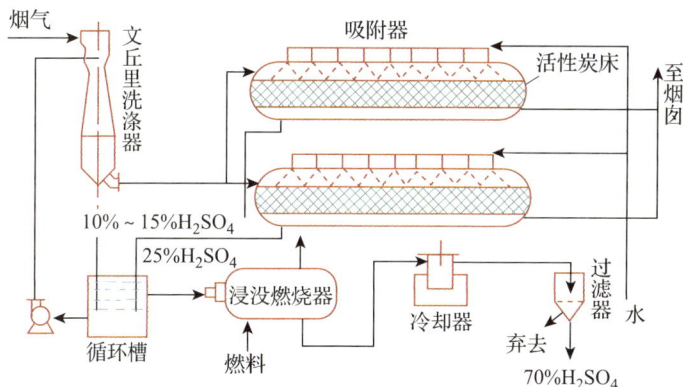

图 4–18　固定床吸附流程

3. 影响吸附效果的关键因素

（1）温度。在用活性炭吸附 SO_2 时，物理吸附及化学吸附的吸附量均受到温度的影响。随着温度的提高，吸附量下降，因此吸附温度应设置得低一些。因吸附工艺条件不同，实际使用的吸附温度有所差异，按不同特性方法可分为低温、中温和高温吸附。

（2）氧和水分。氧和水分的存在，导致化学吸附的进行，使总吸附量大大增加。氧含量低于 3% 时，反应效率下降，氧含量高于 5% 时反应效率明显提高。一般烟气中氧含量为 $5\% \sim 10\%$ 即可满足脱硫反应要求。水蒸气的浓度主要影响活性炭表面生成的稀硫酸的浓度。

（3）吸附时间。在吸附过程中，吸附增量随吸附时间的增加而减少。在生成硫酸浓度达 30% 之前，吸附进行得很快，吸附量与吸附时间成正比；生成硫酸浓度大于 30% 以后，吸附速度减慢。

4.5 固体粉尘的控制方法

火炸药制造生产中，固体粉尘对人体具有一定的危害，尤其是炸药粉尘。炸药粉尘主要来自于制造厂的成品干燥、制片和包装程序。例如，硝铵炸药的原料粉碎、混药，弹药厂的筛分、混合、预热、装药及弹口螺纹清理等工序均可产生大量的炸药粉尘。在球磨机和混药机排风口，粉尘浓度高达 $1000mg/m^3$ 以上。

对火炸药生产中产生的粉尘治理，一般是在生产设备或产生粉尘的局部操作点设置密闭罩或敞口罩，吸入含尘空气，然后进行除尘。按照除尘器分离捕集粉尘的主要机理，除尘器可以区分为机械式除尘器、湿式除尘器、过滤式除尘器和电除尘器四大类。由于火炸药生产过程中产生的物质具有一定的易燃和易爆性，故不能使用电除尘装置。因此，基于火炸药工业的的生产特点，火炸药工业常用的除尘方法有三类：机械除尘、湿式除尘和过滤除尘。

4.5.1 机械式除尘

机械除尘器通常指利用质量力（重力、惯性力和离心力等）的作用使颗粒物与气流分离的装置，适用于含尘浓度高、尘粒较大的气体。机械除尘法的特点是设备结构简单、气体阻力小（压力一般为 50～200Pa）、基建投资和运转费用较低，但除尘效率不够高（约 40%～60%）。按除尘机械力不同分为重力除尘器（沉降室）、惯性除尘器（挡板式除尘器）和旋风除尘器等。

1. 重力沉降室

重力沉降室是通过重力作用使尘粒从气流中沉降分离的除尘装置，其结构如图 4-19 所示。含尘气流进入重力沉降室后，由于扩大了流动截面积而使气体流速大大降低，使较重颗粒在重力作用下缓慢向灰斗沉降。为提高重力沉降室的捕集尘粒效率，可采用多层沉降室，如图 4-20 所示。

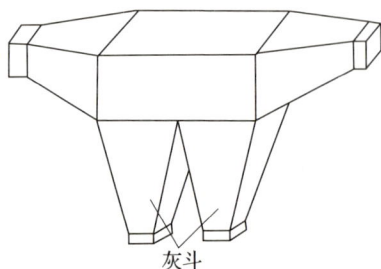

图 4-19 简单的重力沉降室   图 4-20 多层沉降室

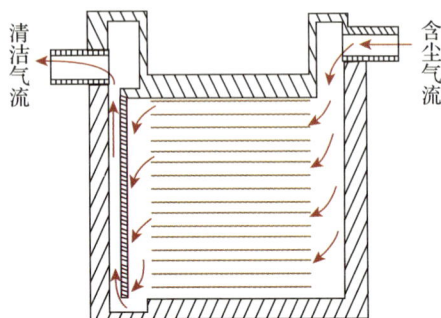

重力沉降室的主要优点是：结构简单、造价低、维护管理容易、阻力小（一般在 300Pa 以下）。主要缺点是体积庞大，除尘效率低（一般为 40% ~ 70%），清灰麻烦。鉴于以上特点，重力沉降室主要用以捕集那些密度大、粒径大于 $50\mu m$ 的粗尘。多级沉降除尘系统常作为高效除尘器的预除尘工艺来使用。

2. 惯性除尘器

利用惯性力的作用使尘粒从气流中分离出来的除尘装置称为惯性除尘器。图 4 - 21 是惯性除尘器分离机理示意图。含尘气流以 u_1 的速度与挡板 B_1 成垂直方向进入装置，在 T_1 点较大的粒子（粒径 d_1）由于惯性力作用离开曲率半径为 R_1 的气流流线撞在 B_1 挡板上，碰撞后粒子的速度变为零（假定不发生反弹），因重力沉降而被捕集下来。粒径比 d_1 小的粒子（粒径为 d_2）先以曲率半径 R_1 绕过挡板 B_1，然后再以曲率半径为 R_2 随气流作回旋运动。当粒径为 d_2 的粒子运动到 T_2 点时，由于离心力作用，将脱离以 u_2 速度流动的曲线撞击到 B_2 挡板上，同样也因重力沉降而被捕集下来。T_2 点气流的旋转半径为 R_2，切向速度为 u_t，则尘粒 d_2 所受离心力与 $d_2^2 \cdot u_t^2 / R_2$ 成正比。基于上述原理，可以认为，惯性除尘器的除尘是惯性力、离心力和重力共同作用的结果。

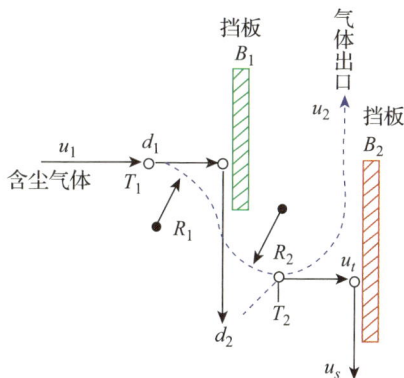

图 4 - 21　惯性除尘器分离机理示意图

惯性除尘器有碰撞式和回转式两类。碰撞式惯性除尘器是在气流流动的通道内增设挡板，当含尘气流流经挡板时，尘粒借助惯性力撞击在挡板上，失去动能后的尘粒在重力的作用下沿挡板下落。进入灰斗中。挡板可以是单级，也可以是多级，如图 4 - 22 所示。多级挡板交错布置，一般可设置 3~6 排。在实

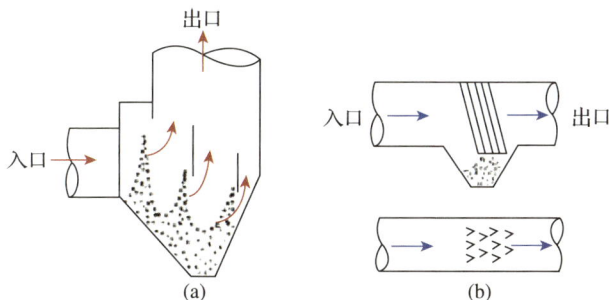

图 4 - 22　碰撞式惯性除尘器

（a）单级碰撞型；（b）多级碰撞型。

际工作中多采用多级式，目的是增加撞击的机会，以提高除尘效率。惯性除尘器的阻力较小，一般在100Pa以内。尽管可以使用多级挡板，但除尘效率也只能达到65%～75%，是一种低效除尘器。

回转式惯性除尘器又称为气流折转式惯性除尘器，又分为弯管型、百叶窗型和多层隔板塔型等三种，如图4-23所示。弯管型和百叶窗型回转式惯性除尘器与碰撞式惯性除尘器一样，都适合于安装在烟道上使用，塔型回转式惯性除尘器主要用于分离烟雾，能捕集粒径为几微米的雾滴。由于回转式惯性除尘器是采用内部构件使气流急剧折转，利用气体和尘粒在折转时所受惯性力的不同，使尘粒在折转处从气流中分离出来。因此，气流折转角越大，折转次数越多，气流速度越高，除尘效率就越高，但阻力也越大。

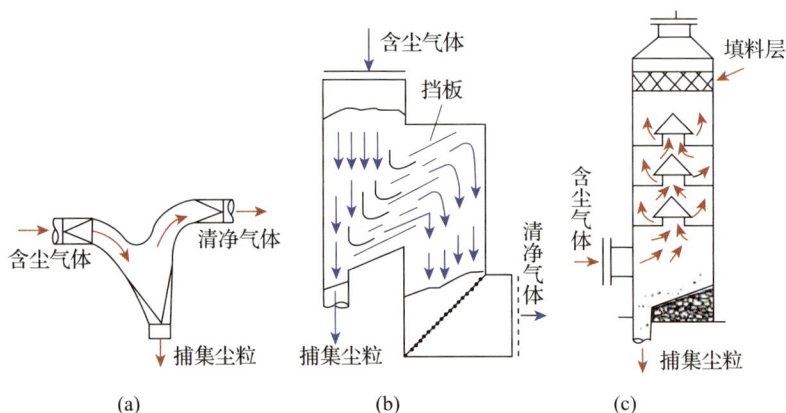

图 4-23   回转式惯性除尘器

（a）弯管型；（b）百叶窗型；（c）多层隔板塔型。

惯性除尘器的结构简单，阻力较小，其除尘效率虽然比重力沉降室要高，但还是属于低效率除尘器，一般常用于一级除尘或作为高效除尘器的前级除尘。惯性除尘器适应于捕集粒径在 $10\sim20\mu m$ 以上的金属或矿物性粉尘，对黏结性和纤维性粉尘易于堵塞，故不宜采用。对于碰撞式除尘器而言，冲击挡板的气流速度越大，捕尘的效率就越高。对于回转式除尘器而言，气流转换方向的曲率平径越小，就越能分离细小的尘粉。

3. 旋风除尘器

旋风除尘器是利用气流在旋转运动中产生的离心力来清除气流中尘粒的设备。由于旋风除尘器具有结构简单、体积小、造价低、维护管理方便、可耐高温等优点，因而在工业除尘及锅炉烟气净化中的应用十分广泛。旋风除尘器主要用于处理粒径较大（10μm 以上）和密度较大的粉尘，既可单独使用，也可作为多级除尘的第一级。

普通旋风除尘器的结构如图 4 - 24 所示。主要由进气筒、筒体、锥体和排出管等部分组成。含尘气体由除尘器入口沿切线方向进入后，沿外壁由上向下作旋转运动，这股向下旋转的气流称为外旋涡，外旋涡到达锥体底部后，沿轴心向上旋转，最后从出口管排出。这股向上旋转的气流称为内旋涡。向下的外旋涡和向上的内旋涡旋转方向是相同的。气流作旋转运动时，尘粒在离心力的作用下向外壁面移动。到达外壁的粉尘在下旋气流和重力的共同作用下沿壁面落入灰斗。

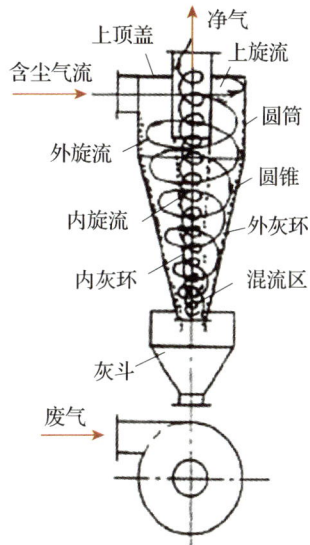

图 4 - 24　普通旋风除尘器结构

4.5.2　湿式除尘

1. 湿式除尘器的除尘机理

在除尘器内含尘气体与水或其他液体相碰撞时，尘粒发生凝聚，被液体介质捕获，从而达到除尘的目的。湿式除尘器的除尘方式主要有四种：液体介质与尘粒之间的瞬性碰撞和截留；微细尘粒与液滴之间的扩散接触；加湿的尘粒相互凝并；饱和态高温烟气降温时，以尘粒为凝结核进行凝结。

湿式除尘器的除尘过程是惯性碰撞、拦截、扩散、凝聚等多种效应的共同结果，但主要是惯性碰撞和拦截作用。液滴对尘粒捕集作用既可以发生在液滴与尘粒之间，也可以发生在尘粒与尘粒之间或液滴与液滴之间，并非单纯的液滴与尘粒之间的惯性碰撞和拦截。

2. 湿式除尘器的分类

按照构造形式及除尘机理，湿式除尘器可分为：重力喷淋式除尘器（如空心喷淋塔）、旋风式除尘器（如旋风水膜除尘器）、自激式除尘器（如自激喷雾除尘器）、填料床式除尘器（如填料塔）、泡沫板式除尘器（如泡沫洗涤塔）、文丘里除尘器（如文氏管除尘器）以及机械诱导喷雾除尘器。

按气液分散的情况分为液滴洗涤类、液膜洗涤类和液层洗涤类除尘器。液滴洗涤类除尘器是以液滴为捕集体，包括重力喷淋式除尘器、自激式除尘器、文丘里除尘器和机械诱导喷雾除尘器等类型。液膜洗涤器主要靠离心力作用使粉尘撞击到水膜上而被捕集，又分为旋风水膜除尘器、填料床式除尘器等类型。液层除尘器是将含尘气体分散成气泡与水接触而被除去，主要是泡沫板式除尘器。

　　湿式除尘器与其他除尘器相比具有以下优点：由于气体和液体接触过程中同时发生传质和传热的过程，因此这类除尘器既具有除尘作用，又具有烟气降温和吸收有害气体的作用，适用于处理高温、高湿、易燃和有害气体及黏性大的粉尘；除尘效率高，结构简单，造价低，占地面积小。湿式除尘器的主要缺点是：从除尘器中排出的污泥要进行处理，否则会造成二次污染；净化有腐蚀性气体时，易造成设备和管道的腐蚀及堵塞问题；不适用于疏水性粉尘的除尘；排气温度低，不利于烟气的抬升和扩散；在寒冷地区要注意设备的防冻问题。

3. 几种常见的湿式除尘器

　　在火炸药生产行业中，常用的湿式除尘器主要有重力喷淋式除尘器、泡沫板式除尘器、文丘里除尘器和水浴除尘器。

　　1）重力喷淋式除尘器

　　喷淋除尘器又称洗涤塔或喷雾塔，如图 4-25 所示。除尘器内水由喷嘴喷出，自上而下，含尘气体通过喷淋液所形成的液滴空间时，因尘粒和液滴之间的碰撞、拦截和凝聚等作用，使较大的尘粒靠重力沉降下来，与洗涤液一起从器底排走。为了保证器内气流均匀，常用多孔分布板、瓷环、焦炭等填料装填其中。通常在顶部还安装除沫器，能够除去十分小的清水滴和污水滴，以免它们被气流夹带出去。

　　影响尘粒捕集效率的主要因素有：液气比（除尘效率随液气比增大而增大）、液滴直径（一般选择0.1～1mm）。实际操作中一般采用的气流上升速度为 0.6～

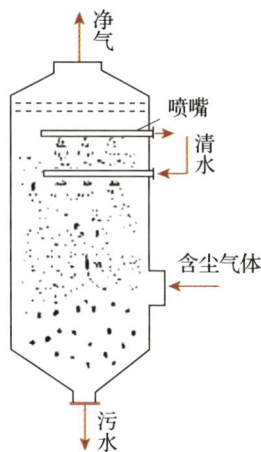

图 4-25　喷淋除尘器

1.2m/s，喷淋器中压力损失小于 250Pa。喷淋器具有结构简单、阻力小、操作方便等优点；但耗水量大，排水要经后续处理，占地面积大，效率较低（常用于除去粒径大于 50μm 的尘粒）。

　　2）文丘里洗涤器

　　文丘里洗涤器是一种高效湿式洗涤器，常用在高温烟气降温和除尘上，主要由收缩管、喉管和扩散管等部分组成，其结构如图 4-26 所示。含尘气体由进气管进入收缩管后，流速逐渐增大，气流的压力能逐渐转变为动能，在喉管入口处气速达到最大，一般为 50～180m/s。洗涤液（一般为水）通过沿喉管周边均匀分布的喷嘴进入，液滴被高速气流雾化和加速。充分的雾化是实现高效除尘的基本条件。通常假定：①微细颗粒以与气流相同的速度进入喉管；②洗涤液滴的轴向初速度为零，由于气流曳力在喉管部分被逐渐加速。在液滴加速过程中，由于液滴与粒子之间惯性碰撞，实现微细颗粒的捕集。当液滴速度接近气流速度时，液滴与颗粒之间相对速度接近零。在喉管下游，惯性碰撞的可能性迅速减小。因为碰撞捕集效率随相对速度增加而增加，气流入口必须达到较高的速度。在扩散管中，气流速度减小和压力的回升，使以颗粒为凝结核的凝聚速度加快，形成直径较大的含尘液滴，以便于被低能洗涤器或除雾器捕集下来。

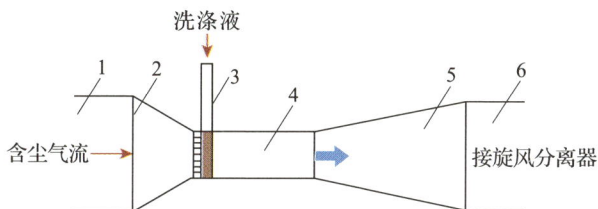

图 4-26 文丘里洗涤器示意图

1—进气管；2—收缩管；3—喷雾；4—喉管；5—扩散管；6—连接管。

3）泡沫除尘器

泡沫除尘器的圆筒部分设置有一层或几层多孔筛板，其如图 4-27 所示。在筛板上部供给一定的水量，通过溢流板保持固定的液层高度，含尘气体从设备下部引入，均匀地穿过板上小孔，分散在板上液层中，气体的鼓泡作用产生泡沫，此泡沫层大大增加了液气的接触表面，强化了尘粒的浸润过程。较大的尘粒由于惯性作用预先在筛板下部碰到湿的筛板底面，被筛孔泄漏下来的液体所捕获，其余微细尘粒进入剧烈扰动的泡沫层中，绝大部分尘粒都可被除去。净化后的气体从设备上部排出，筛板上的含尘液体通过溢流板流出。泡沫除尘器的断面气流速度常取 1.0～2.5m/s，筛孔气流速度通常取 17～18m/s，筛板开孔率可取筛板面积的 25%。泡沫除尘器的性能见表 4-11。

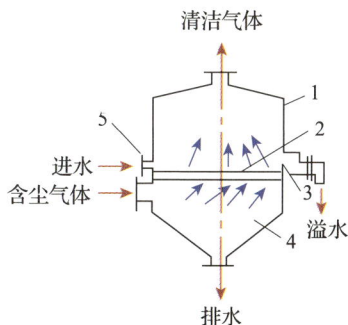

图 4-27 泡沫除尘器

1—外壳；2—筛板；3—溢流板；
4—下部锥体；5—进水口。

表 4 - 11   泡沫除尘器的主要性能

规格	处理气量/(m³/h)	耗水量/(t/h)	设备质量/kg
d700	3400～4200	1.4～1.7	281
d800	4500～5400	1.8～2.2	317
d900	5700～6900	2.3～2.8	368
d100	7000～8500	2.8～3.4	416
d1200	10000～12000	4.0～4.8	516

4）水浴除尘器

水浴除尘器是一种结构简单、易于制作、投资少的湿式除尘器（见图4-28）。含尘气流通过进气管从喷头以8～12m/s的速度冲入水中，然后急剧改变流动方向，尘粒因惯性作用与水碰撞而从气流中分离出来。当含尘气流离开水面时，受到气流激起的水雾洗涤而得到进一步的净化。对于不同性质的粉尘，可按表 4 -12 选取喷头插入深度和喷口的气流

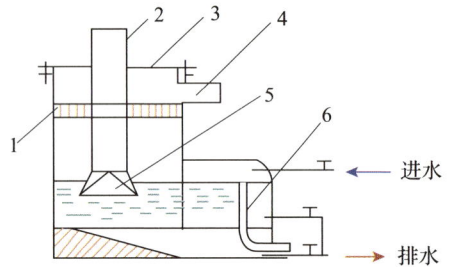

图 4 - 28   水浴除尘器
1—挡水板；2—进气管；3—盖板；
4—排气管；5—喷头；6—溢流管。

速度。水浴除尘器的缺点是泥浆处理困难，排气带水，挡水板容易堵塞。

表 4 - 12   水浴除尘器的喷头插入深度和气流速度

粉尘性质	喷头插入深度/mm*	气流速度/(m/s)
密度大，颗粒粗	0～+50	14～40
	-30～0	10～14
密度小，颗粒细	-30～-50	8～10
	-50～-100	5～8

* "+"表示水面以上的高度；"-"表示插入水层深度

处理梯恩梯粉尘以往大都采用瓷环或焦炭水洗过滤器等湿式除尘器。采用这些除尘装置对减少工作场所有害粉尘浓度有一定效果。但这类湿式除尘器消耗水量大，同时产生大量有害废水，有时也会因水压不足等原因使除尘不彻底。因此，火炸药生产企业后来广泛采用了袋式过滤器来去除火炸药生产过程中产生的粉尘。

4.5.3　过滤除尘

过滤式除尘是使含尘气体通过过滤层，气流中的尘粒被阻截下来，从而实现含尘气体净化的过程。利用过滤原理进行除尘的装置称为过滤式除尘器。过滤式除尘器主要有两类：一类是利用不同粒径的砾石、沙等固体颗粒的固定床层作为过滤介质的除尘器，叫做颗粒层除尘器；另一类是利用纤维编织物制作的滤袋来捕集含尘气体中固体颗粒的装置，称为袋式除尘器。

目前广泛采用袋式过滤除尘器去除火炸药生产产生的废气中的粉尘，该法具有去除效率高、可以回收药粉以及不产生有害废水等优点。

1.　袋式除尘器的除尘原理

袋式除尘器是利用纤维织物的过滤作用将含尘气体中的尘粒阻留在滤袋中，从而使颗粒物从废气中分离出来。除尘机理包括筛滤效应、惯性碰撞效应、钩住截留效应、扩散效应和静电效应，袋式除尘器除尘原理如图 4 - 29 所示。当含尘气体通过洁净滤袋时，由于洁净滤袋的网孔较大，大部分微细粉尘会随气流从滤袋的网孔中通过，只有粗大的颗粒能被阻留下来，并在网孔中产生"架桥"现象。随着含尘气体不断通过滤袋的纤维间隙，纤维间粉尘"架桥"现象不断加强，一段时间后滤袋表面积聚一层粉尘，这层粉尘被称为初层。形成初层后气体流通的孔道变细，即使很细的粉尘，也能被截留下来，此时的滤布只

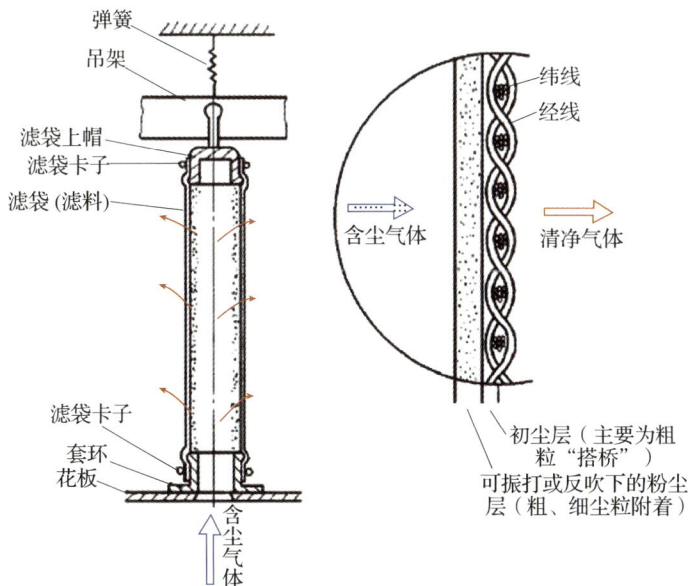

图 4 - 29　袋式除尘器除尘原理示意图

起支撑的骨架作用，真正起过滤作用的是尘粒形成的过滤层。随着粉尘在滤布上的积累，除尘效率不断增加，同时阻力也不渐增加。当阻力达到一定程度时，滤袋两侧的压力差会把有些微细粉尘从微细孔道中挤压过去，反而使除尘效率下降。另外，除尘器的阻力过高，也会使风机功耗增加，除尘系统气体处理量下降，因此当阻力达到一定值后，要及时进行清灰。值得注意的是，清灰时不可破坏初层，以免造成除尘效率下降。

2. 袋式除尘器的分类

目前国内外一般根据清灰方式的差异来区分袋式除尘器。根据清灰方式的不同，将袋式除尘器分为机械振动类、分室反吹类、喷嘴反吹类、振动反吹并用类、脉冲喷吹类等。

3. 常见袋式除尘器

（1）机械振动清灰袋式除尘器。机械振动清灰袋式除尘器是利用机械振打机构使滤袋产生振动，从而使滤袋中的灰尘落到灰斗中的一种除尘器。图4-30是常见的偏心轮振动清灰袋式除尘器示意图。滤袋下部固定在花板的凸出接口上，上部吊挂在框架上，清灰时马达带动偏心轮，使滤袋振动，从滤袋脱落下来的粉尘进入集尘斗中。该方法清灰效果好，耗电量小，适用于净化含尘浓度不高的废气。

（2）脉冲喷吹袋式除尘器。这类除尘器有多种结构形式，如中心喷吹、环隙喷吹、顺吹、对吹等，是目前我国生产量最大、使用最广的一种袋式除尘器。图4-31是脉冲喷吹袋式除尘器结构和原理示意图。由脉冲控制仪、控制

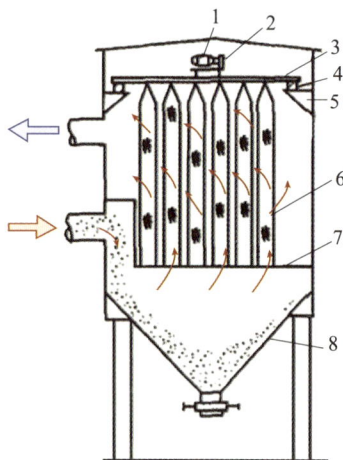

**图4-30　偏心轮振动清灰
袋式除尘器**

1—电机；2—偏心轮；3—振动架；
4—橡胶垫；5—支座；6—滤袋；
7—花板；8—灰斗。

阀、脉冲阀喷吹管和压缩空气包组成脉冲喷吹系统，其喷吹原理为含尘气体由下锥体引入脉冲喷吹袋式除尘器，粉尘阻留在滤袋外表面，通过滤袋的净化气体经文丘里管进入上箱体，从出气管排出。当滤袋表面的粉尘负荷增加到一定阻力时，由脉冲控制仪发出指令，按顺序触发各控制阀，开启脉冲阀，使气包内的压缩空气从喷吹管各喷孔中以接近声速的速度喷出一次空气流，通过引射器诱导二次气流一起喷入袋室，使得滤袋瞬间急剧膨胀和收缩，从而使附着在滤袋上的粉尘脱落。在清灰过程中每清灰一次，即为一个脉冲。脉冲周期是滤

袋完成一个清灰循环的时间，一般为 60s 左右。脉冲宽度就是喷吹一次所需要的时间，约 0.1~0.2s。这种除尘器的优点为：清灰过程无需中断滤袋工作、时间间隔短、过滤风速高，除尘效率通常在 99% 以上，但脉冲控制系统较为复杂，而且需要压缩空气，要求维护管理水平高。

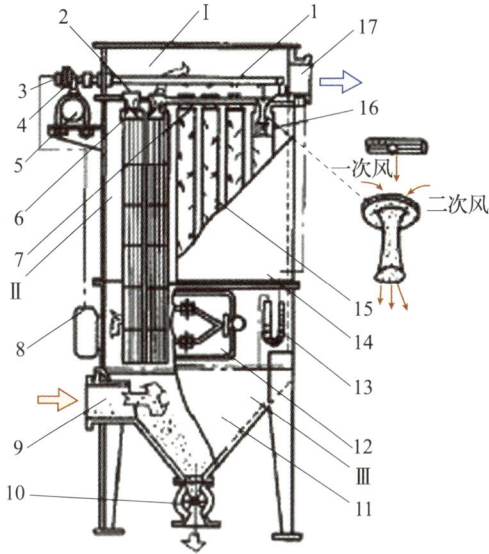

一次风
二次风

图 4 - 31 脉冲喷吹袋式除尘器

Ⅰ一上箱体；Ⅱ一中箱体；Ⅲ一下箱体。

1—喷吹管；2—喷吹孔；3—电磁阀；4—脉冲阀；5—压缩空气贮气包；

6—文丘里管；7—多孔板；8—脉冲控制仪；9—含尘空气进口；10—排灰装置；11—灰斗；

12—检查门；13—U 形压力计；14—外壳；15—滤袋；16—滤袋框架；17—净气出口。

脉冲喷吹袋式除尘器是采用脉冲喷吹型清灰系统的一种袋式除尘器，一般采用 901 工业涤纶绒布作滤袋材料。滤布越密实，气体净化程度就越高，但阻力也越大。该除尘器利用压缩空气的气流对着滤袋上端的文丘里管喷向滤袋，同时诱导 6~7 倍周围的空气一起进入滤袋反冲，使滤袋急速膨胀，形成自内向外的突然抖动，于是将滤袋外壁和部分吸附在滤袋内壁的粉尘抖落和吹扫出去。在清灰过程中，每次喷吹时间一般为 0.2~0.5s，每排滤袋轮流喷吹清灰，具有脉冲的特征，因而称为脉冲除尘器。

使用脉冲喷吹袋式除尘器清理梯恩梯粉尘时，由于梯恩梯药粉与滤袋、药粉与空气之间的摩擦、接触、分离等作用，在含尘气体通过滤袋时（尤其是压缩空气进行喷吹清灰的瞬间），会产生静电，使除尘器、滤袋和药粉分别带电。当静电电压达到一定程度，就会产生尖端放电，当静电火花能量超过火炸药粉尘的最小点火能量时，就有可能将它引燃或引爆。为此，技术人员对使用脉冲袋式除尘器清理梯恩梯粉尘的静电安全性进行了相关测试工作。测试结果及数年间的工业实践表明，采用脉冲袋式除尘器对含梯恩梯药粉的气体进行除尘，虽然有静电现象产生，但只要严格工艺纪律，加强安全管理，这种除尘器是可以安全使用的。

（3）联合清灰袋式除尘器。为提高清灰效果，可采用不同清灰方式联合清灰。图4-32是脉冲联合清灰袋式除尘器示意图。在正常过滤时，含尘气体经过气管进入，由分配管分配给各组滤袋，净气通过主阀门经排气总管排出。某室需要清灰时，关闭其上部主阀门，打开反吹风阀门，同时启动该室上部提升机构，在机械振打和反吹风的同时作用下实现清灰。

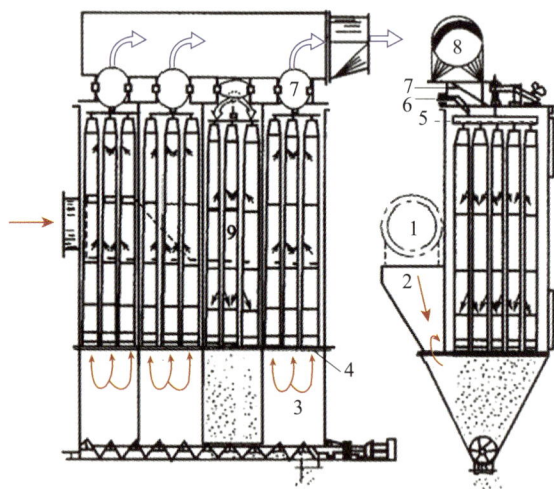

图4-32　联合清灰袋式除尘器

1—进气管；2—分配管；3—灰斗；4—花板；5—支撑架；6—反吹风阀门；
7—主风道阀门；8—排气管；9—滤袋。

4.6　废气处理工程实例

4.6.1　某含能材料分公司氮氧化物废气处理工程实例

1. 废气污染概况

在硝化工艺生产系统中的硝酸是过量的，这样会有一部分硝酸在温度比较高的硝化条件下分解产生氮氧化物。另外，一些氧化副产物也会导致氮氧化物的生成。某含能材料分公司氮氧化物工艺废气来源主要有以下几个方面：

（1）硝化机、成熟机排出的硝烟；

（2）氧化结晶机、冷却机排出的硝烟；

（3）废酸沉淀塔、酸性过滤器排出的硝烟。

该公司全年排放硝烟废气中氮氧化物浓度范围为 $3700\sim4200g/m^3$。氮氧化物主要包括一氧化氮、二氧化氮、另外还有一氧化二氮、三氧化二氮、四氧化二氮和少量五氧化二氮等，主要成分是一氧化氮和二氧化氮。硝烟吸收工艺主要是利用水作为吸收剂来吸收硝烟中的氮氧化物，以减少氮氧化物排放对环境所造成的影响。

2．废气处理工艺流程及简要说明

某含能材料分公司氮氧化物工艺废气工艺流程如图 4-33 所示。

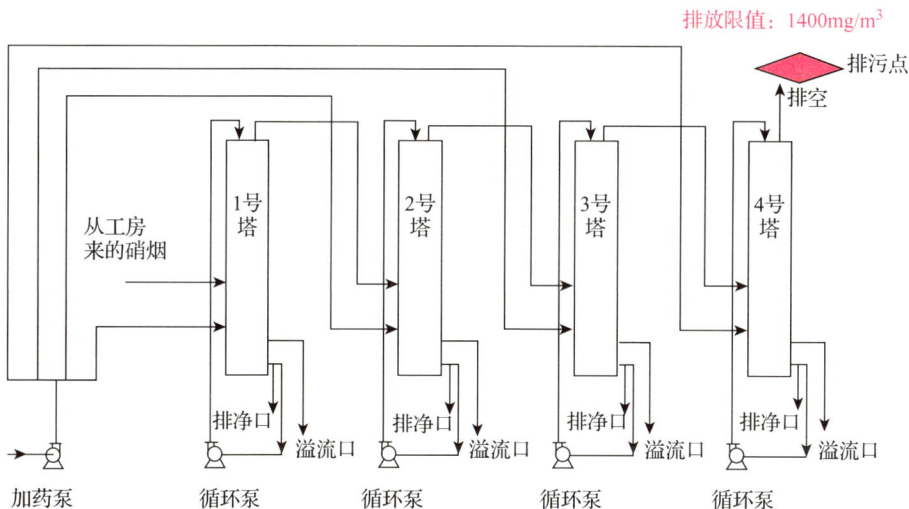

图 4-33　吸收工艺流程图

氮氧化物硝烟被引入吸收系统，依次经过 1 号～7 号吸收塔，吸收后的尾气经雾沫捕集器把气体带出的雾沫除去后，经风机将吸收后的一部分的硝烟经连通的管道送到 1～4 号吸收塔，最后经排气管排入大气。吸收用的脱盐水经调节阀补入最后一个塔，生成的硝酸溶液逐塔前移，与硝烟逆向接触。硝酸浓度从最后一塔到第一塔逐渐升高，当第一塔浓度达 45% 以上时，即由第一塔采酸。成品硝酸经比重测定后流入计量槽，再用泵送入贮槽备用。因为硝烟吸收时要放出大量的热，为了移走这些反应热，将各塔内的酸经冷却后，重新送入塔顶循环。尾气含氧不足时，可从第一塔气体入口管上的补氧阀抽入空气补充。硝烟吸收工组主要承担处理来自硝化氧化结晶工序产生的硝烟，将硝烟用脱盐水吸收成浓度为 45%～50% 的稀硝酸。

3. 主要构筑物及设备

氮氧化物废气处理主要构筑物及设备如图4-34所示。

氮氧化物废气产生工房

硝烟吸收塔

废气产生工房冷凝器

引风风机

图4-34　氮氧化物废气处理主要构筑物和设备

4. 工程特点、技术优势与存在问题

硝烟吸收采用水吸收工艺，内部采用拉西环散堆的方式，为气液两相间传热、传质提供了有效的相界面，吸收塔结构简单，流体通过填料层的压降较小，液体自塔顶经液体分布器洒于填料顶部，并在填料的表面呈膜状流下，气体从塔底的气体口进入，流过填料的空隙，在填料层中与液体逆流接触进行传质，因气液两相组成沿塔高连续变化，所以填料塔属连续接触式的气液传质设备。材料具有耐介质腐蚀、通道不堵塞的特点。在操作、开停车及其他非正常条件下均能保持必要的强度，经久耐用不变形，不污染或影响所加工产品的质量。而且具有容易装填、易于清洗、适应性强、加工方便的特点。然而如何保证填料表面的最大润湿性是实际使用过程中的关键技术难题。解决该问题的关键，

首先是床层的堆积密度要保持均匀，特别在塔壁区。其次要有优良的液体和气体的初始分布，由于散装填料床床层结构的随机性，导致流体力学的复杂性，易形成沟流等不良分布，常有效率急剧下降的危险。因此，有人对大直径塔中使用的散装填料仍持保留态度。采用波纹板式规整填料的设备内部构造，克服了散装填料的上述缺点，单位理论级压降最小，因此非常适合于要求能耗小并需要较多理论级的分离过程，尽管投资比散装填料高，但从总体经济效应来看，在许多情况下，应先选用规整填料。此外，使用水作为吸收剂，价值低廉，不必引入新的化学品，避免了新的化学品有可能造成二次污染。另外，吸收产物为稀硝酸，可回收利用，既回收了废气中的氮氧化物又减轻了污染，创造了价值。

然而，水吸收工艺的缺点是吸收效果不理想，硝烟吸收塔使用多年后，由于设备老旧，吸收效果减弱，不能满足环保 $1400mg/m^3$ 的排放指标要求。此外，由于企业生产任务十分饱满，硝化、结晶、酸性等工序的氮氧化物产生量比较大，2012 年硝烟吸收塔尾气氮氧化物含量超过 $5000mg/m^3$，造成空气污染，给人民群众的生产、生活造成危害。为了分解硝烟吸收塔尾气中的氮氧化物，企业补充安装了 4 台硝烟分解塔，采用双氧水循环运行分解硝烟，产生的盐类物质直排到废水中。由于双氧水循环分解硝烟系统运行成本非常高，而且产生了新的污染物，运行一段时间后停用。

2013 年，为了彻底解决硝烟吸收的问题，企业将新建的 4 台分解塔与原有的 7 台吸收塔串联，将吸收物质改变为脱盐水，观察吸收效果。经过取样分析，串联后第 11 台吸收塔的尾气中氮氧化物含量为 $3059.3mg/m^3$，比 7 台吸收塔的吸收效果明显增强。新增的 4 台用脱盐水吸收硝烟的吸收塔，并未产生任何新的废水废气，显著改善了硝烟的处理效果。

4.6.2　某公司硝化甘油制造过程产生硝烟尾气处理

1. 废气污染概况

某公司硝化甘油制造过程产生硝烟尾气废气主要来源于硝化甘油生产线的硝化、废酸安全处理等工序。其污染物主要为硝烟，氮氧化物。废气排放量 $\leqslant 500m^3/h$，废气中的主要污染物为一氧化氮、二氧化氮及其他氮氧化物。处理后尾气执行 GB 16297—1996《大气污染物综合排放标准》中表 2 要求，即氮氧化物排放浓度 $\leqslant 1400mg/m^3$，速率 $\leqslant 1.2kg/h$。

2. 废气处理工艺流程及简要说明

硝烟尾气处理工艺流程如图 4-35 所示。

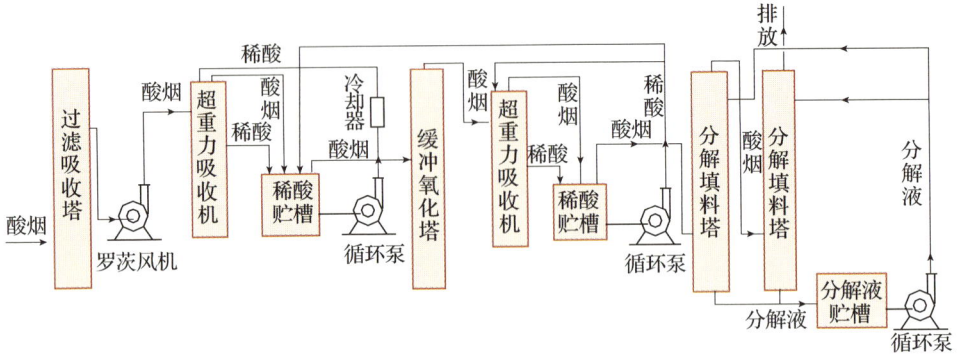

图 4-35 硝烟尾气处理工艺流程图

来自硝化过程和废酸安全处理产生的硝烟气体经过滤吸收塔吸收净化后，进入罗茨风机，增压后进入第一级超重力装置，经过第一个稀硝酸贮罐，进入缓冲氧化塔和第二级超重力装置，再经过第二个稀硝酸贮罐，最后进入分解填料塔，经过分解液洗涤后达标排放。

分解液在分解循环泵作用下，在分解液贮槽和分解填料塔间循环。在一、二级超重力装置和硝酸贮槽之间的吸收过程中，吸收液循环使用，其浓度不断增加，当其中硝酸浓度达到规定浓度后，用槽车运至废酸处理工房进行进一步浓缩处理回收。分解填料塔内所用分解液，根据消耗情况，定期补充。处理后烟气经排烟口排空，在排烟口处设置在线监测仪实时监控氮氧化物排放情况。该套工艺的废气处理能力为 $700m^3/h$。

3. 主要构筑物及设备

硝烟尾气处理工艺主要构筑物和设备如图 4-36 所示。

超重力吸收机   吸收塔

图 4-36 硝烟尾气处理主要构筑物和设备

4. 工艺控制条件、主要设备和材质

1）工艺控制条件

当稀硝酸贮罐中稀硝酸的浓度，达到 35%～40% 后（即 20℃时密度达到 1.22～1.25g/mL），进行回收处理。当 NO_x 排放浓度接近 $1000mg/m^3$ 时，适量地增加分解液浓度。

2）主要设备和材质（表 4-13）

表 4-13　主要设备和材质

序号	设备名称	数量	材质
1	罗茨鼓风机	1	—
2	分解液配料槽	1	不锈钢
3	缓冲氧化塔	1	不锈钢
4	分解填料塔	2	不锈钢
5	稀硝酸贮槽	2	不锈钢
6	分解液贮槽	1	不锈钢
7	超重力吸收机	2	不锈钢
8	板式换热器	1	不锈钢

5. 工程特点、技术优势与存在问题

本工艺在常压下采用超重力吸收技术、分解液塔吸收技术联合治理氮氧化物，以较低的运行成本，实现了废气达标排放，整个工艺过程绿色环保，无二次污染。此外，超重力吸收硝烟，强化了硝烟组分传质速率，提高了吸收效率，吸收效率达 90% 以上，减轻了后序分解塔的负荷，为最终实现达标排放奠定了基础。超重力吸收过程副产稀硝酸，企业可回收利用，实现了氮氧化物资源化治理。然而由于氮氧化物的吸收、分解过程较为复杂，在工艺范围内影响因素较多，目前还不能确定分解液组分和消耗量等参数与出口氮氧化物含量之间的直接关系。

参考文献

[1] 孙荣康，瞿美林，陆才正. 火炸药工业的污染及其防治［M］. 北京：兵器工业出版社，1990.

[2] 龚书椿，陈应新，韩玉莲，等. 环境化学［M］. 上海：华东师范大学出版

社，1991.

[3] 郭静，阮宜纶. 大气污染控制工程 ［M］. 北京：化学工业出版社，2001.

[4] 关坪. 环境保护管理与污染治理 ［M］. 北京：国防工业出版社，1995.

[5] BOOPATHY R，KULPA C F. Biotransformation of 2,4,6 -trinitrotoluene（TNT）
by a Methanococcus sp.（strain B）isolated from a lake sediment ［J］. Canadian
Journal of Microbiology，1994，40（4）：273 – 278.

[6] 肖忠良，胡双启，吴晓青，等. 火炸药的安全与环保技术 ［M］. 北京：北京理
工大学出版社，2006.

[7] 马广大. 大气污染控制工程 ［M］. 2 版. 北京：环境科学出版社，2004.

[8] 汪大翚，徐新华，赵伟荣. 化工环境保护概论 ［M］. 3 版. 北京：化学工业出
版社，2007.

[9] 解振华. 中国大百科全书 ［M］. 北京：中国大百科全书出版社，2002.

第 5 章
火炸药工业废酸处理方法

5.1 概述

20 世纪以来，世界上应用最为广泛的火炸药物质如梯恩梯（TNT）、地恩梯（DNT）、黑索今（RDX）、奥克托今（HMX）等主要是通过硝硫混酸或浓硝酸硝化相应的有机化合物得到的。在火炸药生产过程中所用到的酸，有的参加了反应，生成了最终产品，有的却并未参加反应，而只是受到不同程度的稀释或被某些物质污染而成为废酸。废酸与原料酸比较起来，其中的硝酸量减少，水量增加，而硫酸量稍有损失外，并无变化。此外，废酸中还含有少量的硝化产物、副产物及其他杂质等。

硝化产生的废酸量都较大，甚至比生产火炸药所消耗的酸量要大得多。例如生产 1t 梯恩梯，消耗硝酸 0.94～0.96t，而废酸量则是 3.8～4.2t；用直接法生产 1t 黑索今，消耗硝酸 1.4～1.42t，而废酸量达 15t 左右；生产 1t 硝化甘油，消耗硝酸 0.93～0.95t，而废酸量约为 1.6～3t。因此，废酸处理是火炸药生产中极其重要的一环，对废酸进行合适的处理是十分必要的。一般对于浓度不高的废酸，由于其回收系统造价高，成本大，可以采取稀释中和等方法加以处理后排放掉。但对于含酸量较高的废水（或废酸），要采用合适的方法进行回收利用，否则不但会污染环境，而且会导致资源的严重浪费。然而，目前我国火炸药等工业废酸回收技术相对薄弱，废酸的回收率很低。因此，有必要对火炸药行业的废酸采用合适的方法进行浓缩处理。

5.2 火炸药工业废酸的常用处理方法

各种火炸药废酸都溶解和带有一定量的硝化产物、中间产物和副产物。这些杂质的存在，增加了废酸在储存、输送和处理时的危险性，有时甚至使废酸处理无法进行。因此，硝化产生的废酸不能直接进行脱硝或浓缩，而应根据废酸中杂质的性质，先进行适当的处理，使硝化物及其他杂质在废酸中的含量降低到规定的工艺安全标准以下，然后再进行脱硝或浓缩。例如，梯恩梯废酸中含有的硝化物主要是硝基甲苯及某些硝化副产物，这些杂质本身虽然比较安定，但是含量过高时，不仅降低硝化得率，对废酸脱硝也是不利的。因为在脱硝过程中，废酸中的硝化物会析出而积聚在脱硝塔上部，甚至硝烟冷凝器内，一方面增加了脱硝时的危险性，另一方面会堵塞塔内的气体通道，降低塔的生产能力和脱硝效率，而且给脱硝塔的清理带来了麻烦。同时，废酸中的硝化物的含量增高还会增大脱硝后稀硫酸中硝化物的含量，这些硝化物进入鼓式浓缩器后，在高温及强烈气流的作用下，能生成很多细小的颗粒，它们能带走更多的酸雾，从而造成尾气中酸雾含量增高，使酸雾更难净化。此外，稀硫酸中硝化物含量过高也会堵塞硫酸浓缩系统的管道。

为了减少废酸中的硝化物含量，一是要控制废酸中硫酸浓度，二是使废酸在室温下（温度越低，沉淀效果越好）经过较长时间的沉淀，使尽可能多的硝化物分离出来。在梯恩梯硝化车间，一般都设置有梯恩梯废酸沉淀槽。图 5-1 所示为梯恩梯连续沉淀流程，前三槽是沉淀槽，后两个槽是计量槽（系轮流使用）。废酸连续沉淀时，自第一个沉淀槽下部进入，依次通过各串联的沉淀槽，自计量槽的下部抽出送往脱硝，而废酸中分离出来的甲苯油则浮在各沉淀槽（主要是前几个沉淀槽）的上部，并送往硝化车间重新使用。各沉淀槽底部积聚的沉淀物则定期加以清除。连续沉淀时，如果沉淀槽是碳钢衬铅的，在酸界面易腐蚀，但操作方便。间断沉淀是让废酸在单独的槽内静置充分的时间，分离出甲苯油后送往脱硝。间断沉淀时，操作比较麻烦，需要倒槽。无论是连续沉淀或是间断沉淀，废酸在沉淀槽中的停留时间均应在 8h 以上，经沉淀后的废酸，其中的硝化物总含量（包括溶解量）应小于 1%。

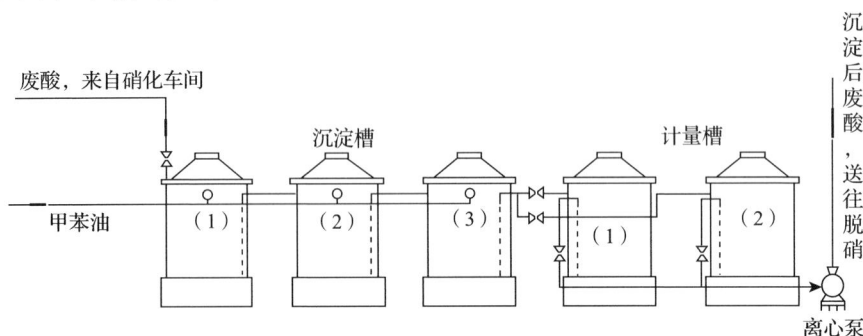

图 5-1　梯恩梯废酸连续沉淀流程图

5.2.1　废酸脱硝

1. 废酸脱硝的原理

将经过安定处理后的废酸蒸馏，以使废酸中的硝酸、氮氧化物以及易挥发性有机物与硫酸分开，并使亚硝基硫酸分解的过程，称为废酸脱硝。废酸必须经过脱硝后，才能进行稀硫酸浓缩等过程。因为如果将含有硝酸及氮氧化物的废酸直接浓缩，不仅不能回收硝酸，而且会强烈地腐蚀硫酸浓缩设备。废酸脱硝的结果，可以得到稀硫酸、稀硝酸或浓硝酸。

废酸的脱硝一般是采用蒸馏的方法进行的。氮氧化物与硫酸生成亚硝基硫酸的反应是可逆的，同时这个过程中伴随着水和热的生成，而亚硝基硫酸的分解则是吸热反应，并需要水的参加。因此，为了加快废酸中的亚硝基硫酸的分解，提高亚硝基硫酸的分解率，就必须具备两个主要条件，一是升高温度，二是有水参加。因此，采用水蒸气将废酸加热蒸馏，就能使亚硝基硫酸分解。温度越高，亚硝基硫酸的分解速度越大，分解率也越高。

2. 废酸脱硝的工艺流程

以梯恩梯废酸脱硝为例，将经过沉淀后的梯恩梯废酸，自沉淀槽流入计量槽，再用泵不断扬至高位槽，然后经流量计流入预热器，在一定的温度范围内预热后，从脱硝塔的顶部流入塔内进行脱硝。饱和蒸气或过热蒸气则从塔的底部加入。在塔的上半部，主要是进行亚硝基硫酸的分解，并将氮氧化物、硝酸及甲苯油蒸出。在塔的下半部，未分解的亚硝基硫酸继续分解。脱硝时可蒸发出氮氧化物、硝酸蒸气、水蒸气及甲苯油蒸气等，从塔顶抽出进入冷凝器，硝酸蒸气、水蒸气及甲苯油蒸气在此冷凝，此冷凝液进入甲苯油分离器，分离出甲苯油后得到稀硝酸，再根据其浓度送入相应的吸收塔作为循环酸。未冷凝的硝烟则被抽入吸收系统，加水吸收，生成 45%～55% 的稀硝酸，供梯恩梯生产时一段硝化使用。废酸中的硫酸自塔底流出，沿保温管线流至硫酸浓缩器浓缩。梯恩梯废酸脱硝的结果是得到稀硫酸及稀硝酸。在保证硫酸含硝合格的前提下，要求尽量提高稀硫酸的浓度。为了移走脱硝塔内的气体，防止这些气体在塔内造成过大的压力而从塔节间逸出，脱硝塔内必须保持一定的负压，这种负压常常是借助装置在吸收系统尾部的离心式风机形成的，主要工艺流程见图 5-2。

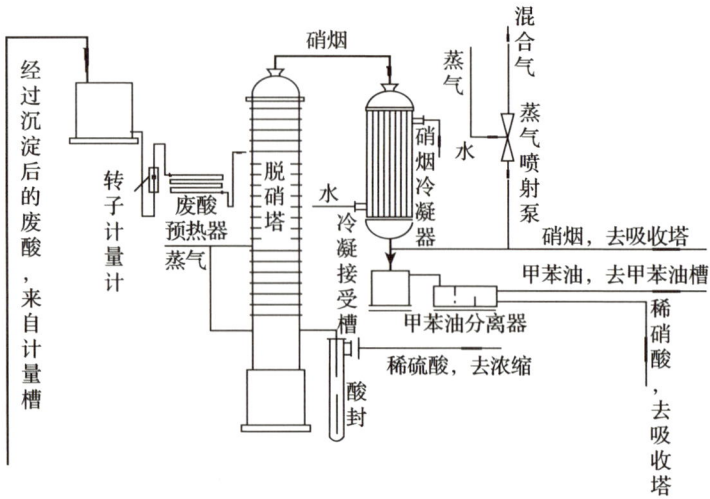

图 5 - 2　梯恩梯废酸脱硝流程图

3. 废酸脱硝的主要设备

废酸脱硝装置的核心为脱硝塔。目前采用的脱硝塔主要有三种类型：泡罩塔、填料塔及筛板塔。泡罩塔和筛板塔是板式塔，都有多层塔板所组成，塔板上设有气液接触装置，即泡罩或筛板。填料塔则以填料，如瓷环、玻璃环及波纹填料，作为气液接触装置。

1）泡罩塔

泡罩塔的历史是相当悠久的，是目前化工生产及废酸处理中被广泛采用的塔设备之一。用于硝化棉废酸及硝化甘油废酸脱硝的泡罩塔的结构如图5-3所示。泡罩塔内设有多层塔板，塔板上的主要部件有蒸气通道、泡罩及溢流管。蒸气通道是一段短管，在它的上部覆盖着钟形泡罩。泡罩的边缘为锯齿状，浸没于塔板上的液体中而形成液封。沿蒸气通道上升的蒸气经由泡罩边缘上所开的齿缝或小槽，分散成许多气泡而逸出，并穿过液层鼓泡达到液面，然后升入一层塔板，塔板上的液体则经溢流管逐板下流。蒸气与液体接触面积的大小，主要取决于蒸气穿过液层时鼓泡情况。

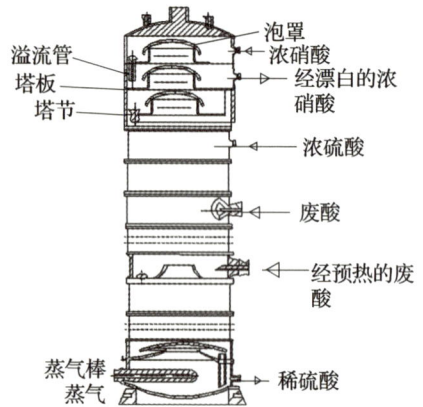

图 5 - 3　泡罩塔

用作硝化甘油及硝化棉废酸脱硝和稀硫酸浓缩的泡罩塔，一般是将浓缩用的浓硫酸从塔板第六节加入，废酸从第八节至第十一节加入。最上层三节为浓硝酸漂白段。第五节上的溢流管口与该节塔板相平，故该节塔板上设有酸液层，它的主要作用是捕集气液中夹带的硫酸雾沫，并将捕集的酸液导入下一塔板。第四节和预热废酸入口的上一节为空塔圈（无塔板）。第四节无塔板是为了增大塔的截面积，降低硝酸蒸气的上升速度，以便进一步捕集气体中的硫酸残沫。因为预热废酸入塔后会迅速蒸发而生成大量的蒸气，为了扩大塔的截面积，减少气体阻力，使气体很快上升，以便加大投料量，所以预热废酸入口的上一节也无塔板。塔的第三节设有溢流管，因为经过漂白的浓硝酸是从这一节引出的。用于梯恩梯废酸脱硝的泡罩塔，各节情况与上述稍有不同：通常是第一、二节是空塔圈，第三节是预热后的废酸入口，其他各节均为正常塔节。泡罩塔在安装时，各塔板的不水平度不允许超过 0.2%，整个塔的倾斜度不允许超过 0.1%。用于废酸脱硝的泡罩塔，都用硅铁制造。为了保护塔体及减少热损失，塔身宜包覆保温层。

泡罩一般为钟形。泡罩的齿缝要尽量狭窄，以便蒸气经齿缝喷出时，在液体中形成许多细小的气泡，这样能增加气液接触面积。但齿缝越窄，摩擦阻力就越大。齿缝应浸入液体一定的深度，才能使喷出的气泡有充分的时间与液体接触；但是浸没过深，也会增大阻力。齿缝的高度一般为 20～30mm。齿缝的高度增加，则容许的气体流量增大，塔的生产能力提高，但齿缝过高，则液封高度降低，塔板效率下降。液封一定时，齿缝高度低，气体阻力过大，也是不允许的。通常采取的齿缝高度依泡罩直径而定。小直径的塔，塔板上的泡罩只有一个；大直径的塔，塔板上的泡罩一般有好几个，它们通常采用错列法或等边三角形法排列。

泡罩底边与塔板间的距离一般可为 12～38mm，也可以为 0mm。蒸气通道上端高出泡罩齿缝上端的距离，一般为 12mm，不能太小，否则液体可能从蒸气通道下流。

溢流管的长度，约等于塔板间的距离。溢流管下部浸入液体的深度，由上下两个塔板的压力差及液体密度决定。通常，液封高度不应小于 12mm，以防止气流自溢流管直接上升至上一层塔板而不经过蒸气通道上升。溢流管的顶端露出塔板有一定高度，所以能使板上维持一定的液层。塔板上的液层高度主要根据溢流管露出塔板的高度来调节。各塔板溢流管的位置应相互错开，以避免液体短路。大直径的泡罩塔，往往有多个溢流管。

泡罩塔的塔径应使气体的空塔流速合适为宜，如塔径过小，则空塔流速过大，会产生雾沫夹带现象，甚至发生液泛，如塔径过大，则空塔流速过小，由泡罩齿缝出来的气泡离齿缝很近，只有小部分液体与气泡接触，气液接触面积缩小，塔板效率下降。在一定的范围内，塔板效率随空塔流速的增加而提高，但超出此范围时，空塔流速过大或过小，都会使塔板效率下降。实际上，塔的内径，一般都是先根据实验或经验公式选择合理的空塔流速，然后按液体流动连续性公式进行计算。

泡罩塔的塔板间距与气体流速、液体重度及气体重度等因素有关。如塔板间距过小，雾沫夹带严重，如塔板间距过大，塔高增加。合适的塔板间距，一般可根据实验确定或某些经验公式估算。

泡罩塔的优点为：当塔负荷在较大范围内波动时，仍可维持较高的塔板效率，就是说，操作条件可在一定范围内变动。此外，泡罩塔的操作安全可靠，拆除、检修较容易，同时由于蒸气通道和泡罩间的间隙较大，不易堵塔。泡罩塔的缺点为：塔板结构复杂，需用耐腐蚀材料制造，加工要求较高，造价较高昂。

2）填料塔

填料塔广泛用于废酸的浓缩，特别是硝化甘油废酸和梯恩梯废酸的脱硝及稀硝酸的浓缩。填料塔的上部一般没有漂白段，故用于直接得到浓硝酸的废酸脱硝和稀硝酸浓缩时，应另设一座漂白塔。如果要在填料塔的上部设置漂白段，则应在漂白段与脱硝段（或浓缩段）间安装一个泡罩。

3）筛板塔

筛板塔结构简单，制造容易，安装、维修、检查方便，重量轻，造价低，吸收效率比填料塔高。但筛板塔的阻力远较填料塔大，对风机的要求较高。另外，筛板塔的稳定操作区比较窄，筛孔易于堵塞，筛板的安装要求严格。

筛板塔由很多具有筛孔的塔板组成（图5-4）。操作时，气体自下而上通过板上均匀分布的小孔，分成细流穿过液层流向上一块塔板，液体则为小孔下的气体压力顶住，由溢流管流至下一块塔板。筛板塔的塔体可用板材卷筒焊接而成。筛板可分成溢流、筛孔以及液封等三个部分。溢流部分是一个弓形区，该区用溢流挡板与其他部分分开。弓形区内有几根溢流管将液体引入下层塔板。溢流挡板的高度决定了塔板上液层的高度。筛孔部分钻有许多均匀分布的小孔，液体在此与来自小孔的气体接触进行吸收。筛孔面积与筛板总面积之比为10%～18%，泡沫筛板可为25%～40%。筛孔面积太大则液体泄漏量大，气液接触时间短，筛孔面积太小则气体流过小孔时速率过高，阻力过大，且液体易于被气流夹带。筛孔一般为圆孔，因为圆孔易于加工，气体通过时的阻力也较小，常用的孔径为2～6mm。筛孔也可为斜孔或锥形孔。筛孔通常按三角形排列。当筛孔直径为2～6mm时，两孔中心距离通常取2.5～5倍孔径。液封部分是一个与溢流部分相对称的弓形区。液封挡板挡住由溢流管流下的液体，使之形成液封，液封挡板应高于溢流挡板。溢流与液封部分的面积应尽量缩小，以增大筛孔部分的面积。

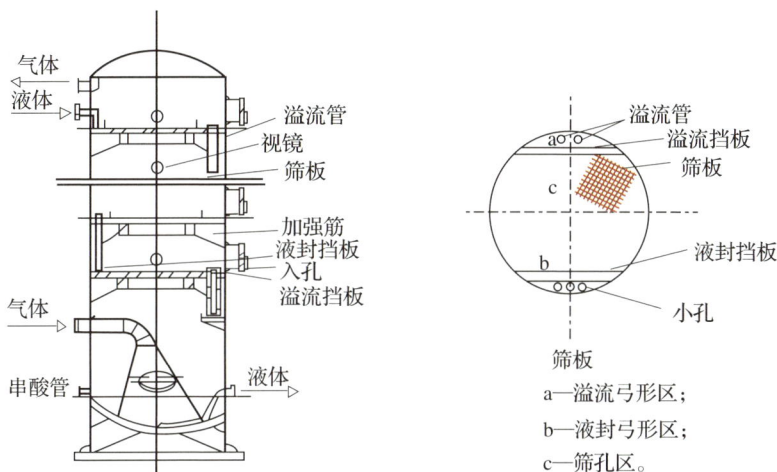

图 5-4　硬聚氯乙烯筛板塔

筛板塔在操作时，气液两相形成鼓泡层、泡沫层与雾沫层，如图 5-5 所示。鼓泡层紧靠塔板，在该层内，气体呈一个个气泡分散在液相中。鼓泡层的厚度随气体速度的增大而减薄，以致几乎消失。泡沫层在鼓泡层的上面。在该层内，通过液层的气流与液体充分混合形成半悬浮状态的泡沫，气液接触面积很大，且泡沫不断破灭，表面不断更新，故吸收效率很高。在泡沫层的上面为雾沫层。当气泡从泡沫层逸出而破坏表面膜时，总有液沫带出，因而形成含有一定量液体的雾沫层。正常操作时，这三层都是存在的，只是随着操作条件的不同，各层厚度有所变化而已。气体速度比较小时，气液接触以鼓泡层为主，其他两层很小，吸收进行较慢。气体速度增大到一定值时，基本上只有泡沫层，鼓泡层几乎消失。但气体流速过大，则大量液体被气体带出，发生液泛，操作无法进行，气体速度过小，则液体全部由筛孔泄漏。

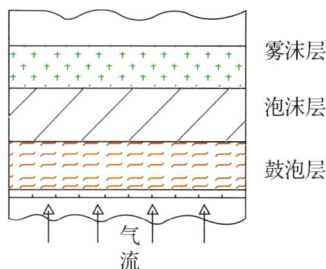

图 5-5　筛板上气液接触情况

5.2.2　硝酸浓缩

1. 硝酸浓缩原理

稀硝酸是有硝酸与水组成的二元混合物，它的沸点与组成的关系是这样的：在硝酸浓度较低时，沸点随浓度的增加而升高，但当硝酸浓度达到一定值时，沸点随浓度的增加而降低，这时这个沸点被称为最高恒沸点。在一个大气压下，硝酸的最高恒沸点是121.9℃，相应的硝酸质量分数为68.4％。硝酸的浓度与沸点的关系，以及气相与液相硝酸浓度分布分别见图5-6及图5-7。

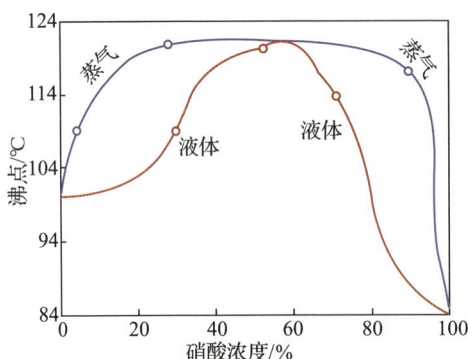

图5-6　硝酸的沸点与浓度的关系

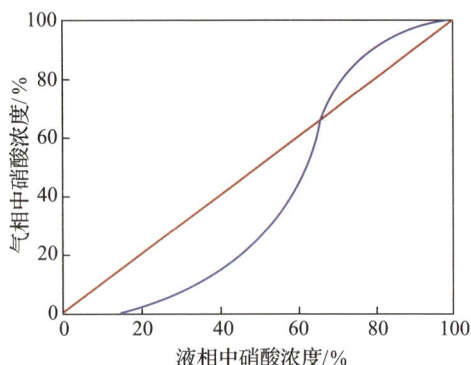

图5-7　硝酸的液相组成与沸腾液面上气相组成的关系

　　由图5-7可知，当液相中硝酸浓度低于68.4％时，气相中的硝酸浓度总是比液相中的小。随着蒸馏的不断进行，硝酸越来越浓，沸点越来越高，最后当浓度达到68.4％时，沸点也达到最高（121.9℃），这时蒸出的蒸气中的硝酸浓度与液相中的相等。当蒸馏浓度高于68.4％的硝酸时，蒸出的蒸气中硝酸的浓度比液相中的大，随着蒸馏的进行，硝酸越来越稀，沸点越来越高，因此采用直接蒸馏的方法制取98％以上的浓硝酸是不可行的。为了由稀硝酸制得浓硝酸，就必须降低硝酸蒸气中的水含量，也就是降低沸腾液面上的水蒸气压，可以通过投加吸水剂来实现。吸水剂的加入与硝酸、水组成了三元混合物，该三元混合物沸腾时，其液面上的水蒸气分压大大降低，而硝酸的蒸气分压则大大增加，因此可以得到98％以上的浓硝酸，这就是硝酸的浓缩机理。用来制备浓硝酸的吸水剂，一般应当具有以下几个条件：

　　（1）能大大降低三元混合物液面上的水蒸气分压；

　　（2）性质稳定、操作方便；

　　（3）来源广泛、价格便宜。

　　目前最常用的吸水剂是浓硫酸或者碱土金属硝酸盐的浓水溶液，工业上较为常见的是浓度为92.5％～98％的浓硫酸和浓度为72％～76％的硝酸镁水溶液。

　　由浓硫酸或硝酸镁作吸水剂，与稀硝酸水溶液构成的三元混合物的液相组成与沸腾气相组成的关系、液相组成与沸点的关系见图 5-8～图 5-11。这种组成三角图是一个等边三角形，每边分为 100 等份，三角形的右边是硝酸的百分数，左边是水的百分数，底边是硫酸或硝酸镁的百分数。三角形的三个顶点相当于三个物质的纯组分（即 100％的硝酸，100％的水和 100％的硫酸或者硝酸镁）。三角形边上的点表示任意双组分的混合物，三角形内的任意点表示一个三元混合物的组成。任意点的三个组分的浓度可以这样求得：在此点做三角形三边的平行线，平行线与三边交点所示的数值就是三组分的浓度，进一步可以求得吸水剂的理论用量，也就是硫酸（硝酸镁）与硝酸的配料比。

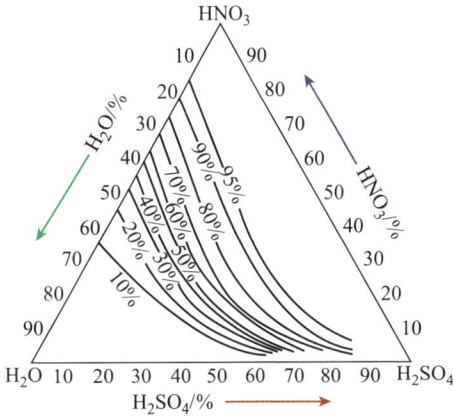

图 5-8　$HNO_3 - H_2O - H_2SO_4$ 三元混合物液相组成与沸腾液面上气相组成的关系

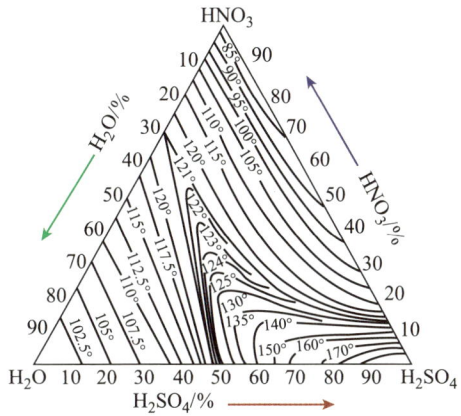

图 5-9　$HNO_3 - H_2O - H_2SO_4$ 三元混合物液相组成与沸点的关系

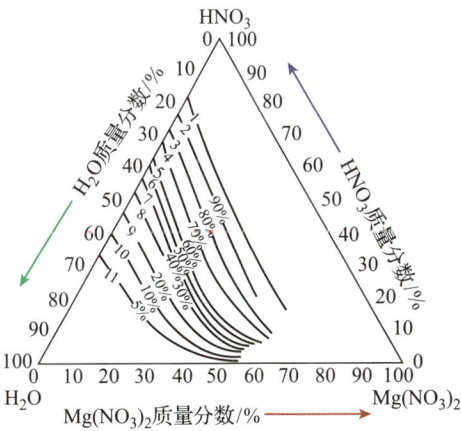

图 5-10　常压下 $HNO_3 - H_2O - Mg(NO_3)_2$ 三元混合物液相组成与蒸气中硝酸浓度的关系

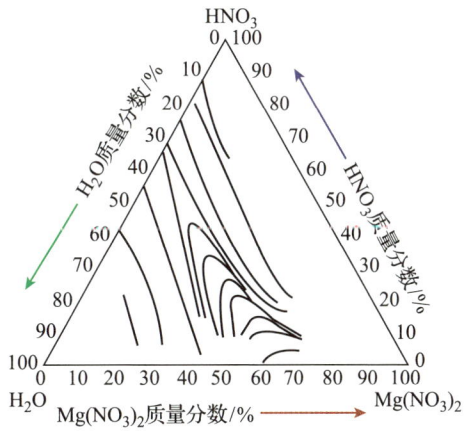

图 5-11　常压下 $HNO_3 - H_2O - Mg(NO_3)_2$ 三元混合物液相组成与沸点的关系

2. 硫酸法浓缩硝酸

1) 工艺流程

稀硝酸的浓缩过程是在浓缩塔内进行。常见的浓缩塔主要有泡罩塔和填料塔。采用泡罩塔时，硫酸法浓缩硝酸流程如图 5 - 12 所示。稀硝酸由贮槽用泵不断地打到高位槽，再通过流量计一部分直接加入浓缩塔的前半段，另一部分则通过预热器预热后加入浓缩塔的后半段。作为吸水剂的浓硫酸，从硫酸浓缩工房用泵连续地打到高位槽，再通过流量计加入浓缩塔的第六节。浓缩用的直接蒸气由浓缩塔的塔底送入。浓缩所产生的硝酸蒸气和少量氮氧化物由塔顶逸出，进入冷凝器，冷凝成的硝酸重新进入浓缩塔顶，在塔的第一、二、三节进行漂白，然后由第三节流出，再经过冷却器冷却并经计量槽计量后转入贮槽，再定时用离心泵送往酸库。在冷凝器中未冷凝的硝烟则进入吸收塔，用水吸收，生成的稀硝酸重新加入浓缩塔浓缩。脱硝后的稀硫酸由浓缩塔底流出，经酸封直接流至硫酸浓缩器进行浓缩。如果采用填料浓缩塔，浓硫酸和稀硝酸从塔顶混合加入，或者是一半的稀硝酸和浓硫酸从塔顶混合加入，其余的稀硝酸则经预热后从塔的中上部加入。硝酸蒸气由塔顶逸出后先进入一个单独的填料漂白塔，以吹除由冷凝器来的硝酸中的氟化物，它的整体流程与泡罩浓缩塔基本上是一致的。

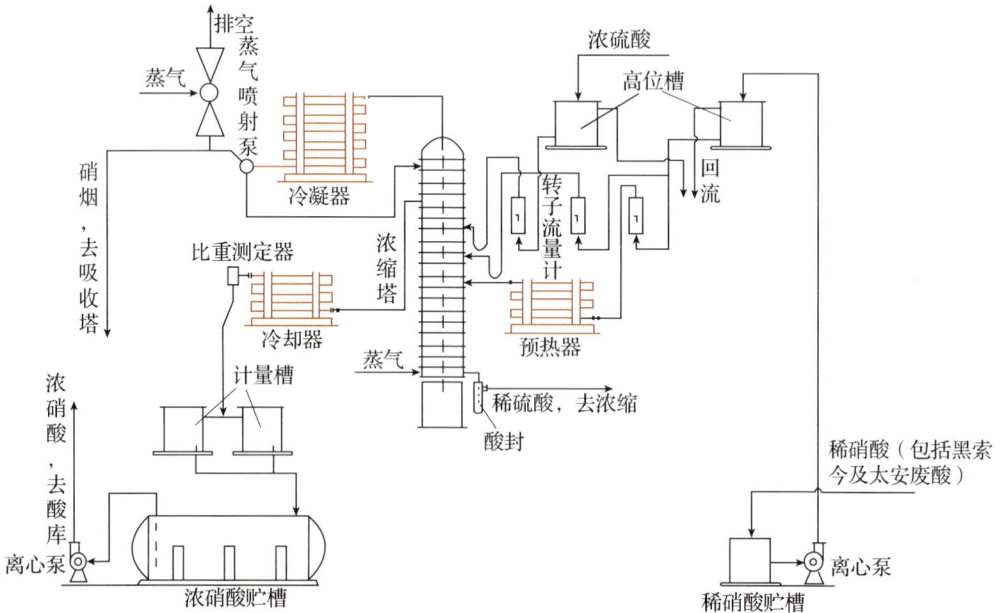

图 5 - 12　硫酸法浓缩硝酸流程图（泡罩塔）

2）主要设备

硫酸法浓缩稀硝酸的主要设备与废酸脱硝采用的设备基本相同，故这里不再详细介绍，仅对硫酸法浓缩稀硝酸的特有设备硝酸冷凝器及硝酸冷却器进行详细介绍。常用的硝酸冷却器有喷淋冷却器、列管冷却器、套管冷却器及螺旋板冷却器等。

喷淋冷却器主要是采用硅铁管或不锈钢及弯头组成平板蛇管并固定在钢架上构成的。在最上面的管子上，装有喷淋冷却水的喷淋槽。在蛇管的下面，有钢槽或水泥槽，以收集与排除冷却废水，被冷却的流体则在管内由上而下流出。喷淋冷却器的结构见图 5-13。

列管冷却器是将若干不锈钢管以胀管或胀焊的办法紧密地固定在两块花板上，再将花板焊在炭钢外壳的两端，然后在两端加盖而构成。硝酸在不锈钢管内流动，冷却水在管间流动。有时为了加大管内流体速度，在硝酸进口室中装置挡板，将管束分成两部分或几部分，这样就成为双程或多程列管冷却器。列管冷却器的结构见图 5-14。

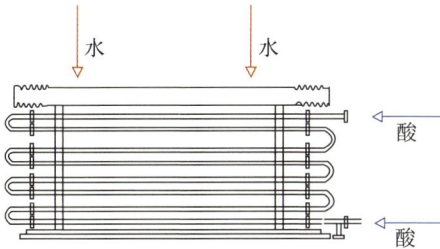

图 5-13　喷淋冷却器

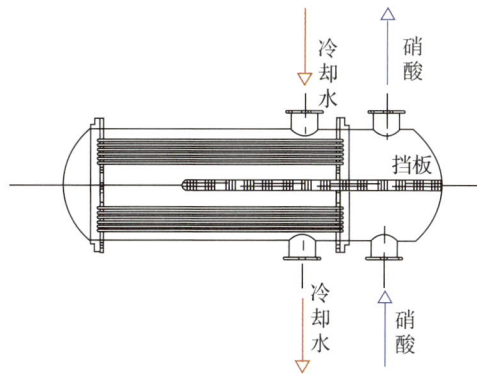

图 5-14　双程列管冷却器

套管冷却器是由若干根同心管子及弯头组成的，内管为硅铁管或不锈钢管，外管为碳钢管。硝酸在内管内流动，冷却水则在内、外管间流动。内管与外管的连结可以是不可拆卸的，也可以是拆卸的。采用不可拆卸的连结时，结构简单，材料耗量少，但管间无法清洗。套管冷却器的内管外壁上还可带纵向翅片。套管冷却器及密封填料函的结构见图 5-15 及图 5-16。

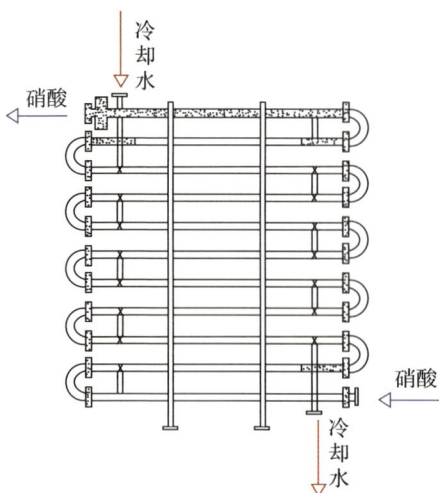

图 5-15　套管冷却器　　　　图 5-16　套管冷却器的密封填料函

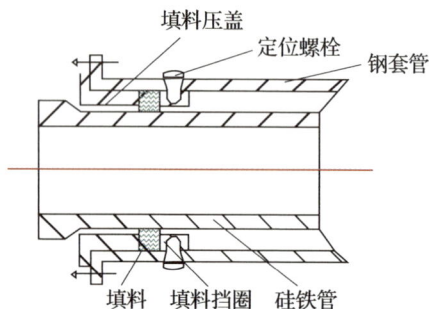

螺旋板冷却器的主要部分是两块弯成螺旋状的不锈钢板，两块板中间又有一块挡板，把两种液体隔开。硝酸与冷却水分别在不锈钢的两边槽内流动，两端则用特殊的盖子封住。螺旋板冷却器的结构见图 5-17。

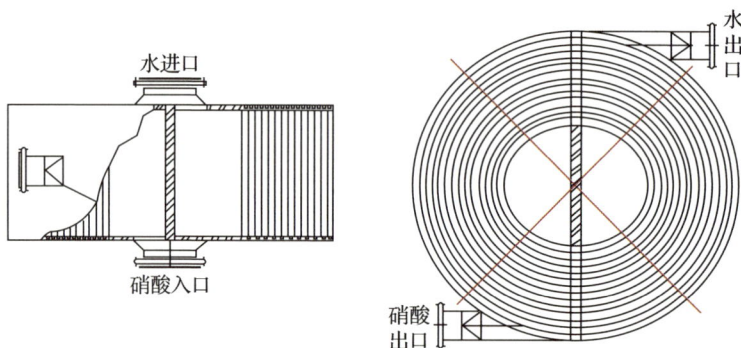

图 5-17　螺旋板冷却器

3. 硝酸镁法浓缩硝酸

1）工艺流程

用硝酸镁将稀硝酸浓缩的操作常在填料浓缩塔中进行，此法的物料流向见图 5-18。稀硝酸及浓硝酸镁自提馏塔顶加入，由精馏塔抽出的硝酸蒸气通过冷凝器冷凝，一部分作为回流酸重新流入塔内，一部分经漂白后成为成品酸。起吸水作用的硝酸镁，自提馏塔底流至加热器经脱硝后，再在蒸发器中提浓重新使用。

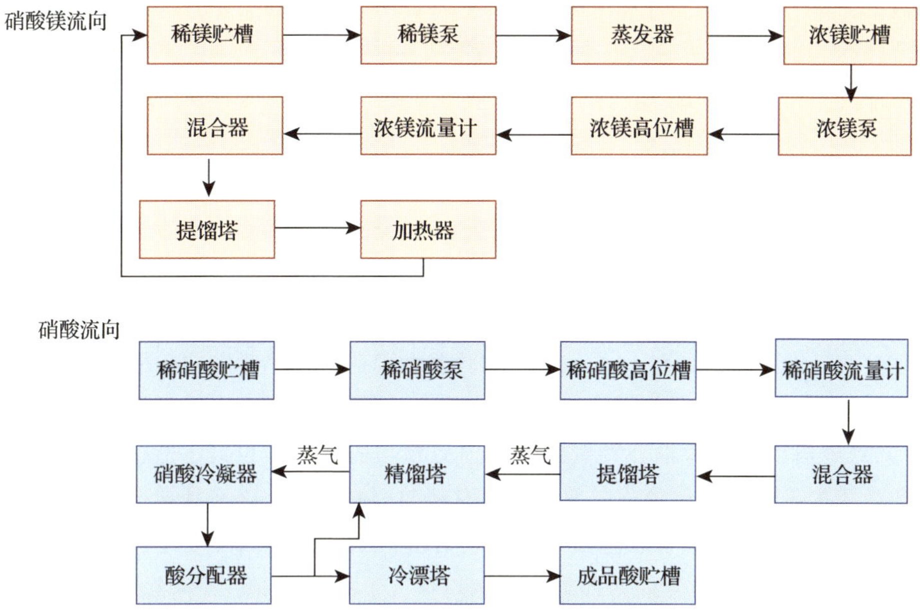

硝酸镁流向

```
稀镁贮槽 → 稀镁泵 → 蒸发器 → 浓镁贮槽
                                      ↓
混合器 ← 浓镁流量计 ← 浓镁高位槽 ← 浓镁泵
  ↓
提馏塔 → 加热器
```

硝酸流向

```
稀硝酸贮槽 → 稀硝酸泵 → 稀硝酸高位槽 → 稀硝酸流量计
                                            ↓
硝酸冷凝器 ←蒸气─ 精馏塔 ←蒸气─ 提馏塔 ← 混合器
    ↓                ↑
酸分配器 ─────→ 冷漂塔 → 成品酸贮槽
```

图 5-18 硝酸镁法浓缩硝酸物料流向图

硝酸镁法浓缩硝酸的工艺流程见图 5-19。稀硝酸由贮槽经泵送入高位槽，再经流量计计量后流入混合器。与此同时，72%～76%的浓镁由贮槽经泵打入高位槽，再经流量计计量后也流入混合器，二者经混合后即自流入提馏塔顶部。同时，精馏塔底部流出的高于 68.4%（一般为 70%～75%）的硝酸也流入提馏塔。硝酸-水-硝酸镁三元混合物，在提馏塔内与来自加热器的过热蒸气进行热交换，依靠硝酸镁的吸水作用，自提馏塔顶逸出浓度为 80%～90%的硝酸蒸气，此硝酸蒸气进入精馏塔，与自塔顶流入的回流酸进行传质、传热，进一步浓缩。自精馏塔顶出来的高于 98%的硝酸蒸气引入冷凝器中冷凝，冷凝形成的浓硝酸流入酸分配器，其中约 68%重新加入精馏塔做为回流酸，约 31%流入漂白塔，抽入空气进行漂白后即作为成品酸，送往硝化工房使用。为了使成品酸中的氮氧化物含量不致过高，成品酸在进入漂白塔前，可先用蒸气间接加热至 65～75℃。由提馏塔底流出的硝酸镁进入到加热器，以间接蒸气进行脱硝和预浓缩。加热器中的硝酸镁，溢流入稀镁贮槽，在此将其用泵打入蒸发器，进行真空蒸浓。蒸发后的硝酸镁自行流入浓镁贮槽再进行循环使用。由蒸发器蒸出的水蒸气，经气液分离后进入大气冷凝器中直接水冷凝或用间接冷凝器冷凝，不凝性气体则经水喷射泵排出。蒸发器的真空度即由此水喷射泵及大气冷凝器来维持。

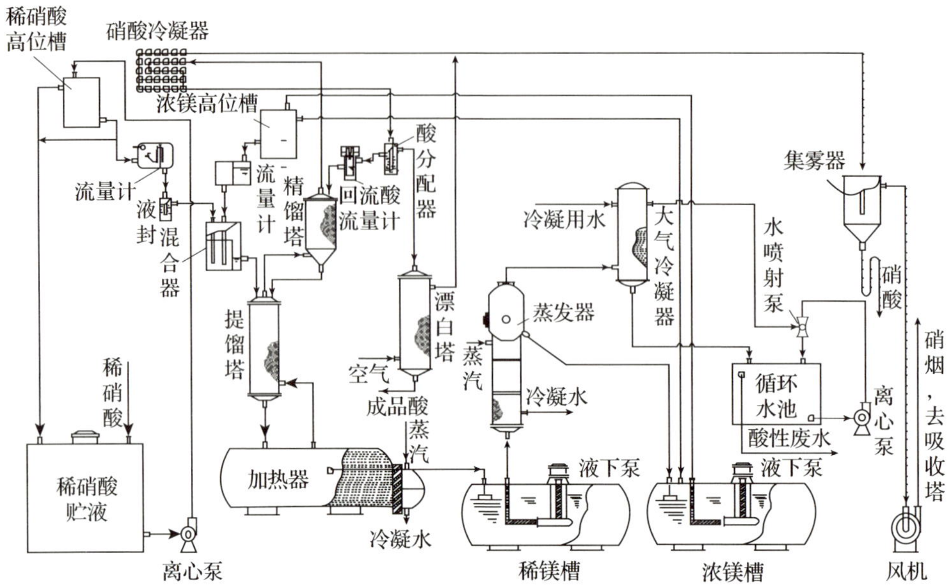

图 5-19　硝酸镁法浓缩硝酸流程图

如果空气湿度大，采用冷漂时成品酸会被空气中的水分所稀释，此时可采用热漂，即利用精馏塔顶出来的热硝酸蒸气，将成品酸中的氮氧化物吹走，然后将成品酸冷却，送往硝化车间。采用热漂时，漂白塔可以与精馏塔合起来，也可以分开。合起来时，精馏塔的上段即漂白塔，热漂部分的流程见图 5-20。

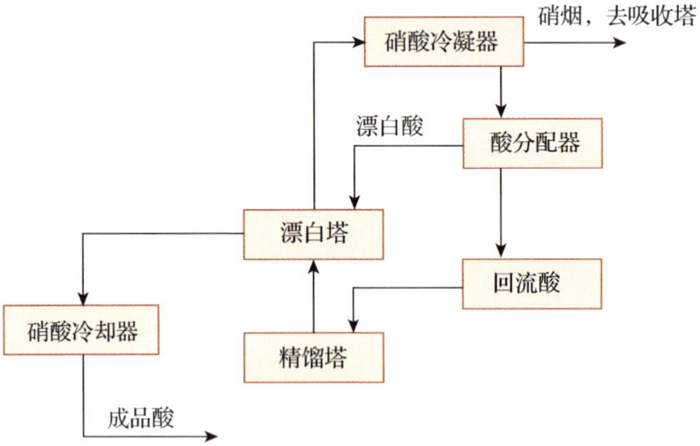

图 5-20　热漂部分流程图

2）主要设备

（1）浓缩塔。浓缩塔一般分为两个塔，一个是提馏塔，一个是精馏塔。也可采用一个塔，塔的下段作为提馏塔，上段作为精馏塔。图 5-21 及图 5-22

是填料提馏塔及精馏塔结构图。

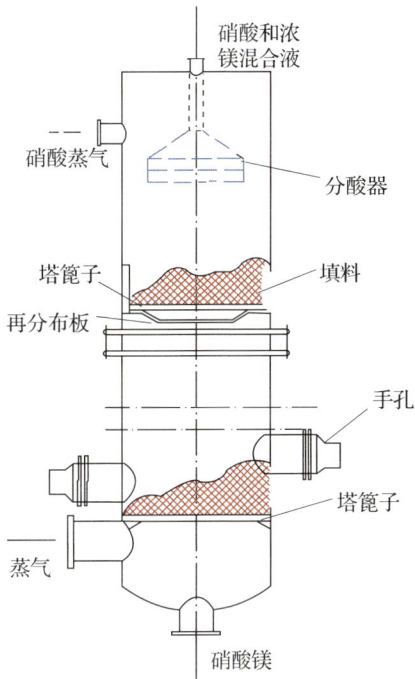

图 5-21　提馏塔

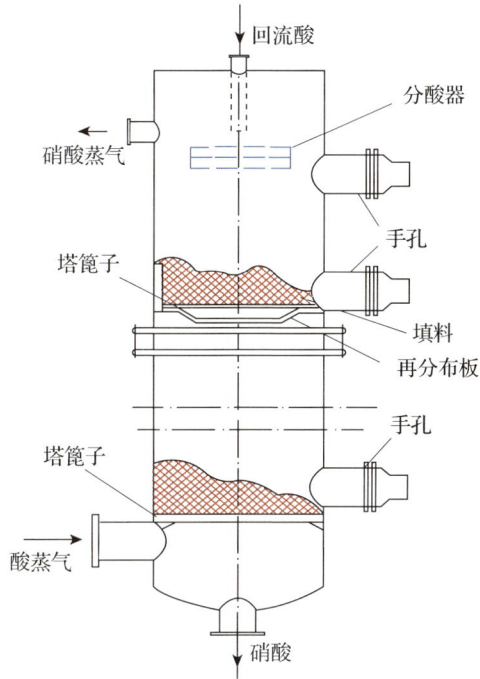

图 5-22　精馏塔

目前采用的浓缩塔多是填料塔。提馏塔总高 9.3～9.7m，内中全部填充 25mm×25mm×3mm 的钾玻璃环，填料总高度约 7m。提馏塔顶有出气管及进液管，塔底有进气管和排液管。塔上部有分酸器，液体进入分酸器后再均匀分布于塔内。塔中部一般有再分布板，能使壁流液体重新分布。通常采用的再分布板为锥形分布板，其构造如图 5-21 所示。塔下部有栅条形成塔篦子，用以支撑填料。

分酸器的设计和安装是应当特别注意的，如果设计不合理（主要是分酸器的形式、直径、孔眼分布情况）或者安装不平，势必造成塔内气液分布不均和接触不良，使硝酸镁在塔内脱硝不好。若塔底硝酸镁在塔内脱硝不好，塔底硝酸镁含硝过高，会造成塔顶温度及压力的波动。有时由于分酸器的问题，甚至在设备开车一段时间后，塔内有一部分填料还是干的，根本没有被液体润湿，致使塔内气体短路，起不到传质和传热的作用。

精馏塔总高 5.5～6m，填料总高 3.5～4m，其中 15mm×15mm×2mm 的玻璃环装填约 1～1.5m，其余为 25mm×25mm×3mm 的玻璃环。如果采用热漂，且漂白塔与精馏塔合在一起的话，精馏塔的构造与提馏塔是一样的，只不过因精馏塔的填料高度较短，一般在塔的中部，可以不放置液体再分布板。另外，因流入精馏塔的液体，比提馏塔少得多，所以用于精馏塔的分酸器，其上孔面积和分布情况与提馏塔的有所不同，有时形式也不一样。

（2）加热器。硝酸镁加热器是列管式的，硝酸镁溶液走管外，加热蒸气走管内。加热器的硝酸镁溶液进口管及出口管应尽可能远离，以免硝酸镁溶液在加热器内短路而导致脱硝效果不佳。加热器的蒸气宜大一些，以利于脱硝。加热器的材料一般是不锈钢，它的结构见图 5-23。

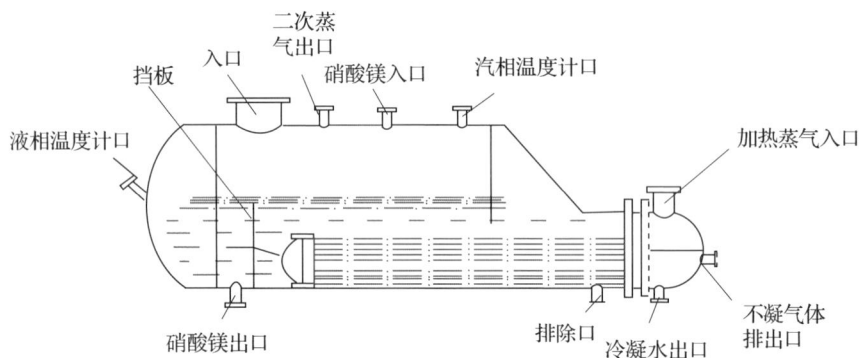

图 5-23 加热器

（3）蒸发器。蒸发器一般采用膜式蒸发器，也可采用标准式的蒸发器。膜式蒸发器的构造见图 5-24，它的下部是蒸发室，由约 200 根长 5～6m 的不锈钢管组成，管内走硝酸镁溶液，管外走加热蒸气。蒸发器的上部是气液分离室，其中有气液分离器，并填有约 0.3 米高的填料。稀硝酸镁溶液由蒸发器的底部进入列管并迅速沸腾，大量的蒸气与溶液形成泡沫混合物，且在管壁处形成薄膜。此混合物在管内以约 20m/s 的速度呈膜状高速流动，并迅速上升，其冲出管口时的速度可高达 100～200m/s。硝酸镁溶液由蒸发室出来后，即已提浓，不必再进行循环，即可由蒸发室上方流出。蒸发出的二次蒸气则经气液分离后由蒸发器顶部排出。膜式蒸发器的优点是给热系数大，加热蒸气与溶液的平均温差大，生产强度高，不易生成锅垢，同时由于加热列管内液体的高度只有管高的 1/5～1/4，且管内充满了二次蒸气泡沫，故几乎没有液体静压的影响。膜式蒸发器的缺点是清洗和更换管子的时候很不方便。一般膜式蒸发器适于蒸发黏稠和易生泡沫的溶液。

（4）漂白塔。漂白塔一般是一个铝质的填料塔，总高度为 5m 左右，填料高度可为 3.5m 左右，内填 25mm×25mm×3mm 及 15mm×15mm×2mm 的玻璃环。浓硝酸自塔顶流入，自塔底流出。可以采用负压漂白或正压漂白，但大多采用负压漂白。采用负压漂白时，可用风机或水喷射泵自塔顶抽气，空气自塔底吸入；采用正压漂白时，可用风机将空气自塔底鼓入，而自塔顶排出，此时宜在空气入口处安装较高的液封，以防止硝酸倒流进入风机中。漂白（冷漂）塔的结构见图 5 – 25。

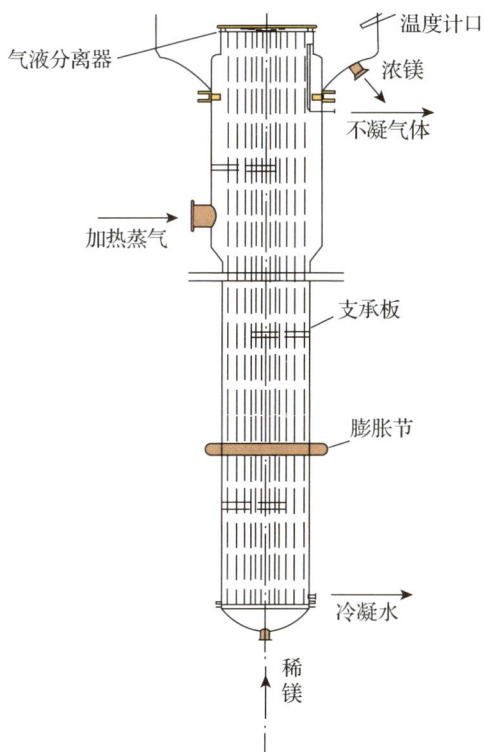

图 5 – 24　膜式蒸发器

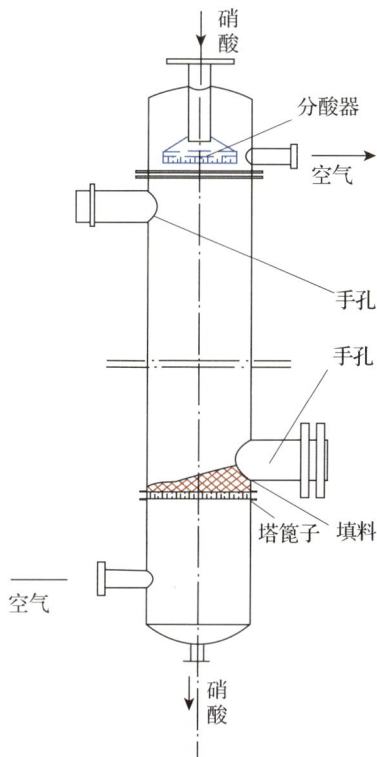

图 5 – 25　漂白（冷漂）塔

热漂塔与精馏塔的结构和直径都是一样的，不过短得多。如果精馏塔与热漂塔合并在一起，为了防止漂白酸流入精馏段，防止精馏段的蒸气进入漂白段，在精馏段与漂白段间应加一泡盖，如图 5 – 26 所示。

（5）液封。当液体自一个设备流入另一个设备，而这两个设备有压力差时，为了保证各设备的压力不致相互影响和波动，在此两设备间必须设置液封。硝酸镁法浓缩稀硝酸时，浓缩系统是负压操作，所以有些地方需要采用液封。例如，回流酸由酸分配器进入精馏塔时，酸分配器与精馏塔的操作压力是不一样的，因而在两者之间用了液封。工厂通常采用 U 形管液封（图 5 – 27 和图 5 – 28）和插入式液封

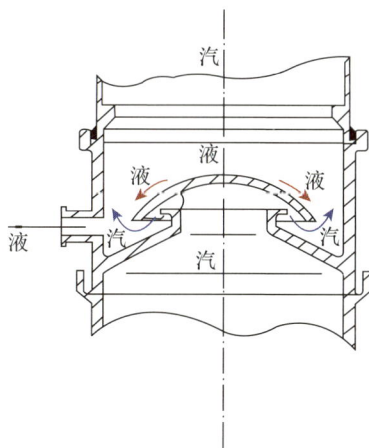

图 5 – 26　精馏塔-热漂塔
合并结构图

（图 5 - 29）。液封所需的高度 H（m），由两设备的压力差 ΔP（kg/m²）及液体的密度 γ（kg/m³）决定，可由下式计算：

$$H = \Delta P / \gamma$$

实际采用的液封高度应比上式的计算值大。当液体的流向不同时（由较高压力的设备流向较低压力的设备或由较低压力的设备流向较高压力的设备），液封的应用有所不同。前一种情况使用的液封，习惯称为正压液封；后一种情况使用的液封，习惯称为负压液封。采用 U 形管液封时，如要使设备 A（压力较高设备）中不存液体，负压液封应如图 5 - 27 安装，且 h_1 应大于上式的计算值 H。正压液封采用图 5 - 28 的三种安装形式即可，采用（a）式安装时，应使 $h_2 >$ H；采用（b）式时，应使 $h_3 > H$，而使 $h_4 < H$；采用（c）式安装时，应使 $h_5 >$ H。采用插入式液封时，如欲使设备 A 的出料管以上不存液体，则当 A 中的压力较大时，应使图 5 - 29 中的 $h_6 > H$；当 A 中的压力较低时，应使 $h_7 > H$。

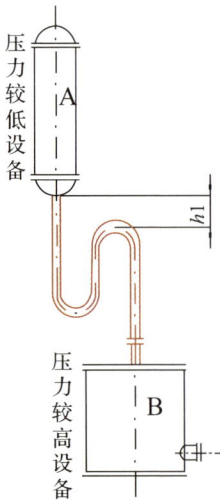

图 5 - 27　负压 U 形封的安装图　　**图 5 - 28　正压 U 形液封的安装图**

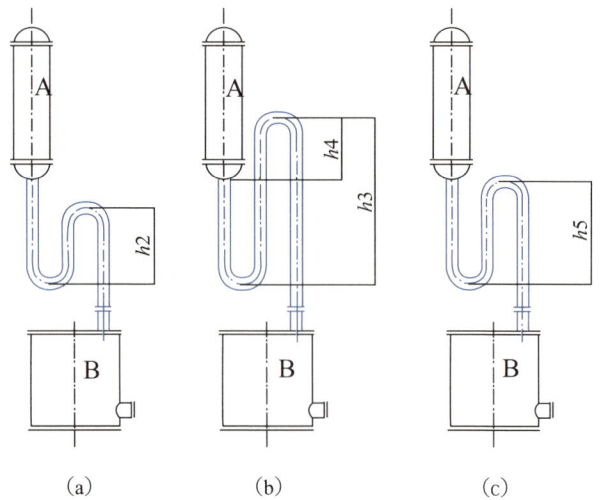

A—压力较高设备；B—压力较低设备。

（6）混合器。混合器的作用是使浓硝酸镁溶液与稀硝酸在此均匀混合，以便进入提馏塔的硝酸与浓硝酸镁溶液能充分接触，同时可降低硝酸镁溶液的黏度，减小壁流。此外，浓硝酸镁溶液对稀硝酸的吸水作用，也有很大一部分在混合器内进行。混合器中的稀硝酸与浓硝酸镁溶液的混合液，温度很高，腐蚀性很大，

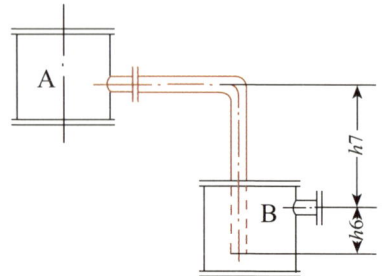

图 5 - 29　插入式液封的安装图

故混合器要采用合适的材料。曾用来制造混合器的材料主要有不锈钢、硅铁、搪瓷及耐酸混凝土等。图 5 - 30 所示的几种混合器，都能满足工艺要求。

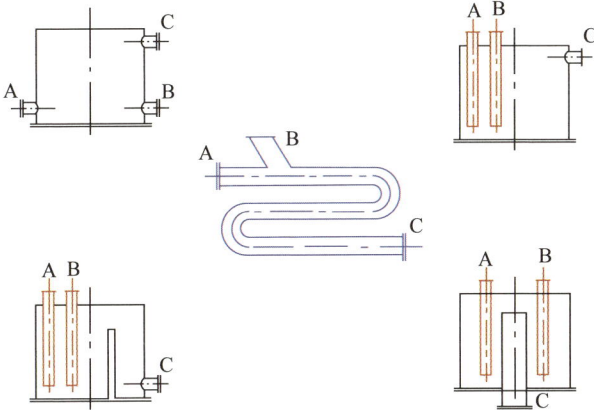

图 5 - 30   几种混合器的形式

A—浓镁入口；B—稀硝酸入口；C—混合液出口。

（7）大气冷凝器。大气冷凝器的作用是使蒸发器蒸出的二次蒸气，在此用冷却水将其直接冷凝后排出，以使蒸发正常进行，并维持蒸发器的真空度。根据水与二次蒸气的流向，大气冷凝器可分为逆流及并流两种。图 5 - 31 所示的是逆流式大气冷凝器，它的材料是不锈钢。根据经验，如能将大气冷凝器的位置提高至 20m 以上，且下水管径略大，使之既能下水，又可夹带气泡，此时如蒸发系统密封良好，即使不开动真空泵，也能维持蒸发器的真空度。蒸发器的二次蒸气冷凝器，也可以是间接冷凝器，此时不产生酸性废水。

（8）喷射泵。喷射泵用来造成生产系统的负压或真空度，由喷嘴、混合室及扩大管等部分构成。喷射泵的工作原理为：工作流体在高压下经过喷嘴以高速度喷出时，混合室内产生低压，被吸流体则被吸入混合室，并与工作流体混合，一同进入扩大管。在经过扩大管时，流体的压力又逐渐上升，并排出管外，而被吸收系统则造成负压或真空。根据工作流体的种类，喷射泵可分为水喷射泵、蒸气喷射及空气喷射泵。根据所能造成的真空度的大小，可分为负压喷射泵及真空喷射泵。负压喷射泵一般只能产生 1m 水柱左右的真空度，而真空喷射泵则能产生高达 700mm 汞柱

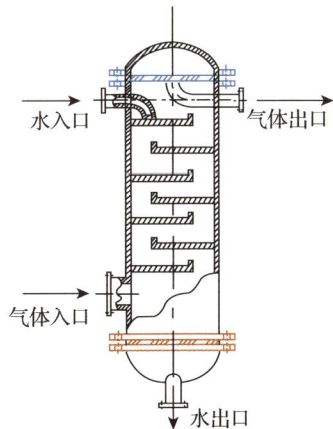

图 5 - 31   逆流式大气冷凝器

以上的真空度。

（9）液下泵。采用液下泵输送硝酸镁溶液，具有以下优点：管线简单，阀门少，启动方便；如果镁泵直接装于镁槽上，且管线有足够的坡度，则停车时，管线中的剩余硝酸镁可全部卸入镁槽中，管线可不必冲洗，这样停车时就省事的多；液下泵体系装于液体中，不会渗漏，相对安全；不占场地，节约空间；制造比较容易，具有一般机械加工能力的工厂均可制造。它的缺点是检修比较困难，泵体发生故障时，需将它从镁槽中吊起，才能检修。输送稀硝酸及浓硝酸，也可以使用液下泵。图 5-32 是液下泵的结构简图。

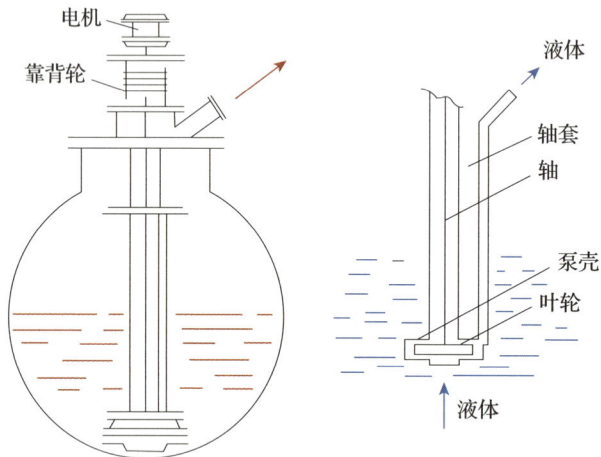

图 5-32　液下泵结构简图

5.2.3　硫酸浓缩

1. 硫酸浓缩原理

硫酸有含水硫酸、无水硫酸及发烟硫酸三种。稀硫酸是含水硫酸，属于双组分溶液或二元溶液。稀硫酸浓缩就是把其中的水分除去而使之变成浓硫酸。稀硫酸之所以能够提浓，是因为其中的两个组分（硫酸和水）在相同的温度下，具有不同的蒸气压，而且二者的蒸气压均随温度的升高而增加。因此，通过加热稀硫酸，即可实现硫酸与水的分离，这一过程与稀硝酸的浓缩是很不一样的。如图 5-33 所示，70% 浓度的稀硫酸在 160℃ 可沸腾，沸腾液面上的气相不含硫酸，蒸发出来的全部是水分；若继续加热硫酸，其浓度将会继续提高，当液相硫酸浓度达 80% 时，气相中就含有少量的硫酸；当液相硫酸浓度达到 90% 时，气相中的硫酸浓度随液相中的硫酸浓度升高，可达 50% 左右；当液相硫酸浓度为 98.3% 时，气相中硫酸浓度等于液相中的硫酸浓度，此时若继续煮沸硫酸，它的浓度将不再变化，此时的沸点为 336.6℃，称为恒沸点。因此通过加热蒸馏，最多只能得到 98.3％的硫酸。根据加热方式的不同，硫酸浓缩可以分为直接加热法与间接加热法两种。直接加热法是被浓缩的硫酸与热气流或热电极直接接触，间接加热法则是通过设备壁传热而将硫酸加热。鼓式浓缩、塔式浓缩、电热法浓缩及过热蒸气浓缩都是直接加热的浓缩方法，锅式浓缩、真空浓缩则是间接加热的浓缩方法。考虑到工艺的实用性和普及性，下面对鼓式浓缩、锅式浓缩及真空浓缩三个技术作重点介绍。

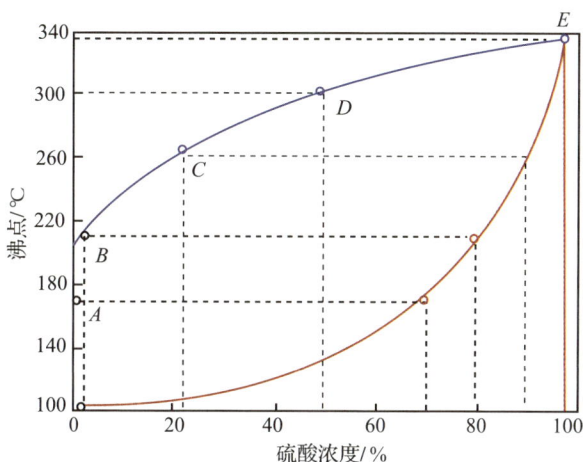

图 5-33　液相中硫酸浓度与沸点及气相中硫酸浓度的关系

2. 鼓式浓缩法浓缩硫酸

为了把浓度为 65％～70％的各种硝化废酸浓缩至 93％以上，以供生产系统循环使用，19 世纪 20 年代初开发了鼓式浓缩装置。鼓式浓缩是一种使用高温燃烧气体与酸逆向流动，通过鼓泡直接换热的废酸浓缩方法。目前，鼓式浓缩装置生产能力人，热效率高，设备使用寿命长，被公认为是最经济而又能实现稳定操作的硫酸浓缩设备。最早的鼓式浓缩装置是为了回收石油精制的废硫酸和浓缩铅室法所制得的硫酸。第二次世界大战期间，为了回收炸药制造过程中产生的废硫酸，鼓式浓缩法得到了大量的应用。

1）工艺流程

鼓式浓缩器可以是二室、三室或四室，炉气可以串联或者并联，可以使用液体燃料或气体燃料，除雾方法也有多种。因此，各鼓式浓缩的工艺流程亦有所差别。图 5-34 所示的是以重油为燃料，采用电滤器除雾的三室浓缩器的典型工艺流程。

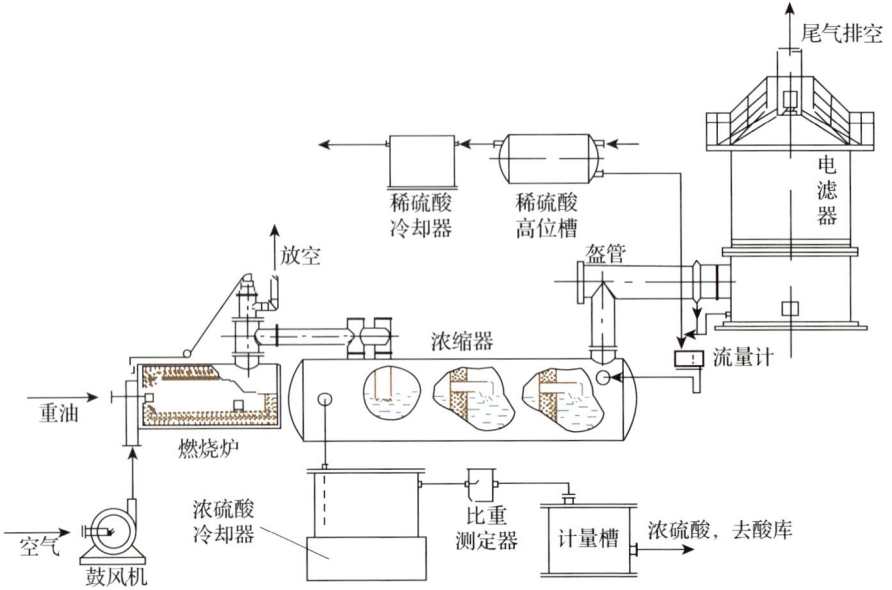

图 5-34　三室鼓式硫酸浓缩典型流程图

具体操作流程为：将重油用重油喷燃器喷成雾状送入燃烧炉中，与鼓风机送入的空气均匀混合而燃烧。炉内气体温度（即炉膛温度）控制在 900～1500℃ 的范围内。炉气进口部位有两个可进入空气的侧风道，用以调节炉气温度至 750～900℃，炉气进入浓缩器的第一室。气体在第一室内穿过酸层鼓泡冒出，故气体和酸的接触非常良好，因而进行着强烈的换热过程，很快即可将酸液加热，并将酸内的水分及部分硫酸蒸发。从第一室出来的带有水蒸气和硫酸蒸气的气体，温度约降至 230～280℃，然后进入第二室和第三室，进行相似的加热过程。从第三室出来的气体，温度约降至 130～180℃，经盔管进入尾气净化系统，即电滤器系统。在电滤器内，气体带出的酸雾，被捕集成 67%～80% 的硫酸，流回浓缩器的第三室。自脱硝塔底流出的热稀硫酸进入高位槽，再经流量计加入浓缩器的第三室，与炉气在浓缩器中相对流动，再依次通过溢流孔进入第二室及第一室。由第一室流出的成品酸进入冷却器，冷却后经比重测定器溢流到浓硫酸计量槽，再用泵送往贮槽或直接送往使用单位。

2）鼓式硫酸浓缩的主要设备

鼓式浓缩器主要由燃烧炉、浓缩鼓、浓酸冷却器和除雾装置等部分组成。各部分的组成和功能介绍如下：

（1）燃烧炉。燃烧炉有液体燃料燃烧炉及气体燃料燃烧炉两种。燃烧炉的外壳一般是钢制圆筒，内衬两层白石棉板、一层保温砖、两层耐火砖。空气经涡流器流入炉膛，涡流器中央有一个重油喷枪，将燃料喷入炉内与空气混合燃烧。调节涡流器可使火焰旋转圆度增大，长度缩短。炉侧有风道，用以进入空气来调节炉气温度。炉内燃烧情况可通过炉前的窥视器观察。

（2）浓缩鼓。工业生产上使用的浓缩鼓，根据生产要求不同有各种不同的形式。按浓缩鼓室数可分二室、三室、四室三种，个别采用五室鼓，以求获得更高的浓缩浓度（如 97%～98% 的浓缩硫酸）。一般浓缩室越多，浓缩鼓就越长。浓缩鼓的规格与生产能力如表 5-1 所列。浓缩鼓按炉气分配可分为串联、并联两种，结构基本上是相同的，只是大小、室数及鼓泡数目不同而已。图 5-35 是三室浓缩器的结构。

表 5-1　浓缩鼓的规格与生产能力

鼓外径 /mm	鼓长/m			生产能力
	二室鼓	三室鼓	四室鼓	t 100%H₂SO₄/d （废酸浓度由 70% 浓缩至 93%）
2100				50～60
2400	7.2	10.5	13.9	80～100
2800				150～180

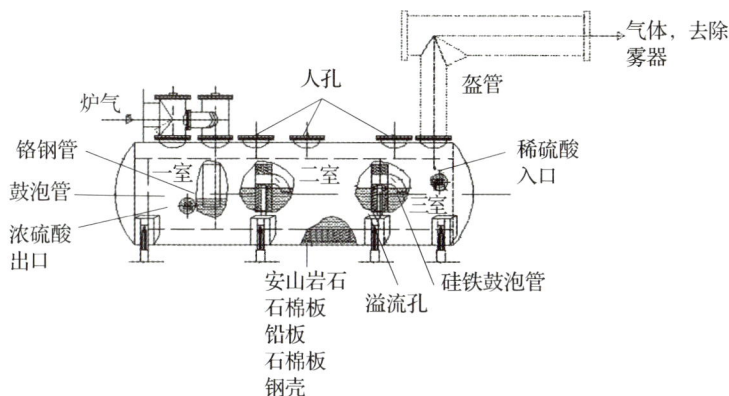

图 5-35　三室浓缩鼓结构示意图

（3）浓（稀）硫酸冷却器。浓硫酸冷却器为钢制内衬耐酸转，一般为长方形或椭圆形槽体，槽内安装高硅铁 U 形管或翅片管，管内走冷却水，管外走酸。热酸从冷却器前部进入，冷却水从后部进入 U 形管或翅片管内，酸与水相对运动，热酸经冷却后，自酸出口经比重测定器流入浓硫酸贮槽，升温后的冷却水则循环使用或排入下水道。以 U 形管为冷却管的硫酸冷却器见图 5-36。

走冷却水的 U 形管是用两根支管和一根 U 形弯管连接而组装成的。组装后先用铅熔化浇灌扎封，后用水玻璃耐酸胶泥封口。这种结构的缺点是封口比较麻烦，而且要用水压试验封口的密封质量。优点是高硅铁直管和弯管铸造简单，内应力小，可保证长时间使用。

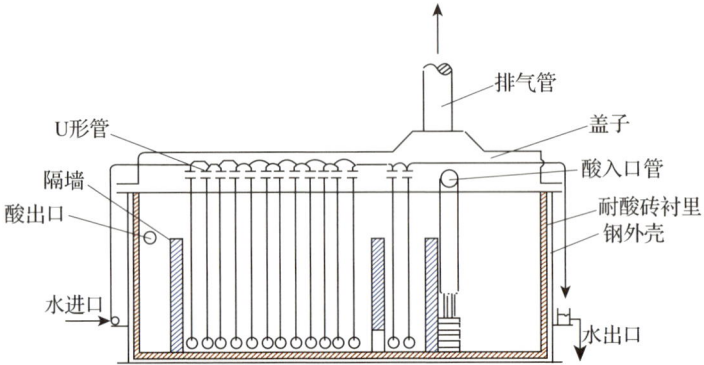

图 5 - 36　浓硫酸冷却器（U 形管式）

（4）尾气排气筒。排气筒的高度是由多方面的因素来确定的，如产量大小、成品酸浓度的高低、除雾效率、工厂地形及气候条件等。排气筒可由多种材料进行加工，如钢衬管、钢涂管、钢衬辉绿岩板、陶瓷以及酚醛玻璃钢等。衬铅和涂铅的排气筒，要消耗大量的有色金属，不够经济。如果尾气中氮氧化物含量较高时，对铅的腐蚀很厉害。对于钢衬铅的排气筒，衬里易受热膨胀而鼓起，影响使用。钢衬辉绿岩板的排气筒，施工比较困难，衬里脱落后，检修较为麻烦。陶瓷排气筒常因受冷、热温度的变化而裂缝。酚醛玻璃钢的排气筒，耗用金属材料少，重量轻，比较经济，但当黏结剂的配比、固化条件以及施工掌握不好时，影响使用寿命，特别是用作梯恩梯废酸浓缩的排气筒时，使用寿命更短。

3. 锅式硫酸浓缩法

锅式浓缩是使用燃烧气体间接加热的硫酸浓缩方法，主要用来将浓度较低的各种硝化废硫酸浓缩至 92%～95%。作为一种间接加热的热浓缩方法，具有产品酸浓度高，无酸雾，投资少等优点，目前在国内外使用较普遍。但是锅式浓缩器也存在热效率较低、生产能力较小等缺点，需对其进行进一步的技术革新。

1）工艺流程

稀硫酸先送入低位槽，再用泵扬至高位槽，然后由高位槽经大、小流量槽连续进入浓缩塔，在塔内与塔底上升的硫酸蒸气对流，硫酸蒸气中的硫酸在稀硫酸中冷凝和放出热量，同时将稀硫酸中的水分蒸出，于是稀硫酸得以在塔内初步浓缩，而硫酸蒸气的浓度逐步降低，当它上升至塔顶时，其中的硫酸含量已经很小，而由水减压器抽出，被水直接冷凝成酸性废水，经密闭水沟排放。自塔底流出的硫酸，浓度比进塔时约提高 15%～20%，流入浓缩锅后，被间接火加热而激烈沸腾，酸中的硫酸及水分被大量蒸发，同时还有少量硫酸被分解为三氧化硫和微量的二氧化硫。蒸发形成的硫酸蒸气则上升至浓缩塔中。硫酸在锅内进一步浓缩并达到所需浓度，自锅口连续流入硫酸冷却器，冷却后流入成品酸贮槽，再送往酸库。

2）主要设备

（1）浓缩锅。浓缩锅有两种，一种是圆锅，一种是方锅，它们都是耐酸铸铁材质制备。圆锅由锅体和锅盖两部分组成，方锅的锅盖和锅体是连成一体的。浓缩锅的使用寿命取决于锅的制造质量和浓缩工艺过程参数。制造质量包括：材料的化学成分、金相组织、碳硅总含量以及锅体是否有砂眼等。浓缩工艺过程参数包括产品酸浓度、火焰燃烧温度及燃烧是否均匀和工艺条件是否稳定等。如生产 97%～98% 的硫酸时，浓缩锅的使用寿命约为 1 年左右。但如制造质量较好，可以使用 2～3 年。因为方锅在损坏时，仅产生很细小的裂纹，故可以用铸铁焊接的方法焊补。

对圆锅来说，燃料先在前部小炉膛内燃烧，然后进入后部大炉膛。生产 97%～98% 的酸时，炉膛内火焰温度为：小炉膛 1000～1300℃，大炉膛 700～1000℃，锅盖上部 400～500℃。生产 92.5%～97% 的酸时，各部温度均有所下降。由于前部炉膛温度较高，虽然锅前部设有迎火墙，但圆锅前部往往先被烧坏。此外，由于锅内酸渣沉积于底部，易形成锅垢，影响传热，故锅底常常被烧坏。对方锅来说，燃料在前部炉膛燃烧后，即进入方锅的火管，再到炉膛的后背直至锅的两侧，然后返回炉膛前部，并经过斜孔进入底部，最后由锅盖上部进入上部烟道经烟囱排空。生产 97%～98% 的酸时，火管的前部的火焰温度为 700～1000℃，后部及侧面的温度为 600～800℃，底部的温度为 400～500℃，锅盖的上面温度为 350～450℃。生产 92.5%～97% 的酸时，各部温度均有所降低，由于方锅的温度部位在两侧及火管中，故热量能迅速传递到酸液中，锅底虽然积沉有酸渣，但温度降低，故方锅底部常不易烧坏。

（2）浓缩塔。锅式浓缩产品酸浓度能达到 97% 以上，主要原因之一就是浓缩塔的传质、传热效率较高。浓缩塔可采用泡沫板和填料相结合、泡沫板和泡罩相结合、泡沫板和筛板相结合三种结构。泡沫板和填料相结合的塔简称为泡沫填料塔（图 5-37）。泡沫填料塔为钢板外壳，内衬两层耐酸瓦。塔下为硅铁塔座，塔篦子上堆放尺寸为 15mm×15mm×2mm 的玻璃杯，填料层上部设有分酸器，塔盖上接有三通管，三通管上再接小塔盖。塔顶稀硫酸入口需要酸封，酸封高度取决于塔顶负压。

（3）浓硫酸冷却器。浓硫酸冷却器分为内套和外套两个部分，均由耐酸铸铁制成。外套为敞口带底圆筒形容器，下部有出渣口，上部有出酸口。内套安放在外套内，内套呈环状夹套型。冷却水由进水管进入环状夹套底部，然后经上部水出口排出。酸自内套热口进入，经环状夹套底部返至内、外套的环状空间，冷却后自酸出口排出。锅式硫酸浓缩法常用的浓硫酸冷却器的结构见图5-38。

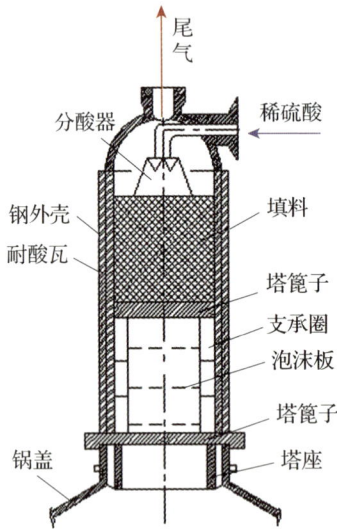

图 5-37　泡沫填料塔　　　　图 5-38　浓硫酸冷却器

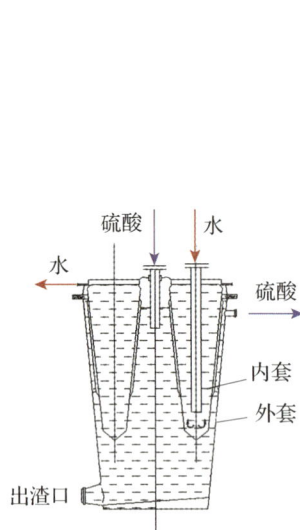

（4）浓缩炉膛。炉膛有黏质耐火砖、硅藻土砖和红砖砌成，外部再用钢架加固。浓缩塔顶部设置钢平台。圆锅采用的炉膛分为前部小炉膛和后部大炉膛。以煤或液体、气体燃料为燃料的炉膛，没有多大的差别，仅以小炉膛内部结构不同。以重油为燃料的方锅炉膛构造见图5-39。这种炉膛采用机械送风，炉膛前部安装有快开式炉门，炉门上安装有涡流器。喷枪安装在涡流器的中央，送风管道与涡流器相接。空气经涡流器座旋转运动与经喷枪喷成雾状的重油均匀混合而燃烧，使火焰的长度缩短，宽度加大。火焰系在前部炉膛内，前部炉膛呈圆形，与方锅相接，方锅安装在后部炉膛内。火管后部有迎风墙，火焰被迎风墙分开送至锅的两侧，经底部斜孔返至锅的底部，再经炉膛底部的孔道进入锅盖的上部，然后进入炉膛上部烟道内，经烟囱排入大气。

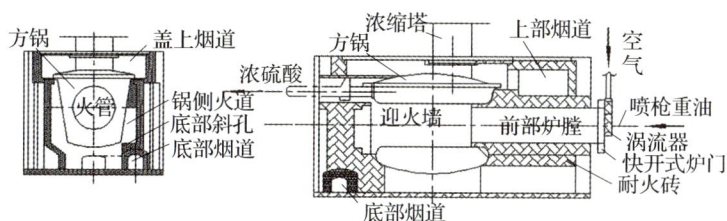

图 5-39 方锅安装图

传统的锅式浓缩的优点是生产工艺简单、投资小、操作简单，出酸浓度可达 90%以上，吨成品酸耗重油 50kg。缺点是浓缩锅及塔节容易坏，平均寿命较短（一般仅 3～6 个月），检修频繁且维修费用高。由于频繁检修，导致在检修过程中对环境造成污染并造成硫酸损失。再者由于混酸系统中硫酸铁形成的酸渣易于造成硝化系统堵塞等不利的生产状况，每年必须停车清理一次，耗费大量的人力物力，对防腐设备的自身防腐质量也有一定的损害。因而有必要开发出新型废酸浓缩成套装置。

4. 真空浓缩法浓缩硫酸

1）真空浓缩原理

真空浓缩是国内外近年来开发的一种新型浓缩技术，其工作原理是在真空状态下用蒸气或电加热废酸，通过一效或多效蒸发获得较高浓度的废酸，含酸蒸气通过洗涤塔洗涤。其工艺本质上与锅式浓缩原理相似，只是提高了系统的真空度，从而降低了酸水带出的硫酸。由于真空度的提高，降低了能耗，同时在工艺设计中增加了物料之间换热，提高了热效率以节约能源。由于工艺的改进，使气相排出的废酸水中酸含量大大降低，从而达到减小环境污染的目的。同时，真空浓缩法还有以下几点优点：① 适合于处理在较高温度下易分解、聚合或变质的热敏性物料；② 可以采用低压蒸气或乏汽做加热介质，甚至不需任何加热介质；③ 蒸发器在较低温度下操作，对材料的腐蚀作用小，热损失亦相对比较小。

2）真空浓缩工艺流程

硫酸真空浓缩的具体工艺流程为：原料酸由高位槽经计量进入衬玻璃的套管加热器，预热后进入蒸发器上部。在蒸发器下部得到合格的浓酸，一部分经冷却器到成品酸贮槽，另一部分用泵循环，经套管加热器加热后流至蒸发器中部。从蒸发器顶部逸出的酸汽混合物进入酸洗塔，用原料酸吸收酸蒸气后流回原料酸槽，未被吸收的气体从顶部进入大气冷凝器，用水喷淋冷凝，不凝气体随水冲泵下水排出。其工艺流程见图 5-40。以硝化甘油生产中废硫酸的真空浓缩试验为例，使用联苯和联苯醚的低熔点混合物（联苯 26.5%、联苯醚 73.5%，熔点 12℃，常压沸点 258℃）作为载热体间接加热，可将硫酸由 65% 的浓度浓缩至 95%～97% 的浓度。

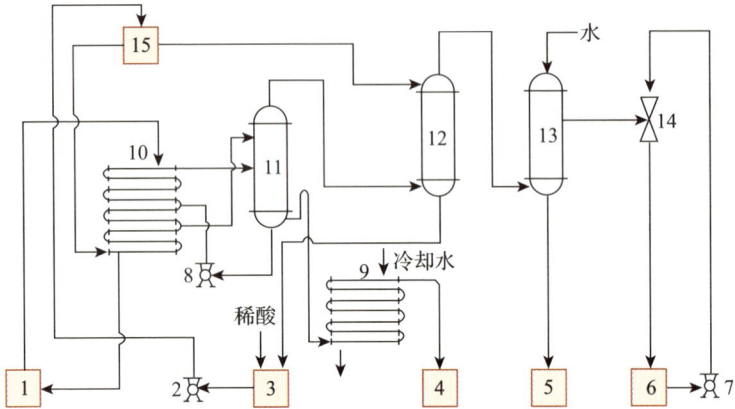

图 5-40   真空浓缩试验流程

1—供热锅炉；2—稀酸泵；3—稀酸贮槽；4—浓酸贮槽；5—水封槽；6—循环水槽；7—水泵；
8—循环酸泵；9—浓酸冷却器；10—预加热器；11—蒸发器；12—酸冷器；13—大气冷凝器；
14—水喷射器；15—高位槽。

3）钽制废酸浓缩系统

钽及其合金是用途最广泛的抗腐蚀材料之一，早在 20 世纪 40 年代世界上发达国家就已经用于制造化工设备。此外，钽及其合金的高度加工性及特殊的弹性模量使其成为制造硫酸处理设备的首选对象，因此钽对废酸工业来说具有相当的重要性。钽制废酸浓缩技术主要是采用真空状态下用蒸气加热浓缩废酸，低浓度的废酸通过洗涤塔洗涤，将原锅式燃料直接加热改为钽管加热器，搪瓷釜用蒸气加热。由于真空度的提高，降低了能源消耗，同时在工艺设计中增加了物料之间的换热，提高了热效率以节约能源。由于工艺的改进使气相排出的稀酸水酸含量及有机物含量大大降低，从而达到减小环境污染的目的。

图 5-41 所示的钽制废酸回收设备，外部采用不锈钢做承重结构；用钽或钽-钨合金板做衬里，以抵抗酸的腐蚀。内部用钽管盘旋而成的装置作加热设备或换热设备。液体由反萃液入口进入，在二效室经气态水蒸气以及酸挥发蒸气的预热后，进入汽化室进一步加热，再进入蒸发室被盘管加热器加热，酸以及水蒸气通过汽化室、分馏室、连通管进入二效室，经二效室初冷却后进入冷凝室冷凝为可用酸。同时，蒸馏后的盐经蒸馏液出口被回收再利用。图 5-42 所

示为钽双盘管换热器，换热器由钽弯头、内盘管、外盘管焊接组合而成，在使用过程中具有占用空间体积较小、换热面积大等优点。

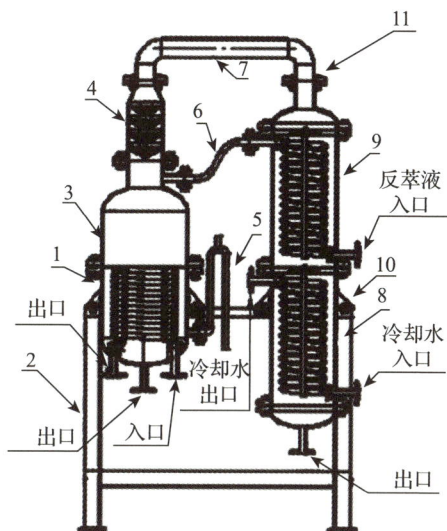

图 5－41　钽制废酸回收设备示意图

1—加热室；2—支撑架；3—汽化室；4—分馏室；
5—溢流室；6—加热管；7—连通管；8—冷凝室；
9—二效室；10—连接螺栓；11—连接法兰。

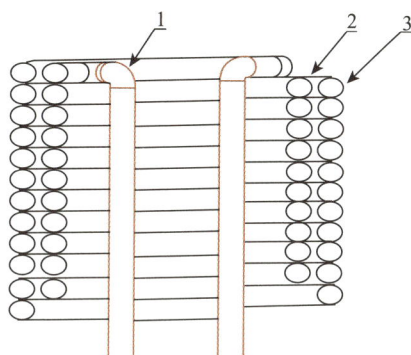

图 5－42　钽盘管换热器示意图

1—钽弯头；2—钽内盘管；3—钽外盘管。

5.2.4　中和法

针对在火炸药生产及其配套处理单元中产生的各类低浓度的废酸（一般 20％以下），投药中和法是应用最广泛、最有效的处理方法。目前，可作废酸中和剂的主要有石灰（CaO）、石灰石（$CaCO_3$）、碳酸钠（Na_2CO_3）、苛性钠（NaOH）、氨（NH_3）等。

1. 石灰中和法

从经济成本及资源化利用等角度上考虑，其中最常用的是石灰和石灰石。以石灰中和法为例，首先将石灰消化成石灰乳，再投入废酸中，用压缩空气搅拌中和反应，生成不溶性的钙盐，并以污泥的形态沉淀后排放（具体的工艺流程见图 5－43）。然而在石灰乳制备过程中，由于氢氧化钙的溶解度很小，未能溶解的石灰易堵塞管道，限制了其在实际生产中的应用。因此，选取新型、有效、二次污染小的中和剂显得尤为必要。

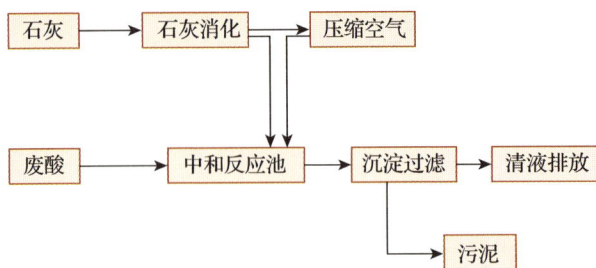

图 5-43   石灰中和法工艺流程

2. 电石渣中和法

电石渣是工业上生产乙炔、聚氯乙烯等产品过程中电石水解所形成的以氢氧化钙为主要成分的工业废渣，这些废渣难以找到应用需求，既占用场地又污染环境。然而，电石渣属于熟石灰，可直接用于中和废酸，省去了生石灰的熟化过程，成本比石灰石低很多。电石渣在废酸处理中的应用属于废物利用，可以起到节能减排、资源优化的作用。电石渣的主要成分为氢氧化钙，氢氧化钙可以与酸性废液中的废酸发生中和反应生成盐和水，主要反应方程式如下：

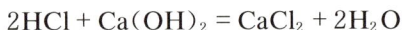

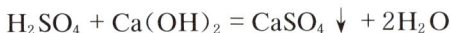

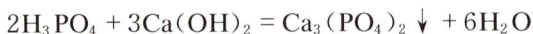

$$2HCl + Ca(OH)_2 = CaCl_2 + 2H_2O$$

$$H_2SO_4 + Ca(OH)_2 = CaSO_4 \downarrow + 2H_2O$$

$$2H_3PO_4 + 3Ca(OH)_2 = Ca_3(PO_4)_2 \downarrow + 6H_2O$$

利用电石渣代替石灰作为中和剂处理酸性废液，石灰中和法的处理工艺和设备基本都不需改变，处理工艺流程见图 5-44。首先在电石渣中加入清水并通过搅拌将电石渣配成 20% 的溶液，然后再输送到反应槽中和酸性废液。中和反应结束后再进行压滤，滤渣送至危险废物安全填埋场填埋处置，压滤液排放至废水净化车间进一步处理后达标排放。在实际生产中，由于需配制大量的电石渣溶液，产生的乙炔气体较多（以一次配制 500kg 电石渣来计，产生约 35L 的乙炔气体），需在配制电石渣溶液时安装一套排气装置，将乙炔气体及时排走之后方可将其用于中和酸性废液。另外，在电石渣的使用过程中应注意以下问题：①电石渣浓度要适当（20%～25%），浓度过低不利于生产操作，浓度过高会有部分电石渣不能反应完全；②在电石渣溶液配制过程中有一些块状不溶物存在，输送泵入口前需安装滤网，否则输送泵容易被堵塞；③输送泵停止运行前应继续打 3min 清水，防止停泵后输送管道内电石渣沉降结块，堵塞管道。

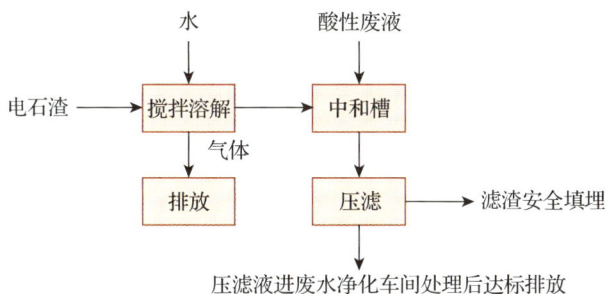

图 5 – 44　电石渣处理酸性废液工艺流程

3. 中和废渣的综合利用

对于废酸的一般处理方法是采用石灰中和法，国内外许多硫酸法钛白粉生产厂家如日本石原公司等都采用这一方法。其优点是设备投资少，操作简便，成本较低；缺点是沉淀中的硫资源不能很好地再利用。我国的硫资源不算丰富，如果采用中和法，容易造成大量可以回收利用的硫资源的浪费。此外，硫酸钙的产生量很大，必须用可靠的方式进行处理，以防止二次污染。

5.3　火炸药工业废酸处理工程实例

5.3.1　废酸真空浓缩处理技术的应用实例

1. 废酸的主要来源

废酸主要来源于某工厂 TNT、DNT 硝化过程中产生的废酸。该废酸的主要成分有：H_2SO_4：64%～72%（质量分数）；HNO_3 质量分数≤1.5%；硝化物质量分数≤1.0%。

2　废酸浓缩处理工艺流程及简要说明

TNT 和 DNT 生产线产生的废酸送至废酸贮槽混合均匀后，用废酸输送泵送至废酸处理工房进行处理。废酸首先经过酸酸换热器，利用成品硫酸的热量将废酸预热至 100℃，再进入废酸预热器，预热后的废酸进入脱硝塔顶加热器及脱硝蒸发器预蒸发，脱除 NO_x 气体后进入脱硝塔进行脱硝，将废酸中的硫酸和硝酸进行分离，塔顶蒸出氮氧化物、硝酸和有机物混合气体，塔底产出稀硫酸。塔顶出来的混合气体经硝烟冷凝器冷凝，再经过稀硝酸冷却器二次冷却，冷却后的混合液进入硝化物分离槽，通过重力作用将凝液中的有机物和稀硝酸进行分离，产生低浓度稀硝酸进入车间中和，有机物进入硝化物收集槽。不凝气体则进入硝烟吸收系统。

脱除了硝酸的稀硫酸流入脱硝塔底部蒸发器，蒸发过程产生的二次水蒸气进入脱硝塔，与向下流动的酸逆流接触，作为热源用于废酸脱硝，脱硝后的稀硫酸进入硫酸浓缩工序。在真空状态下，蒸出稀硫酸中的水分浓缩为浓硫酸。硫酸浓缩分为四段，除二段硫酸浓缩为自流外，其他各段均为强制循环。

来自脱硝塔底蒸发器的稀硫酸由一段循环泵部分循环输送至一段硫酸浓缩系统，经一段加热器加热后进入一段蒸发器内蒸发，部分输送至二、三段洗涤塔，作为洗涤液对二段及三段硫酸浓缩产生的酸性气体进行洗涤，洗涤后的硫酸流至一段循环泵继续浓缩。一段蒸发器出口硫酸溢流至二段加热器和二段蒸发器进行硫酸浓缩操作。二段蒸发器出口硫酸利用三段循环泵输送至三段浓缩装置，与三段的循环酸混合后，经两台并联的三段加热器加热，并进入三段蒸发器内进行循环蒸馏。三段蒸发器出口硫酸由四段循环泵输送至四段浓缩装置，与四段的循环酸混合后，经四段加热器和四段蒸发器进行循环蒸馏。

96.0%的硫酸先与浓硫酸循环冷却器大量回流的冷酸及酸酸换热器回流的冷酸混合降温，混合后的硫酸进入浓硫酸周转槽，用浓硫酸循环泵送至酸酸换热器对废酸进行初步的加热，同时将成品硫酸的温度进一步降低，再用浓硫酸输送泵送至浓硫酸循环冷却器冷却，冷却后的硫酸大部分回流，与热的成品硫酸混合，其余的产品硫酸进入浓硫酸冷却器，冷却为约40℃的成品硫酸并送至分厂工房的硫酸贮槽储存。

二段蒸发器和三段蒸发器顶部的酸性气体进入二、三段洗涤塔的底部，与洗涤塔顶部向下喷淋的洗涤液逆流接触，除去酸性气体中的硫酸，洗涤塔底部的稀硫酸回到一段硫酸浓缩系统重新进行浓缩。

四段蒸发器顶部的酸性气体进入四段洗涤塔洗涤，塔底部的洗涤液用四段洗涤泵送至四段冷却器进行冷却后再喷淋进入四段洗涤塔，与从四段蒸发器蒸出的酸性气体逆流接触，通过洗涤除去气体中的硫酸。一、二段浓缩加热器的热源为2.0MPa的蒸气，三、四段浓缩加热器的热源为290℃以下的循环导热油，导热油的热量由燃烧天然气提供，天然气通过燃气管线输送，供导热油炉燃烧使用。具体工艺流程见图5-45。

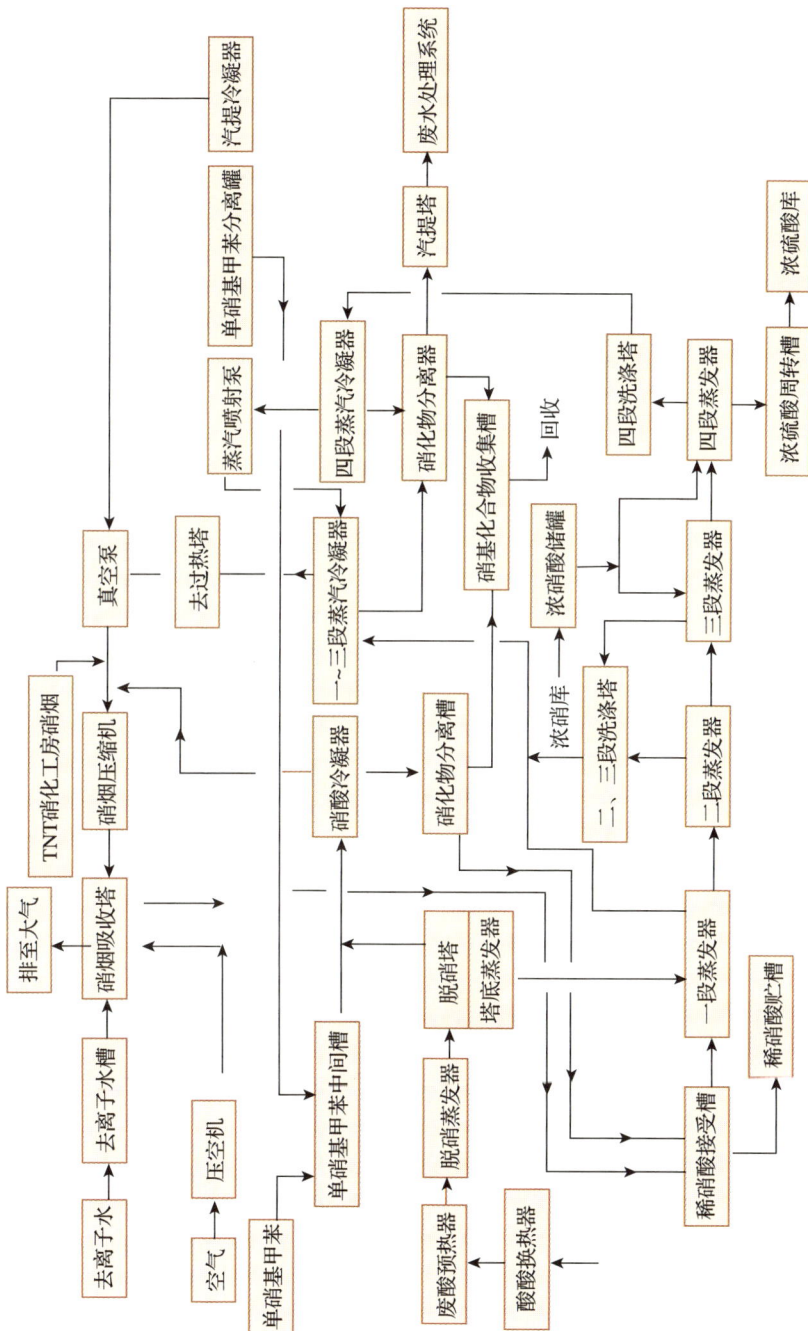

图5-45　TNT/DNT废酸处理工艺流程框图

3. 主要设备实物照片（图5-46）

废酸预热器

蒸发器

加热器

洗涤塔

脱硝加热蒸发器

脱硝塔

图5-46　主要设备实物照片

冷凝器

冷却器

汽提塔

去过热塔

硝烟压缩机

硝烟吸收塔

图 5 - 46　主要设备实物照片（续）

硝化物分离器

浓硫酸冷却器

单硝基甲苯槽

浓硫酸周转槽

图 5 - 46　主要设备实物照片（续）

4. 主要设备列表（表 5 - 2）

表 5 - 2　各工序主要生产设备

序号	工序名称	设备名称	材质	单位	数量
1	废酸脱硝	脱硝蒸发器	钢搪玻璃	台	1
2	废酸脱硝	脱硝塔	钢搪玻璃	台	1
3	废酸脱硝	脱硝加热器	管：钽 壳：碳钢	台	1
4	废酸脱硝	废酸预热器	管：钽 壳：碳钢	台	1
5	废酸脱硝	硝酸冷凝器	管：碳化硅 壳：钢搪玻璃	台	1
6	废酸脱硝	塔底蒸发器	钢搪玻璃	台	1

（续）

序号	工序名称	设备名称	材质	单位	数量
7	废酸脱硝	塔底加热器	管：钽 壳：碳钢	台	1
8	废酸脱硝	酸酸换热器	管：碳化硅 壳：钢搪玻璃	台	1
9	废酸脱硝	硝化物分离槽	不锈钢	台	1
10	硫酸浓缩	单硝基甲苯中间槽	不锈钢	台	1
11	硫酸浓缩	单硝基甲苯喷射泵	不锈钢	台	1
12	硫酸浓缩	单硝基甲苯泵	不锈钢	台	2
13	硫酸浓缩	一～三段蒸气冷凝器	管：不锈钢 壳：825 合金	台	1
14	硫酸浓缩	一段蒸发器	钢搪玻璃	台	1
15	硫酸浓缩	一段加热器	管：钽 壳：碳钢	台	1
16	硫酸浓缩	一段循环泵	高硅铸铁	台	1
17	硫酸浓缩	二三段洗涤塔	钢搪玻璃	台	1
18	硫酸浓缩	二段蒸发器	钢搪玻璃	台	1
19	硫酸浓缩	二段加热器	管：钽 壳：碳钢	台	1
20	硫酸浓缩	三段蒸发器	钢搪玻璃	台	1
21	硫酸浓缩	三段加热器	管：高硅铸铁 壳：碳钢	套	2
22	硫酸浓缩	三段循环泵	高硅铸铁	台	1
23	硫酸浓缩	四段蒸发器	钢搪玻璃	台	2
24	硫酸浓缩	四段加热器	管：高硅铸铁 壳：碳钢	台	1
25	硫酸浓缩	四段循环泵	高硅铸铁	台	1
26	硫酸浓缩	四段洗涤塔	钢搪玻璃	台	1
27	硫酸浓缩	四段冷却器	管：钽 壳：碳钢	台	1
28	硫酸浓缩	四段洗涤泵	钢衬四氟	台	1

（续）

序号	工序名称	设备名称	材质	单位	数量
29	硫酸浓缩	去过热泵	不锈钢	台	1
30	硫酸浓缩	四段蒸气冷凝器	管：不锈钢 壳：825 合金	台	1
31	硫酸浓缩	浓硝酸暂存槽	钢搪玻璃	台	1
32	硫酸浓缩	蒸气喷射泵	不锈钢	台	1
33	硝烟吸收	硝烟吸收塔	不锈钢	台	1
34	硝烟吸收	硝烟压缩机	不锈钢	台	4
35	硝烟吸收	去离子水冷却器	管：不锈钢 壳：碳钢	台	1
36	硝烟吸收	吸收水泵	不锈钢	台	2
37	硝烟吸收	去离子水槽	不锈钢	台	1
38	硝烟吸收	稀硝酸接受槽	不锈钢	台	1
39	硝烟吸收	稀硝酸冷却器	不锈钢	台	1
40	硝烟吸收	稀硝酸冷却器	不锈钢	台	1
41	硝烟吸收	消音器	不锈钢	台	1
42	硝烟吸收	凝液泵	不锈钢	台	2
43	硝烟吸收	真空泵		台	1
44	硝烟吸收	真空泵		台	1
45	硝基甲苯汽提	硝基甲苯收集槽	不锈钢		
46	硝基甲苯汽提	硝基甲苯输送泵	不锈钢	台	2
47	硝基甲苯汽提	硝化物分离器	不锈钢	套	1
48	硝基甲苯汽提	去过热塔	不锈钢	台	1
49	硝基甲苯汽提	酸性废水泵	不锈钢	台	2
50	硝基甲苯汽提	单硝基甲苯分离罐	不锈钢		1
51	硝基甲苯汽提	汽提塔	不锈钢	台	1
52	硝基甲苯汽提	汽提塔底加热器	管：不锈钢 壳：碳钢	台	1
53	硝基甲苯汽提	汽提冷凝器	不锈钢	台	1
54	循环水导热油	浓硫酸输送泵	高硅铸铁	台	1

（续）

序号	工序名称	设备名称	材质	单位	数量
55	循环水导热油	浓硫酸循环泵	高硅铸铁	台	1
56	循环水导热油	浓硫酸循环冷却器	不锈钢	台	1
57	循环水导热油	浓硫酸冷却器	不锈钢	台	1
58	循环水导热油	浓硫酸周转槽	钢搪玻璃	台	1
59	循环水导热油	稀硝酸输送泵	不锈钢	台	2
60	循环水导热油	残酸泵	不锈钢	台	1
61	循环水导热油	残酸槽	不锈钢	台	1
62	循环水导热油	导热油炉	碳钢	台	1
63	循环水导热油	导热油循环泵	碳钢	台	2
64	循环水导热油	燃烧机	碳钢	台	1
65	循环水导热油	导热油槽	碳钢	台	1
66	循环水导热油	注油泵	碳钢	台	1
67	循环水导热油	膨胀槽	碳钢	台	1

5. 技术优势与存在问题

该废酸浓缩技术具有以下优点：

（1）硝酸浓度高。经过脱硝塔出来的硝酸浓度约 50%，减少了硝化系统的进水量，减少了系统硫酸的加入量，降低了硫酸浓缩时的蒸气耗。

（2）系统真空度要求低。来自脱硝塔的稀硫酸要浓缩到 96%，采用四段真空浓缩工艺，一段闪蒸，二段和三段用蒸气热源交换器对酸进行处理，第四段采用导热油为热源的热交换器。一、二段，三、四段是在不同真空条件下操作。

（3）采用导热油系统。使用导热油在最后浓缩段可达到高温要求，保证把有机物杂质破坏掉，确保回收的酸安全地在硝化工艺中再使用。

5.3.2 国产化技术应用实例

1. 废酸来源

废酸主要来源于某工厂单硝基甲苯硝化生产线，其主要成分有：H_2SO_4 质量分数 68%～72%；HNO_3 质量分数≤0.2%；硝化物质量分数≤0.6%。废酸产生量大。

2. 废酸浓缩处理工艺流程及简要说明

从硝化厂来的废酸直接进入废酸罐（351），通过废酸泵（352）送到废酸高位槽（353），并自流进入酸/酸换热器（355）与成品酸换热后再进入闪蒸罐（371），以除去酸中大部分的氮氧化物及硝酸和少量水分。闪蒸后的废酸从闪蒸罐的底部流入蒸酸器（358）进行减压浓缩，此蒸酸器采用中压蒸气间接加热，通过控制蒸气的加入量、真空度保证蒸酸器出口产生硫酸浓度为 88% 以上的产品酸，产品酸从蒸酸器流出后与低温产品酸混合降温后进入酸/酸换热器与废酸换热，换热后的产品酸流入硫酸冷却器（357）进一步冷却到 40℃ 以下，冷却后的产品酸经取样分析，如果合格则打入浓硫酸罐（364），如不合格则用泵打入浓硫酸高位槽（354）重新加入系统进一步浓缩，直到达标。

从蒸酸器中蒸发的酸蒸气及闪蒸罐闪蒸产生的酸蒸气一同进入喷淋冷凝器（360）进行冷凝，冷凝液进入冷凝液循环槽（368），冷凝液用洗涤泵（361）打入螺旋板换热器（365）冷却后进入喷淋冷凝器用以冷凝酸蒸气。冷凝液循环槽中多余冷凝液溢流进入吸收塔用于硝烟吸收。喷淋冷凝器顶部不凝气体被水喷射泵（366）抽出，并进入循环水槽（369）。整个系统的真空度也由水喷射泵维持。

蒸酸器使用的中压蒸气冷凝液经疏水后回收低压蒸气，回收的低压蒸气进入低压管网。具体工艺流程见图 5-47。

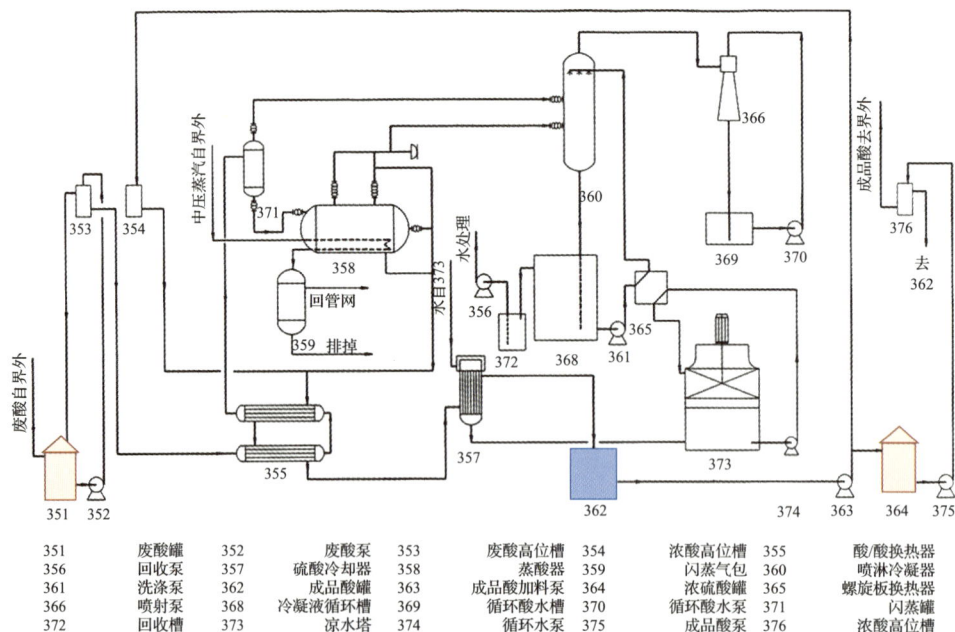

351	废酸罐	352	废酸泵	353	废酸高位槽	354	浓酸高位槽	355	酸/酸换热器
356	回收泵	357	硫酸冷却器	358	蒸酸器	359	成品酸罐	360	喷淋冷凝器
361	洗涤泵	362	成品酸罐	363	成品酸加料槽	364	浓硫酸罐	365	螺旋板换热器
366	喷射泵	368	冷凝液循环槽	369	循环水槽	370	循环酸水泵	371	闪蒸罐
372	回收槽	373	凉水塔	374	循环水泵	375	成品酸泵	376	浓酸高位槽

图 5-47　稀硫酸真空浓缩工艺流程图

3. 主要设备实物照片（图 5-48）

蒸酸器

闪蒸罐

闪蒸气包

螺旋板换热器

酸酸换热器

硫酸冷却器

图 5-48　主要设备照片

4. 主要设备型号规格、材质（表5-3）

表5-3 主要设备和材质

序号	工序名称	设备名称	材质	单位	数量
1	真空浓缩	废酸罐	SUS304	台	2
2	真空浓缩	废酸泵	941	台	2
3	真空浓缩	废酸高位槽	SUS304	台	1
4	真空浓缩	浓酸高位槽	Q235-A	台	1
5	真空浓缩	浓酸高位槽	SUS304	台	1
6	真空浓缩	酸/酸换热器	玻璃	台	6
7	真空浓缩	回收泵	F4	台	2
8	真空浓缩	硫酸冷却器	Q235-A	台	1
9	真空浓缩	蒸酸器	搪瓷/钽	台	1
10	真空浓缩	闪蒸气包	16MnR	台	1
11	真空浓缩	喷淋冷凝器	316L	台	1
12	真空浓缩	洗涤泵	衬F4	台	2
13	真空浓缩	成品酸罐	Q235-A	台	1
14	真空浓缩	成品酸加料泵	941	台	2
15	真空浓缩	浓硫酸罐	Q235-A	台	2
16	真空浓缩	螺旋板式换热器	316L	台	1
17	真空浓缩	喷射泵	316L	台	1
18	真空浓缩	冷凝液循环槽	316L	台	1
19	真空浓缩	循环酸水槽	聚丙烯	台	1
20	真空浓缩	循环酸水泵	衬F4	台	2
21	真空浓缩	闪蒸罐	搪瓷	台	1
22	真空浓缩	凉水塔	玻璃钢	台	1
23	真空浓缩	循环水泵	铸铁	台	2
24	真空浓缩	成品酸泵	941	台	1
25	真空浓缩	回收槽	花岗岩内衬	个	1

5. 工程特点、技术优势与存在问题

　　单硝基甲苯硝化废酸在真空闪蒸发器中浓缩，所需热量主要由硝化过程的反应热提供，所以浓缩过程所需能量很少。据粗略统计，生产每吨单硝基甲苯、

浓缩硫酸大约需要 0.09 吨的蒸气。而当真空度较低时，甚至不需外界补充能量便可实现自行浓缩。所以废酸真空闪蒸浓缩可以起到节能的目的。闪蒸浓缩冷凝下来的冷凝水可以应用于洗涤单硝基甲苯，这样做可以节约生产用水。同时该冷凝蒸气可以来硝烟吸收，进一步节省生产成本。此外，从环境角度分析，混酸中单硝基甲苯含量少，闪蒸浓缩后直接循环使用，避免了传统技术因萃取不完全而造成的环境污染，实现绿色无污生产。然而该工程废水产量大，生产的硫酸浓度低，只能产生 H_2SO_4 质量分数为 88% 的硫酸。尤其需要注意的，在真空浓缩过程中，废酸处理生产线介质腐蚀性强，搪瓷管件的管理和质量要求高。

参考文献

[1] 尹光阳，宫学元. 废酸处理 [M]. 北京：国防工业出版社，1974.

[2] 单居正，陈远静. 我国硫酸浓缩技术的现状 [J]. 硫酸工业，1983，5：38-43.

[3] 单居正. 关于硫酸浓缩技术 [J]. 硫酸工业，1980，4：33-45.

[4] 任辉辉，曹龙文. 稀硫酸浓缩的现状与发展 [J]. 硫磷设计与粉体工程，2012（2）：45-48.

[5] 李小平，汪凯，张春恒，等. 钽及钽合金在废酸回收设备中的应用 [J]. 材料开发与应用，2012（6）：19-21.

[6] 巨建辉，杨永福. 钽制设备在废硫酸浓缩技术中的应用 [J]. 陕西环境，2002，9（6）：17-19.

[7] 丁希楼，丁春生. 石灰石-石灰乳二段中和法处理矿山酸性废水 [J]. 能源环境保护，2004，18（2）：27-29.

[8] 谢东方，田国元，刘辉，等. 利用电石渣代替石灰处理酸性废液 [J]. 环境科学与管理，2005，30（1）：59-61.

6.1 概述

近年来，随着环境保护力度的不断加大，对火炸药污染物排放的要求也越来越严格。目前，我国对于火炸药工业固体废物的处理与资源化利用技术也日趋重视。火炸药工业固体废弃物主要包括火炸药工业废水处理过程中产生的污泥和废旧的火炸药报废产生的固体废弃物两大类。前者主要来源于采用生物方法、物理化学方法处理火炸药废水时所产生的生化污泥和物化污泥，后者则主要来自三个方面，一是军方的报废弹药，如炮弹、航弹、地雷、鱼雷、手榴弹、火箭、导弹或其他的特种弹药；二是来自国库，主要包含退役的武器和寿命告终的火炸药；三是来自火炸药生产厂家的报废品，如火药生产中的不合格品、固体推进剂浇铸和加工中所剩下的残药等。

世界各国每年废弃的火炸药数量很大，对于各军事大国，每年约有数千吨乃至数万吨的过期火炸药作为废弃火炸药积累下来。对于过期火药的处理，各军事大国早在 20 世纪 50 年代初就开始了多方面的探索研究，并取得了一些研究成果。然而，对于大批量军用过期火炸药的处理，国外直到 20 世纪 70 年代初还仍在采用公海倾倒法。另一种较早采用的处理过期火炸药的方法是深土掩埋法，它与公海倾倒法一样会污染自然环境，而且掩埋多年的火炸药仍具有爆炸力，并未达到消除隐患的目的。露天焚烧法是第三种传统的处理过期火炸药的方法，即把过期火炸药运至远离城市和交通枢纽的空旷场地进行露天焚烧，这种方法简单，处理费用较低，但火炸药焚烧后生成大量高浓度的致癌物质及其他气体污染物，与固态燃烧残渣一起，随着空气、雨水或水土流失侵害人类和生态环境。因此，美国在 20 世纪 70 年代中期就开始逐渐废止露天焚烧法。随着社会的不断发展，人类对环境质量的要求越来越高，在环境保护法规的要求下，传统的处理过期火炸药的方法逐渐被废止，需要由环境污染较少的方法取而代之。近年来发展起来的废弃火炸药再利用技术不仅解决了对环境的污染问题，而且还把过期火炸药作为一种可利用的资源加以回收，使得废弃火炸药得以再利用，创造新的价值。

6.2 污泥的处理处置

6.2.1 污泥的来源和分类

污泥是在废水处理过程中产生的固体沉淀物质。按污泥的来源分为给水污泥、生活污水污泥和工业废水污泥；按污泥的成分，分为有机污泥和无机污泥；按污泥从水中的分离过程，分为沉淀污泥（包括初沉污泥、絮凝沉淀污泥和化学沉淀污泥等）以及生物污泥（包括腐殖污泥、剩余活性污泥等）；按照污泥所处的处理阶段，分为生污泥、浓缩污泥、消化污泥（熟污泥）、脱水污泥和干污泥等。每万吨污水经处理后污泥产生量（按 80% 含水率计算）一般约为 5～10t，具体产量取决于排水体制、进水水质、污水和污泥处理工艺等因素。

在废水处理技术中，生物处理技术由于具有投资运行成本低、处理效果好、二次污染小、操作管理简单等优点，而被广泛应用于各类废水的处理。对于火炸药废水而言，生化法也是广泛使用的处理方法。常用的生物处理技术有好氧活性污泥法、生物接触氧化法、厌氧生物处理法等。然而在采用这些方法处理火炸药废水时，往往会产生大量的生化污泥。火炸药工业废水处理系统产生的生化污泥主要来自于二次沉淀池或者污泥浓缩池所排出的污泥。在采用生物法处理含火炸药工业废水时，微生物利用废水中的有机物如各类溶剂、TNT、RDX、HMX 等作为碳源和能源物质，对其进行氧化分解，合成自身的细胞并繁殖，从而使废水得到净化。但在废水净化过程中，微生物会增殖产生大量的微生物菌体，这些微生物菌体在沉淀池中经泥水分离后，就成为了生化污泥。由于微生物菌体本身具有絮凝和吸附性能，再加上菌胶团的作用，使得生化污泥的组分不单只是简单的生物菌体，还会含有没被降解的火炸药类污染物、未被降解的中间产物以及悬浮物。考虑到这类生化污泥具有发生爆炸的可能性，可能存在一定的安全隐患，其中含有的火炸药类污染物、未被降解的中间产物以及悬浮物可能产生二次污染，这类生化污泥的处理需要予以更多的关注。

火炸药废水采用除生物法以外的处理工艺时产生的污泥统称为物化污泥，火炸药物化污泥主要来自絮凝、化学沉淀等水处理过程中产生的大量沉淀物，这类污泥的性质及特点一般取决于废水水质和处理方法。例如美国雷德福德弹药厂的硝化甘油废水采用沉淀截留法进行处理，沉积在底部的油状液体主要是硝化甘油、甘油二硝酸酯和甘油一硝酸酯，其中的硝化甘油具有极强的爆炸性，很小的剂量都能发生爆炸并使人致伤或致死。在 TNT 酸性废水的酸析反应池和絮凝池工序段中，会产生大量的沉淀物。这是由于在酸析反应池中，较低的 pH 值使硝基化合物溶解度降低，析出的硝基化合物会沉淀在酸析反应池的底部。而在絮凝池中，由于投加了 PAC 混凝剂和 PAM 助凝剂，使得废水中的大量悬浮物和一些大分子有机物能快速形成絮体并沉积在池底，这些沉淀物再经污泥管排至污泥池后，形成了大量火炸药物化污泥。此外，在使用中和剂石灰、石灰石等对火炸药酸性废水调节 pH 值时，也会产生大量的沉淀物。某硝化棉生产企业曾采用石灰乳湿投法中和 pH 为 $1 \sim 2$ 的硝化棉酸性废水，该厂的平均废水处理量为 $1500 m^3 / d$，中和处理过程产生了大量的硫酸钙废渣，废渣产生量为 $4 \sim 10 t / d$，废渣具有潜在的爆炸危险。这些絮凝沉淀污泥和化学沉淀污泥中通常含有一些火炸药产品、原料和中间产物。若这些物化污泥处理处置不当，会对环境造成二次污染，尤其是具有潜在的爆炸危险。因此科学妥善地处理处置火炸药工业废水处理所产生的污泥是十分重要的。

6.2.2　污泥的性质和特点

无论是生化污泥还是物化污泥，水分一般在污泥中占的比重是最大的，而解决污泥中含水率的问题常常是污泥减量化的难点和重点。对于火炸药生化污泥，由于来源的特殊性导致其具有一些特殊性质，即火炸药生化污泥不仅有传统活性污泥的含水率高和污泥颗粒细小的特点，还因为含有硝基苯系化合物、硝化纤维素等难降解有机化合物而增加了污泥的杂细胞和薄壁细胞含量，导致这类生化污泥内的胞外聚合物含量较高、沉降性能较差。根据火炸药废水处理所产生的污泥的特点，在对污泥进行浓缩脱水处理时不能完全照搬市政污泥的处理模式。

由于火炸药生化污泥从沉淀池经泥水分离后，含有大量的水分，这些水分一般认为是以四种状态（图 6-1）存在：间隙水、毛细结合水、表面吸附水和内部结合水。其中，间隙水是污泥浓缩的主要对象，与污泥作用力弱，因而很容易分离，约占污泥水分的 70%；毛细结合水约占污泥水分的 20%，是在高度密集的细小污泥固体颗粒周围的水，由于产生毛细现象，主要由以下几种形式构成：楔形毛细结合水，在颗粒的接触面上由于毛细压力的作用结合成楔形毛细水；间隙毛细结合水，充满于固体与固体之间的空间的毛细水；裂隙毛细结合水，充满于固体本身裂隙中的毛细水。要去除毛细压力作用下的结合水，只要需要施以与毛细表面张力的合力相反的作用力。污泥颗粒表面吸附水是指吸附在污泥颗粒表面的水分，约占污泥水分的 7%，污泥常处于胶体状态，故表面张力作用吸附水分较多，且去除较难；内部结合水，是指污泥颗粒内部或者微生物的细胞膜中的水分，约占污泥水分的 3%，这部分水用机械方法不能脱除，但可用生物作用使细胞进行生化分解，或采用其他方法进行去除。

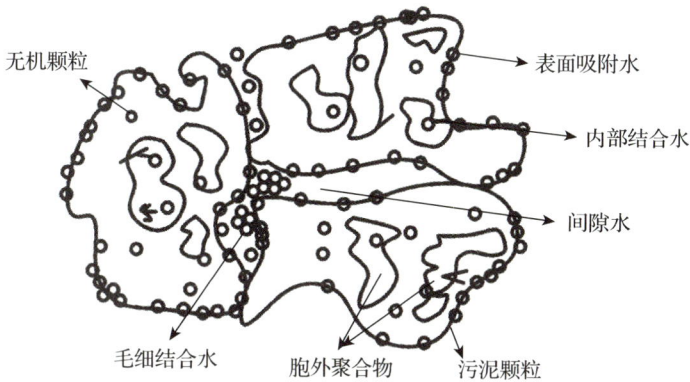

图 6-1 污泥中水分形态示意图

污泥的性质对污泥的处理过程有很大的影响，表征污泥性质的常用指标有含水和含固率、污水脱水性能、可消化程度等。

1. 含水率和含固率

单位质量污泥所含的水分的质量占总污泥质量的百分比称为污泥的含水率，相应的固体物质在污泥中的质量百分数称为含固量。污泥的含水率一般都很高，而含固率很低，初沉污泥的含固量在 2%~4%，而剩余污泥含固量在 0.5%~0.8%，密度接近 1kg/L。一般来说，固体颗粒越小，其所含有机物越多，污泥的含水率越高。

污泥含水率、污泥体积、重量和污泥所含固体物质浓度的关系如下式所示（适用于含水率大于 65% 的污泥），即

$$V = m_s / [\rho_w \gamma (100 - P)]$$

式中：V 为污泥体积，m^3；m_s 为污泥中固体的质量，kg；ρ_w 为水的密度，kg/m^3；P 为含水率，%；γ 为污泥相对密度，即污泥的质量与同体积水质量的比值。

2. 污泥的脱水性能

污泥中较高的含水率不利于污泥的减量、储存、输送、处理处置及利用，必须对污泥进行脱水处理。污泥的脱水性能表示了污泥脱水的难易程度，评价污泥

脱水好坏的指标主要有污泥比阻（specific resistance to filtration，SRT）、毛细吸水时间（capillary suction time，CST）、泥饼含水率（water percentage content，WPC）。一般认为，当 SRF＜1013m/kg、CST＜20s、WPC＜80％时，污泥脱水性能良好。污泥的脱水性能可用真空过滤法测定。测定时先在布氏漏斗中放入一张滤纸，用水润湿，用塞子紧密地与量筒连接，量筒用水射器抽气，使量筒中成为负压，滤纸紧贴漏斗，关闭水射器。将 100mL 泥样倒入漏斗，再次开动水射器，使污泥在一定的真空度下过滤脱水。用泥面出现龟裂或滤液达到 85mL 时所需的时间作为参数衡量污泥的脱水性能，脱水时间越短，脱水性能越好。

影响污泥脱水性能的因素主要有污泥中水分的存在形式、离子的类型和浓度、污泥的粒径、酸碱处理、消化等。

（1）水分的存在形式。污泥颗粒因其较高的比表面积和亲水性，含有大量的结合水。结合水是靠化学键的作用与污泥颗粒结合，活性较低，要靠机械力或化学作用才能除去。间歇水不同于结合水，与污泥颗粒没有化学键作用，包裹在污泥颗粒的表面，仅靠重力便可以将其与污泥分离。因此，污泥最后的脱水效果在一定程度上取决于污泥中结合水所含的量，结合水越多，污泥脱水效果越差。

（2）离子的类型和浓度。1997 年 Higgins 和 Novak 研究发现一价钠离子能够恶化污泥的脱水性能，而二价离子如钙镁离子能够改善污泥的脱水性能。研究还指出当同时含有一价和二价离子时，一价离子和二价离子摩尔浓度比大于2:1时，污泥的脱水性能会恶化。此外，在污泥中较高浓度的高价金属离子可以改善污泥的脱水性能。

（3）污泥粒径大小。因污泥粒径对污泥表面积、污泥絮体孔隙率有重要影响，从而影响污泥脱水性能。通常情况下，污泥粒径越小，其脱水性能越差。

（4）pH 值。pH 值会改变污泥的结构和理化性质，因此酸碱处理会影响污泥的脱水性能。在对污泥进行处理之前，要先对其进行酸碱预处理。研究发现，随着 pH 的升高，污泥的脱水性能会不断降低，酸性条件有利于污泥脱水。原因是在碱性条件下，若污泥中含有蛋白质，它会从内部转移到表面，使得脱水性能下降。值得注意的是，在污泥的消化过程中，随着大分子有机物转化为小分子有机物，污泥的脱水性能有所改善。

3. 可消化程度

污泥中的有机物是消化处理的对象，其中一部分是可经生物消化降解的；另一部分是不易或不能被消化降解的。可消化程度可衡量污泥中可经生物消化降解的有机物的比重。火炸药工业的物化污泥的可消化程度一般较低，火炸药工业的生化污泥的可消化程度相对较高，但由于其中含有一定量的火炸药类污染物、未被降解的中间产物，其可消化程度远远低于市政污泥。

6.2.3　污泥的处理

污泥的处理实际上是对污泥进行减量化和稳定化的过程，一般包括浓缩、调理、脱水、稳定（厌氧消化、好氧消化、堆肥）和干化、最终处理等步骤。火炸药工业废水处理过程产生的生化污泥可采用传统生化污泥处理流程进行处理，如图 6 - 2 所示。

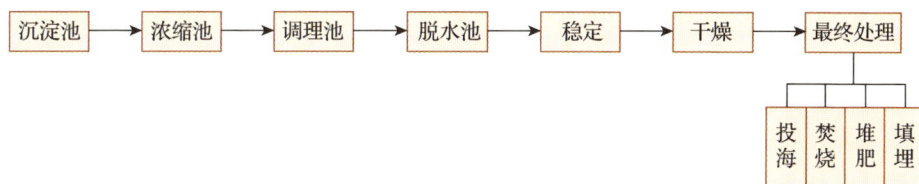

图 6 - 2　传统生化污泥处理流程

由于火炸药废水处理所产生的物化污泥本身所具有的特殊性，与一般的生化污泥相比有如下特点：①火炸药主要是有 C、H、O、N 元素组成，因此物化污泥 C、N 含量比较高，可作为堆肥的原料，为微生物提供碳源、氮源和能源；②属于危险废物，具有爆炸潜力，存在安全威胁；③有些物化污泥具有回收利用的价值，如 TNT 废水用酸析出的硝基化合物。因此，针对火炸药工业所产生的物化污泥的处理，首先要考虑其中有价值组分的回收和再利用。例如 TNT 废水酸析处理形成的硝基化合物可回收利用；硝化甘油废水的沉淀截留、混凝沉淀等工段产生的沉淀物可用来制造民用炸药或者烟花爆竹；硝化棉酸性废水中和所产生的硫酸钙废渣亦可用来制作烟花爆竹。没有回收利用价值的物化污泥，可进入污泥浓缩池进行浓缩处理或进入污泥储存池进行储存，经板框压滤后压成泥饼后进行焚烧处理；少量物化污泥可纳入生物污泥的处理系统进行后续处理。

1. 污泥的浓缩处理

二沉池等废水处理单元排出的生化污泥一般含水率较高，若这种流动的泥水混合物直接处理，对于运输和储存都有相当大的困难。因此，首先要将含水的生化污泥进行浓缩，使污泥中部分间隙水得以去除，达到减量化处理的目的，从而减小处理设备容积和处理成本（化学药剂、加热、管道输送和提升费用等）。污泥浓缩法是减少污泥体积最经济有效的方法。例如，如能通过浓缩处理将污泥含水率从 99% 降低至 96%，可使污泥体积减少四分之三；如能将污泥含水率从 97.5%

降低至 95%，污泥体积可减少二分之一。在污泥浓缩的过程中，往往会受到很多因素的影响，诸如水分存在方式、污泥粒径、絮体的密度、胞外聚合物和 pH 值。

目前，污泥浓缩的主要方法有：重力浓缩、气浮浓缩、离心浓缩、带式浓缩机浓缩和转鼓机械浓缩。其中重力浓缩法是利用污泥中的固体颗粒和水之间的相对密度差异来实现泥水分离的方法，是目前应用最广、操作最简单的一种浓缩方法，主要设备是浓缩池，按照浓缩池的操作方式可以分为间歇式和连续式两种。图 6-3 为带有刮泥机与污泥搅动装置的连续式重力浓缩池示意图。重力浓缩法的优点是维修管理及动力费较低，缺点是占地面积大、卫生条件差、浓缩效果差、富磷污泥可在浓缩中释放磷。气浮浓缩主要通过压缩溶气产生的微小气泡黏附于污泥颗粒的表面，使污泥颗粒的相对密度降低，从而使污泥上浮，达到泥水分离的目的。气浮浓缩主要适用于密度接近于水的污泥、疏水性强的污泥以及易于发生污泥膨胀的污泥，主要分为压力溶气气浮和涡凹气浮两大类。图 6-4 为涡凹气浮系统实物照片。离心浓缩主要利用污泥中固液相的密度不同，在高速旋转的离心机中受到不同的离心力，使泥水两相分离，从而达到浓缩的目的。

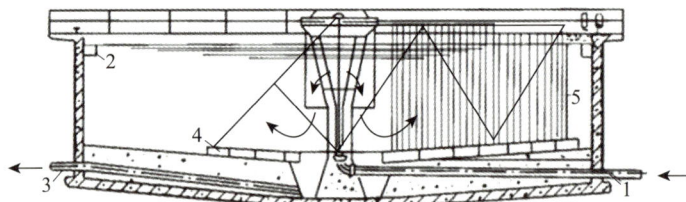

图 6-3　带有刮泥机与污泥搅动装置的连续式重力浓缩池示意图
1—中心进泥管；2—上清液溢流堰；3—底流排泥管；4—刮泥机；5—搅动栅。

2. 污泥的调理

污泥调理是采用物理、化学和生物的方法，通过压缩絮体的体积、改变絮体的亲水性、代谢絮体中的胶体物质等途径，使絮体中的间隙水和吸附水分减少，从而有利于污泥浓缩和脱水。调理的方法主要有化学调理、物理调理和热工调理等三种类型。

化学调理是在污泥中加入适量的混凝剂、絮凝剂、助凝剂等调理剂，起到电性

图 6-4　涡凹气浮系统实物照片

中和和吸附架桥作用，破坏污泥胶体颗粒的稳定，使分散的小颗粒聚集成大颗粒，从而改善污泥的脱水性能。所投加的化学药剂主要包括无机非金属药剂、

有机高分子药剂、各种污泥改性剂等，如聚合氯化铁、聚合硫酸铁、石灰、聚丙烯酰胺及其衍生物以及微生物絮凝剂等，需要根据污泥种类、浓缩和脱水方式、药剂价格等因素综合选用。

物理调理是向污泥中投加不会发生化学反应的物质，改善污泥的可压缩性。该类物质主要有：烟道灰、硅藻土、焚烧的污泥灰、粉煤灰等。

热工调理是通过热量的流动改变污泥胶体颗粒的稳定性，削弱污泥颗粒与水分之间的结合力，从而改善污泥脱水性。热工调理包括冷冻、中温和高温加热调理等方式，常用的为高温热工调理。高温热工调理可分为热水解和湿式氧化两种类型，高温热工调理在实现深度脱水的同时还能实现一定程度的减量化。

3. 污泥的脱水处理

污泥的脱水主要是去除污泥颗粒间的毛细结合水和表面吸附水，以进一步减少污泥的体积，以便后续处理、处置和利用。经脱水处理后污泥含水率可降低至 65%～80%，呈泥饼状。污泥的脱水处理主要分为自然干化脱水和机械脱水两大类。自然干化脱水主要适用于气候比较干燥、土地使用不紧张、卫生条件允许的地区，主要的影响因素包括：气候条件、污泥性质以及污泥调理效果。图 6-5 为自然干化场的照片。污泥机械脱水的原理是以过滤介质两面的压力差作为推动力，使污泥水分被强制通过过滤介质，形成滤液，而固体颗粒物被截留在介质上，从而达到脱水的目的。因此，根据造成压力差推动力的不同，将机械脱水分为三类：真空过滤脱水、压滤脱水、离心脱水。其中，板框压滤机的原理为混合液流经过滤介质（滤布），固体停留在滤布上，并逐渐

图 6-5　自然干化场照片

在滤布上堆积形成过滤泥饼。而滤液部分则渗透过滤布，成为不含固体的清液，压滤机过滤后的泥饼有更高的含固率和优良的分离效果。板框压滤机压滤后，污泥含水率可降低至 65% 以下。然而，板框压滤机操作不能连续进行、脱水泥饼产率低等问题亦限制了其进一步应用，一般适用于小规模的污泥处理。带式压滤机的滤带可以回旋，脱水效率高，噪声小，能源消耗省，动力消耗少，附属设备少，可以连续生产，适用于大规模的污泥处理。板框压滤机的照片如图 6-6 所示；带式压滤机的实物照片如图 6-7 所示。离心脱水机是采用内筒转动等离心方式，通过高速的旋转产生的离心力，将污泥等介质中所含的水分分离出去的一种设备，其结构原理如图 6-8 所示。真空过滤脱水是采用抽真空的方

法造成过滤介质两侧的压力差，从而造成脱水推动力进行脱水，如图 6 - 9 所示。

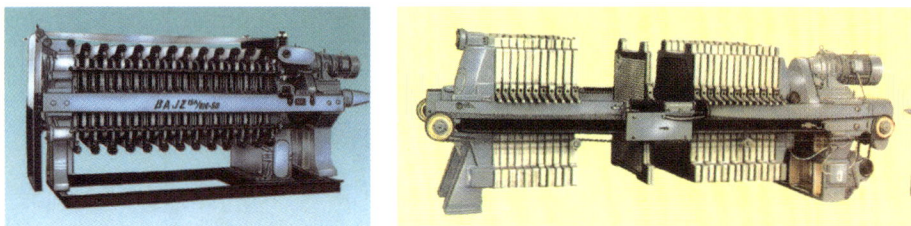

图 6 - 6　板框压滤机照片

图 6 - 7　带式压滤机照片

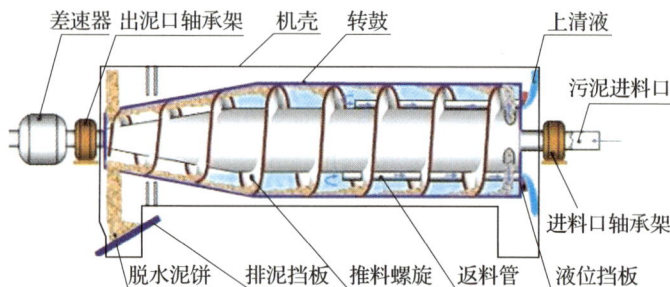

差速器　出泥口轴承架　机壳　转鼓　上清液　污泥进料口　进料口轴承架　液位挡板　脱水泥饼　排泥挡板　推料螺旋　返料管

图 6 - 8　离心脱水机的结构原理图

4. 污泥的稳定化处理

污泥稳定化处理就是降解污泥中的有机物质，进一步减少污泥含水量，杀灭污泥中的细菌、病原体等，打破细胞壁，消除臭味，这是污泥能否资源化有效利用的关键步骤。

污泥以园林绿化、农业利用为处置方式时，鼓励采用厌氧消化或高温好氧发酵（堆肥）等方式处理污泥。厌氧消化是采用污泥厌

图 6 - 9　转鼓式真空过滤机

氧消化工艺（图 6 - 10），产生的沼气应综合利用。厌氧消化后污泥在园林绿化、农业利用前，还应按要求进行无害化处理。高温好氧发酵是利用剪枝、落叶等园林废弃物和砻糠、谷壳、秸秆等农业废弃物作为高温好氧发酵添加的辅助填充料，污泥处理过程中要防止臭气污染，其工艺流程如图 6 - 11 所示，好氧堆肥设施示意图和污泥堆肥产物照片如图 6 - 12 所示。

图 6 - 10　污泥的厌氧消化池

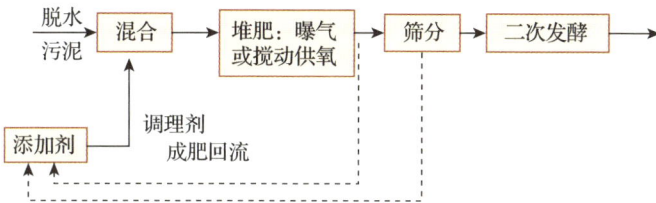

图 6 - 11　污泥好氧堆肥的基本流程工艺图

图 6 - 12　污泥好氧堆肥设施示意图（左）和污泥堆肥产物照片（右）

污泥以填埋为处置方式时，可采用高温好氧发酵、石灰稳定等方式处理污泥，也可添加粉煤灰和陈化垃圾对污泥进行改性，高温好氧发酵后的污泥含水率应低于 40%。石灰稳定化流程如图6-13所示。

5. 污泥的干化处理

污泥干化主要是去除污泥颗粒间

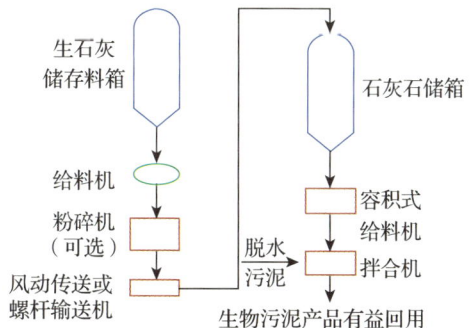

图 6 - 13　污泥石灰稳定化工艺图

的吸附水和内部水，干化后的污泥呈颗粒或粉末状。污泥的干化可分为自然干化和机械干化，前者由于占地面积大、受气候条件影响大、散发臭味，不常采用。后者主要是利用热能进一步去除污泥中的水分。干化后的污泥可进行焚烧处理。

6. 污泥的最终处置

污泥处置是指处理后污泥向环境的消纳过程，应综合考虑污泥泥质特征、地理位置、环境条件和经济社会发展水平等因素，因地制宜地确定污泥处置方式。一般情况下，生化污泥经浓缩、脱水、干化处理后，就可将其进行填埋、堆肥、焚烧、绿化等处理。我国污泥最终的处置方式主要为农业利用、园林绿化利用、填埋、建筑材料利用等，各处置方法所占比例如图 6 - 14 所示。污泥土地利用应符合国家及地方的标准和规定，污泥土地利用主要包括土地改良、园林绿化、农用等。有条件的地区，应积极推广污泥建筑材料综合利用。污泥建筑材料综合利用是指污泥的无机化处理，用于制作水泥添加料、制砖、制玻璃、制轻质骨料和路基材料等。污泥建筑材料利用应符合国家和地方的相关标准和规范要求，并严格防范在生产和使用中造成二次污染。不具备土地利用和建筑材料综合利用条件的污泥，可采用填埋处置。国家将逐步限制未经无机化处理的污泥在垃圾填埋场填埋。

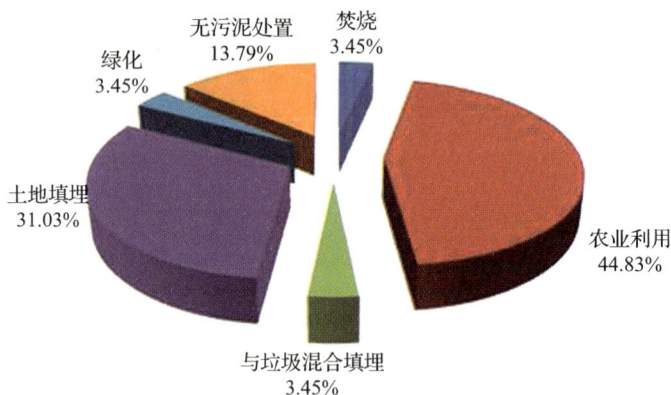

绿化
3.45%

无污泥处置
13.79%

焚烧
3.45%

土地填埋
31.03%

与垃圾混合填埋
3.45%

农业利用
44.83%

图 6 - 14   几种污泥处置方法在我国所占的比例

6.3   废旧火炸药的处理处置与资源化方法

对于废旧火炸药的处理，各军事大国早在 20 世纪 50 年代初就开始了多方面的探索研究，并取得了一些研究成果。归纳起来，传统对废旧火炸药的处理方法主要有以下三种：

（1）深海倾倒。深海倾倒是将废弃火炸药集中装放在桶内或集装箱内，用船只运送到公海深海地方直接倒入海中，这是第二次世界大战以后常用的方法。该方法可大量处理废弃火炸药，具有不可回收性。这种方法明显会对海洋生态环境造成污染性破坏，在一些发达国家，这种做法是非法的。

（2）深土掩埋。深土掩埋法是采用人工挖坑或利用已有的废弃矿井将废弃火炸药埋置于地下深处，在表面用泥土或水泥覆盖，最终让火炸药在地下腐蚀。这种方法与深海倾倒法一样会污染环境，特别是会对地下水资源造成严重的污染，且掩埋多年的火炸药仍具有相当的爆炸力，需防止他人偷挖而将其再利用，此法并未真正消除隐患。

（3）露天焚烧或爆炸。露天焚烧或爆炸法是指将废弃的火炸药运至远离城市和远离交通枢纽的场地进行露天焚烧或爆炸。焚烧场通常四面环山，周围没有杂草树木，其风向应避免燃烧产物流向人口稠密区。进行焚烧操作时，先将废弃火炸药分散地堆放于预先铺垫有助燃物的焚烧场地上，然后用电点火装置将助燃物点燃。火药、炸药、推进剂比较适合采用露天焚烧法进行集中处理。而对于危险性高、现场条件复杂、不适宜于转移搬运的大型废弃火炸药，则需采用露天爆炸。据估计，爆炸过程中产生的氮的氧化物少于焚烧过程中产生的氮的氧化物。露天焚烧和爆炸法操作简单、经济，相对比较安全，投资和维护费用也较低，是当前世界各国普遍采用的处理方法，但焚烧或爆炸时产生的大量高浓度污染废气以及固态燃烧残渣，会随空气流、雨水等侵害人类和生态环境。因此，美国从 20 世纪 70 年代中期就开始逐渐废止露天焚烧法，改用其他处理方法。

随着环保力度的不断加大，在环境保护法规的要求下，以上三种传统处理废旧火炸药的方法逐渐被废止，转而由对环境污染小的其他方法取而代之。此外，由于废弃火炸药还是一种含能量很大的材料，所以人们在研究废旧火炸药的处理时不仅立足于保护环境，可考虑将过期火炸药作为一种可利用的资源加以回收利用。目前，针对环境保护和资源回收利用这两点，人们已经研究出了多种处理废旧火炸药的方法，总的来看可以分成为：焚烧炉焚烧法、物理方法、化学方法、堆肥方法。

6.3.1　废旧火炸药的焚烧炉焚烧处理法

为适应严格的环保法规要求，避免露天焚烧所带来的环境污染，研究和工程技术人员开发了废弃物受控的烧毁技术——焚烧炉焚烧技术。美国各陆军弹药厂和弹药库先后建造并使用了不同形式的焚烧炉，逐步取代露天焚烧的销毁作业。由于焚烧炉销毁法在设备、维修及运行方面的耗费较高，目前只有少数发达国家采用，其他国家仍然延用露天焚烧销毁法。实践证明，焚烧炉法是大批量销毁废弃物并减少污染物的最有效的方法之一。

1. 焚烧技术及影响焚烧效果的因素

废弃物无论是固态的、气态的还是液态的，它们都占据有效空间，危害生态，对人类的生存以及环境构成了威胁。物质的焚烧过程是物态和组分发生变化的过程，经统计，焚烧处理废弃物后的废物量可以减少90%。它们通过氧化过程，分别由固、液态转变为气态，或由一种气态物质转化为另一种气态物质。尤其是废弃物中的有机物，经焚烧后成为一氧化碳、二氧化碳、水及硫的氧化物而逸散到大气中。由此可见，焚烧过程是消除无用物质和消除有害物质的重要手段，这是用焚烧法销毁火炸药的依据。

火炸药的主要组分是可燃的有机物，它们在受控燃烧后，能较完全地氧化成 CO_2、NO_x、SO_x、水蒸气及少量灰烬。经过多年的实践，研究人员和工程技术人员发明和完善了火炸药的受控焚烧装置——焚烧炉，该装置能创造较好的燃烧条件，使燃烧过程更加有效。在焚烧炉的基础上，发展了对废气和灰烬进行处理、使排放物达到环保要求的附加设备以及热能利用设备。因此，焚烧炉技术实际上是受控燃烧加上燃烧产物治理和热能回收的综合技术，受控燃烧减少燃烧产物中的毒性组分，燃烧产物治理技术使燃烧排放物洁净化。

影响焚烧炉焚烧效果的因素有：焚烧物的热值、焚烧物在炉中与高温空气接触的时间（滞留时间）、焚烧物与氧气的混合程度和燃烧温度等。到目前为止，所设计和所建造的各类焚烧炉都是通过滞留时间、燃烧温度、气体湍流这三个因素进行优化的。滞留时间往往与燃烧室的容积密切相关，足够大的燃烧室能保证高温气流与焚烧废物有足够的时间接触，使废物及其降解产物能够完全燃烧。为了扩大滞留时间的调节范围，实践中采用了逆流、旋转流、分散装置、斜卧式炉体等各项技术。燃烧温度是影响化学反应方向和影响燃气组分的关键因素，在焚烧时保持稳定的燃温是非常必要的。在焚烧炉技术发展中，逐步地引入了控制燃温的技术，如采用向炉中通入过量空气、喷射附加燃料、使用废弃物混合焚烧、进料预热和采用绝缘技术等，以维持自发的燃烧和完全的燃烧。然而，为了降低尾气中氮氧化物含量，经常采用减少空气用量及保持较低燃温的方法。气体湍流流动可以使焚烧物和燃烧中间产物与空气充分混合，是实现完全燃烧的重要因素。气体的湍流程度可由气体的雷诺数决定，雷诺数低于1000时，湍流与层流同时存在，混合程度仅靠气体的扩散达成，效果不佳。雷诺数越高，湍流程度越高，混合越理想。一般对二次燃烧室来说，气体速率在 $3\sim7m/s$ 即可满足要求，但如果气体流速过大，混合度虽大，而气体在二次燃烧室的停留时间会缩短，反应反而不易完全。

2. 焚烧炉装置及焚烧的基本过程

1）焚烧炉装置

焚烧炉系统的主体装置是焚烧炉，是废弃物进行焚烧的容器。焚烧炉限定焚烧物于固定的空间，为燃烧提供需要的反应条件，并对焚烧产物进行导向。焚烧炉的主体，一般是大型圆筒型容器，内衬绝缘材料。包括焚烧物、空气、附加燃料的进口，尾气、灰烬的出口，以及监控用的元器件。焚烧坑是最简易的焚烧炉体。焚烧后的尾气含有灰烬和有毒性气体，一般的焚烧炉装置都配备有尾气的处理装置，包括除尘器、过滤器或气体洗涤器。早期的燃烧炉只有一个燃烧室，为了提高燃烧效率，后期增加为两个燃烧室，即基本燃烧室和后燃烧室。在空气不足时，燃烧产物多为可燃气体，进入后燃烧室进行二次燃烧后，使燃烧反应更加彻底。两个燃烧室优点是：减少过量空气用量；燃烧室温度易于调节；基本燃烧室的气体流量小，减少了尾气中的固体颗粒携带量；提高了燃烧效率。除上述提及的装置外，焚烧炉装置系统还有原料的输送装置，气体强制流动装置以及检测部件等。

2）焚烧中的几项重要操作

为获得好的焚烧效果和保证安全的焚烧，可将火炸药粉碎成小颗粒，制成含水的药浆，再喷入炉中。焚烧时常引入过量空气以提供燃烧所需的氧、调节焚烧炉的温度并促进燃气湍流。可利用烟囱和鼓风机等装置引进或送入空气。

添加辅助燃料有利于稳定的燃烧。辅助燃料的作用有：加热焚烧炉；对于缺少足够热焓而不能进行良好燃烧的废物，可促进其燃烧；为控制烟雾提供二次燃烧的氧化剂；为热能回收装置补充热量。

无机物组分和重金属组分在焚烧后形成灰烬，应有除尘过程和除尘操作。

3）主要焚烧参数计算

焚烧炉质能平衡计算是根据废物的处理量、物化特性，确定所需的助燃空气量、燃烧烟气产生量及其组成以及炉温等主要参数。它是后续炉体大小、尺寸、送风机、燃烧器、耐火材料等附属设备设计参考资料。

（1）燃烧所需空气量。理论燃烧空气量是指废物（或燃料）完全燃烧时，所需的最低空气量，其计算是假设单位质量的液体或固体废物中的碳、氢、氧、硫、氮、灰分生成完全燃烧产物所需要的空气量。因为燃料中的氢是以结合水的状态存在，在燃烧中无法利用这些与氧结合成水的氢，故需要从全氢中减去。而实际需要燃烧空气量应大于理论燃烧空气量，在实际使用时应乘以一定的系数。

（2）焚烧烟气量。假定废物按照理论空气量完全燃烧时的烟气量称为理论烟气产生量。如果废物组成已知，焚烧烟气量同样可以根据单位质量的液体或固体废物中的碳、氢、氧、硫、氮、灰分生成完全燃烧时所产生的烟气量进行计算。该数值的计算分为理论燃烧湿基烟气量和理论燃烧干基烟气量两种。

（3）发热量。常用的发热量数值，大致可分为干基发热量、高位发热量与低位发热量三种。其中，干基发热量是指废物不包括含水部分的实际发热量；高位发热量又称总发热量，是燃料在定压状态下完全燃烧，其中燃烧生成的水凝缩成液体状态，热量计测得值即为高位发热量；实际燃烧时，燃烧气体中的水分为蒸气状态，蒸气具有的凝缩潜热及凝缩水的显热之和（约为 2500kJ/kg）无法利用，将之减去后即为低位发热量或净发热量，也称真发热量。

（4）燃烧室容积热负荷。在正常运转下，燃烧室单位容积在单位时间内由固体废弃物及辅助燃料所产生的低位发热量，称为燃烧室容积热负荷（Q_v），是燃烧室单位时间、单位容积所承受的热量负荷，单位为 kJ/（m³·h）。其计算方法如下：

$$Q_v = \frac{F_f \times H_{f1} + F_w \times [H_{w1} + Ac_{pa}(t_a - t_0)]}{V}$$

式中，F_f 为辅助燃料消耗量，kg/h；H_{f1} 为辅助燃料的低位发热量，kJ/kg；F_w 为单位时间的废物焚烧量，kg/h；H_{w1} 为废物的低位发热量，kJ/kg；A 为实际供给每单位辅助燃料与废物的平均助燃空气量，m³/kg；c_{pa} 为空气的平均定压热容，kJ/（m³·℃）；t_a 为空气的预热温度，℃；t_0 为大气温度，℃；V 为燃烧室容积，m³。

（5）焚烧温度的推估。若燃烧过程中化学反应释放出的热完全用于提升生成物本身的温度，则该燃烧温度称为绝热火焰温度。从理论上讲，对单一燃料的燃烧，可以根据化学反应式及各物种的定压比热容，借助化学反应平衡方程组推求各生成物在平衡时的温度计浓度。但是焚烧处理的废物组成复杂，计算过程十分复杂，故工程上多采用较简便的经验法或半经验法推求燃烧温度。在不考虑热平衡条件的情况下，若已知元素分析及低位发热量（H_1），则近似的理论燃烧温度 t_g，可用以下的公式计算：

$$H_1 = V_g c_{pg} \ (t_g - t_0)$$

式中，c_{pg} 为废气在 t_g 及 t_0 间的平均定压热容，kJ/(m³·℃)；t_g 为大气温度，℃；t_0 为燃烧烟气温度，℃；V_g 为燃烧场中废气体积（标准状态下），m³。

仅用低位发热量来估计燃烧温度时，经常会有高估现象。若采用较精确的热平衡计算，则可进一步改善计算的精度。假设助燃空气没有预热则简易的热平衡方程可以表达如下：

$$c_{pg}\left[G_0 + (\alpha-1)A_0\right]F_w t_g = \eta F_w H_1(1-\sigma) + C_w F_w t_w + c_{pg}\alpha A_0 F_w t_0$$

式中，F_w 为单位时间的废物焚烧量，kg/h；A_0 为废物燃烧理论所需空气量，m³/kg；α 为过剩空气系数；G_0 为理论焚烧烟气量，m³/kg；C_w 为废气的平均热容，kJ/(kg·℃)；c_{pa} 为空气的平均定压热容，kJ/(m³·℃)；σ 为辐射比率，%；t_w 为焚烧最初温度，℃；t_0 为大气温度，℃；η 为燃烧效率，%。

上式右端中 $\eta F_w(kg/h)$ 为单位时间的供热量，而 $\eta F_w H_1(1-\sigma)$ 为辐射散热后可用的热源，$F_w C_w t_w$ 为废物原有的热焓，$c_{pg}\alpha A_0 F_w t_0$ 为助燃空气带入的热焓，左端 $c_{pg}\left[G_0 + (\alpha-1)A_0\right]F_w t_g$ 为废物燃烧后废气的热焓。因此燃烧温度可推求如下：

$$t_g(℃) = \frac{\eta H_1(1-\sigma) + C_w t_w + c_{pg}\alpha A_0 t_0}{c_{pg}\left[G_0 + (\alpha-1)A_0\right]}$$

其中，燃烧废气的平均定压热容 1.3~1.46kJ/(m³·℃)；C_w 由下式确定：

$$C_w = 1.05(A + B) + 4.2W$$

式中，A 为灰分，%；B 为可燃分，%；W 为水分，%。

美国的 Tillman 等人根据美国焚烧厂数据，推导出大型垃圾焚烧厂燃烧温度的回归方程有

$$t_g(℃) = 0.0258H_1 + 1926\alpha - 2.524W + 0.59(t_a - 25) - 177$$

日本的田贺根据热平衡提出用下式确定理论燃烧温度，即

无空气预热时　　$$t_{g1}(℃) = \frac{(H_1 + 6W) - 5.898W}{0.847\alpha(1 - W/100) + 0.491W/100}$$

有空气预热时　　$$t_{g2}(℃) = \frac{(H_1 + 6W) - 5.898W + 0800 t_a \alpha(1 - W/100)}{0.847\alpha(1 - W/100) + 0.491W/100}$$

3. 焚烧炉的种类

美国用于销毁火炸药及其污染物的焚烧炉有 20 多种。表 6-1 中列举了几种重要的焚烧炉的尺寸及其处理能力。本书重点介绍空气焚烧炉、气旋焚烧炉、多膛焚烧炉、流化床焚烧炉、转窑式焚烧炉及封闭坑焚烧炉。

表 6-1　几种美国制造的焚烧炉产品及其性能

名称	尺寸	处理能力	温度范围/℃	尾气处理装置
气旋焚烧炉	2.3～4.6m³	2.4～73kg/（m²·h⁻¹）	>820	除尘器
多膛焚烧炉	直径 1.4～7.6m	90～3630kg/h	760～980	后燃烧室，除尘器
流化床焚烧炉	内径 0.152m，高为 2.74m	15400～310500kg/d	750～850	除尘器
转窑焚烧炉	筒长 1.2～3.0m	13.6～1421kg/h	810～1650	后燃烧室，除尘器

1）空气焚烧炉

空气焚烧炉（又称坑式焚烧炉）是由美国杜邦公司于 1964 年研制出来，用于焚烧硝化纤维素和各种包装材料的一种焚烧装置，是一类销毁弹药污染物、高热值废物的有效装置。如果某些废物可能因其在燃烧时会爆炸而损坏封闭式焚烧炉，那么用空气焚烧炉来销毁是比较适合的。

空气焚烧炉系统由发动机、鼓风机、带喷嘴的进气管和焚烧地坑组成，如图 6-15 所示。地坑有混凝土衬里，地坑的"深度/宽度"比值为 1.5～2.5，长度为 6.10～7.32m。鼓风机提供速度为 45m/s 的高速空气流，通过气管和喷嘴从坑壁的一侧喷向另一侧形成空气幕，同时以湍流的流动方式下旋流至坑中。空气幕为燃烧提供所需的空气和过量的空气，以保证废物与氧气的混合与良好的接触，从而有助于可燃物的完全燃烧和抑制固体粒子的分散，兼备了后燃烧室的作用。

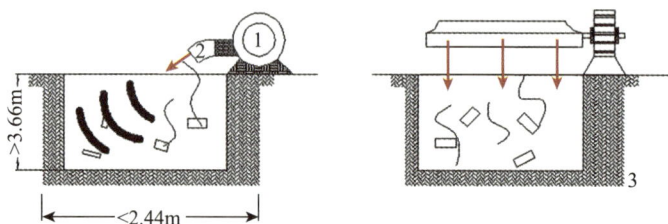

图 6-15　空气焚烧炉
1—鼓风机；2—空气进气管；3—焚烧地坑。

从 1976 年起，美国 Rodford 陆军弹药厂采用空气焚烧炉销毁火炸药和烟火剂污染的固体废弃物，但空气焚烧炉控制气态污染物的能力较弱。空气焚烧炉的结构简单，耗费较低，用它销毁废弃物时燃烧速度较快，可燃物与空气接触时间长，燃烧温度较高，燃烧木料时火焰温度可达 1370℃。特别适于处理灰分的质量分数低于 2% 的废物，也处理过重型支架、电缆盘、建筑材料及塑料等废弃物。与露天焚烧法相比，空气焚烧炉排出的气态污染物和颗粒物较少，但散发物不能收集作进一步处理，散发量仍多于封闭式焚烧炉。此外，焚烧爆炸物时需要大量的辅助燃料，无法抑制火炸药的快速燃烧，因而存在一些安全问题。

2）气旋焚烧炉

气旋焚烧炉的主体是带有旋转炉床的钢制圆筒型炉体，用耐火材料作衬里，如图 6-16 所示。炉床上有一个固定犁耙，它将炉床外缘的焚烧物逐渐推向炉床中央的排灰出口。含有过量空气的高温气体，以高剪切速率沿着与炉床旋转相反的方向扫过燃烧着的物料，然后盘旋向上至排气口。焚烧炉在高温下运行，排出的气体温度约有 820℃，燃烧物必须随着旋转向上的高温气流才能排出炉外，使所有的有机物顺利完成燃烧过程。气旋焚烧炉需要 30%～80% 的过量空气，当采用计算机控制时，过量空气可以减至 10%～20%。目前，市面上气旋焚烧炉的直径已达 9m，更大的焚烧炉也能制造出来。气旋焚烧炉还可用来焚烧液体或淤泥状废弃物。

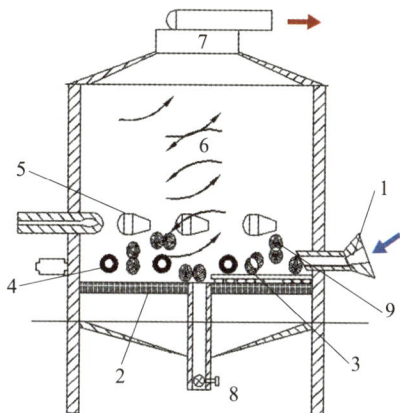

图 6-16　气旋焚烧炉

1—废弃物入口；2—旋转炉床；3—固定犁耙；
4—喷烧器；5—切线方向空气入口；6—旋转气流；
7—尾气出口；8—灰渣排出口；9—废弃物。

含过量空气的高温气体应在焚烧物的上方穿过，而不是从焚烧物中间穿过，这样有利于保持炉温的稳定性，减少了气体携带固体颗粒的可能性，这是气旋焚烧炉的主要优点。另一个优点是上旋气流增加了氧气与燃烧物质的接触时间，由于反应彻底而减少了粉尘的逸散，上旋气流可使壁温不致过高。

3）多膛焚烧炉

多膛焚烧炉最初为焚烧泥浆状废弃物而设计的。在美国，多膛焚烧炉普遍被用于焚烧泥浆，后来也用于处理与火炸药相关的废弃物。图 6-17 是多膛焚烧炉的结构图。在一个内衬耐火材料的钢制圆筒中，装有多个叠层的卧式耐火炉膛，在炉子的中心轴上安装了一些长柄耙，它将燃烧物呈螺旋状耙向炉膛中央或边缘。由炉顶进入的焚烧物在长柄耙的作用下，自最上面的第一层炉膛逐层落到最底层的炉膛，物料分别经过炉中的干燥区（200～315℃）、燃烧区（760～980℃）和灰渣的冷却区（200～315℃），最后从炉底的排灰口排至除灰系统。

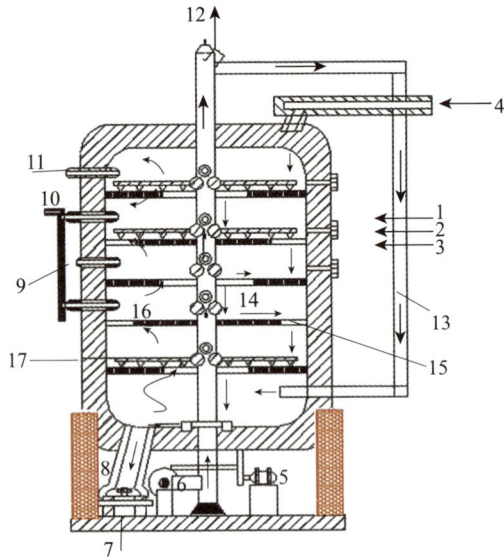

图6-17　多膛焚烧炉

1—喷烧器；2—补加燃料；3—热空气；4—淤泥块、筛上物、砂粒；5—长柄耙驱动装置；6—通入冷空气；
7—灰渣排出口；8—灰渣粉碎器；9—辅助空气口；10—除去浮渣；11—废气出口；12—冷空气排出口；
13—通风管冷却空气回路；14—固体物质流；15—下落孔；16—气体流；17—长柄耙。

多膛焚烧炉的直径从 1.4～7.6m 不等，相应的有 3～17 层炉膛，其处理能力为 90～3630kg/h，对过量空气的需求量为 75%～100%。焚烧物在炉内的运行时间由耙齿结构和中心轴的转速来控制，焚烧物在炉中运行时间有时可长达数小时。多膛焚烧炉中典型的温度分布情况如图 6-18 所示，各层炉膛的温度差是由气流、炉层中物料量以及热释放量等因素决定。为了保证焚烧物完全燃烧，减少火焰对耐火材料的侵蚀，并能通过投料过程充分控制反应温度，则必须建造尺寸合适的炉体和坚固的炉膛。

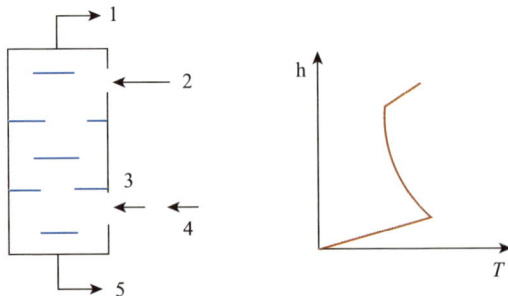

图6-18　多膛焚烧炉中的典型温度分布示意图

1—热气体；2—进料；3—空气；4—燃料；5—灰渣。

与其他焚烧炉相比，多膛焚烧炉的优点是：在销毁速度和焚烧量方面有较大的变动余地；由于长柄耙不停地翻动和破碎焚烧物，焚烧物与空气接触良好；可以焚烧其他方法不能焚烧的低热值物质，但需要附加燃料。多膛焚烧炉的缺点主要包括：由于高温区存在机械运动，给焚烧炉的维护的带来了困难；快速加热与冷却降低了长耙和耐火材料的寿命；设备每次启动和停车所需时间较长；局部高温所产生的熔渣和结块，影响长柄耙的功能，且易堵塞灰渣下落的通道。热气体流出前与未燃烧的焚烧物在炉顶接触，易使易挥发的有机物挥发，并随气体排出炉外，因此需增设一个后燃烧室，以确保有机物在排入大气前燃烧完毕。

4）流化床焚烧炉

在使用流化床焚烧炉焚烧火炸药废物时，若辅以催化剂，可大大降低尾气中有害气体的含量，这种技术又称之为采用催化剂的流化床焚烧技术。其特点是采用镍催化剂降低尾气中 NO_x、CO 等有害气体的含量。该系统可以焚烧 TNT、RDX、HMX、NC、NG、NQ 等火炸药、硝酸和各类铵盐等无机物。焚烧炉的流化床颗粒载体是用催化剂和惰性耐火材料制成的；流化床构架材料是 RA-330 号奥氏体耐热耐腐蚀的铁–镍–铬合金，竖式柱状反应器内径 0.152m，高为 2.74m。

这种焚烧炉有两种结构形式：一级燃烧型和二级燃烧型。两种形式的区别在于前者采用一次供氧，后者采用两次供氧。图 6-19 所示的二级燃烧型流化床焚烧炉结构及流程图。从一次进气管进入炉中空气量少于化学计量，提供的氧气不足以完全氧化焚烧物，而一次、二次两个进气管提供的空气总量要超过化学计量。根据二次进气管的位置，将流化床反应器分为进气管上部氧化区和进气管下部还原区。

一级燃烧型只用一次进气管提供空气，二次进气管关闭。焚烧物在氧不足的条件下燃烧，产生含有较多的 CO 的可燃气体，但由于镍催化剂的作用，产生 NO_x 很少。一级燃烧型销毁方式能将废弃物转化为可燃气体并将其作为能源再利用。

采用二级燃烧型时，焚烧物燃烧生成的可燃气体上升到二次进气管上方的氧化

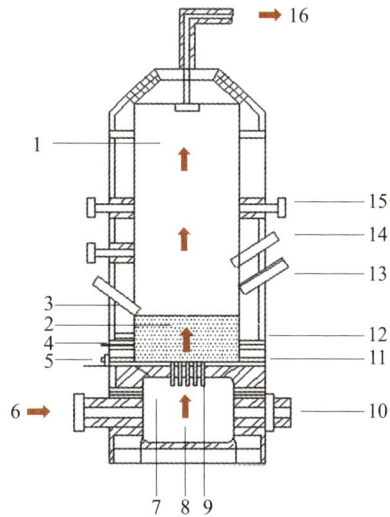

图 6-19　流化床焚烧炉

1—自由空间；2—流化砂床；3—补充砂入口；
4—热电偶；5—废弃物入口；6—流化空气入口；
7—分气盘；8—热风箱；9—喷嘴；
10—热风箱启动预热喷嘴；11—压力阀门；
12—燃料注射器；13—喷嘴器；14—观察孔；
14—压力阀门；16—排出气体及灰尘。

区，CO 等不完全燃烧产物与二次空气再发生氧化反应，降低了 CO 等不完全燃烧产物的含量，此时因催化剂的作用，NO_x 的生成量仍较少，从而降低了排放气体中的有害成分。流化床焚烧炉处理 TNT 含水浆料的研究结果表明，采用二次燃烧型和同时使用催化剂是控制气体污染物的有效措施。采用一次空气送入量低于化学计量的供氧量及使用催化剂，可以有效减少尾气中 NO_x 含量。较适宜的一次空气输入量与化学计量空气需要量的质量比在 0.5∶1～0.9∶1 范围内，催化剂中镍类催化剂效果最好，其他能促使氮的氧化物还原成氮的催化剂，例如钴、铁、铜、铂等催化剂也有一定效果。催化剂的加入方式可采取多种方法，可将固体催化剂混合在流化床颗粒载体中，还有将液体催化剂，如硝酸镍水溶液，加入到焚烧物浆料中。流化床还原区运行温度一般取 649～1371℃，以 871～1093℃ 为最佳，因为含氮物分解还原为氮的有效催化作用在 649℃ 以上有效，还原区温度高于 871℃ 时的 NO_x 量最少；氧化区的温度不应超过 1370℃，以避免 N_2 转变成 NO_x。

流化床焚烧炉的优点主要包括：可使焚烧物与空气迅速而均匀地混合，从而降低对过量空气的需求量；采用较少的过量空气并避免局部过高温度，可有效地减少氮氧化物的生成量；流化床焚烧炉的通用性较强，可用于液体、固体、气体可燃物及污泥状废物的销毁处理，已经成功地用于火炸药的焚烧处理。

5）转窑焚烧炉

转窑焚烧炉的主体是可旋转圆筒型炉体，内有耐火衬里，它依靠一对传动轮进行低速旋转，转速为 0.1～0.5rad/s。转窑炉可采用卧式倾斜放置，其入料口高、出渣口低，倾斜角为 2°～5°。空气入口、喷烧器与出渣口在转窑的同一端，过量空气的需求量约为 40%，转窑燃烧温度为 810～1650℃。图 6-20 是转窑焚烧炉的简图。这种焚烧炉可用来处理夹带液体的大块固体废物。废物可先在干旱区蒸发水分和挥发有机物，蒸发物绕过转窑进入后燃烧室燃烧并送入气体洗涤器；凝聚态物质通过引燃炉箅，点燃后进入转窑燃烧，燃烧残余物主要为灰渣和不燃的金属物，将它们冷却后排出处理系统。

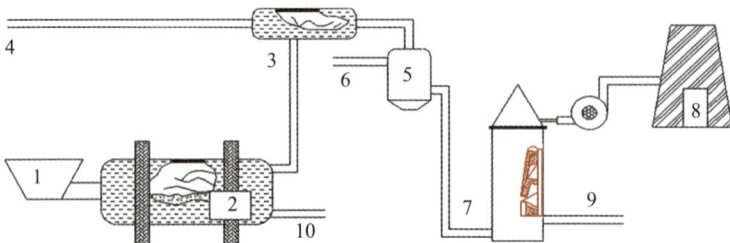

图 6-20　转窑焚烧炉

1—进料；2—转窑焚烧炉；3—后燃烧室；4—燃料；5—预热冷却器；

6—水；7—湿式洗涤器；8—烟囱；9—水；10—燃料。

转窑焚烧炉系统由供料输送装置、破碎机、浆料槽、管道、泵、计量装置、转窑炉、后燃烧室、预冷却器、洗气器和排气烟囱组成。美国、德、英陆军弹药厂专门用于焚烧废火药的转窑焚烧炉系统由磨药工房、转窑炉和控制室三大部分所组成，全部为机械化操作。先将大块的废火药打碎，装入圆形塑料桶用车运进磨药工房，在水存在下用破碎机将火药块破碎成直径 0.254cm 或更小尺寸颗粒。送入浆料混合槽，配成"药/水"比为 1/3 的悬浮液，然后用泵送入转窑炉焚烧。焚烧时先向炉中喷射燃料油，使炉体升温至 871℃ 再喷入火药悬浮液，悬浮液进料速度为 454kg/h。悬浮液在炉中蒸完水分即开始燃烧，燃烧产物在后燃烧室通过二次燃烧后再进入预冷却器和大理石床湿式洗涤器，最后由烟囱排入大气。转窑焚烧炉的颗粒物排放量为 4.24～10.95g/m³。排放废气中各气体的体积分数：碳氢化合物 10×10^{-6}～80×10^{-6}；硫化氢 0～80×10^{-6}；一氧化氮 11×10^{-6}～200×10^{-6}；二氧化碳 0～70×10^{-6}，各气体排放量的变化取决于火炸药的种类。转窑炉进料端有喷水管，当发生断电或意外事故时，可自动喷水熄火。

焚烧物燃烧完全与否，和焚烧物在炉中的滞留时间有关。根据焚烧物的类型，选择适宜的转速、L/D 值（转窑焚烧炉长度与直径之比，通常为 2～10，比值越小，焚烧尾气中的固体粒子越多）、转窑的倾角，这是控制焚烧物在炉中滞留时间的主要方法。通过转速、L/D 值及转窑倾角的调节，焚烧物在窑中的滞留时间可从几秒到几小时。对于分散的很细的喷射燃料，只需 0.5s，而大块固体物质则可能需要滞留 5min、15min 甚至 60min。固体物质在转窑中滞留时间 t 的经验公式：

$$t = 0.00317 \times \left(\frac{L}{D}\right) \div (\tan\theta \times r)$$

式中，t 为滞留时间（min）；L/D 为转窑的长度与直径；θ 为转窑的倾斜角度（°）；r 为转窑转速（rad/s）。

转窑焚烧炉的通用性较强，可用于销毁火炸药及被火炸药污染的废物，也可用于处理其他固体、液体和气体废物。用转窑焚烧炉销毁火炸药时，需将火炸药制成含水浆料，某些组分在高温下的局部爆燃，可能影响转窑内衬材料。由于转窑焚烧炉的结构简单坚固，炉内没有移动部件，外设的机械传动装置不受高温的影响，所以转窑焚烧炉的寿命长，便于维护。

6）封闭坑焚烧炉

封闭坑焚烧炉是一种间歇式运行的焚烧炉，是美国于 20 世纪 70 年代中期研制的。其结构和组成如图 6-21 所示。封闭坑焚烧炉的特点是用一个过滤层来清除燃气中的尘粒和部分有害气体。炉的主体是混凝土焚烧坑，坑上是由工字梁支撑的砂砾过滤层。从强制进风口吹入的空气经导风板向下回旋，参与火炸药的反应后，热燃气向上穿过过滤层排出，减少了尘粒排放量。燃烧的火炸药数量越多，燃速越快，炉温就越高，当燃烧速度较低时，炉中气体的温度较为均匀。测试结果表明，造成升温的热量 1/4～1/3 来自火焰的热辐射，部分来自对流传热。炉温和压力由火炸药燃烧性质和过滤层流动阻力所决定。

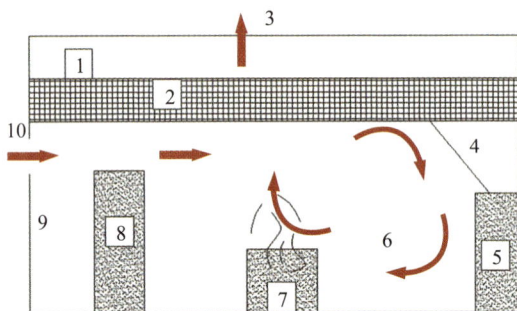

图 6-21 封闭坑焚烧炉

1—砂料；2—砂砾；3—排出气体；4—导风板；5—绝热体；6—空气/燃气混合物；
7—火炸药；8—砖墙；9—前墙；10—强制通风。

封闭坑焚烧炉每次可焚烧 454kgLX-09 炸药。燃烧气体通过砂砾过滤层后，NO_x 含量稍有下降，强制通风的方向及燃烧炸药量对 CO 生成量有影响。在炸药周围的砖墙可以改变空气的流态和流动时间。为减少 CO 的生成量，应采用多次、少量的销毁方式。封闭坑式焚烧炉的主要优点是建造费用及维修费用低，无需辅助燃料，便于操作。

6.3.2 废旧火炸药的钝感处理方法

废旧的火炸药属于易燃易爆危险品，对于一些不易回收的过期火炸药以及被火炸药污染过的物质，可采用一定的化学方法使之发生分解或降解，变成环境可接受的、危险性较低或无危险性的物质，有的分解或降解产物甚至还可以通过进一步分离处理，成为有用的化工原材料。这种处理废旧火炸药的方法就是钝感化处理技术。火炸药的钝感处理，也称为火炸药的非含能化处理。通过可控的方式使火炸药的内能安全地释放出来，使之转变为稳定的非爆炸性物质。这种方法是以消除隐患、产物安全为主要目标的非焚烧性的物质转化，是废旧火炸药处理的主要途径之一。目前，钝化处理废旧火炸药的方法有：熔融盐破坏技术、热解法、超临界水氧化、紫外线氧化法、化学还原法、碱性水解、微波等离子体、高能电子束或 γ 射线照射法。本节将着重介绍其中的几种方法。

1. 熔融盐破坏技术

熔融盐破坏技术（molten salt destruction process）是一种销毁有害化学物质的方法，它的原理是使废药在高温熔融盐的包围中发生氧化反应。与焚烧炉法相比，它也采用了使废物发生高温反应的炉体，反应也是废弃物与空气进行的燃烧反应，但它使用了熔融盐，从而使得进入炉体中的废物处于高温熔融盐的包围之中。

所谓熔盐就是典型的碱或碱土碳酸盐和卤化物。常用的熔融盐有碳酸钠和硫酸钠混合物（其中硫酸钠的质量分数为 1%～10%）；钾、锂、钙等其他碱金属或碱土金属的碳酸盐、氯化物、硫酸盐或它们的混合物。在反应时，熔融盐中的碳酸钠能够迅速地与燃气中的 HCl、SO_2、HCN 等酸性气体发生反应，转变成 CO_2、H_2O、N_2、O_2 等气体和一些固体物质，从而消除尾气中的有害组分。由于在反应过程中，废物中的氯、磷、硫、硅、砷等元素分别形成氧化物的钠盐，当这些盐类和燃烧的灰烬在熔融物中的质量分数积累达到 20% 时，熔盐就需要更换了。熔融盐的温度一般为 700～1000℃，使用碳酸钾等盐类时，可采用较低的反应温度。

在熔融盐技术系统中熔融盐的作用主要有以下几点：①熔融盐是传热的介质，具有良好的传热效果，熔融盐的热惰性可抑制由于投料或供热所造成的温度波动，避免了局部过热现象；②熔融盐为废物与空气建立了较好的燃烧条件，是废弃物和空气氧化反应的载体；③可催化有机物的氧化；④中和酸性气体形成稳定的盐；⑤运行过程中，没有导致爆炸的机械摩擦和冲击。

熔融盐破坏废弃物的过程如图 6-22 所示，粉碎的废物与空气一起从熔融盐反应炉的下部送入炉中，废物与空气在熔融盐的高温条件下发生燃烧反应，气态产物向上流动，经净化装置排入大气，部分气体被熔融盐吸收，吸收了反应产物的熔融盐经处理后循环使用。

1994 年，美国劳伦斯利弗莫尔（Lawrence Livermore）国家实验室用处理能力约 1kg/h 的小型实验装置（见流程图 6-23），对多种

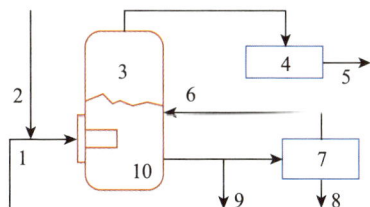

图 6-22　熔融盐破坏系统原理图

1—空气；2—废弃物；3—焚烧炉；
4—气体净化装置；5—烟道气；
6—熔融盐再循环；7—熔融盐回收；
8—灰烬；9—熔融盐处理；10—熔融盐浴

火炸药进行了熔融盐破坏工艺的研究，证明该法可以安全地销毁 HMX、RDX、PETN、TNT、TATB、苦味酸铵、硝化甘油、硝化胍等单质炸药；安全地销毁含有硝酸羟胺、硝酸三乙醇胺和水的液体发射药；安全地销毁 PBX－9404、LX－10、LX－16、LX－17 等混合炸药。采用碳酸钠或混合盐作为熔融盐物料，在 $400\sim900$ ℃条件下，使火炸药中的有机物组分与氧反应，转变成 CO_2、N_2、H_2O 等无害物质，无机物组分则留存在熔融盐中。火炸药中的卤化烃反应产生的酸性气体可被碱性碳酸盐所吸收、中和，生成水蒸气和盐。反应的废气，可通过标准化的废气清洗装置处理之后排入大气。用过的熔融盐要进行处理，分离成碳酸盐类、非碳酸盐类和灰渣三部分，回收的碳酸盐可循环使用。

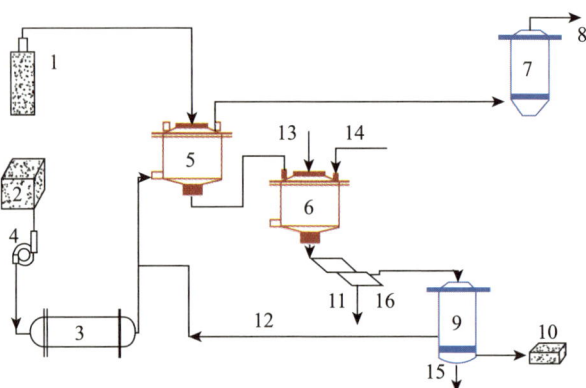

图 6－23　熔融盐破坏火炸药装置流程图

1—氧、空气；2—载气；3—火炸药含水浆状物料；4—泵；5—熔融盐反应炉；
6—溶解器；7—尾气处理装置；8—排入大气；9—结晶器；10—中性盐；
11—过滤器；12—碳酸盐；13—添加剂；14、15—水；16—灰渣。

2. 热解破坏技术

热解破坏技术（pyrolysis destruction）是指在加温和缺氧条件下使有机物降解，其产物一般是没有被氧化的可燃物质。热解后的产物可通过后燃烧室继续燃烧，也可作为燃料使用。由于热解法具有可以实现废物资源化的潜能，因而在处理火炸药固体废弃物的处理领域热解法比焚烧法更有潜力。然而，热解过程的反应复杂，其过程可能是放热反应，也有可能是吸热反应。大多数有机物低温热解是吸热反应，高温条件下是放热反应。当温度、压力等条件不同时，热解产物也不相同。有机物热解的气态产物有碳氢化合物、H_2、CO，固体残渣含有碳和灰分，为了制造可燃气体而进行的热解，其目标是生成尽可能多的 H_2 和 CO，并减少自由碳的形成。

根据加热方式，热解工艺可以分为直接加热法和间接加热法两大类；根据进料方式，热解装置也分为连续式和间歇式两大类。现有的两种基本热解工艺类型为：非成渣式工艺与成渣式工艺。非成渣式工艺使用的是传统的焚烧炉，在缺氧的条件下运行，从热解炉出来的产物是气态产物和炭，而炭可以与处理的废物再混合后重新送入热解炉中。成渣式工艺原理如图 6-24 所示，该工艺是在高温下运行，热解空气从反应器底部进入，通过控制有效氧的供给量，让废物只发生一定程度的燃烧，生成的热气体上升，与下降的废物接触，废物在炉中从上到下依次进行干燥、预热、热分解、不完全燃烧等过程，气体产物从反应器上部排出，上面的废物继续下降。

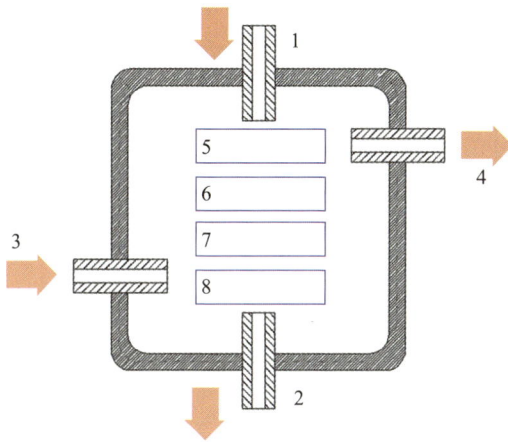

图 6-24 成渣式热解反应器原理图

1—废物；2—灰渣；3—氧气（或空气）；4—气体产物；5—干燥、预热；
6—高温裂解；7—氧化、还原；8—成渣。

由于热解法能将固体废物转化成燃料且对环境影响较小，在 20 世纪 70 年代初，美国军方就选定了热解法作为弹药厂从固体废物中回收能量的方法，并进行了系统的研究与应用。结果表明，在有预防措施的情况下，用热解法处理火炸药及弹药厂的废物是安全的。用热解法处理火炸药的优点有：①火炸药不必粉碎，可省去制作药浆的操作；②借助于气态产物 H_2 和 CO 将产物中的有害的 NO_x 还原为 N_2；③热解反应排出气流所含的余热可再利用。研究发现，炸药加热到 148.9～426.7℃，就分解为气态碳氢化合物、NO_x、H_2 和 CO。TNT 的热解反应为：

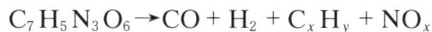

$$C_7H_5N_3O_6 \rightarrow CO + H_2 + C_xH_y + NO_x$$

$$NO_x + CO + H_2 \xrightarrow{\text{Ni 催化剂}} N_2 + CO_2 + H_2O$$

在实验室研究的基础上建立了中试热解装置，选用旋转炉作为热解炉，工艺流程如图 6-25 所示。热解炉用燃料油或电间接加热，火炸药通过热解炉进料口连续进料，炉内产生的碳氢化合物气体进入旋风分离器除尘，通过 NO_x 催化反应去除 NO_x，然后进入焚烧炉或废热锅炉回收能量。热解炉中的固体残渣从排料口排出。火炸药热解产生的气态碳氢化合物温度高达 815.6～1093.3℃。在热解系统中 NO_x 可实现高效率的催化，采用低热活性催化剂就可将 NO_x 还原为 N_2，NO_x 在高温催化过程中不会产生 NH_3。

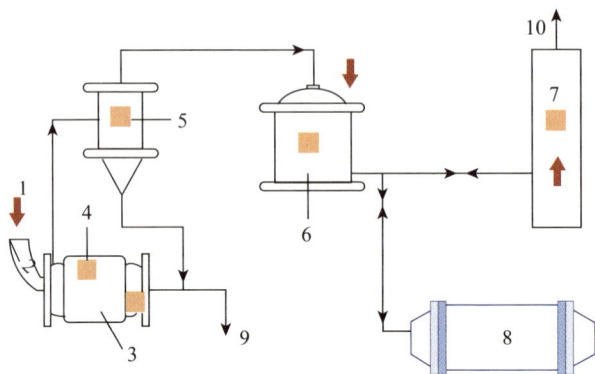

图 6-25　热解火炸药的中试装置

1—炸药或火药；2—双板阀门；3—旋转式热解炉；4—加热器；5—旋风分离器；
6—催化还原反应器；7—浓烟雾焚烧炉；8—废热锅炉；9—灰渣；10—排入大气。

3. 化学还原法

化学还原法（chemical reduction method）通过化学还原反应能使废物转变成无害的物质或转化成容易再处理的物质。在使用还原法处理废物时，还原剂的选择尤为重要，应尽可能满足下列条件：对有害废物有良好的还原作用；反应生成物不会造成二次污染；价格合理使用方便；常温下就能进行较快的还原反应；反应前后无需大幅度调节 pH 值。基于上述条件，常用的化学还原剂有：二氧化硫、亚硫酸钠、硫酸亚铁及硼氢化钠等。由于火炸药物质本身含氧量就比较高，某些组分本身就是氧化剂，这是用还原法销毁火炸药的有利条件。

研究人员用硫化物处理了被火炸药污染的土壤和沉积物。试验探究了硫化物、肼、甲酸等还原剂对 TNT、RDX、NC 的还原效果，发现硫化物比肼和甲酸更为有效。后来，对硫化物处理浓度为 0.03～0.1kg/L 的 TNT 或 RDX 废物进行了研究，试验中采用硫酸、氨水或氢氧化钠来调节反应的 pH 值，试验得出了以下结论：①硫化物是 TNT 的有效还原剂，可完全去除 TNT，但去除效率还取决于硫化物浓度及 pH，在碱性条件下有利于还原反应的进行；②硫化物对 RDX 的去除效率较低，当在 pH≥10 时，通过与氢氧化钠进行水解反应可以去除 RDX，即还原和水解的联合反应比单一反应处理 RDX 效果要好；③对于同时含有 TNT 和 RDX 的废物，在 pH 为 12～13 的条件下用硫化物处理，可达到同时去除这两种物质的目的，但必须为 RDX 的水解提供足够的反应时间，最少为 6h；④敏感性试验结果表明，硫化物、氢氧化钠与炸药的反应产物及副产物，对冲击作用和摩擦作用都不敏感；⑤通过硫化物、氢氧化物和热的联合作用，能有效地分解废物中的硝化纤维素。其中热是重要的影响因素，例如，在氢氧化钠和硫化物加入量各为 0.05kg/L 的硝化棉水浆中，60℃反应 1h 的 NC 去除率达 96%，而在 37℃反应 3h，NC 的去除率只有 64%。

4. 超临界水氧化法

超临界水氧化法（supercritical water oxidation，SCWO）是在水的温度超过水的临界温度、压力超过水的临界压力的条件下，以氧气或空气中的氧气作为氧化剂，以超临界水作为反应介质，使氧化剂与水中的有机物在超临界液相中发生强烈氧化反应的过程。在高温、高压和富氧的条件下，氧化反应完全、彻底，有机物分解效率很高，有机物被转化成 CO_2 和 H_2O，有机物中的 N 转变成 N_2 和 N_2O，S 则生成 SO_4^{2-} 的无机盐沉淀析出。超临界水氧化法作为一种新兴的高级氧化技术具有广阔的应用前景，该方法在处理固体废物方面具有独特的优势。

1）超临界水及其特性

当水的温度和压力超过临界点（374℃，22.1MPa）时，水呈超临界状态。此时水分子的氢键作用消失。水的溶剂行为反常，不溶于水的有机化合物却能溶于超临界状态的水中，而溶于水的盐则会从超临界状态的水中沉淀出来。超临界水是一种独特的反应介质，它既是密度较高的液体，又有气体一样的迁移性质。在超临界水中的氧化反应，能在低于焚烧温度的条件下快速而可控的进行，从而抑制了在焚烧时易于生成的 NO_x 和炭。超临界水还是热的载体，可以吸收反应热，有助于稳定反应温度。

超临界水的特性有：在超临界状态下水的密度随温度和压力的变化在液态水（$d = 1g/cm^3$）和低压水蒸气（$d < 0.001g/cm^3$）之间变化；水的介电常数为 5～10，在 450℃以上时降至 2 左右，超临界水对非极性有机物有良好的溶解性能，对无机物的溶解度则明显降低，使无机盐类化合物析出或以浓缩盐水的形式存在；超临界水具有极低的黏度和极大的扩散系数，具有良好的传递性和快速移动能力，能快速扩散进入溶质内部。在 375℃以上，超临界水可与氮气、氧气、空气及有机物以任意比互溶。

超临界水氧化法适用于处理含水的有机废物和被有机废物污染的水，也能处理无机物，能从废物量较小的含水流体中，去除许多常见的固体、液体等有害物质，其中包括较难处理的氯化芳香族化合物，对于散发的气体也能进行有效的控制。

2）超临界水氧化法在火炸药处理领域的应用

火炸药污染物可采用超临界水氧化处理，使之转变成分子量较低或较为安全的物质。在选择装置结构和确定操作方法时，要充分考虑发生燃烧或爆炸的可能性，使这种可能性降低到最低。反应装置应设在防爆室中，并隔离操作。

美国洛斯阿拉莫斯国家实验室进行了超临界水氧化火炸药的实验研究。该系统的流程框图如图6-26所示，装置的设计能力为190L。反应器的设计运行温度为400～650℃，压力为25.3～35.5MPa。该系统的核心装置是管式反应器，反应器的主要部分长139.7cm，内径0.262cm。反应器的核心部位有六个电加热器，通过自控调节反应温度。用稳定流动的高效液相色谱泵进料，管路上安装有止逆阀防止流体倒流。该系统还设置了预热器、固液分离器、水冷式热交换器、过滤器、降压阀、气液分离器，分别用于加热、冷却、除颗粒物、降压和分离。

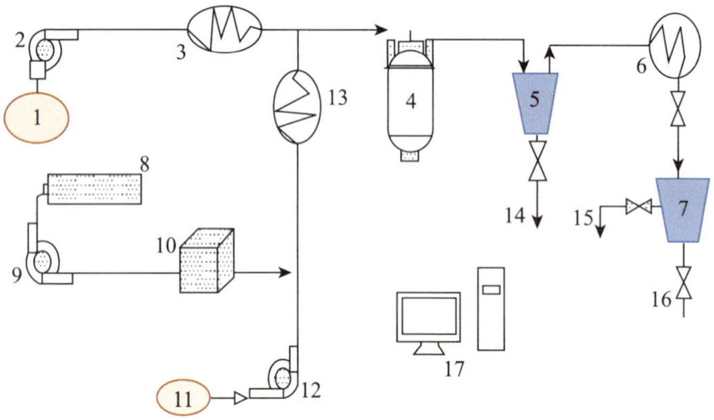

图6-26　超临界水氧化小型反应系统
1—废物/水；2—泵；3—预热器；4—反应器；5—固体分离器；6—热交换器；
7—气液分离器；8—氧气；9—泵；10—蓄压器；11—水；12—泵；13—预热器；
14—固体产物；15—气体产物；16—液体产物；17—远距离计算机控制。

在进行超临界水氧化反应时，将氧化剂和炸药的水溶液在高压下泵入管式反应器，它们可以在进料前混合好，也可以分别泵入，但在到达反应器加热部位时必须是充分混合的。所用水溶液的炸药质量浓度，相当于该炸药一半的溶解度，所用原料也可以是火炸药的水解产物。反应后经固液分离、过滤、气液分离而得到固体、液体和气体产物，产物用红外、离子、液相等色谱仪检测。

把 RDX、HMX、TNT、PETN、NQ 五种炸药分别制成水溶液,其浓度低于溶解度的一半,然后进行超临界水氧化处理。低浓度水溶液可以防止炸药在管道中形成沉淀。氧化剂为过氧化氢,其用量超过完全氧化的化学计量。将氧化剂与含炸药的水溶液混合后送入反应器。在温度 600℃,压力 34.4MPa 的条件下,在反应器中停留约 7s 后,反应物基本被氧化。产生气体 N_2、N_2O、CO_2,而在此过程中没有发现生成 CO、CH_4、NO 和 NO_2。对于不同的炸药,氮转化为 NO_3^- 和 NO_2^- 的数量相差较大,且 NO_3^- 和 NO_2^- 的生成量也随反应温度和氧化剂浓度而变化。TNT 的超临界水氧化反应研究结果表明,在较低的反应温度、氧化剂用量接近于化学计量的条件下,TNT 中的氮转化为 NO_3^- 和 NO_2^- 的数量有所下降。

为了提高超临界水氧化技术对火炸药的处理量,可采用超临界水氧化与碱性水解联用,这种又称为两步法,即先对火炸药进行碱性水解,生成物再进行超临界水氧化。RDX、HMX、TNT、TATB、NQ、NG 和 NC 都能在碱性条件下快速水解成水溶性产物,这些产物经超临界水氧化后生成 CO_2、H_2O 和 N_2。

6.3.3 废旧火炸药的堆肥处理方法

堆肥技术是一种受控生物降解技术,它是利用热和耐热菌的共同作用来降解有机物,该方法所需的基本材料是耐热菌和含碳、氮的有机物。火炸药物质大多是含有碳氮氢氧等元素的有机物质,可以作为微生物营养物而被消耗掉。堆肥过程是先将废弃物混合搅拌,与氧气接触。经过一段时间,废弃物逐步被驯化的好氧微生物分解和氧化,有机物降解为新物质。如果新物质进一步降解的速率很小,这时的产物就是稳定的堆肥产物,堆肥产物一般具有良好的吸水能力。如果堆肥过程在土壤介质中进行,则真菌和兼性菌占主导地位。堆肥法可以在露天或建筑内进行,可以在土地上进行。

堆肥法对于大多数有机物都具有很强的降解能力,只要有较多的微生物生长基存在,链烷烃、环烷烃和芳香烃都可以被土壤中的微生物氧化。堆肥法的处理能力很难准确地确定,取决于有机成分的生物降解性、微生物对环境的适应性、堆肥基质、营养情况及气候条件。堆肥过程一般是连续的,分解有机物所需时间平均为 3~4 个月,在一年内甚至可使难降解的物质发生氧化。

堆肥法是一种固体废弃物处理的优异方法,其应用于废弃火炸药的处理研究在 20 世纪 70 年代有了较大发展。本节将通过含高浓度 TNT、RDX、TNT 的废弃物及沉积物的处理为例证,来说明堆肥法是大规模处理废弃火炸药的一条现实途径。堆肥法处理火炸药及其污染物具有耗能低、效率高、无污染、操作费用低等优点，还可以回收堆肥过程中产生的热量。处理后的固体废物可能具有农用价值或工业用途，也可进行掩埋处理。

1. 堆肥的基本条件

堆肥法所需的基本条件如下：①基本材料：含碳、含氮有机物和耐热菌。②基本物质：氧、水和磷、钾、镁等矿物质，这些物质可以保持堆肥的活性。③合适的"碳/氮"比值：没有含碳、氮的有机物，耐热菌就不能生长，若"碳/氮"比值太高，即氮不足时，耐热菌的生长比较慢；若"碳/氮"比值太低，即氮过量，氮将转变成氨，造成堆肥中的 pH 值升高，不利于微生物的生长。因此，在堆肥时要在废物中添加木屑、粪便、化学肥料、碎草等营养物质，以维持堆肥中的碳、氮元素平衡。④堆肥过程中要周期性地翻动肥堆，目的是使堆肥中的物料能与空气充分接触起来，以保证堆肥中氧的供应。⑤适量的含水量。肥堆的含水量是衡量堆肥效果的一个标准。过量的的水会对耐热菌的好氧条件不利，从而使有机物的降解速率减慢，并产生恶臭；水分太少又会钝化生物活性，阻碍微生物生长。例如，处理城市生活垃圾时，水的质量分数最佳值是 63%～79%。可以适当提高禾秆和粪肥混合物堆肥的含水量。添加一些碎石灰，可调节肥堆水分的承接能力。⑥适宜的温度。温度是测定堆肥活性的基本参数。堆肥开始的废物温度与环境温度相同，生物在分解有机物并自身繁殖时，会释放出热量；随着堆肥过程的进行，肥堆的温度会升高。肥堆中通常会出现合适于不同温度的耐热菌，如堆肥温度低于 40℃时，有中温菌起主导作用；温度高于 40℃时，堆肥内的中温微生物减少并被高温微生物所取代；温度达到 70℃时，微生物可迅速地分解有机物。大部分有机物完成分解后，肥堆温度逐渐回落到环境温度。为优化堆肥的效果，有必要将处理的废物和附加物粉碎成适当的小颗粒。

2. 堆肥法用于废旧火炸药的处理

1）用堆肥法降解 TNT 炸药

在堆肥中过程中，"有机物分解—放出热使堆肥温度升高—温度升高加速耐热菌繁殖—耐热菌繁殖促进有机物分解"形成自持的循环。由于这一特征，使堆肥法成为生物降解废物的重要方法，成为销毁 TNT 的有效的生化技术。研究表明，用堆肥法降解 TNT 炸药的效果远比土壤掩埋法和水溶液生物法更佳。

奥斯蒙（Osmon）和安德鲁斯（Andrews）曾对 TNT 的堆肥降解情况进行了研究，他们用纸、垃圾、纸板、树叶、青草、土豆、禾秆、麦粉、蔗糖和低质马料作为碳源，用青草、垃圾、粪肥、污泥、低质肥料和 $NaNO_3$ 等化合物作氮源。将它们粉碎成细颗粒，按不同比例混合并添加适量水与 TNT 搅拌，进行堆肥试验。试验结果表明 TNT 在多种堆肥介质中都能快速降解，尤其是在堆肥的前 20d，TNT 的质量分数下降较快，而后的变化则趋于平稳，50d 后 TNT 的质量分数接近于零。由此可以说明，在堆肥最初 20d 内的生物活性最高。

为了鉴定 TNT 堆肥的最终产物，奥斯蒙和安德鲁斯还进行了 ^{14}C - TNT 堆肥试验。将剪碎的青草、NH_4Cl、KH_2PO_4 和 ^{14}C - TNT 混合配制成堆肥料，置于 55℃ 的培养箱中，连续通入空气。试验的结果虽然没鉴定出这些最终产物是何物，但可排除 TNT 降解中常见的中间产物，如 2,5 -二硝基甲苯、3,5 -二硝基甲苯、2,4 -二硝基甲苯、2,4,6 -三硝基乙苯、2,6 -二硝基甲苯、2,4,6 -三硝基苯甲醛、2,4,6 -三硝基苯甲醇、2,4,6 -三硝基苯甲酸、2,4,6 -三硝基苯酚、4 -氨基-2,6 -二硝基甲苯、2,4 -二氨基-6 -硝基甲苯、4 -羟胺基-2,6 -二硝基甲苯、2,2',6,6' -四硝基-4,4' -氧化偶氮甲苯、4,4',6,6' -四硝基-2,2' -氧化偶氮甲苯以及所有二硝基酚异构体。此外，他们还根据堆肥试验结果得出了以下几点重要结论：①堆肥中微生物对 TNT 的作用与土壤中微生物破坏 TNT 分子的作用相同或相似，但堆肥中微生物具有使 TNT 彻底降解的能力；②几乎所有可被微生物降解的有机物质都可以作为堆肥的物料，堆肥中 TNT 的降解不产生对环境有害的化合物，因而堆肥法可成为大规模生物处理 TNT 的可行方法；③堆肥温度可以度量与 TNT 降解速率有关的生物活性，因而可通过测量堆肥温度来间接测定 TNT 的降解速率；④粉末状或粒状的 TNT 比片状或块状的 TNT 降解快；⑤TNT 的最佳堆肥条件是为碳氮比 30:1；水的质量分数为 40%～60%；维持高含氧量；频繁地混拌堆肥物料；堆肥之前将物料碾碎或切碎。在上述条件下，可以对质量分数为 5% 或更高的 TNT 废弃物进行堆肥处理，当 TNT 分解而降至 1% 的含量时，生化反应逐渐减慢。此时可用新的堆肥基质与其混合，进行第二次堆肥处理，可以获得较好的降解效果。

后来，奥斯蒙和安德鲁斯这两位科学家还对 TNT 堆肥处理进行了中试研究。该中试包括了垃圾收集与预处理、TNT 预处理、物料混合、堆肥过程和污染控制等步骤，其设计的处理能力为 30t/d 质量分数为 10% 的 TNT 废弃物，采用的是敞开式的堆肥系统，其工艺运行过程如图 6 - 27 所示。将用运输车运来的垃圾过筛，筛去没有堆肥能力的物料，可用的垃圾则粉碎成 2.54cm 或更小的颗粒，然后将其与已经粉碎好的 TNT 进行混合，堆成 1.8m×1.2m×1.8m 的料堆，并可适当加温以提高堆肥效率，且需定期用搅拌器进行混拌。堆肥流出物及雨水直接流入收集槽，然后再循环至肥堆中，以维持堆肥的水分含量。

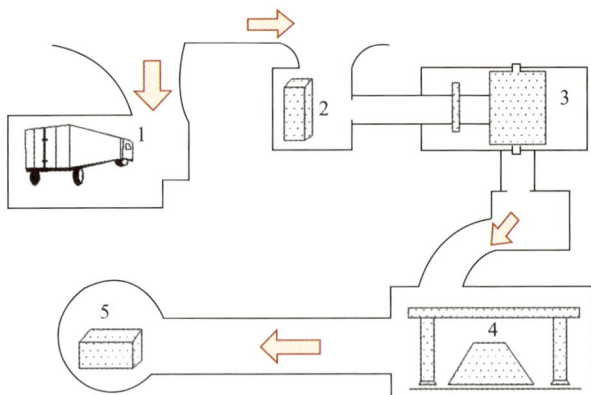

图 6 - 27　中试 TNT 堆肥装置总体运行图

1—拖车；2—接收装置；3—备料装置；4—堆肥装置；5—流出物收集槽。

除了这类堆放型堆肥方式（即堆放物料、定期翻动等过程在露天或建筑物中进行），还有两种堆肥方式：一种是菌致分解堆肥方式，这种方式是在温度可控和通风的容器中进行，过程中需对堆肥物料进行连续不断的混合；另一种方式是堆放型和菌致分解联合使用，该方式首先使用菌致分解来引发和加速堆肥过程，再采用堆放型的堆肥方式。这个三种方法中，菌致分解是最有效的堆肥方式，但所需设备费用较高。

2）用堆肥法处理土壤和沉积物中的 TNT 和 RDX 炸药

堆肥法可以处理土壤和沉积物中的 TNT 和 RDX 炸药，研究者采用了如下步骤研究含 TNT 和 RDX 的沉积物的堆肥处理：

（1）将干草（苜蓿）切成不超过 40cm 长的小段，与含有碎玉米、燕麦、片状甘草和废糖浆的马料按 10:1 的质量比混合，混合物的氮含量充足，不影响微生物的活性。在混合物中加入少量接种的污泥，当营养物快耗尽时再添加干草和马料并混合，曝气 1～3d，制成堆肥的基料。

（2）另外选择含土量约 2%、有机物约 1.0%、pH 值为 6～7 的细砂作载体，使用前先将沙土在空气中干燥，用 2mm 筛除去土块、石块和草木物。取 TNT 和 RDX 的饱和丙酮液加入载体中，制成含有 TNT 和 RDX 的沉积物。

（3）取制好的堆肥基料，与含有 TNT 和 RDX 的沉积物进行混合，加入适量的水，制成肥堆，并适当地翻动。

（4）堆肥 6 个星期，每天都测定堆肥温度。通常堆肥温度为 51～55℃，有时可达 59℃。当堆肥温度从常温升至 45℃时，嗜中温菌繁殖较快；当堆肥温度超过 45℃时，耐热菌繁殖较快。优化的堆肥温度至少为 35℃。

经检测，堆肥 3 个星期的萃取液中 TNT 减半；堆肥 6 个星期萃取液中已检测不到 TNT。堆肥中的 RDX 降解迅速，并能发生分子的完全破坏，其中间产物也容易被堆肥微生物氧化，生成 CO_2。

堆肥法所涉及的工艺过程相对简单，不需要连续监测，不需要任何燃料，所需的原材料来源广，价格低廉，对炸药分解率高，处理干净，不会对环境造成二次污染。此外，产生的热具有利用价值，堆肥物可用来做农用肥料而再利用。因此，堆肥法可作为废物无公害、资源化的处理方法，今后将成为火炸药固体废物治理的发展方向和优先选择方法。

6.3.4 废旧火炸药中有价值材料的回收方法

废弃的火炸药中含有许多种有价值的材料，这些材料在市面上的售价很高，且某些组分的生产也存在诸多的困难，是高耗费的产品。因此，从废弃的火炸药中分离组分再利用，可产生一定的经济效益和环境效益。从废弃的火炸药里，可以分离出硝化棉、硝化甘油、硝基胍、二硝基甲苯、苯二甲酸二丁酯等原料进行再次利用。

1. 从废弃发射药中回收硝化棉

从目前发射药的生产和装备情况来看，各种口径的枪炮武器仍主要采用单、双、三基药，预计今后仍将使用相当长的一段时期。那么从废弃发射药中回收硝化棉，使之作为单、双、三基发射药的原料，将会产生很好的社会效益和经济效益。我国大约有 20 余种单基药，单基药的组分包括硝化纤维素（硝化棉，NC）、挥发性溶剂、化学安定剂（二苯胺，DPA）以及其他辅助成分（比如二硝基甲苯，DNT）、硫酸钾或苯二甲酸二丁酯（DBP）、碳酸铅、松香、石墨、樟脑），其中硝化棉的质量分数超过 95%。如图 6 - 28 所示，从单基药组分提取硝化棉可分为三步。

无机物、NC 与有机物分离 → 提取液分离 → 固态产物分离

图 6 - 28 单基药组分分离的工艺框图

首先用溶剂二氯甲烷提取单基药中的 DNT、DBP、DPA 以及 DPA 在储存过程中的分解产物，形成液态的 DNT、DBP、DPA 二氯甲烷提取液和 NC 及单基药附加物的固态物质。提取液通过蒸发使溶液浓缩，再用甲醇洗涤的方法将 DNT 与 DPA、DBP 分离。DPA、DBP 的甲醇溶液再浓缩，DPA 就以固体的形式析出，从而达到 DPA、DBP、DNT 三组分的分离。固态产物分离过程为：第一次水洗，目标是除去硫酸钾，除去硫酸钾的数量与水洗的次数有关；第二次酸性水洗，目标是除去碳酸铅，剩余物主要是 NC。NC 的回收率达到 98% 以上。

我国双基药的品种有双芳型、双乙型和双乙芳型三大类，主要成分是硝化棉（NC）、硝化甘油（NG）或硝化二乙二醇、二硝基甲苯、中定剂、苯二甲酸二丁酯、凡士林、石墨等。在双基药的组分中，硝化棉的质量分数为55%～65%，硝化甘油或硝化二乙二醇占25%，这两者构成了双基药的主体。双基药组分分离的工艺如图6-29所示。

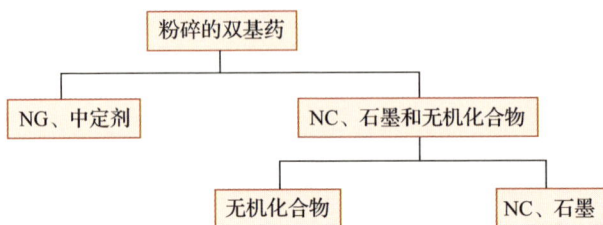

图6-29   双基药组分分离的工艺框图

首先将双基药粉碎，用二氯甲烷提取，提取后的固态物为NC、石墨及无机物，液体物为NG和中定剂，NG的提取效率约为95%。然后用水提取固体物质，移去无机物，NC的回收率为100%（以NC为基础进行计算）。双基药经过分离处理后，对提取物的分析表明：NC中含有少量双基药的其他组分，尤其是含有少量的NG和中定剂。因而，由双基药回收的硝化棉，只能作为双基药的原料，用于生产双基药和多基药。

2. 混合炸药的组分回收

混合炸药一般是由猛炸药、黏合剂和附加物所构成。我国常用的混合炸药有：梯黑、梯萘、黑铝、梯胺等几个品种。在混合炸药中常用的猛炸药是TNT、HMX、RDX、NQ和二硝基萘；常用的附加物是蜡、石墨、硬脂酸盐等起改性作用的材料。塑料黏结炸药含有高分子黏结剂。值得注意的是，在确定塑料黏结炸药回收的溶剂和提取过程时，要充分考虑各组分与硝酸酯的相容性。相容性的评定方法为：两种原料共处于密封的容器中，在温度为93.3℃下加热24h，当出现燃烧、爆炸或分解气体的压力大于0.045MPa时，定义为不相容。

3. 梯黑铝炸药中组分的回收

废旧梯黑铝炸药是由TNT、RDX和铝粉组成的混合炸药，根据梯黑铝炸药3种组分的物理性质差异，已研究出多种适合分离回收梯黑铝炸药的物理方法。用得最多的是溶剂萃取法，这种方法的原理是利用废弃火炸药中不同高附加值组分在同一溶剂中的溶解度差异进行提取分离纯化，此法经过浸提、去杂、重结晶等主要工艺。此法回收含能材料的优点是含能材料提取率较高，纯度较高，便于对回收的物质进行再利用。

从分子结构上看，TNT 属于单环芳香族有机化合物，为部分对称结构，能溶于结构相似或极性相近的甲苯、苯、丙酮等有机溶剂。而 RDX 属于环烷烃有机化合物，为完全对称结构，易溶于结构对称的丙酮和环己酮等有机溶剂。TNT 和 RDX 的溶解度如表 6-2 所示。从表 6-2 中可以看出，在各温度下，RDX 在甲苯中的溶解度比在苯中更低一些，用甲苯作溶剂能最大限度地提取 TNT，且苯属于强毒性溶剂而甲苯属低毒性溶剂，因此选择常温下甲苯作为萃取 TNT 的有机溶剂。在选择合适的有机溶剂后，通过过滤、洗涤、干燥等操作，可分离出 TNT；然后向滤饼（含铝粉和 RDX）中加入丙酮并使其中的 RDX 充分溶解，通过过滤、洗涤、干燥，分离出 RDX。其工艺流程如图 6-30 所示。

表 6-2 TNT、RDX 在有机溶剂中的溶解度

t/℃	S（TNT）/(g/100g)			S（RDX)/(g/100g)		
	甲苯	苯	丙酮	甲苯	苯	丙酮
0	28	13	57	0.015		4.4
20	55	67	109	0.02	0.05	7.3
40	130	180	228	0.05	0.09	11.6
60	367	478	600	0.13	0.20	18.0

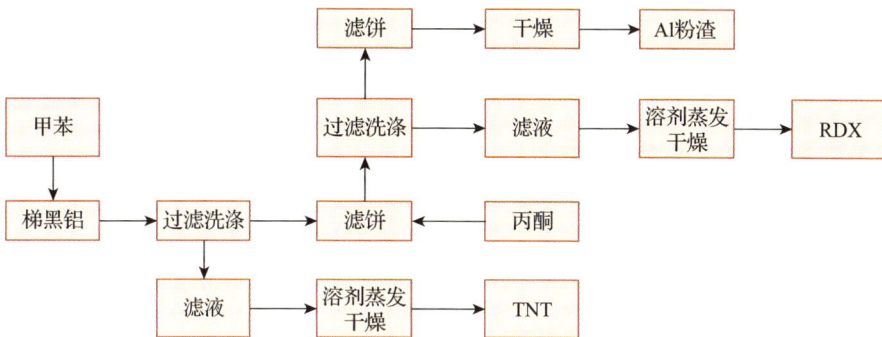

图 6-30 提取分离 RDX 和 TNT 的工艺流程

4. 塑料黏结炸药中组分的回收

塑料黏结炸药主要用于高威力破甲弹装药，是各国所使用炸药的重要品种。其主体成分是 HMX、RDX 等高能炸药，附加成分是有机酯或硝酸酯等增塑剂。在组分的分离过程中，由于黏结剂或增塑剂的差异，不同成分必须用不同的分离方法。实际上，这些分离方法的主要区别是浸取剂的不同，其他基本操作是一致的。现以聚醋酸乙烯酯塑料黏结炸药为例，说明该类炸药中组分的分离回收。聚醋酸乙烯酯塑料黏结炸药的成分为：RDX/A#、聚醋酸乙烯酯、硬脂酸。聚醋酸乙烯酯塑料黏结炸药的分离回收工艺流程如图 6-31 所示。

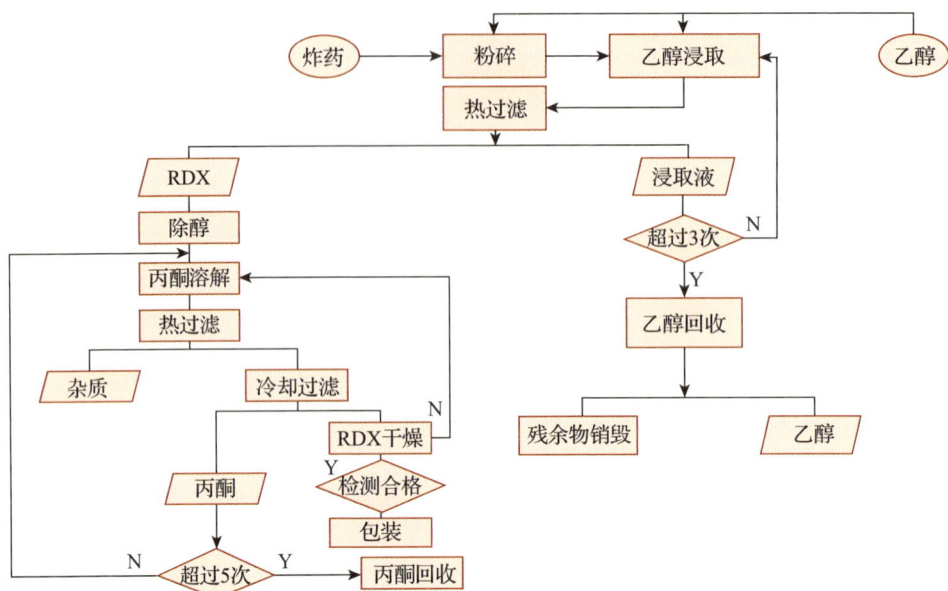

图 6 - 31　聚醋酸乙烯酯塑料黏结炸药组分分离的工艺流程图

具体步骤包括:

(1) 炸药粉碎。从炮弹中取出塑料黏结炸药药柱,首先去除表面杂质,然后工业乙醇浸泡 30min,浸泡温度 70℃,再用木质工具轻轻将药柱压碎。

(2) 浸取分离。利用 RDX/A♯炸药、聚醋酸乙烯酯、硬脂酸在乙醇溶剂中溶解度的差异,在适宜的温度、搅拌等条件下,进行浸取和加速浸取过程。浸取温度 70~75℃,浸取时间 30min,"溶剂/溶质"的质量比为 1.2:1,共进行三次浸取。第三次所浸取的溶剂是 95% 的工业乙醇,第三次浸取后的浸取液用作第二次的浸取溶剂,第二次浸取后的浸取液用于第一次浸取。

(3) 产物的精制。采用重结晶的方法纯净产物。取第三次浸取后的物料,通过过滤使固液分离,得到的滤饼中除了 RDX 外,尚有部分乙醇,需要在 70~75℃ 温度下真空干燥 1h。干燥的 RDX 进行重结晶。将使用次数少于三次的重结晶母液作为重结晶的溶剂,超过三次的母液送去蒸馏,以回收乙醇。

5. 推进剂组分的回收

现有的复合推进剂,其主要成分有高氯酸铵 NH_4ClO_4(AP)、铝粉(Al)、奥克托今(HMX)、黑索今(RDX)、硝化甘油(NG)、硝基胍(NQ)以及部分附加物,如六碳甲硼烷(NHC)等。目前,依据黏合剂和组分的差别,有很多方法对它们的组分进行分离和再利用。表 6 - 3 列出了有关的分离方法和利用途径。

表 6-3 复合型推进剂组分的提取分离利用和再利用技术

回收利用途径	技术内容	化学反应	废弃物	中间产物	最终产物	专用设备
AP 回收	用液氨萃取 AP	氨解反应	黏合剂残余物	AP、NH$_3$溶液、黏合剂苯溶液	AP、Al	切碎机、浸取罐、蒸馏管、结晶器、洗涤器、干燥器、蒸馏釜
	用水提取 AP	无	Al 粉/黏合剂残余物	AP/水溶液	AP	切碎机、浸取罐、干燥器、过滤器、结晶器、离心机
Al 回收	黏合剂热解	热解反应	热解产物	无	Al	加热炉/除尘器
	黏合剂降解	逆酯化	黏合剂降解物/化学	乙醇酯	Al	干燥器、固体分离反应器、溶剂蒸发釜
NQ、AP 回收	用水提取 NQ 和 AP	无	饱和碳黏合剂残余物	AP、H$_2$O 溶液、NQ、H$_2$O 溶液	AP、NQ	切碎机、浸取槽、储罐、结晶器、过滤器、炭吸附住、蒸馏釜
聚醚酯推进剂 AP/Al 回收	黏合剂溶解/降解固体物料分离	氨解反应	黏合剂残余物	AP、H$_2$O 溶液	AP、Al 粉	切碎机、反应器、结晶器、釜、干燥器
聚丁二烯推进剂 AP/Al 回收	黏合剂溶解/降解固体物料分离	溶解分解	黏合剂残余物	AP、H$_2$O 溶液	AP、Al 粉	切碎机、反应器、结晶器、釜、干燥器
六碳甲硼烷回收	用正戊烷提取 NHC	无	黏合剂残余物	NHC 的正戊烷溶液	六碳甲硼烷（NHC）	切碎机、网筐、蒸馏釜、储罐、结晶器、浸取罐、过滤器、冷凝器
高能推进剂原料分离	黏合剂溶解/降解固体物料分离	溶解分解	降解黏合剂	浸取残余物；硝胺/氧化剂/溶剂的胶液、溶液	硝酸酯、硝胺、Al 氧化剂	切碎机、干燥器、储罐、结晶器、煮罐、过滤器
选择溶剂提取过程	用选择溶剂提取主要物料	无	Al 粉黏合剂残余物	浸取残余物；（硝胺/氧化剂/溶剂）胶液、溶液、混合结晶、氧化剂水溶液	硝酸酯、硝胺、氧化剂	切碎机、浸取槽、结晶器、过滤器、溶剂蒸发釜

推进剂原料提取、分离的基本过程包括：粉碎推进剂、提取硝酸酯、提取黏合剂胶液，提取硝胺和 AP 以及物料结晶等，其工艺流程如图 6-32 所示。在硝酸酯的提取操作中，可采用单级接触、并流接触、逆流接触和错流接触等操作。值得注意的是，应限制某些纯硝酸酯（例如硝化甘油）的操作，因为它们过于敏感，其操作单元可以借助于稀释的办法进行。硝化甘油可用稀释剂稀释至 70% 的质量浓度，并溶入安定，这是储存和操作硝化甘油的基本方法。因此，在确定分离用的溶剂时，需满足既是提取剂又是稀释剂。在操作和储存过程中，严格防止挥发或过度蒸馏而造成的溶剂（稀释剂）损失，同时要避免硝化甘油的长期储存。

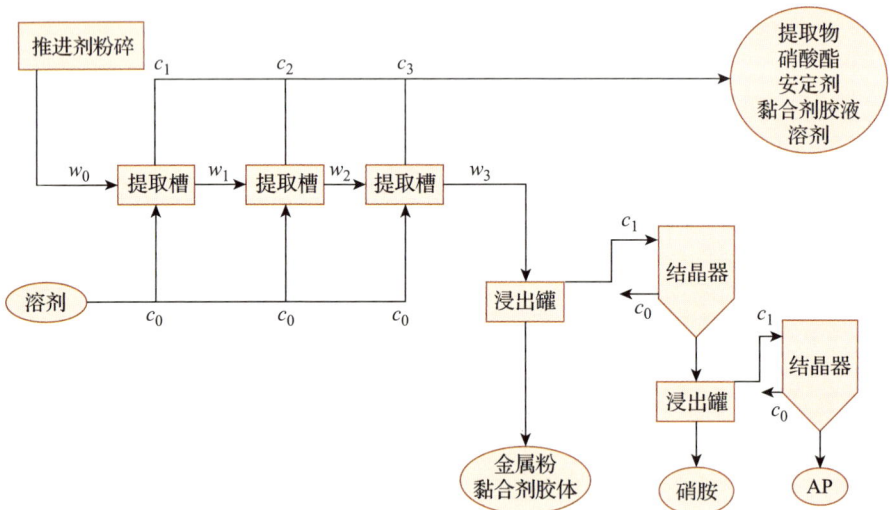

图 6-32 提取推进剂原料的工艺框图

c_n —在 n 段提取后溶质在提取液中的质量浓度；w_n —在 n 段提取后溶质在残液中的质量分数。

将经过多次提取硝酸酯所剩的固态物质，送至浸取器用溶剂浸取硝胺和 AP。溶剂可选用丙酮和二亚甲枫，该分离过程含两个步骤。第一步是浸取固态剩余物分离出硝胺和 AP，将浸取硝胺和 AP 后的溶液移出，从中结晶出硝胺和 AP，回收溶剂并循环使用。浸取后余下的固态物质为金属粉和黏合剂胶体。第二步是对浸取后的硝胺和 AP 进行分离，用水洗涤硝胺与 AP 的结晶物，由于 AP 易溶于水，可被溶解移走，不溶于水的硝胺则经过滤操作后以湿饼的形式存放和进行处理。最后再从 AP 的水溶液中结晶 AP。

硝胺（HMX、RDX）在干燥条件下，对静电很敏感，也容易产生粉尘。为此，从安全角度考虑，硝胺应以湿态进行操作。

6.3.5 废旧火炸药在弹药中的再利用

1. 用单基药制备草酸

草酸又称乙二酸（HOOCCOOH），草酸一般含有二分子结晶水，为无色透明晶体，其结晶结构有两种形态，即 α 型（菱形）和 β 型（单斜晶型）。草酸主要用于印染工业、有机合成、生产抗菌素和冰片等药物以及提炼稀有金属等行业，是化学工业的一种基本原料。

单基发射药（或者双基药、硝化棉）在酸性水溶液中主要发生水解反应，分子中的甙键容易发生断裂，水解和甙键断裂产物可进一步分解。在加热的情况下发生热分解反应，第一阶段是脱掉硝基，同时形成醛类化合物；第二阶段是硝酸与新形成的羰基化合物发生氧化反应；最后阶段是剩余硝酸酯键的断裂。单基药制备草酸的反应原理如图 6-33 所示，其工艺过程流程如图 6-34 所示。

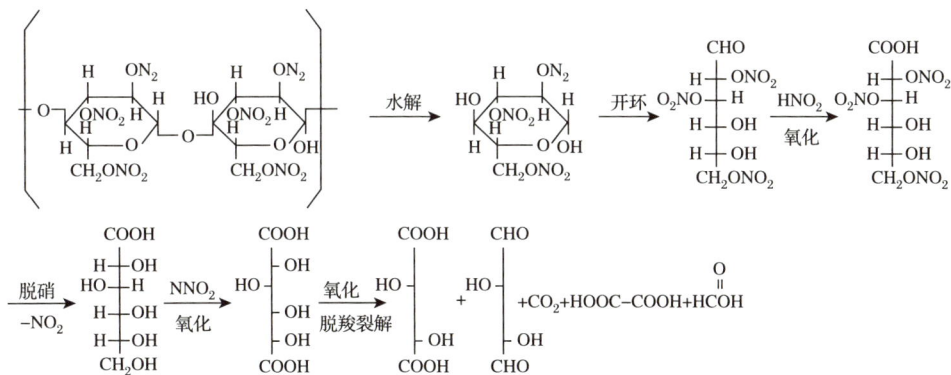

图 6-33 单基药制备草酸的反应原理

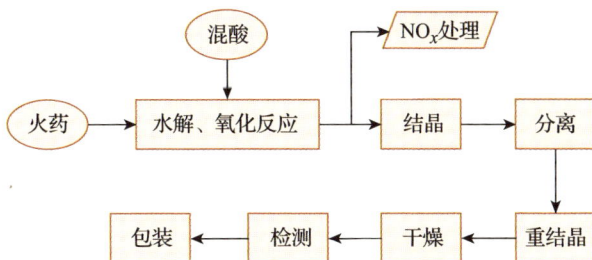

图 6-34 由发射药制备草酸工艺过程流程图

单基药制备草酸的具体过程如下：

1）原料准备

（1）单基药准备：粉碎单基药，取 20 目的筛下物，用离心机驱水，驱水后的单基药粉，水的质量分数大约为 8%～12%，并测定其准确值。

（2）混酸的配制：分别取硫酸、硝酸、水，按要求的配制程序，在反应器中混合成符合要求的混酸。配制时，要考虑火药粉中的水分。配制好的的混酸冷却至 35℃ 以下待用。混酸的成分（质量分数）：HNO_3 30%、H_2SO_4 35%、H_2O 35%，允许的误差为：$HNO_3 \pm 3\%$、$H_2SO_4 \pm 3\%$、$H_2O \pm 3\%$。

（3）催化剂和混合酸的质量比为催化剂：混合酸 = (0.05～0.5):100。

2）水解、氧化反应

反应在耐酸的夹套反应器中进行，使用热水和冷却水进行热交换。首先向反应器中注入母液，在搅拌器中按混酸的成分要求加入硫酸、硝酸、水分和催化剂，使混酸的最后成分满足混酸及其误差的要求。

当混酸的温度低于 35℃ 时加入发射药，质量比为火药粉:混酸 = 1:8。进行水解、氧化的化学反应，使反应液的温度逐步升高。此时，在夹套中再通过热水提高反应物的温度，反应温度控制在 50～60℃。反应的气态产物 NO_x（主要是 NO 和 NO_2）通过管道引入到吸收装置。反应时间为 8～10h，在反应结束前，向反应液中通入压缩空气，驱除剩余的 NO_x。

3）结晶与分离

反应结束后，将反应液导入到结晶槽中，缓慢冷却到 5℃，过滤分离出结晶粗草酸，将反应液母液储存，以备循环使用。分离出的粗草酸用接近 0℃ 的冰水洗涤。洗涤水和粗草酸的质量比为洗涤水:草酸 = 0.5～1.0。

4）重结晶

首先用沸水溶解粗草酸，水:粗草酸 = 1:1.2。然后加入活性炭，活性炭:粗草酸的质量比为 4:100～5:100，将水溶液煮沸 5～10min，热过滤去除杂质和活性炭，液体置于结晶槽中，冷却至 5℃，这时草酸以结晶形式析出，分离得到工业用草酸。

5）干燥

重结晶的草酸置于 50～60℃ 的条件下干燥。

6）分析检测

分析草酸、硫酸根、燃烧残渣、重金属、铁和氯化物的含量。

2. 用双迫药改性制造双粒-12 小粒药

双迫药是用于迫击炮发射的火药，也是国内外长期应用的双基药主要品种之一，其库存量一般较多，报废量大。合理利用双迫药的废药资源，是降低发射药成本的有效途径之一。在中、小口径的迫击炮中，经常会采用粒状药装药。片状或带状双迫药可以改性制成小粒药。制式装备的双基小粒药有：双粒－11、双粒－14、双粒－17、双粒－22、双粒－30、双球 20－80、双球 22－85、双球 40－80、双球 45－85、双基 M2 球形药等。这些小粒药的主要组分是硝化棉和硝化甘油，双迫药具有改性为这些小粒药的条件。现以双迫药改性为 53 式 88mm 迫击炮用双粒－12 药为例，简述改性的工艺过程。

1）双粒－12 小粒药的组成和性能指标

双粒－12 小粒药主要装备于 53 式 88mm 迫击炮，与双迫药在配方上的区别是其成分中硝化棉含量高，而硝化甘油含量低，相应的能量也有所降低。双粒－12 属于低膛压小口径炮所使用的能量适中的装药，表 6－4 和表 6－5 列出了双粒－12 小粒药的组分和弹道性能相关数据。

表 6－4　53 式 88mm 迫击炮用双粒－12 小粒药的组成和性能

成分	NC	NG	中定剂	凡士林	溶剂	水分	热量/J·g^{-1}	安定性/h
含量/%	69.5±2.0	28.5±2.0	≥1.7	≤0.5	≤1.2	≤1.7	4746～4914	≥30

表 6－5　53 式 88mm 迫击炮用双粒－12 小粒药的弹道指标

指标 药名	初速/(m·s^{-1})	初速或然误差/(m·s^{-1})	最大膛压/MPa	单发最大膛压/MPa
1♯装药	≤1.0	28.5±2.0	—	—
2♯装药	≤1.2	211±1.0	≤42.1	≤48.0

2）废弃双迫药的组成

需要改性的废弃双迫药，经过组分分析得到各成分的质量分数，如表 6－6 所示。

表 6－6　废弃双迫药的组成和性能

成分	NC	NG	中定剂	凡士林
含量/%	58.6	39.9	1.2	0.3

3）补加成分

根据双迫药和双粒－12 的成分，按双粒－12 成品药计算，废弃双迫药与补加物的比例为 69.8∶30.2。补加物中，NC 的质量分数为 92.4，中定剂为 7.6。

4）工艺流程图

由双迫药改性制备小粒药的工艺流程如图 6‑35 所示。

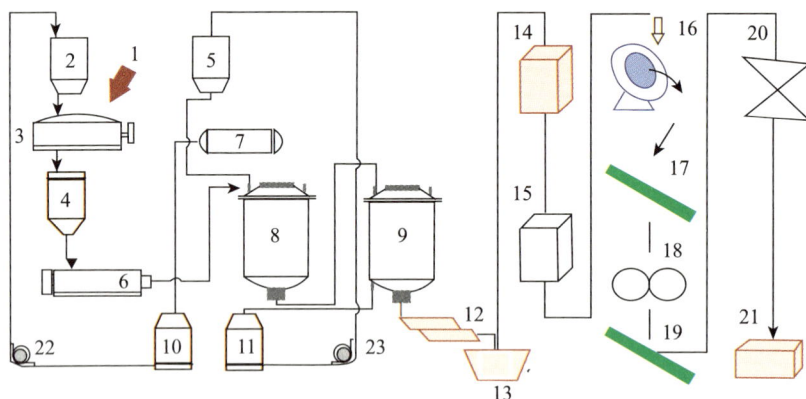

图 6‑35   由双迫药改性制备小粒药的工艺流程图

1—双迫药；2—溶剂高位槽；3—胶化机；4—加料机；5—胶液高位槽；6—挤出机；
7—冷却器；8—蒸溶器；9—水洗器；10 溶剂储槽；11—废液储槽；12—水筛机；
13—过滤器；14—预烘器；15—烘干器；16—光泽机；17 筛分机；18—压延机；
19—筛分机；20—混同机；21—包装；22，23—离心泵。

5）工艺条件

（1）原料：NC、乙酸乙酯、硫酸钠、石墨、明胶、中定剂、双迫发射药。

（2）胶化：在胶化机中，首先按补加成分、溶/药比，分别投入 NC、中定剂、乙酸乙酯、双迫药。取"溶/药"＝2.5/1，溶解时间不小于 5min。

（3）成型：在挤出机中挤压成型。螺杆转速 1.15～5.44rad/s，温度 35±5℃。挤出的药条切成小粒并直接落入到不断搅拌的含有 Na_2SO_4 和明胶的溶液中，完成脱水和蒸溶。蒸溶按表 6‑7 给出的条件进行。

表 6‑7   双迫药改性制备小粒药蒸溶条件

温度/℃	蒸溶时间/min
45～62	30～50
62～70	20～40
70～80	50～80
80～92	30～60
92～98	10～90

（4）水洗：水洗温度 40～55℃，"水/药"＝5，水洗 3～5 次，每次 3～5min。

（5）过滤：采用抽滤，真空度不低于 0.05MPa，时间不少于 30min。

(6) 干燥：风温 40~55℃，药温 45±5℃，时间 2~8h。

(7) 光泽：石墨/火药的质量比 0.05/100~0.15/100。

(8) 整形：辊筒温度 80~100℃。

6) 结果分析

(1) 弹道性能。表 6-8 给出了改性药的弹道性能数据，达到了军标要求。

表 6-8　双粒-12 成品药装药的弹道数据

温度/℃	初速/(m·s⁻¹)	平均膛压/MPa	最大膛压/MPa	最小膛压/MPa	初速或然误差/(m·s⁻¹)
15	212.4	35.3	37.36	33.93	0.28
50	212.8	35.7	36.09	35.11	0.52
-40	205.2	29.42	32.75	22.95	2.47

(2) 理化性能及安定性。改制后的双粒-12 成品药，理化性能和安定性达到了军标的要求。表 6-9 给出了工厂生产的三个试验批产品的理化性能数据。

表 6-9　改性后的小粒药的理化性能

项目	指标	双粒-12-1#	双粒-12-2#	双粒-12-3#
NC/%	69.5±2.5	69.2	69.0	69.4
NG/%	28.2±2.5	29.1	29.2	28.8
中定剂/%	>1.4	1.5	1.6	1.6
凡士林/%	<0.5	0.2	0.2	0.2
溶剂/%	<1.2	0.3	0.3	0.3
水分/%	<0.7	0.1	0.1	0.1
密度/(g/cm³)	>1.55	1.64	1.65	1.65
装药密度/(g/cm³)	>0.8	1.007	1.037	1.007
爆热/(J·g⁻¹)	4830±84	4656	4671	4652
安定性/h	>30	49.00~50.00	50.00~50.00	50.00~50.00

由此可见，用闲置的、废弃的双迫药改性制造小粒药的过程简单，实现了废弃物资源化利用，可显著地降低生产成本，具有显著的环境效益和经济效益。

3. 双芳型发射药的改型

双芳型发射药主要应用于大口径火炮的装药，例如用于 100mm 高射炮和 130mm 加农炮的装药。由于 100mm 高射炮退役，用于原装药的 18/1 单孔管状药就成为闲置品，但 130mm 加农炮仍在服现役，其装药的主体是 23/1 单孔管状药。因此，将 18/1 单孔管状药改制为 23/1 的单孔管状药，既充分利用了废弃的资源，又能在短周期内制造出 130mm 加农炮的装药。基于同一道理，"改型"的方法，完全可以应用于双基发射药之间的转换，由闲置品转换制备出需要的产品。双基发射药的改型，可以利用两种方法，一种是溶剂法，另一种是无溶剂法。现介绍用无溶剂法将管状药 18/1 改型为 23/1。

1）工艺流程

双基药的改型只利用双基药制造工艺的最后几个工序，即造粒、螺压、切药和包装几个工序。但根据质量均一的需要，可以增加一个粉碎和混同的操作，先将管状药粉碎成药段，再批量地将它们混合，之后进入预热工序。大批量的试验表明，直接将管状药送入预热器及沟槽造粒机所完成的产品加工，也能获得质量满足要求的双基药。图 6-36 是双基药改型的工艺流程图。

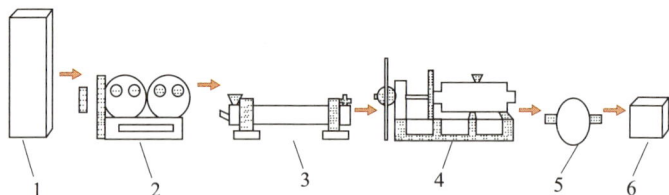

图 6-36   双基药改型工艺流程图

1—预热器；2—沟槽造粒机；3—烘干机；4—螺旋压伸机；5—切药机；6—包装。

2）工艺条件

和正常的双芳型火药生产工艺相比，改型的工艺省去了硝化甘油制造、吸收药制造以及驱水等工序，原料只有废弃的双芳型火药。当选好火药后，先进行粗粉碎，成为长度为 1~3cm 的药段。接着在 85~90℃ 条件下预热，预热时间 10min。也可不经过粉碎过程，而直接用 85~90℃ 热水加热 10min。将预热并软化的火药药粒直接进入沟槽造粒机造粒。后面的烘干、成型、切药、检测、包装等操作条件与正常的生产条件相同。

3）改型结果

改良后的双基药，其理化性能、弹道性能均达到了军事标准的要求。在改型过程中，如果改型前某种成分量的偏差，可在火药粉碎时补充加入，但此时要求对火药进行细粉碎，其颗粒能通过 20 目的筛网。

此外，废弃的双芳型发射药颗粒可用含敏化剂的含能灌注液进行填充处理。试验结果表明，采用灌注工艺，可制备性能优良的灌注炸药；随着敏化剂含量的增加，炸药的爆轰感度显著提高，但其爆速、冲击波超压及水下爆炸能量输出变化较小；灌注炸药的密度可达 $1.52g/cm^3$，爆速 $6600m/s$（$\phi60mm$），比例距离为 $1.65\sim4.50m/kJ^{1/3}$ 时 TNT 当量系数略大于 1，比冲击波能及总能量分别可以达到 $1.57MJ/kg$ 和 $4.16MJ/kg$，高于常用的工业炸药，略低于 TNT。

6.3.6　废旧火炸药在民用炸药中的再利用

将废弃火炸药、氧化剂和其他添加剂按一定比例混合可以制造民用炸药，利用废弃火炸药制备的民用炸药主要有粉状炸药、浆状炸药和灌注型炸药几种，操作工艺都比较简单。和市场销售的炸药相比，含火药的工业炸药能量更高、工艺更简单，成本也低。它的应用，可以促进废弃火药再利用的进程。用废弃火炸药制造民用炸药有三个优点：①提高了民用炸药的威力和性能；②废品再利用，降低了民用炸药的成本；③处理了过期的危险品，减少了废弃火药对环境的污染程度。

1. 利用废弃 HTPB 推进剂制备民用炸药

HTPB（端羟基聚丁二烯）推进剂的主要成分为氧化剂高氯酸铵（AP）、金属可燃剂铝（Al）、黏合剂（HTPB）。相比各类固体推进剂，HTPB 推进剂以其原材料易得、安全性能好、力学性能优良等优点，在火箭、导弹和航天技术中得到了广泛应用。然而，HTPB 推进剂容易老化（如在储存过程中，高氯酸铵（AP）的分解、Al 的氧化和黏合剂的降解，其他含量较低的助剂损失殆尽），因此其储存寿命不长，一般为 5～7 年。随着武器装备正常更替或发动机退役，产生大量的废弃 HTPB 推进剂。如能对其进行有效、安全的处理，既解决了环境污染问题，又避免了能源的浪费。

由于 HTPB 推进剂与民用炸药同属于含能物质，因此其能量特性可以满足常规民用炸药的基本要求，HTPB 推进剂与常用民用炸药能量的比较见表 6-10。HTPB 推进剂与普通民用炸药的能量具有一定可比性，但是受结构等因素的影响，在正常点火时，两者的作功方式仍存在很大区别：HTPB 推进剂的作功方式为爆燃，而普通民用炸药的作功方式为爆轰。鉴于此，HTPB 推进剂制备民用炸药的关键是将其做功方式由爆燃转为爆轰，以避免能源浪费。

表 6 - 10   HTPB 推进剂与常用民用炸药能量的比较

炸药	爆热 (Q_v)/(kJ/kg)	比容 (V_0)/(L/kg)	$Q_vV_0/10^{-6}$
黑火药	2784	280	0.78
岩石铵炸药	3689	770	2.87
煤矿铵炸药	3684	980	3.61
HTPB 推进剂	6445（有氧） 3679（无氧）	700	4.51

注：Q_vV_0 是衡量民用炸药能量参数的重要指标

　　现阶段废弃 HTPB 推进剂制备工业炸药过程主要分为三个步骤：第一步通过高压水射流将 HTPB 推进剂与发动机共同组成的导弹动力系统进行分离。第二步将分离后的 HTPB 碎块粉碎至较小的直径。第三步添加其他含能组分进行混合、压制等工作。其中，安全、有效的粉碎方式是 HTPB 制备工业炸药的关键技术。

　　工业炸药要求组分的直径应分布均匀且至少在毫米级，以保证混合的均匀性，从而达到稳定爆轰的目的。因此，根据高压水切割后的制品规格，HTPB 推进剂最常用到的粉碎方式是中碎（原粒大小/10～100mm，制品大小/5～10mm）与细碎（原粒大小/5～10mm，制品大小/0.5～5mm），这样粉碎后的直径才尽可能小。

　　废弃的 HTPB 推进剂经安全粉碎后，使其满足规格为 1mm×1mm×1mm 颗粒、组分不超过 5% 的民用炸药要求，再补加氧化剂高氯酸铵和敏化剂硝化棉，可制成一种露天型混合炸药。该混合炸药由于含铝粉，其爆炸威力很大，能用于土岩爆破、矿产开采、控制爆破等许多民用爆破场合。此外，由于其爆炸产物含有一定量的有毒气体（如 HCl、CO），故该炸药不适用于地下矿井等封闭环境的爆破。研究表明，与广泛使用的露天型铵梯炸药相比，改制的这种露天型混合炸药的整体爆轰性能可达到常用铵梯炸药的水平，详见表 6 - 11。

表 6 - 11   几种常见的铵梯炸药与 HTPB 推进剂改制炸药性能比较

爆炸性能	密度/(g/cm³)	作功能力/mL	猛度/mm	爆速/(m/s)
1 号岩石铵梯炸药	0.95～1.10	≥350	≥12	≥3400
2 号岩石铵梯炸药	0.95～1.10	≥320	≥12	≥3200
3 号露天铵梯炸药	0.85～1.10	≥300	≥11	≥3000
HTPB 推进剂改制炸药	1.00～1.15	≥370	≥10	≥3000

　　由此可见，将废弃的 HTPB 推进剂改制成民用炸药的技术是可行的，其可

操作性比较强，规模化生产后不但符合循环经济理念，对其他废弃含能材料的再利用可以起到积极的借鉴作用。

2. 利用废弃发射药制造含水浆状炸药——HJZ 浆状炸药

在含水工业炸药中，含火炸药的浆状炸药是早期研究的一类配方，典型的配方如：敏化成分 TNT 的质量分数为 17%～60% 的梯恩梯浆状炸药；B 炸药含量为 15%～35% 的 B 组分浆状炸药；含量在 20%～60% 的发射浆状炸药。虽然它们都含有较多的炸药组分或铝粉，但爆轰感度仍比较低，不具有雷管感度，加入炸药和金属粉后既抬高了浆状炸药的成本又增加了危险性。因此，这些浆状炸药由于存在安全性较差、爆轰感度低的缺点，逐渐被其他类型的浆状炸药所替代。

1987 年我国研制成功以过期和报废发射药为敏化剂的浆状炸药，定名为 HJZ 型浆状炸药。这是一类含火药、炸药的防水浆状炸药。和一般工业炸药相比，其制造成本低、作功能力大，在介质水中可以正常使用，是目前市场上性能好的防水炸药。

HJZ 浆状炸药物理性能表现为：常温下是固态的凝胶体，其内部结构为氧化剂、水和凝胶组分的连续相，分散相是氧化剂结晶和发射药粒，药剂内有敏化气泡，气泡数为 $(10^4～10^7)$ 个/cm^3。HJZ 浆状炸药的爆炸性能（$\phi32mm$ 纸包装）参数为：爆速 4500～5000m/s，猛度 16～18mm，殉爆距离大于 3cm，起爆感度 $-10～-18℃$（低温）。HJZ 浆状炸药抗水性较好，浸水 24h，仍有雷管感度。

现将 HJZ 浆状炸药的制造工艺介绍如下，其工艺流程图如图 6-37 所示。

除了火药的粉碎之外，制造 HJZ 炸药的预混合、混合、敏化、交联等操作，均在捏合机这一个设备中进行。从火药粉碎开始，全过程的操作是在水的存在下进行的。而火炸药的粉碎是在专门的车间进行，先后要经过粗粉碎和细粉碎。除小药粒之外，都要进行粗粉碎。下面将详细叙述该工艺的过程：

（1）预混合。在常温、常压、非封闭条件下，将火药粉、氧化剂、可燃物

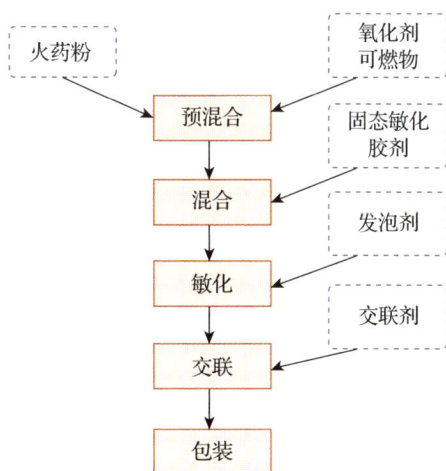

图 6-37　HJZ 浆状炸药工艺框图

在辊筒式混合机和轮碾机中预混合 10～15min。预混合后的物质送入混合工序的捏合机中。当然亦可将预混合放在捏合机中进行，其操作与前所述基本一致，但是这种混合方法，会增加捏合机的负担，不利于提高炸药的产量。

（2）混合。在这一工序，需要向预混的物料中加入多气孔固体颗粒。物料温度达到 55～65℃后，混合 5～10min。需要注意的是，配方中的水主要存在于火药粉中，剩余的水不足以溶解田菁胶。将田菁胶和多气孔固体颗粒混合后一起加入，能显著地缩短混合时间，否则，田菁胶进入捏合机后与水形成胶团，很难分散。

（3）敏化。敏化操作继续在捏合机中进行，在加入敏化剂后，保持混合过程的物料温度。敏化剂是能产生大量微小气泡的物质，敏化过程进行 5min。制造大直径的 HJZ 炸药，可以降低敏化剂的用量，直至免除敏化剂。

（4）交联。交联过程还是在捏合机中进行，交联过程是从加入交联剂后，不断混合搅拌 5～10min。

（5）包装。HJZ 炸药是高黏度的弹性体，需要特殊的设备完成各种规格的装药。尤其是小直径的装药，装填时存在一定的难度。值得一提的是，由于敏化剂的使用，其敏化过程滞后，敏化过程产生的微小气泡，使得在装药过程及以后的存储过程中，都有"后发泡"现象。装药温度越高，"后发泡"现象越严重。因此，应通过熟化时间、熟化温度、装药温度以及装药速度，来控制这种现象。

HJZ 浆状炸药是工业炸药中性能好、成本低的一类防水炸药。该炸药中含有质量分数 30% 的高能量的军用发射药，其作功能力大，猛度高。它促进了以火炸药为敏化剂的浆状炸药的发展，为大量消耗报废和过期的火药和减小环境污染提供了新的途径，具有明显的社会效益和经济效益。

3. 利用废弃火药制造粉状炸药——HFZ 炸药

HFZ 是一类不含 TNT、主要成分是火药的粉状工业炸药，根据其附加物的不同，可将其分为三种。分别是用火药代替岩石－2 号炸药（一种工业粉状炸药，主要成分为硝酸铵、TNT）中敏化剂 TNT 的粉状炸药；以火药为主要成分的粉状炸药；以及以火药为主要成分，但经过改性的粉状炸药。这三种炸药，不仅在组分上有差别，在性能和加工方法上也有差异。由于一般火药的能量要比炸药高，尤其体现在爆速、猛度、作功能力等重要性能方面，军用火药更明显地优于民用炸药，因此 HFZ 型粉状炸药具有好的能量性质。

HFZ 炸药选用了合适的钝感剂和工艺附加物，使得这类炸药的感度适中、工艺简单、成本低。由于这个原因，与 HJZ 炸药相比，该炸药适用于更为广泛的民用爆破。但是，HJZ 和 HFZ 炸药都是以火药为主要原料的民用炸药，合理地配合使用这两类炸药，既能提高民用爆破的效果，又为废弃火炸药的再利用提供了更多可选择的方法和途径。

为了得到含火药粉状工业炸药的配方，现将火药粉及其与其他物质的组合表现出的特性介绍如下：

（1）火药粉的特性。现用发射药（通常指在枪炮弹膛内用以发射弹丸的火药）是固体物质，密度为 $1.5\sim1.7g/cm^3$，其热值 $Q_h = 2900\sim9000kJ/kg$，气体生成量为 $700\sim1200L/kg$；火药在引燃或引爆的情况下，可易燃烧或爆炸，并放出大量的热量。火药粉便于起爆和稳定地传播爆轰，使殉爆距离可达到 30cm。而爆速会受火药粉的粒度和装药筒的直径影响，一般情况下，火药粉颗粒的直径越小，爆速越高；装药筒的直径越大，爆速越大。然而，火药粉不宜直接用作民用炸药，其原因是火药粉的机械感度较高，使用前，需对其进行改性，以适用于采矿、建筑施工等安全操作的要求。

（2）"火药粉-水"体系的特性。水是火药粉的钝感剂，它的存在，有利于降低"火药粉-水"体系的能量、起爆感度和机械感度，从而增加了使用的安全性。对于"火药粉-水"体系而言，当含水量大到一定数值之后，体系将失去爆轰波稳定传播的能力，而失去起爆感度。此外，随着含水量的增加，爆速随之降低。表 6-12 描述了含水量对机械感度的影响。

表 6-12　含水量对机械感度的影响（火药粉颗粒直径 0.175～0.351mm）

水的质量分数/%	机械感度/%	摩擦感度/%
0	100	100
5	95	60
15	45	50
33	45	20

（3）"火药粉-NH_4NO_3"体系的特性。一般发射药是负氧性含能材料，部分地增加氧化剂有助于体系能量的增加，尤其是当水存在时，氧化剂的存在显得更为重要。"火药粉-NH_4NO_3"体系具有很好的起爆性能，小直径的药筒仍有雷管感度，爆轰能稳定地传播下去。随着 NH_4NO_3 含量增加，其作功能力随之增加；当达到零氧平衡后，作功能力则随之减小。对于不同发射药的"火药粉-NH_4NO_3"体系，其最大作功能力是不同的。例如，对于单基药发射药，其做功能力的最大点是火药粉/NH_4NO_3 的质量比达到 4/6 时，火药粉/NH_4NO_3 质量比与体系作功能力的关系如表 6-13 所示。

表 6-13　火药粉/NH_4NO_3 质量比 (ξ) 与体系作功能力 (σ)

ξ	0	0.10	0.20	0.30	0.40	0.50	0.60	0.70	0.80	0.90
σ	1.02	1.14	1.18	1.21	1.27	1.32	1.39	1.35	1.27	1.21

当火药粉/NH_4NO_3 质量比一定时，加入合适的附加物和钝感剂分别可提高体系的爆炸性和爆轰性能。其中，附加物是在反应中产生大量气体的物质。研究发现，"火药粉-NH_4NO_3-附加物-钝感剂"体系是一个较理想的民用炸药体系。因此，将该体系做优化处理后，作为含火药粉状工业炸药（HFZ 炸药）的配方是可行的。该配方的主要成分是火药粉，它的含量是控制炸药能量的关键，其质量分数的变化范围是 30%~65%。组分中附加物的作用也是很重要的，附加物是调节工艺性能和安全性能的关键组分，并在降低炸药成本方面起着至关重要的作用。表 6-14 列出了含火药的粉状工业炸药的配方。

表 6-14　含火药的粉状工业炸药的配方

火药粉/%	氧化剂/%	附加物/%	钝感剂/%
30~65	20~60	7~20	2~5

HFZ 炸药的生产工艺相对于 HJZ 炸药的要简单一些，其关键的工序是混合工序，混合时需要在常温常压条件下进行。含火药粉状工业炸药的生产工艺如图 6-38 所示，主要包括粉碎、混合、包装等步骤。废弃的发射药经粉碎后与粉碎的硝酸铵进行混合，并添加附加物，混合时间为 10~20min，混合完成即可进行包装并形成产品。

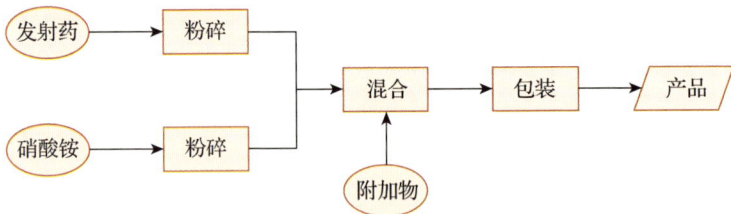

图 6-38　含火药的粉状炸药生产工艺框图

参考文献

[1] 肖忠良，胡双启，吴晓青，等. 火炸药的安全与环保技术 [M]. 北京：北京理工大学出版社，2006.

[2] 邢智强. 生物酶应用于造纸废水生化污泥处置的研究 [D]. 西安：陕西科技大

学，2013.

［3］HIGGINS M J，NOVAK J T. The Effect of Cations on the Settling and Dewatering of Activated Sludges：Laboratory Results ［J］. Water Environment Research，1997，69（2）：215 - 224.

［4］郝伟，刘天生. 废弃火炸药处理技术的发展现状 ［J］. 化工中间体，2011，08（11）：20 - 21.

［5］张丽华，王泽山. 过期火炸药的处理与利用研究 ［J］. 火炸药学报，1998，1：47 - 50.

［6］廖静林，江劲勇，路桂娥，等. 废弃火炸药的处理与再利用研究 ［J］. 装备环境工程，2010，7（4）：108 - 111.

［7］赵由才. 危险废物处理技术 ［M］. 北京：化学工业出版社，2003.

［8］王泽山，张丽华，曹欣茂. 废弃火炸药的处理与再利用 ［M］. 北京：国防工业出版社，1999.

［9］孙荣康，魏运洋. 硝基化合物炸药化学与工艺学 ［M］. 北京：兵器工业出版社，1992.

［10］刘吉平，韩颂青，朱荣丽，等. 废双基药的再利用 ［J］. 含能材料，1999，7（1）：25 - 27.

［11］蔺向阳，潘仁明，程向前，等. 报废"双迫"药改制射钉弹用球扁药新工艺研究 ［J］. 含能材料，2005，13（4）：242 - 245.

［12］蔡昇. 废弃火炸药制造小粒药和民用特种炸药的研究 ［D］. 南京：南京理工大学，2003.

［13］蒋大勇，王煊军，白云，等. 废弃丁羟推进剂（HTPB）粉碎方式研究 ［J］. 含能材料，2010，18（2）：184 - 187.

附录 1

大气污染防治行动计划

大气环境保护事关人民群众根本利益，事关经济持续健康发展，事关全面建成小康社会，事关实现中华民族伟大复兴中国梦。当前，我国大气污染形势严峻，以可吸入颗粒物（PM_{10}）、细颗粒物（$PM_{2.5}$）为特征污染物的区域性大气环境问题日益突出，损害人民群众身体健康，影响社会和谐稳定。随着我国工业化、城镇化的深入推进，能源资源消耗持续增加，大气污染防治压力继续加大。为切实改善空气质量，制定本行动计划。

总体要求：以邓小平理论、"三个代表"重要思想、科学发展观为指导，以保障人民群众身体健康为出发点，大力推进生态文明建设，坚持政府调控与市场调节相结合、全面推进与重点突破相配合、区域协作与属地管理相协调、总量减排与质量改善相同步，形成政府统领、企业施治、市场驱动、公众参与的大气污染防治新机制，实施分区域、分阶段治理，推动产业结构优化、科技创新能力增强、经济增长质量提高，实现环境效益、经济效益与社会效益多赢，为建设美丽中国而奋斗。

奋斗目标：经过五年努力，全国空气质量总体改善，重污染天气较大幅度减少；京津冀、长三角、珠三角等区域空气质量明显好转。力争再用五年或更长时间，逐步消除重污染天气，全国空气质量明显改善。

具体指标：到 2017 年，全国地级及以上城市可吸入颗粒物浓度比 2012 年下降 10% 以上，优良天数逐年提高；京津冀、长三角、珠三角等区域细颗粒物浓度分别下降 25%、20%、15% 左右，其中北京市细颗粒物年均浓度控制在 $60\mu g/m^3$ 左右。

一、加大综合治理力度，减少多污染物排放

（一）**加强工业企业大气污染综合治理**。全面整治燃煤小锅炉。加快推进集中供热、"煤改气""煤改电"工程建设，到 2017 年，除必要保留的以外，地级及以上城市建成区基本淘汰每小时 10 蒸吨及以下的燃煤锅炉，禁止新建每小时

20 蒸吨以下的燃煤锅炉；其他地区原则上不再新建每小时 10 蒸吨以下的燃煤锅炉。在供热供气管网不能覆盖的地区，改用电、新能源或洁净煤，推广应用高效节能环保型锅炉。在化工、造纸、印染、制革、制药等产业集聚区，通过集中建设热电联产机组逐步淘汰分散燃煤锅炉。

加快重点行业脱硫、脱硝、除尘改造工程建设。所有燃煤电厂、钢铁企业的烧结机和球团生产设备、石油炼制企业的催化裂化装置、有色金属冶炼企业都要安装脱硫设施，每小时 20 蒸吨及以上的燃煤锅炉要实施脱硫。除循环流化床锅炉以外的燃煤机组均应安装脱硝设施，新型干法水泥窑要实施低氮燃烧技术改造并安装脱硝设施。燃煤锅炉和工业窑炉现有除尘设施要实施升级改造。

推进挥发性有机物污染治理。在石化、有机化工、表面涂装、包装印刷等行业实施挥发性有机物综合整治，在石化行业开展"泄漏检测与修复"技术改造。限时完成加油站、储油库、油罐车的油气回收治理，在原油成品油码头积极开展油气回收治理。完善涂料、胶黏剂等产品挥发性有机物限值标准，推广使用水性涂料，鼓励生产、销售和使用低毒、低挥发性有机溶剂。

京津冀、长三角、珠三角等区域要于 2015 年年底前基本完成燃煤电厂、燃煤锅炉和工业窑炉的污染治理设施建设与改造，完成石化企业有机废气综合治理。

（二）深化面源污染治理。综合整治城市扬尘。加强施工扬尘监管，积极推进绿色施工，建设工程施工现场应全封闭设置围挡墙，严禁敞开式作业，施工现场道路应进行地面硬化。渣土运输车辆应采取密闭措施，并逐步安装卫星定位系统。推行道路机械化清扫等低尘作业方式。大型煤堆、料堆要实现封闭储存或建设防风抑尘设施。推进城市及周边绿化和防风防沙林建设，扩大城市建成区绿地规模。

开展餐饮油烟污染治理。城区餐饮服务经营场所应安装高效油烟净化设施，推广使用高效净化型家用吸油烟机。

（三）强化移动源污染防治。加强城市交通管理。优化城市功能和布局规划，推广智能交通管理，缓解城市交通拥堵。实施公交优先战略，提高公共交通出行比例，加强步行、自行车交通系统建设。根据城市发展规划，合理控制机动车保有量，北京、上海、广州等特大城市要严格限制机动车保有量。通过鼓励绿色出行、增加使用成本等措施，降低机动车使用强度。

提升燃油品质。加快石油炼制企业升级改造，力争在 2013 年年底前，全国供应符合国家第四阶段标准的车用汽油，在 2014 年年底前，全国供应符合国家第四阶段标准的车用柴油，在 2015 年年底前，京津冀、长三角、珠三角等区域内重点城市全面供应符合国家第五阶段标准的车用汽、柴油，在 2017 年年底前，全国供应符合国家第五阶段标准的车用汽、柴油。加强油品质量监督检查，严厉打击非法生产、销售不合格油品行为。

加快淘汰黄标车和老旧车辆。采取划定禁行区域、经济补偿等方式，逐步淘汰黄标车和老旧车辆。到 2015 年，淘汰 2005 年底前注册营运的黄标车，基本淘汰京津冀、长三角、珠三角等区域内的 500 万辆黄标车。到 2017 年，基本淘汰全国范围的黄标车。

加强机动车环保管理。环保、工业和信息化、质检、工商等部门联合加强新生产车辆环保监管，严厉打击生产、销售环保不达标车辆的违法行为；加强在用机动车年度检验，对不达标车辆不得发放环保合格标志，不得上路行驶。加快柴油车车用尿素供应体系建设。研究缩短公交车、出租车强制报废年限。鼓励出租车每年更换高效尾气净化装置。开展工程机械等非道路移动机械和船舶的污染控制。

加快推进低速汽车升级换代。不断提高低速汽车（三轮汽车、低速货车）节能环保要求，减少污染排放，促进相关产业和产品技术升级换代。自 2017 年起，新生产的低速货车执行与轻型载货车同等的节能与排放标准。

大力推广新能源汽车。公交、环卫等行业和政府机关要率先使用新能源汽车，采取直接上牌、财政补贴等措施鼓励个人购买。北京、上海、广州等城市每年新增或更新的公交车中新能源和清洁燃料车的比例达到 60% 以上。

二、调整优化产业结构，推动产业转型升级

（四）严控"两高"行业新增产能。修订高耗能、高污染和资源性行业准入条件，明确资源能源节约和污染物排放等指标。有条件的地区要制定符合当地功能定位、严于国家要求的产业准入目录。严格控制"两高"行业新增产能，新、改、扩建项目要实行产能等量或减量置换。

（五）加快淘汰落后产能。结合产业发展实际和环境质量状况，进一步提高环保、能耗、安全、质量等标准，分区域明确落后产能淘汰任务，倒逼产业转型升级。

按照《部分工业行业淘汰落后生产工艺装备和产品指导目录（2010 年本）》《产业结构调整指导目录（2011 年本）（修正）》的要求，采取经济、技术、法律和必要的行政手段，提前一年完成钢铁、水泥、电解铝、平板玻璃等 21 个重点行业的"十二五"落后产能淘汰任务。2015 年再淘汰炼铁 1500 万 t、炼钢 1500 万 t、水泥（熟料及粉磨能力）1 亿 t、平板玻璃 2000 万重量箱。对未按期完成淘汰任务的地区，严格控制国家安排的投资项目，暂停对该地区重点行业建设项目办理审批、核准和备案手续。2016 年、2017 年，各地区要制定范围更

宽、标准更高的落后产能淘汰政策，再淘汰一批落后产能。

对布局分散、装备水平低、环保设施差的小型工业企业进行全面排查，制定综合整改方案，实施分类治理。

（六）压缩过剩产能。加大环保、能耗、安全执法处罚力度，建立以节能环保标准促进"两高"行业过剩产能退出的机制。制定财政、土地、金融等扶持政策，支持产能过剩"两高"行业企业退出、转型发展。发挥优强企业对行业发展的主导作用，通过跨地区、跨所有制企业兼并重组，推动过剩产能压缩。严禁核准产能严重过剩行业新增产能项目。

（七）坚决停建产能严重过剩行业违规在建项目。认真清理产能严重过剩行业违规在建项目，对未批先建、边批边建、越权核准的违规项目，尚未开工建设的，不准开工；正在建设的，要停止建设。地方人民政府要加强组织领导和监督检查，坚决遏制产能严重过剩行业盲目扩张。

三、加快企业技术改造，提高科技创新能力

（八）强化科技研发和推广。加强灰霾、臭氧的形成机理、来源解析、迁移规律和监测预警等研究，为污染治理提供科学支撑。加强大气污染与人群健康关系的研究。支持企业技术中心、国家重点实验室、国家工程实验室建设，推进大型大气光化学模拟仓、大型气溶胶模拟仓等科技基础设施建设。

加强脱硫、脱硝、高效除尘、挥发性有机物控制、柴油机（车）排放净化、环境监测，以及新能源汽车、智能电网等方面的技术研发，推进技术成果转化应用。加强大气污染治理先进技术、管理经验等方面的国际交流与合作。

（九）全面推行清洁生产。对钢铁、水泥、化工、石化、有色金属冶炼等重点行业进行清洁生产审核，针对节能减排关键领域和薄弱环节，采用先进适用的技术、工艺和装备，实施清洁生产技术改造；到 2017 年，重点行业排污强度比 2012 年下降 30% 以上。推进非有机溶剂型涂料和农药等产品创新，减少生产和使用过程中挥发性有机物排放。积极开发缓释肥料新品种，减少化肥施用过程中氨的排放。

（十）大力发展循环经济。鼓励产业集聚发展，实施园区循环化改造，推进能源梯级利用、水资源循环利用、废物交换利用、土地节约集约利用，促进企业循环式生产、园区循环式发展、产业循环式组合，构建循环型工业体系。推动水泥、钢铁等工业窑炉、高炉实施废物协同处置。大力发展机电产品再制造，推进资源再生利用产业发展。到 2017 年，单位工业增加值能耗比 2012 年降低 20% 左右，在 50% 以上的各类国家级园区和 30% 以上的各类省级园区实施循环化改造，主要有色金属品种以及钢铁的循环再生比重达到 40% 左右。

（十一）**大力培育节能环保产业。** 着力把大气污染治理的政策要求有效转化为节能环保产业发展的市场需求，促进重大环保技术装备、产品的创新开发与产业化应用。扩大国内消费市场，积极支持新业态、新模式，培育一批具有国际竞争力的大型节能环保企业，大幅增加大气污染治理装备、产品、服务产业产值，有效推动节能环保、新能源等战略性新兴产业发展。鼓励外商投资节能环保产业。

四、加快调整能源结构，增加清洁能源供应

（十二）**控制煤炭消费总量。** 制定国家煤炭消费总量中长期控制目标，实行目标责任管理。到 2017 年，煤炭占能源消费总量比重降低到 65% 以下。京津冀、长三角、珠三角等区域力争实现煤炭消费总量负增长，通过逐步提高接受外输电比例、增加天然气供应、加大非化石能源利用强度等措施替代燃煤。

京津冀、长三角、珠三角等区域新建项目禁止配套建设自备燃煤电站。耗煤项目要实行煤炭减量替代。除热电联产外，禁止审批新建燃煤发电项目；现有多台燃煤机组装机容量合计达到 30 万千瓦以上的，可按照煤炭等量替代的原则建设为大容量燃煤机组。

（十三）**加快清洁能源替代利用。** 加大天然气、煤制天然气、煤层气供应。到 2015 年，新增天然气干线管输能力 1500 亿 m^3 以上，覆盖京津冀、长三角、珠三角等区域。优化天然气使用方式，新增天然气应优先保障居民生活或用于替代燃煤；鼓励发展天然气分布式能源等高效利用项目，限制发展天然气化工项目；有序发展天然气调峰电站，原则上不再新建天然气发电项目。

制定煤制天然气发展规划，在满足最严格的环保要求和保障水资源供应的前提下，加快煤制天然气产业化和规模化步伐。

积极有序发展水电，开发利用地热能、风能、太阳能、生物质能，安全高效发展核电。到 2017 年，运行核电机组装机容量达到 5000 万千瓦，非化石能源消费比重提高到 13%。

京津冀区域城市建成区、长三角城市群、珠三角区域要加快现有工业企业燃煤设施天然气替代步伐；到 2017 年，基本完成燃煤锅炉、工业窑炉、自备燃煤电站的天然气替代改造任务。

（十四）**推进煤炭清洁利用。** 提高煤炭洗选比例，新建煤矿应同步建设煤炭洗选设施，现有煤矿要加快建设与改造；到 2017 年，原煤入选率达到 70% 以上。禁止进口高灰份、高硫份的劣质煤炭，研究出台煤炭质量管理办法。限制高硫石油焦的进口。

扩大城市高污染燃料禁燃区范围，逐步由城市建成区扩展到近郊。结合城

中村、城乡结合部、棚户区改造，通过政策补偿和实施峰谷电价、季节性电价、阶梯电价、调峰电价等措施，逐步推行以天然气或电替代煤炭。鼓励北方农村地区建设洁净煤配送中心，推广使用洁净煤和型煤。

（十五）**提高能源使用效率**。严格落实节能评估审查制度。新建高耗能项目单位产品（产值）能耗要达到国内先进水平，用能设备达到一级能效标准。京津冀、长三角、珠三角等区域，新建高耗能项目单位产品（产值）能耗要达到国际先进水平。

积极发展绿色建筑，政府投资的公共建筑、保障性住房等要率先执行绿色建筑标准。新建建筑要严格执行强制性节能标准，推广使用太阳能热水系统、地源热泵、空气源热泵、光伏建筑一体化、"热—电—冷"三联供等技术和装备。

推进供热计量改革，加快北方采暖地区既有居住建筑供热计量和节能改造；新建建筑和完成供热计量改造的既有建筑逐步实行供热计量收费。加快热力管网建设与改造。

五、严格节能环保准入，优化产业空间布局

（十六）**调整产业布局**。按照主体功能区规划要求，合理确定重点产业发展布局、结构和规模，重大项目原则上布局在优化开发区和重点开发区。所有新、改、扩建项目，必须全部进行环境影响评价；未通过环境影响评价审批的，一律不准开工建设；违规建设的，要依法进行处罚。加强产业政策在产业转移过程中的引导与约束作用，严格限制在生态脆弱或环境敏感地区建设"两高"行业项目。加强对各类产业发展规划的环境影响评价。

在东部、中部和西部地区实施差别化的产业政策，对京津冀、长三角、珠三角等区域提出更高的节能环保要求。强化环境监管，严禁落后产能转移。

（十七）**强化节能环保指标约束**。提高节能环保准入门槛，健全重点行业准入条件，公布符合准入条件的企业名单并实施动态管理。严格实施污染物排放总量控制，将二氧化硫、氮氧化物、烟粉尘和挥发性有机物排放是否符合总量控制要求作为建设项目环境影响评价审批的前置条件。

京津冀、长三角、珠三角区域以及辽宁中部、山东、武汉及其周边、长株潭、成渝、海峡西岸、山西中北部、陕西关中、甘宁、乌鲁木齐城市群等"三区十群"中的 47 个城市，新建火电、钢铁、石化、水泥、有色、化工等企业以及燃煤锅炉项目要执行大气污染物特别排放限值。各地区可根据环境质量改善的需要，扩大特别排放限值实施的范围。

对未通过能评、环评审查的项目，有关部门不得审批、核准、备案，不得提供土地，不得批准开工建设，不得发放生产许可证、安全生产许可证、排污许可证，金融机构不得提供任何形式的新增授信支持，有关单位不得供电、供水。

（十八）**优化空间格局**。科学制定并严格实施城市规划，强化城市空间管制要求和绿地控制要求，规范各类产业园区和城市新城、新区设立和布局，禁止随意调整和修改城市规划，形成有利于大气污染物扩散的城市和区域空间格局。研究开展城市环境总体规划试点工作。

结合化解过剩产能、节能减排和企业兼并重组，有序推进位于城市主城区的钢铁、石化、化工、有色金属冶炼、水泥、平板玻璃等重污染企业环保搬迁、改造，到2017年基本完成。

六、发挥市场机制作用，完善环境经济政策

（十九）**发挥市场机制调节作用**。本着"谁污染、谁负责，多排放、多负担，节能减排得收益、获补偿"的原则，积极推行激励与约束并举的节能减排新机制。

分行业、分地区对水、电等资源类产品制定企业消耗定额。建立企业"领跑者"制度，对能效、排污强度达到更高标准的先进企业给予鼓励。

全面落实"合同能源管理"的财税优惠政策，完善促进环境服务业发展的扶持政策，推行污染治理设施投资、建设、运行一体化特许经营。完善绿色信贷和绿色证券政策，将企业环境信息纳入征信系统。严格限制环境违法企业贷款和上市融资。推进排污权有偿使用和交易试点。

（二十）**完善价格税收政策**。根据脱硝成本，结合调整销售电价，完善脱硝电价政策。现有火电机组采用新技术进行除尘设施改造的，要给予价格政策支持。实行阶梯式电价。

推进天然气价格形成机制改革，理顺天然气与可替代能源的比价关系。

按照合理补偿成本、优质优价和污染者付费的原则合理确定成品油价格，完善对部分困难群体和公益性行业成品油价格改革补贴政策。

加大排污费征收力度，做到应收尽收。适时提高排污收费标准，将挥发性有机物纳入排污费征收范围。

研究将部分"两高"行业产品纳入消费税征收范围。完善"两高"行业产品出口退税政策和资源综合利用税收政策。积极推进煤炭等资源税从价计征改革。符合税收法律法规规定，使用专用设备或建设环境保护项目的企业以及高新技术企业，可以享受企业所得税优惠。

（二十一）**拓宽投融资渠道**。深化节能环保投融资体制改革，鼓励民间资本和社会资本进入大气污染防治领域。引导银行业金融机构加大对大气污染防治

项目的信贷支持。探索排污权抵押融资模式，拓展节能环保设施融资、租赁业务。

地方人民政府要对涉及民生的"煤改气"项目、黄标车和老旧车辆淘汰、轻型载货车替代低速货车等加大政策支持力度，对重点行业清洁生产示范工程给予引导性资金支持。要将空气质量监测站点建设及其运行和监管经费纳入各级财政预算予以保障。

在环境执法到位、价格机制理顺的基础上，中央财政统筹整合主要污染物减排等专项，设立大气污染防治专项资金，对重点区域按治理成效实施"以奖代补"；中央基本建设投资也要加大对重点区域大气污染防治的支持力度。

七、健全法律法规体系，严格依法监督管理

（二十二）完善法律法规标准。加快大气污染防治法修订步伐，重点健全总量控制、排污许可、应急预警、法律责任等方面的制度，研究增加对恶意排污、造成重大污染危害的企业及其相关负责人追究刑事责任的内容，加大对违法行为的处罚力度。建立健全环境公益诉讼制度。研究起草环境税法草案，加快修改环境保护法，尽快出台机动车污染防治条例和排污许可证管理条例。各地区可结合实际，出台地方性大气污染防治法规、规章。

加快制（修）订重点行业排放标准以及汽车燃料消耗量标准、油品标准、供热计量标准等，完善行业污染防治技术政策和清洁生产评价指标体系。

（二十三）提高环境监管能力。完善国家监察、地方监管、单位负责的环境监管体制，加强对地方人民政府执行环境法律法规和政策的监督。加大环境监测、信息、应急、监察等能力建设力度，达到标准化建设要求。

建设城市站、背景站、区域站统一布局的国家空气质量监测网络，加强监测数据质量管理，客观反映空气质量状况。加强重点污染源在线监控体系建设，推进环境卫星应用。建设国家、省、市三级机动车排污监管平台。到 2015 年，地级及以上城市全部建成细颗粒物监测点和国家直管的监测点。

（二十四）加大环保执法力度。推进联合执法、区域执法、交叉执法等执法机制创新，明确重点，加大力度，严厉打击环境违法行为。对偷排偷放、屡查屡犯的违法企业，要依法停产关闭。对涉嫌环境犯罪的，要依法追究刑事责任。落实执法责任，对监督缺位、执法不力、徇私枉法等行为，监察机关要依法追究有关部门和人员的责任。

（二十五）实行环境信息公开。国家每月公布空气质量最差的 10 个城市和最好的 10 个城市的名单。各省（区、市）要公布本行政区域内地级及以上城市空气质量排名。地级及以上城市要在当地主要媒体及时发布空气质量监测信息。

各级环保部门和企业要主动公开新建项目环境影响评价、企业污染物排放、治污设施运行情况等环境信息，接受社会监督。涉及群众利益的建设项目，应充分听取公众意见。建立重污染行业企业环境信息强制公开制度。

八、建立区域协作机制，统筹区域环境治理

（二十六）**建立区域协作机制。**建立京津冀、长三角区域大气污染防治协作机制，由区域内省级人民政府和国务院有关部门参加，协调解决区域突出环境问题，组织实施环评会商、联合执法、信息共享、预警应急等大气污染防治措施，通报区域大气污染防治工作进展，研究确定阶段性工作要求、工作重点和主要任务。

（二十七）**分解目标任务。**国务院与各省（区、市）人民政府签订大气污染防治目标责任书，将目标任务分解落实到地方人民政府和企业。将重点区域的细颗粒物指标、非重点地区的可吸入颗粒物指标作为经济社会发展的约束性指标，构建以环境质量改善为核心的目标责任考核体系。

国务院制定考核办法，每年初对各省（区、市）上年度治理任务完成情况进行考核；2015 年进行中期评估，并依据评估情况调整治理任务；2017 年对行动计划实施情况进行终期考核。考核和评估结果经国务院同意后，向社会公布，并交由干部主管部门，按照《关于建立促进科学发展的党政领导班子和领导干部考核评价机制的意见》《地方党政领导班子和领导干部综合考核评价办法（试行）》《关于开展政府绩效管理试点工作的意见》等规定，作为对领导班子和领导干部综合考核评价的重要依据。

（二十八）**实行严格责任追究。**对未通过年度考核的，由环保部门会同组织部门、监察机关等部门约谈省级人民政府及其相关部门有关负责人，提出整改意见，予以督促。

对因工作不力、履职缺位等导致未能有效应对重污染天气的，以及干预、伪造监测数据和没有完成年度目标任务的，监察机关要依法依纪追究有关单位和人员的责任，环保部门要对有关地区和企业实施建设项目环评限批，取消国家授予的环境保护荣誉称号。

九、建立监测预警应急体系，妥善应对重污染天气

（二十九）**建立监测预警体系。**环保部门要加强与气象部门的合作，建立重污染天气监测预警体系。到 2014 年，京津冀、长三角、珠三角区域要完成区域、省、市级重污染天气监测预警系统建设；其他省（区、市）、副省级市、省会城市于 2015 年底前完成。要做好重污染天气过程的趋势分析，完善会商研判

机制，提高监测预警的准确度，及时发布监测预警信息。

（三十）**制定完善应急预案**。空气质量未达到规定标准的城市应制定和完善重污染天气应急预案并向社会公布；要落实责任主体，明确应急组织机构及其职责、预警预报及响应程序、应急处置及保障措施等内容，按不同污染等级确定企业限产停产、机动车和扬尘管控、中小学校停课以及可行的气象干预等应对措施。开展重污染天气应急演练。

京津冀、长三角、珠三角等区域要建立健全区域、省、市联动的重污染天气应急响应体系。区域内各省（区、市）的应急预案，应于 2013 年年底前报环境保护部备案。

（三十一）**及时采取应急措施**。将重污染天气应急响应纳入地方人民政府突发事件应急管理体系，实行政府主要负责人负责制。要依据重污染天气的预警等级，迅速启动应急预案，引导公众做好卫生防护。

十、明确政府企业和社会的责任，动员全民参与环境保护

（三十二）**明确地方政府统领责任**。地方各级人民政府对本行政区域内的大气环境质量负总责，要根据国家的总体部署及控制目标，制定本地区的实施细则，确定工作重点任务和年度控制指标，完善政策措施，并向社会公开；要不断加大监管力度，确保任务明确、项目清晰、资金保障。

（三十三）**加强部门协调联动**。各有关部门要密切配合、协调力量、统一行动，形成大气污染防治的强大合力。环境保护部要加强指导、协调和监督，有关部门要制定有利于大气污染防治的投资、财政、税收、金融、价格、贸易、科技等政策，依法做好各自领域的相关工作。

（三十四）**强化企业施治**。企业是大气污染治理的责任主体，要按照环保规范要求，加强内部管理，增加资金投入，采用先进的生产工艺和治理技术，确保达标排放，甚至达到"零排放"；要自觉履行环境保护的社会责任，接受社会监督。

（三十五）**广泛动员社会参与**。环境治理，人人有责。要积极开展多种形式的宣传教育，普及大气污染防治的科学知识。加强大气环境管理专业人才培养。倡导文明、节约、绿色的消费方式和生活习惯，引导公众从自身做起、从点滴做起、从身边的小事做起，在全社会树立起"同呼吸、共奋斗"的行为准则，共同改善空气质量。

我国仍然处于社会主义初级阶段，大气污染防治任务繁重艰巨，要坚定信心、综合治理、突出重点、逐步推进，重在落实、务求实效。各地区、各有关部门和企业要按照本行动计划的要求，紧密结合实际，狠抓贯彻落实，确保空气质量改善目标如期实现。

水污染防治行动计划

水环境保护事关人民群众切身利益，事关全面建成小康社会，事关实现中华民族伟大复兴中国梦。当前，我国一些地区水环境质量差、水生态受损重、环境隐患多等问题十分突出，影响和损害群众健康，不利于经济社会持续发展。为切实加大水污染防治力度，保障国家水安全，制定本行动计划。

总体要求：全面贯彻党的十八大和十八届二中、三中、四中全会精神，大力推进生态文明建设，以改善水环境质量为核心，按照"节水优先、空间均衡、系统治理、两手发力"原则，贯彻"安全、清洁、健康"方针，强化源头控制，水陆统筹、河海兼顾，对江河湖海实施分流域、分区域、分阶段科学治理，系统推进水污染防治、水生态保护和水资源管理。坚持政府市场协同，注重改革创新；坚持全面依法推进，实行最严格环保制度；坚持落实各方责任，严格考核问责；坚持全民参与，推动节水洁水人人有责，形成"政府统领、企业施治、市场驱动、公众参与"的水污染防治新机制，实现环境效益、经济效益与社会效益多赢，为建设"蓝天常在、青山常在、绿水常在"的美丽中国而奋斗。

工作目标：到 2020 年，全国水环境质量得到阶段性改善，污染严重水体较大幅度减少，饮用水安全保障水平持续提升，地下水超采得到严格控制，地下水污染加剧趋势得到初步遏制，近岸海域环境质量稳中趋好，京津冀、长三角、珠三角等区域水生态环境状况有所好转。到 2030 年，力争全国水环境质量总体改善，水生态系统功能初步恢复。到本世纪中叶，生态环境质量全面改善，生态系统实现良性循环。

主要指标：到 2020 年，长江、黄河、珠江、松花江、淮河、海河、辽河等七大重点流域水质优良（达到或优于Ⅲ类）比例总体达到 70% 以上，地级及以上城市建成区黑臭水体均控制在 10% 以内，地级及以上城市集中式饮用水水源水质达到或优于Ⅲ类比例总体高于 93%，全国地下水质量极差的比例控制在15% 左右，近岸海域水质优良（Ⅰ、Ⅱ类）比例达到 70% 左右。京津冀区域丧失使用功能（劣于Ⅴ类）的水体断面比例下降 15 个百分点左右，长三角、珠三角区域力争消除丧失使用功能的水体。

到 2030 年，全国七大重点流域水质优良比例总体达到 75% 以上，城市建成区黑臭水体总体得到消除，城市集中式饮用水水源水质达到或优于 Ⅲ 类比例总体为 95% 左右。

一、全面控制污染物排放

（一）**狠抓工业污染防治**。取缔"十小"企业。全面排查装备水平低、环保设施差的小型工业企业。2016 年底前，按照水污染防治法律法规要求，全部取缔不符合国家产业政策的小型造纸、制革、印染、染料、炼焦、炼硫、炼砷、炼油、电镀、农药等严重污染水环境的生产项目。（环境保护部牵头，工业和信息化部、国土资源部、能源局等参与，地方各级人民政府负责落实。以下均需地方各级人民政府落实，不再列出）

专项整治十大重点行业。制定造纸、焦化、氮肥、有色金属、印染、农副食品加工、原料药制造、制革、农药、电镀等行业专项治理方案，实施清洁化改造。新建、改建、扩建上述行业建设项目实行主要污染物排放等量或减量置换。2017 年底前，造纸行业力争完成纸浆无元素氯漂白改造或采取其他低污染制浆技术，钢铁企业焦炉完成干熄焦技术改造，氮肥行业尿素生产完成工艺冷凝液水解解析技术改造，印染行业实施低排水染整工艺改造，制药（抗生素、维生素）行业实施绿色酶法生产技术改造，制革行业实施铬减量化和封闭循环利用技术改造。（环境保护部牵头，工业和信息化部等参与）

集中治理工业集聚区水污染。强化经济技术开发区、高新技术产业开发区、出口加工区等工业集聚区污染治理。集聚区内工业废水必须经预处理达到集中处理要求，方可进入污水集中处理设施。新建、升级工业集聚区应同步规划、建设污水、垃圾集中处理等污染治理设施。2017 年底前，工业集聚区应按规定建成污水集中处理设施，并安装自动在线监控装置，京津冀、长三角、珠三角等区域提前一年完成，逾期未完成的，一律暂停审批和核准其增加水污染物排放的建设项目，并依照有关规定撤销其园区资格。（环境保护部牵头，科技部、工业和信息化部、商务部等参与）

（二）**强化城镇生活污染治理**。加快城镇污水处理设施建设与改造。现有城镇污水处理设施，要因地制宜进行改造，2020 年底前达到相应排放标准或再生利用要求。敏感区域（重点湖泊、重点水库、近岸海域汇水区域）城镇污水处理设施应于 2017 年底前全面达到一级 A 排放标准。建成区水体水质达不到地表水 Ⅳ 类标准的城市，新建城镇污水处理设施要执行一级 A 排放标准。按照国家新型城镇化规划要求，到 2020 年，全国所有县城和重点镇具备污水收集处理能力，县城、城市污水处理率分别达到 85%、95% 左右。京津冀、长三角、珠三角等区域提前一年完成。（住房城乡建设部牵头，发展改革委、环境保护部等参与）

全面加强配套管网建设。强化城中村、老旧城区和城乡结合部污水截流、收集。现有合流制排水系统应加快实施雨污分流改造，难以改造的，应采取截流、调蓄和治理等措施。新建污水处理设施的配套管网应同步设计、同步建设、同步投运。除干旱地区外，城镇新区建设均实行雨污分流，有条件的地区要推进初期雨水收集、处理和资源化利用。到 2017 年，直辖市、省会城市、计划单列市建成区污水基本实现全收集、全处理，其他地级城市建成区于 2020 年年底前基本实现。（住房城乡建设部牵头，发展改革委、环境保护部等参与）

推进污泥处理处置。污水处理设施产生的污泥应进行稳定化、无害化和资源化处理处置，禁止处理处置不达标的污泥进入耕地。非法污泥堆放点一律予以取缔。现有污泥处理处置设施应于 2017 年年底前基本完成达标改造，地级及以上城市污泥无害化处理处置率应于 2020 年年底前达到 90% 以上。（住房城乡建设部牵头，发展改革委、工业和信息化部、环境保护部、农业部等参与）

（三）推进农业农村污染防治。 防治畜禽养殖污染。科学划定畜禽养殖禁养区，2017 年底前，依法关闭或搬迁禁养区内的畜禽养殖场（小区）和养殖专业户，京津冀、长三角、珠三角等区域提前一年完成。现有规模化畜禽养殖场（小区）要根据污染防治需要，配套建设粪便污水储存、处理、利用设施。散养密集区要实行畜禽粪便污水分户收集、集中处理利用。自 2016 年起，新建、改建、扩建规模化畜禽养殖场（小区）要实施雨污分流、粪便污水资源化利用。（农业部牵头，环境保护部参与）

控制农业面源污染。制定实施全国农业面源污染综合防治方案。推广低毒、低残留农药使用补助试点经验，开展农作物病虫害绿色防控和统防统治。实行测土配方施肥，推广精准施肥技术和机具。完善高标准农田建设、土地开发整理等标准规范，明确环保要求，新建高标准农田要达到相关环保要求。敏感区域和大中型灌区，要利用现有沟、塘、窖等，配置水生植物群落、格栅和透水坝，建设生态沟渠、污水净化塘、地表径流集蓄池等设施，净化农田排水及地表径流。到 2020 年，测土配方施肥技术推广覆盖率达到 90% 以上，化肥利用率提高到 40% 以上，农作物病虫害统防统治覆盖率达到 40% 以上；京津冀、长三角、珠三角等区域提前一年完成。（农业部牵头，发展改革委、工业和信息化部、国土资源部、环境保护部、水利部、质检总局等参与）

调整种植业结构与布局。在缺水地区试行退地减水。地下水易受污染地区要优先种植需肥需药量低、环境效益突出的农作物。地表水过度开发和地下水超采问题较严重，且农业用水比重较大的甘肃、新疆（含新疆生产建设兵团）、河北、山东、河南等五省（区），要适当减少用水量较大的农作物种植面积，改种耐旱作物和经济林；2018 年年底前，对 3300 万亩灌溉面积实施综合治理，退减水量 37 亿 m³ 以上。（农业部、水利部牵头，发展改革委、国土资源部等参与）

加快农村环境综合整治。以县级行政区域为单元，实行农村污水处理统一规划、统一建设、统一管理，有条件的地区积极推进城镇污水处理设施和服务向农村延伸。深化"以奖促治"政策，实施农村清洁工程，开展河道清淤疏浚，推进农村环境连片整治。到 2020 年，新增完成环境综合整治的建制村 13 万个。（环境保护部牵头，住房城乡建设部、水利部、农业部等参与）

（四）加强船舶港口污染控制。积极治理船舶污染。依法强制报废超过使用年限的船舶。分类分级修订船舶及其设施、设备的相关环保标准。2018 年起投入使用的沿海船舶、2021 年起投入使用的内河船舶执行新的标准；其他船舶于 2020 年年底前完成改造，经改造仍不能达到要求的，限期予以淘汰。航行于我国水域的国际航线船舶，要实施压载水交换或安装压载水灭活处理系统。规范拆船行为，禁止冲滩拆解。（交通运输部牵头，工业和信息化部、环境保护部、农业部、质检总局等参与）

增强港口码头污染防治能力。编制实施全国港口、码头、装卸站污染防治方案。加快垃圾接收、转运及处理处置设施建设，提高含油污水、化学品洗舱水等接收处置能力及污染事故应急能力。位于沿海和内河的港口、码头、装卸站及船舶修造厂，分别于 2017 年底前和 2020 年底前达到建设要求。港口、码头、装卸站的经营人应制定防治船舶及其有关活动污染水环境的应急计划。（交通运输部牵头，工业和信息化部、住房城乡建设部、农业部等参与）

二、推动经济结构转型升级

（五）调整产业结构。依法淘汰落后产能。自 2015 年起，各地要依据部分工业行业淘汰落后生产工艺装备和产品指导目录、产业结构调整指导目录及相关行业污染物排放标准，结合水质改善要求及产业发展情况，制定并实施分年度的落后产能淘汰方案，报工业和信息化部、环境保护部备案。未完成淘汰任务的地区，暂停审批和核准其相关行业新建项目。（工业和信息化部牵头，发展改革委、环境保护部等参与）

严格环境准入。根据流域水质目标和主体功能区规划要求，明确区域环境准入条件，细化功能分区，实施差别化环境准入政策。建立水资源、水环境承载能力监测评价体系，实行承载能力监测预警，已超过承载能力的地区要实施水污染物削减方案，加快调整发展规划和产业结构。到 2020 年，组织完成市、县域水资源、水环境承载能力现状评价。（环境保护部牵头，住房城乡建设部、水利部、海洋局等参与）

（六）优化空间布局。 合理确定发展布局、结构和规模。充分考虑水资源、水环境承载能力，以水定城、以水定地、以水定人、以水定产。重大项目原则上布局在优化开发区和重点开发区，并符合城乡规划和土地利用总体规划。鼓励发展节水高效现代农业、低耗水高新技术产业以及生态保护型旅游业，严格控制缺水地区、水污染严重地区和敏感区域高耗水、高污染行业发展，新建、改建、扩建重点行业建设项目实行主要污染物排放减量置换。七大重点流域干流沿岸，要严格控制石油加工、化学原料和化学制品制造、医药制造、化学纤维制造、有色金属冶炼、纺织印染等项目环境风险，合理布局生产装置及危险化学品仓储等设施。（发展改革委、工业和信息化部牵头，国土资源部、环境保护部、住房城乡建设部、水利部等参与）

推动污染企业退出。城市建成区内现有钢铁、有色金属、造纸、印染、原料药制造、化工等污染较重的企业应有序搬迁改造或依法关闭。（工业和信息化部牵头，环境保护部等参与）

积极保护生态空间。严格城市规划蓝线管理，城市规划区范围内应保留一定比例的水域面积。新建项目一律不得违规占用水域。严格水域岸线用途管制，土地开发利用应按照有关法律法规和技术标准要求，留足河道、湖泊和滨海地带的管理和保护范围，非法挤占的应限期退出。（国土资源部、住房城乡建设部牵头，环境保护部、水利部、海洋局等参与）

（七）推进循环发展。 加强工业水循环利用。推进矿井水综合利用，煤炭矿区的补充用水、周边地区生产和生态用水应优先使用矿井水，加强洗煤废水循环利用。鼓励钢铁、纺织印染、造纸、石油石化、化工、制革等高耗水企业废水深度处理回用。（发展改革委、工业和信息化部牵头，水利部、能源局等参与）

促进再生水利用。以缺水及水污染严重地区城市为重点，完善再生水利用设施，工业生产、城市绿化、道路清扫、车辆冲洗、建筑施工及生态景观等用水，要优先使用再生水。推进高速公路服务区污水处理和利用。具备使用再生水条件但未充分利用的钢铁、火电、化工、制浆造纸、印染等项目，不得批准其新增取水许可。自 2018 年起，单体建筑面积超过 2 万平方米的新建公共建筑，北京市 2 万 m^2、天津市 5 万 m^2、河北省 10 万 m^2 以上集中新建的保障性住房，应安装建筑中水设施。积极推动其他新建住房安装建筑中水设施。到 2020 年，缺水城市再生水利用率达到 20% 以上，京津冀区域达到 30% 以上。（住房城乡建设部牵头，发展改革委、工业和信息化部、环境保护部、交通运输部、水利部等参与）

推动海水利用。在沿海地区电力、化工、石化等行业，推行直接利用海水作为循环冷却等工业用水。在有条件的城市，加快推进淡化海水作为生活用水补充水源。（发展改革委牵头，工业和信息化部、住房城乡建设部、水利部、海洋局等参与）

三、着力节约保护水资源

（八）控制用水总量。实施最严格水资源管理。健全取用水总量控制指标体系。加强相关规划和项目建设布局水资源论证工作，国民经济和社会发展规划以及城市总体规划的编制、重大建设项目的布局，应充分考虑当地水资源条件和防洪要求。对取用水总量已达到或超过控制指标的地区，暂停审批其建设项目新增取水许可。对纳入取水许可管理的单位和其他用水大户实行计划用水管理。新建、改建、扩建项目用水要达到行业先进水平，节水设施应与主体工程同时设计、同时施工、同时投运。建立重点监控用水单位名录。到 2020 年，全国用水总量控制在 6700 亿 m³ 以内。（水利部牵头，发展改革委、工业和信息化部、住房城乡建设部、农业部等参与）

严控地下水超采。在地面沉降、地裂缝、岩溶塌陷等地质灾害易发区开发利用地下水，应进行地质灾害危险性评估。严格控制开采深层承压水，地热水、矿泉水开发应严格实行取水许可和采矿许可。依法规范机井建设管理，排查登记已建机井，未经批准的和公共供水管网覆盖范围内的自备水井，一律予以关闭。编制地面沉降区、海水入侵区等区域地下水压采方案。开展华北地下水超采区综合治理，超采区内禁止工农业生产及服务业新增取用地下水。京津冀区域实施土地整治、农业开发、扶贫等农业基础设施项目，不得以配套打井为条件。2017 年底前，完成地下水禁采区、限采区和地面沉降控制区范围划定工作，京津冀、长三角、珠三角等区域提前一年完成。（水利部、国土资源部牵头，发展改革委、工业和信息化部、财政部、住房城乡建设部、农业部等参与）

（九）提高用水效率。建立万元国内生产总值水耗指标等用水效率评估体系，把节水目标任务完成情况纳入地方政府政绩考核。将再生水、雨水和微咸水等非常规水源纳入水资源统一配置。到 2020 年，全国万元国内生产总值用水量、万元工业增加值用水量比 2013 年分别下降 35%、30% 以上。（水利部牵头，发展改革委、工业和信息化部、住房城乡建设部等参与）

抓好工业节水。制定国家鼓励和淘汰的用水技术、工艺、产品和设备目录，完善高耗水行业取用水定额标准。开展节水诊断、水平衡测试、用水效率评估，严格用水定额管理。到 2020 年，电力、钢铁、纺织、造纸、石油石化、化工、食品发酵等高耗水行业达到先进定额标准。（工业和信息化部、水利部牵头，发展改革委、住房城乡建设部、质检总局等参与）

加强城镇节水。禁止生产、销售不符合节水标准的产品、设备。公共建筑必须采用节水器具，限期淘汰公共建筑中不符合节水标准的水嘴、便器水箱等生活用水器具。鼓励居民家庭选用节水器具。对使用超过 50 年和材质落后的供水管网进行更新改造，到 2017 年，全国公共供水管网漏损率控制在 12% 以内；到 2020 年，控制在 10% 以内。积极推行低影响开发建设模式，建设滞、渗、蓄、用、排相结合的雨水收集利用设施。新建城区硬化地面，可渗透面积要达到 40% 以上。到 2020 年，地级及以上缺水城市全部达到国家节水型城市标准要求，京津冀、长三角、珠三角等区域提前一年完成。（住房城乡建设部牵头，发展改革委、工业和信息化部、水利部、质检总局等参与）

发展农业节水。推广渠道防渗、管道输水、喷灌、微灌等节水灌溉技术，完善灌溉用水计量设施。在东北、西北、黄淮海等区域，推进规模化高效节水灌溉，推广农作物节水抗旱技术。到 2020 年，大型灌区、重点中型灌区续建配套和节水改造任务基本完成，全国节水灌溉工程面积达到 7 亿亩左右，农田灌溉水有效利用系数达到 0.55 以上。（水利部、农业部牵头，发展改革委、财政部等参与）

（十）科学保护水资源。完善水资源保护考核评价体系。加强水功能区监督管理，从严核定水域纳污能力。（水利部牵头，发展改革委、环境保护部等参与）

加强江河湖库水量调度管理。完善水量调度方案。采取闸坝联合调度、生态补水等措施，合理安排闸坝下泄水量和泄流时段，维持河湖基本生态用水需求，重点保障枯水期生态基流。加大水利工程建设力度，发挥好控制性水利工程在改善水质中的作用。（水利部牵头，环境保护部参与）

科学确定生态流量。在黄河、淮河等流域进行试点，分期分批确定生态流量（水位），作为流域水量调度的重要参考。（水利部牵头，环境保护部参与）

四、强化科技支撑

（十一）推广示范适用技术。加快技术成果推广应用，重点推广饮用水净化、节水、水污染治理及循环利用、城市雨水收集利用、再生水安全回用、水生态修复、畜禽养殖污染防治等适用技术。完善环保技术评价体系，加强国家环保科技成果共享平台建设，推动技术成果共享与转化。发挥企业的技术创新主体作用，推动水处理重点企业与科研院所、高等学校组建产学研技术创新战略联盟，示范推广控源减排和清洁生产先进技术。（科技部牵头，发展改革委、工业和信息化部、环境保护部、住房城乡建设部、水利部、农业部、海洋局等参与）

（十二）**攻关研发前瞻技术**。整合科技资源，通过相关国家科技计划（专项、基金）等，加快研发重点行业废水深度处理、生活污水低成本高标准处理、海水淡化和工业高盐废水脱盐、饮用水微量有毒污染物处理、地下水污染修复、危险化学品事故和水上溢油应急处置等技术。开展有机物和重金属等水环境基准、水污染对人体健康影响、新型污染物风险评价、水环境损害评估、高品质再生水补充饮用水水源等研究。加强水生态保护、农业面源污染防治、水环境监控预警、水处理工艺技术装备等领域的国际交流合作。（科技部牵头，发展改革委、工业和信息化部、国土资源部、环境保护部、住房城乡建设部、水利部、农业部、卫生计生委等参与）

（十三）**大力发展环保产业**。规范环保产业市场。对涉及环保市场准入、经营行为规范的法规、规章和规定进行全面梳理，废止妨碍形成全国统一环保市场和公平竞争的规定和做法。健全环保工程设计、建设、运营等领域招投标管理办法和技术标准。推进先进适用的节水、治污、修复技术和装备产业化发展。（发展改革委牵头，科技部、工业和信息化部、财政部、环境保护部、住房城乡建设部、水利部、海洋局等参与）

加快发展环保服务业。明确监管部门、排污企业和环保服务公司的责任和义务，完善风险分担、履约保障等机制。鼓励发展包括系统设计、设备成套、工程施工、调试运行、维护管理的环保服务总承包模式、政府和社会资本合作模式等。以污水、垃圾处理和工业园区为重点，推行环境污染第三方治理。（发展改革委、财政部牵头，科技部、工业和信息化部、环境保护部、住房城乡建设部等参与）

五、充分发挥市场机制作用

（十四）**理顺价格税费**。加快水价改革。县级及以上城市应于 2015 年底前全面实行居民阶梯水价制度，具备条件的建制镇也要积极推进。2020 年底前，全面实行非居民用水超定额、超计划累进加价制度。深入推进农业水价综合改革。（发展改革委牵头，财政部、住房城乡建设部、水利部、农业部等参与）

完善收费政策。修订城镇污水处理费、排污费、水资源费征收管理办法，合理提高征收标准，做到应收尽收。城镇污水处理收费标准不应低于污水处理和污泥处理处置成本。地下水水资源费征收标准应高于地表水，超采地区地下水水资源费征收标准应高于非超采地区。（发展改革委、财政部牵头，环境保护部、住房城乡建设部、水利部等参与）

健全税收政策。依法落实环境保护、节能节水、资源综合利用等方面税收优惠政策。对国内企业为生产国家支持发展的大型环保设备，必需进口的关键零部件及原材料，免征关税。加快推进环境保护税立法、资源税税费改革等工作。研究将部分高耗能、高污染产品纳入消费税征收范围。（财政部、税务总局牵头，发展改革委、工业和信息化部、商务部、海关总署、质检总局等参与）

（十五）促进多元融资。引导社会资本投入。积极推动设立融资担保基金，推进环保设备融资租赁业务发展。推广股权、项目收益权、特许经营权、排污权等质押融资担保。采取环境绩效合同服务、授予开发经营权益等方式，鼓励社会资本加大水环境保护投入。（人民银行、发展改革委、财政部牵头，环境保护部、住房城乡建设部、银监会、证监会、保监会等参与）

增加政府资金投入。中央财政加大对属于中央事权的水环境保护项目支持力度，合理承担部分属于中央和地方共同事权的水环境保护项目，向欠发达地区和重点地区倾斜；研究采取专项转移支付等方式，实施"以奖代补"。地方各级人民政府要重点支持污水处理、污泥处理处置、河道整治、饮用水水源保护、畜禽养殖污染防治、水生态修复、应急清污等项目和工作。对环境监管能力建设及运行费用分级予以必要保障。（财政部牵头，发展改革委、环境保护部等参与）

（十六）建立激励机制。健全节水环保"领跑者"制度。鼓励节能减排先进企业、工业集聚区用水效率、排污强度等达到更高标准，支持开展清洁生产、节约用水和污染治理等示范。（发展改革委牵头，工业和信息化部、财政部、环境保护部、住房城乡建设部、水利部等参与）

推行绿色信贷。积极发挥政策性银行等金融机构在水环境保护中的作用，重点支持循环经济、污水处理、水资源节约、水生态环境保护、清洁及可再生能源利用等领域。严格限制环境违法企业贷款。加强环境信用体系建设，构建守信激励与失信惩戒机制，环保、银行、证券、保险等方面要加强协作联动，于2017年底前分级建立企业环境信用评价体系。鼓励涉重金属、石油化工、危险化学品运输等高环境风险行业投保环境污染责任保险。（人民银行牵头，工业和信息化部、环境保护部、水利部、银监会、证监会、保监会等参与）

实施跨界水环境补偿。探索采取横向资金补助、对口援助、产业转移等方式，建立跨界水环境补偿机制，开展补偿试点。深化排污权有偿使用和交易试

点。（财政部牵头，发展改革委、环境保护部、水利部等参与）

六、严格环境执法监管

（十七）**完善法规标准**。健全法律法规。加快水污染防治、海洋环境保护、排污许可、化学品环境管理等法律法规制修订步伐，研究制定环境质量目标管理、环境功能区划、节水及循环利用、饮用水水源保护、污染责任保险、水功能区监督管理、地下水管理、环境监测、生态流量保障、船舶和陆源污染防治等法律法规。各地可结合实际，研究起草地方性水污染防治法规。（法制办牵头，发展改革委、工业和信息化部、国土资源部、环境保护部、住房城乡建设部、交通运输部、水利部、农业部、卫生计生委、保监会、海洋局等参与）

完善标准体系。制修订地下水、地表水和海洋等环境质量标准，城镇污水处理、污泥处理处置、农田退水等污染物排放标准。健全重点行业水污染物特别排放限值、污染防治技术政策和清洁生产评价指标体系。各地可制定严于国家标准的地方水污染物排放标准。（环境保护部牵头，发展改革委、工业和信息化部、国土资源部、住房城乡建设部、水利部、农业部、质检总局等参与）

（十八）**加大执法力度**。所有排污单位必须依法实现全面达标排放。逐一排查工业企业排污情况，达标企业应采取措施确保稳定达标；对超标和超总量的企业予以"黄牌"警示，一律限制生产或停产整治；对整治仍不能达到要求且情节严重的企业予以"红牌"处罚，一律停业、关闭。自 2016 年起，定期公布环保"黄牌""红牌"企业名单。定期抽查排污单位达标排放情况，结果向社会公布。（环境保护部负责）

完善国家督查、省级巡查、地市检查的环境监督执法机制，强化环保、公安、监察等部门和单位协作，健全行政执法与刑事司法衔接配合机制，完善案件移送、受理、立案、通报等规定。加强对地方人民政府和有关部门环保工作的监督，研究建立国家环境监察专员制度。（环境保护部牵头，工业和信息化部、公安部、中央编办等参与）

严厉打击环境违法行为。重点打击私设暗管或利用渗井、渗坑、溶洞排放、倾倒含有毒有害污染物废水、含病原体污水，监测数据弄虚作假，不正常使用水污染物处理设施，或者未经批准拆除、闲置水污染物处理设施等环境违法行为。对造成生态损害的责任者严格落实赔偿制度。严肃查处建设项目环境影响评价领域越权审批、未批先建、边批边建、久试不验等违法违规行为。对构成犯罪的，要依法追究刑事责任。（环境保护部牵头，公安部、住房城乡建设部等参与）

（十九）**提升监管水平**。完善流域协作机制。健全跨部门、区域、流域、海域水环境保护议事协调机制，发挥环境保护区域督查派出机构和流域水资源保护机构作用，探索建立陆海统筹的生态系统保护修复机制。流域上下游各级政府、各部门之间要加强协调配合、定期会商，实施联合监测、联合执法、应急联动、信息共享。京津冀、长三角、珠三角等区域要于2015年年底前建立水污染防治联动协作机制。建立严格监管所有污染物排放的水环境保护管理制度。（环境保护部牵头，交通运输部、水利部、农业部、海洋局等参与）

完善水环境监测网络。统一规划设置监测断面（点位）。提升饮用水水源水质全指标监测、水生生物监测、地下水环境监测、化学物质监测及环境风险防控技术支撑能力。2017年年底前，京津冀、长三角、珠三角等区域、海域建成统一的水环境监测网。（环境保护部牵头，发展改革委、国土资源部、住房城乡建设部、交通运输部、水利部、农业部、海洋局等参与）

提高环境监管能力。加强环境监测、环境监察、环境应急等专业技术培训，严格落实执法、监测等人员持证上岗制度，加强基层环保执法力量，具备条件的乡镇（街道）及工业园区要配备必要的环境监管力量。各市、县应自2016年起实行环境监管网格化管理。（环境保护部负责）

七、切实加强水环境管理

（二十）强化环境质量目标管理。明确各类水体水质保护目标，逐一排查达标状况。未达到水质目标要求的地区要制定达标方案，将治污任务逐一落实到汇水范围内的排污单位，明确防治措施及达标时限，方案报上一级人民政府备案，自2016年起，定期向社会公布。对水质不达标的区域实施挂牌督办，必要时采取区域限批等措施。（环境保护部牵头，水利部参与）

（二十一）深化污染物排放总量控制。完善污染物统计监测体系，将工业、城镇生活、农业、移动源等各类污染源纳入调查范围。选择对水环境质量有突出影响的总氮、总磷、重金属等污染物，研究纳入流域、区域污染物排放总量控制约束性指标体系。（环境保护部牵头，发展改革委、工业和信息化部、住房城乡建设部、水利部、农业部等参与）

（二十二）严格环境风险控制。防范环境风险。定期评估沿江河湖库工业企业、工业集聚区环境和健康风险，落实防控措施。评估现有化学物质环境和健康风险，2017年底前公布优先控制化学品名录，对高风险化学品生产、使用进行严格限制，并逐步淘汰替代。（环境保护部牵头，工业和信息化部、卫生计生委、安全监管总局等参与）

稳妥处置突发水环境污染事件。地方各级人民政府要制定和完善水污染事故处置应急预案，落实责任主体，明确预警预报与响应程序、应急处置及保障

措施等内容，依法及时公布预警信息。（环境保护部牵头，住房城乡建设部、水利部、农业部、卫生计生委等参与）

（二十三）**全面推行排污许可。**依法核发排污许可证。2015 年底前，完成国控重点污染源及排污权有偿使用和交易试点地区污染源排污许可证的核发工作，其他污染源于 2017 年底前完成。（环境保护部负责）

加强许可证管理。以改善水质、防范环境风险为目标，将污染物排放种类、浓度、总量、排放去向等纳入许可证管理范围。禁止无证排污或不按许可证规定排污。强化海上排污监管，研究建立海上污染排放许可证制度。2017 年底前，完成全国排污许可证管理信息平台建设。（环境保护部牵头，海洋局参与）

八、全力保障水生态环境安全

（二十四）**保障饮用水水源安全。**从水源到水龙头全过程监管饮用水安全。地方各级人民政府及供水单位应定期监测、检测和评估本行政区域内饮用水水源、供水厂出水和用户水龙头水质等饮水安全状况，地级及以上城市自 2016 年起每季度向社会公开。自 2018 年起，所有县级及以上城市饮水安全状况信息都要向社会公开。（环境保护部牵头，发展改革委、财政部、住房城乡建设部、水利部、卫生计生委等参与）

强化饮用水水源环境保护。开展饮用水水源规范化建设，依法清理饮用水水源保护区内违法建筑和排污口。单一水源供水的地级及以上城市应于 2020 年底前基本完成备用水源或应急水源建设，有条件的地方可以适当提前。加强农村饮用水水源保护和水质检测。（环境保护部牵头，发展改革委、财政部、住房城乡建设部、水利部、卫生计生委等参与）

防治地下水污染。定期调查评估集中式地下水型饮用水水源补给区等区域环境状况。石化生产存贮销售企业和工业园区、矿山开采区、垃圾填埋场等区域应进行必要的防渗处理。加油站地下油罐应于 2017 年底前全部更新为双层罐或完成防渗池设置。报废矿井、钻井、取水井应实施封井回填。公布京津冀等区域内环境风险大、严重影响公众健康的地下水污染场地清单，开展修复试点。（环境保护部牵头，财政部、国土资源部、住房城乡建设部、水利部、商务部等参与）

（二十五）**深化重点流域污染防治。**编制实施七大重点流域水污染防治规划。研究建立流域水生态环境功能分区管理体系。对化学需氧量、氨氮、总磷、重金属及其他影响人体健康的污染物采取针对性措施，加大整治力度。汇入富营养化湖库的河流应实施总氮排放控制。到 2020 年，长江、珠江总体水质达到优良，松花江、黄河、淮河、辽河在轻度污染基础上进一步改善，海河污染程度得到缓解。三峡库区水质保持良好，南水北调、引滦入津等调水工程确保水质安全。太湖、巢湖、滇池富营养化水平有所好转。白洋淀、乌梁素海、呼伦湖、艾比湖等湖泊污染程度减轻。环境容量较小、生态环境脆弱，环境风险高的地区，应执行水污染物特别排放限值。各地可根据水环境质量改善需要，扩大特别排放限值实施范围。（环境保护部牵头，发展改革委、工业和信息化部、财政部、住房城乡建设部、水利部等参与）

加强良好水体保护。对江河源头及现状水质达到或优于Ⅲ类的江河湖库开展生态环境安全评估，制定实施生态环境保护方案。东江、滦河、千岛湖、南四湖等流域于 2017 年底前完成。浙闽片河流、西南诸河、西北诸河及跨界水体水质保持稳定。（环境保护部牵头，外交部、发展改革委、财政部、水利部、林业局等参与）

（二十六）加强近岸海域环境保护。实施近岸海域污染防治方案。重点整治黄河口、长江口、闽江口、珠江口、辽东湾、渤海湾、胶州湾、杭州湾、北部湾等河口海湾污染。沿海地级及以上城市实施总氮排放总量控制。研究建立重点海域排污总量控制制度。规范入海排污口设置，2017 年底前全面清理非法或设置不合理的入海排污口。到 2020 年，沿海省（区、市）入海河流基本消除劣于 Ⅴ 类的水体。提高涉海项目准入门槛。（环境保护部、海洋局牵头，发展改革委、工业和信息化部、财政部、住房城乡建设部、交通运输部、农业部等参与）

推进生态健康养殖。在重点河湖及近岸海域划定限制养殖区。实施水产养殖池塘、近海养殖网箱标准化改造，鼓励有条件的渔业企业开展海洋离岸养殖和集约化养殖。积极推广人工配合饲料，逐步减少冰鲜杂鱼饲料使用。加强养殖投入品管理，依法规范、限制使用抗生素等化学药品，开展专项整治。到 2015 年，海水养殖面积控制在 220 万公顷左右。（农业部负责）

严格控制环境激素类化学品污染。2017 年底前完成环境激素类化学品生产使用情况调查，监控评估水源地、农产品种植区及水产品集中养殖区风险，实施环境激素类化学品淘汰、限制、替代等措施。（环境保护部牵头，工业和信息化部、农业部等参与）

（二十七）整治城市黑臭水体。采取控源截污、垃圾清理、清淤疏浚、生态修复等措施，加大黑臭水体治理力度，每半年向社会公布治理情况。地级及以上城市建成区应于 2015 年底前完成水体排查，公布黑臭水体名称、责任人及达标期限；于 2017 年底前实现河面无大面积漂浮物，河岸无垃圾，无违法排污口；于 2020 年底前完成黑臭水体治理目标。直辖市、省会城市、计划单列市建

成区要于 2017 年底前基本消除黑臭水体。（住房城乡建设部牵头，环境保护部、水利部、农业部等参与）

（二十八）保护水和湿地生态系统。加强河湖水生态保护，科学划定生态保护红线。禁止侵占自然湿地等水源涵养空间，已侵占的要限期予以恢复。强化水源涵养林建设与保护，开展湿地保护与修复，加大退耕还林、还草、还湿力度。加强滨河（湖）带生态建设，在河道两侧建设植被缓冲带和隔离带。加大水生野生动植物类自然保护区和水产种质资源保护区保护力度，开展珍稀濒危水生生物和重要水产种质资源的就地和迁地保护，提高水生生物多样性。2017 年底前，制定实施七大重点流域水生生物多样性保护方案。（环境保护部、林业局牵头，财政部、国土资源部、住房城乡建设部、水利部、农业部等参与）

保护海洋生态。加大红树林、珊瑚礁、海草床等滨海湿地、河口和海湾典型生态系统，以及产卵场、索饵场、越冬场、洄游通道等重要渔业水域的保护力度，实施增殖放流，建设人工鱼礁。开展海洋生态补偿及赔偿等研究，实施海洋生态修复。认真执行围填海管制计划，严格围填海管理和监督，重点海湾、海洋自然保护区的核心区及缓冲区、海洋特别保护区的重点保护区及预留区、重点河口区域、重要滨海湿地区域、重要砂质岸线及沙源保护海域、特殊保护海岛及重要渔业海域禁止实施围填海，生态脆弱敏感区、自净能力差的海域严格限制围填海。严肃查处违法围填海行为，追究相关人员责任。将自然海岸线保护纳入沿海地方政府政绩考核。到 2020 年，全国自然岸线保有率不低于 35%（不包括海岛岸线）。（环境保护部、海洋局牵头，发展改革委、财政部、农业部、林业局等参与）

九、明确和落实各方责任

（二十九）强化地方政府水环境保护责任。各级地方人民政府是实施本行动计划的主体，要于 2015 年底前分别制定并公布水污染防治工作方案，逐年确定分流域、分区域、分行业的重点任务和年度目标。要不断完善政策措施，加大资金投入，统筹城乡水污染治理，强化监管，确保各项任务全面完成。各省（区、市）工作方案报国务院备案。（环境保护部牵头，发展改革委、财政部、住房城乡建设部、水利部等参与）

（三十）加强部门协调联动。建立全国水污染防治工作协作机制，定期研究解决重大问题。各有关部门要认真按照职责分工，切实做好水污染防治相关工作。环境保护部要加强统一指导、协调和监督，工作进展及时向国务院报告。（环境保护部牵头，发展改革委、科技部、工业和信息化部、财政部、住房城乡建设部、水利部、农业部、海洋局等参与）

（三十一）**落实排污单位主体责任**。各类排污单位要严格执行环保法律法规和制度，加强污染治理设施建设和运行管理，开展自行监测，落实治污减排、环境风险防范等责任。中央企业和国有企业要带头落实，工业集聚区内的企业要探索建立环保自律机制。（环境保护部牵头，国资委参与）

（三十二）**严格目标任务考核**。国务院与各省（区、市）人民政府签订水污染防治目标责任书，分解落实目标任务，切实落实"一岗双责"。每年分流域、分区域、分海域对行动计划实施情况进行考核，考核结果向社会公布，并作为对领导班子和领导干部综合考核评价的重要依据。（环境保护部牵头，中央组织部参与）

将考核结果作为水污染防治相关资金分配的参考依据。（财政部、发展改革委牵头，环境保护部参与）

对未通过年度考核的，要约谈省级人民政府及其相关部门有关负责人，提出整改意见，予以督促；对有关地区和企业实施建设项目环评限批。对因工作不力、履职缺位等导致未能有效应对水环境污染事件的，以及干预、伪造数据和没有完成年度目标任务的，要依法依纪追究有关单位和人员责任。对不顾生态环境盲目决策，导致水环境质量恶化，造成严重后果的领导干部，要记录在案，视情节轻重，给予组织处理或党纪政纪处分，已经离任的也要终身追究责任。（环境保护部牵头，监察部参与）

十、强化公众参与和社会监督

（三十三）**依法公开环境信息**。综合考虑水环境质量及达标情况等因素，国家每年公布最差、最好的 10 个城市名单和各省（区、市）水环境状况。对水环境状况差的城市，经整改后仍达不到要求的，取消其环境保护模范城市、生态文明建设示范区、节水型城市、园林城市、卫生城市等荣誉称号，并向社会公告。（环境保护部牵头，发展改革委、住房城乡建设部、水利部、卫生计生委、海洋局等参与）

各省（区、市）人民政府要定期公布本行政区域内各地级市（州、盟）水环境质量状况。国家确定的重点排污单位应依法向社会公开其产生的主要污染物名称、排放方式、排放浓度和总量、超标排放情况，以及污染防治设施的建设和运行情况，主动接受监督。研究发布工业集聚区环境友好指数、重点行业污染物排放强度、城市环境友好指数等信息。（环境保护部牵头，发展改革委、工业和信息化部等参与）

（三十四）**加强社会监督**。为公众、社会组织提供水污染防治法规培训和咨询，邀请其全程参与重要环保执法行动和重大水污染事件调查。公开曝光环境违法典型案件。健全举报制度，充分发挥"12369"环保举报热线和网络平台作用。限期办理群众举报投诉的环境问题，一经查实，可给予举报人奖励。通过公开听证、网络征集等形式，充分听取公众对重大决策和建设项目的意见。积极推行环境公益诉讼。（环境保护部负责）

（三十五）构建全民行动格局。树立"节水洁水，人人有责"的行为准则。加强宣传教育，把水资源、水环境保护和水情知识纳入国民教育体系，提高公众对经济社会发展和环境保护客观规律的认识。依托全国中小学节水教育、水土保持教育、环境教育等社会实践基地，开展环保社会实践活动。支持民间环保机构、志愿者开展工作。倡导绿色消费新风尚，开展环保社区、学校、家庭等群众性创建活动，推动节约用水，鼓励购买使用节水产品和环境标志产品。（环境保护部牵头，教育部、住房城乡建设部、水利部等参与）

我国正处于新型工业化、信息化、城镇化和农业现代化快速发展阶段，水污染防治任务繁重艰巨。各地区、各有关部门要切实处理好经济社会发展和生态文明建设的关系，按照"地方履行属地责任、部门强化行业管理"的要求，明确执法主体和责任主体，做到各司其职，恪尽职守，突出重点，综合整治，务求实效，以抓铁有痕、踏石留印的精神，依法依规狠抓贯彻落实，确保全国水环境治理与保护目标如期实现，为实现"两个一百年"奋斗目标和中华民族伟大复兴中国梦做出贡献。

土壤污染防治行动计划

　　土壤是经济社会可持续发展的物质基础，关系人民群众身体健康，关系美丽中国建设，保护好土壤环境是推进生态文明建设和维护国家生态安全的重要内容。当前，我国土壤环境总体状况堪忧，部分地区污染较为严重，已成为全面建成小康社会的突出短板之一。为切实加强土壤污染防治，逐步改善土壤环境质量，制定本行动计划。

　　总体要求：全面贯彻党的十八大和十八届三中、四中、五中全会精神，按照"五位一体"总体布局和"四个全面"战略布局，牢固树立创新、协调、绿色、开放、共享的新发展理念，认真落实党中央、国务院决策部署，立足我国国情和发展阶段，着眼经济社会发展全局，以改善土壤环境质量为核心，以保障农产品质量和人居环境安全为出发点，坚持预防为主、保护优先、风险管控，突出重点区域、行业和污染物，实施分类别、分用途、分阶段治理，严控新增污染、逐步减少存量，形成政府主导、企业担责、公众参与、社会监督的土壤污染防治体系，促进土壤资源永续利用，为建设"蓝天常在、青山常在、绿水常在"的美丽中国而奋斗。

　　工作目标：到2020年，全国土壤污染加重趋势得到初步遏制，土壤环境质量总体保持稳定，农用地和建设用地土壤环境安全得到基本保障，土壤环境风险得到基本管控。到2030年，全国土壤环境质量稳中向好，农用地和建设用地土壤环境安全得到有效保障，土壤环境风险得到全面管控。到21世纪中叶，土壤环境质量全面改善，生态系统实现良性循环。

　　主要指标：到2020年，受污染耕地安全利用率达到90%左右，污染地块安全利用率达到90%以上。到2030年，受污染耕地安全利用率达到95%以上，污染地块安全利用率达到95%以上。

一、开展土壤污染调查，掌握土壤环境质量状况

（一）深入开展土壤环境质量调查。在现有相关调查基础上，以农用地和重点行业企业用地为重点，开展土壤污染状况详查，2018 年年底前查明农用地土壤污染的面积、分布及其对农产品质量的影响；2020 年底前掌握重点行业企业用地中的污染地块分布及其环境风险情况。制定详查总体方案和技术规定，开展技术指导、监督检查和成果审核。建立土壤环境质量状况定期调查制度，每 10 年开展 1 次。（环境保护部牵头，财政部、国土资源部、农业部、国家卫生计生委等参与，地方各级人民政府负责落实。以下均需地方各级人民政府落实，不再列出）

（二）**建设土壤环境质量监测网络**。统一规划、整合优化土壤环境质量监测点位，2017 年底前，完成土壤环境质量国控监测点位设置，建成国家土壤环境质量监测网络，充分发挥行业监测网作用，基本形成土壤环境监测能力。各省（区、市）每年至少开展 1 次土壤环境监测技术人员培训。各地可根据工作需要，补充设置监测点位，增加特征污染物监测项目，提高监测频次。2020 年底前，实现土壤环境质量监测点位所有县（市、区）全覆盖。（环境保护部牵头，国家发展改革委、工业和信息化部、国土资源部、农业部等参与）

（三）**提升土壤环境信息化管理水平**。利用环境保护、国土资源、农业等部门相关数据，建立土壤环境基础数据库，构建全国土壤环境信息化管理平台，力争 2018 年底前完成。借助移动互联网、物联网等技术，拓宽数据获取渠道，实现数据动态更新。加强数据共享，编制资源共享目录，明确共享权限和方式，发挥土壤环境大数据在污染防治、城乡规划、土地利用、农业生产中的作用。（环境保护部牵头，国家发展改革委、教育部、科技部、工业和信息化部、国土资源部、住房城乡建设部、农业部、国家卫生计生委、国家林业局等参与）

二、推进土壤污染防治立法，建立健全法规标准体系

（四）**加快推进立法进程**。配合完成土壤污染防治法起草工作。适时修订污染防治、城乡规划、土地管理、农产品质量安全相关法律法规，增加土壤污染防治有关内容。2016 年底前，完成农药管理条例修订工作，发布污染地块土壤环境管理办法、农用地土壤环境管理办法。2017 年底前，出台农药包装废弃物回收处理、工矿用地土壤环境管理、废弃农膜回收利用等部门规章。到 2020 年，土壤污染防治法律法规体系基本建立。各地可结合实际，研究制定土壤污染防治地方性法规。（国务院法制办、环境保护部牵头，工业和信息化部、国土资源部、住房城乡建设部、农业部、国家林业局等参与）

（五）**系统构建标准体系**。健全土壤污染防治相关标准和技术规范。2017 年底前，发布农用地、建设用地土壤环境质量标准；完成土壤环境监测、调查评估、风险管控、治理与修复等技术规范以及环境影响评价技术导则制修订工作；修订肥料、饲料、灌溉用水中有毒有害物质限量和农用污泥中污染物控制等标准，进一步严格污染物控制要求；修订农膜标准，提高厚度要求，研究制定可降解农膜标准；修订农药包装标准，增加防止农药包装废弃物污染土壤的要求。适时修订污染物排放标准，进一步明确污染物特别排放限值要求。完善土壤中污染物分析测试方法，研制土壤环境标准样品。各地可制定严于国家标准的地方土壤环境质量标准。（环境保护部牵头，工业和信息化部、国土资源部、住房城乡建设部、水利部、农业部、质检总局、国家林业局等参与）

（六）全面强化监管执法。 明确监管重点。重点监测土壤中镉、汞、砷、铅、铬等重金属和多环芳烃、石油烃等有机污染物，重点监管有色金属矿采选、有色金属冶炼、石油开采、石油加工、化工、焦化、电镀、制革等行业，以及产粮（油）大县、地级以上城市建成区等区域。（环境保护部牵头，工业和信息化部、国土资源部、住房城乡建设部、农业部等参与）

加大执法力度。将土壤污染防治作为环境执法的重要内容，充分利用环境监管网格，加强土壤环境日常监管执法。严厉打击非法排放有毒有害污染物、违法违规存放危险化学品、非法处置危险废物、不正常使用污染治理设施、监测数据弄虚作假等环境违法行为。开展重点行业企业专项环境执法，对严重污染土壤环境、群众反映强烈的企业进行挂牌督办。改善基层环境执法条件，配备必要的土壤污染快速检测等执法装备。对全国环境执法人员每3年开展1轮土壤污染防治专业技术培训。提高突发环境事件应急能力，完善各级环境污染事件应急预案，加强环境应急管理、技术支撑、处置救援能力建设。（环境保护部牵头，工业和信息化部、公安部、国土资源部、住房城乡建设部、农业部、安全监管总局、国家林业局等参与）

三、实施农用地分类管理，保障农业生产环境安全

（七）划定农用地土壤环境质量类别。 按污染程度将农用地划为三个类别，未污染和轻微污染的划为优先保护类，轻度和中度污染的划为安全利用类，重度污染的划为严格管控类，以耕地为重点，分别采取相应管理措施，保障农产品质量安全。2017年底前，发布农用地土壤环境质量类别划分技术指南。以土壤污染状况详查结果为依据，开展耕地土壤和农产品协同监测与评价，在试点基础上有序推进耕地土壤环境质量类别划定，逐步建立分类清单，2020年底前完成。划定结果由各省级人民政府审定，数据上传全国土壤环境信息化管理平台。根据土地利用变更和土壤环境质量变化情况，定期对各类别耕地面积、分布等信息进行更新。有条件的地区要逐步开展林地、草地、园地等其他农用地土壤环境质量类别划定等工作。（环境保护部、农业部牵头，国土资源部、国家

林业局等参与）

（八）切实加大保护力度。各地要将符合条件的优先保护类耕地划为永久基本农田，实行严格保护，确保其面积不减少、土壤环境质量不下降，除法律规定的重点建设项目选址确实无法避让外，其他任何建设不得占用。产粮（油）大县要制定土壤环境保护方案。高标准农田建设项目向优先保护类耕地集中的地区倾斜。推行秸秆还田、增施有机肥、少耕免耕、粮豆轮作、农膜减量与回收利用等措施。继续开展黑土地保护利用试点。农村土地流转的受让方要履行土壤保护的责任，避免因过度施肥、滥用农药等掠夺式农业生产方式造成土壤环境质量下降。各省级人民政府要对本行政区域内优先保护类耕地面积减少或土壤环境质量下降的县（市、区），进行预警提醒并依法采取环评限批等限制性措施。（国土资源部、农业部牵头，国家发展改革委、环境保护部、水利部等参与）

防控企业污染。严格控制在优先保护类耕地集中区域新建有色金属冶炼、石油加工、化工、焦化、电镀、制革等行业企业，现有相关行业企业要采用新技术、新工艺，加快提标升级改造步伐。（环境保护部、国家发展改革委牵头，工业和信息化部参与）

（九）着力推进安全利用。根据土壤污染状况和农产品超标情况，安全利用类耕地集中的县（市、区）要结合当地主要作物品种和种植习惯，制定实施受污染耕地安全利用方案，采取农艺调控、替代种植等措施，降低农产品超标风险。强化农产品质量检测。加强对农民、农民合作社的技术指导和培训。2017年底前，出台受污染耕地安全利用技术指南。到 2020 年，轻度和中度污染耕地实现安全利用的面积达到 4000 万亩。（农业部牵头，国土资源部等参与）

（十）全面落实严格管控。加强对严格管控类耕地的用途管理，依法划定特定农产品禁止生产区域，严禁种植食用农产品；对威胁地下水、饮用水水源安全的，有关县（市、区）要制定环境风险管控方案，并落实有关措施。研究将严格管控类耕地纳入国家新一轮退耕还林还草实施范围，制定实施重度污染耕地种植结构调整或退耕还林还草计划。继续在湖南长株潭地区开展重金属污染耕地修复及农作物种植结构调整试点。实行耕地轮作休耕制度试点。到 2020 年，重度污染耕地种植结构调整或退耕还林还草面积力争达到 2000 万亩。（农业部牵头，国家发展改革委、财政部、国土资源部、环境保护部、水利部、国家林业局参与）

（十一）加强林地草地园地土壤环境管理。严格控制林地、草地、园地的农药使用量，禁止使用高毒、高残留农药。完善生物农药、引诱剂管理制度，加大使用推广力度。优先将重度污染的牧草地集中区域纳入禁牧休牧实施范围。加强对重度污染林地、园地产出食用农（林）产品质量检测，发现超标的，要采取种植结构调整等措施。（农业部、国家林业局负责）

四、实施建设用地准入管理，防范人居环境风险

（十二）**明确管理要求**。建立调查评估制度。2016 年底前，发布建设用地土壤环境调查评估技术规定。自 2017 年起，对拟收回土地使用权的有色金属冶炼、石油加工、化工、焦化、电镀、制革等行业企业用地，以及用途拟变更为居住和商业、学校、医疗、养老机构等公共设施的上述企业用地，由土地使用权人负责开展土壤环境状况调查评估；已经收回的，由所在地市、县级人民政府负责开展调查评估。自 2018 年起，重度污染农用地转为城镇建设用地的，由所在地市、县级人民政府负责组织开展调查评估。调查评估结果向所在地环境保护、城乡规划、国土资源部门备案。（环境保护部牵头，国土资源部、住房城乡建设部参与）

分用途明确管理措施。自 2017 年起，各地要结合土壤污染状况详查情况，根据建设用地土壤环境调查评估结果，逐步建立污染地块名录及其开发利用的负面清单，合理确定土地用途。符合相应规划用地土壤环境质量要求的地块，可进入用地程序。暂不开发利用或现阶段不具备治理修复条件的污染地块，由所在地县级人民政府组织划定管控区域，设立标识，发布公告，开展土壤、地表水、地下水、空气环境监测；发现污染扩散的，有关责任主体要及时采取污染物隔离、阻断等环境风险管控措施。（国土资源部牵头，环境保护部、住房城乡建设部、水利部等参与）

（十三）**落实监管责任**。地方各级城乡规划部门要结合土壤环境质量状况，加强城乡规划论证和审批管理。地方各级国土资源部门要依据土地利用总体规划、城乡规划和地块土壤环境质量状况，加强土地征收、收回、收购以及转让、改变用途等环节的监管。地方各级环境保护部门要加强对建设用地土壤环境状况调查、风险评估和污染地块治理与修复活动的监管。建立城乡规划、国土资源、环境保护等部门间的信息沟通机制，实行联动监管。（国土资源部、环境保护部、住房城乡建设部负责）

（十四）**严格用地准入**。将建设用地土壤环境管理要求纳入城市规划和供地管理，土地开发利用必须符合土壤环境质量要求。地方各级国土资源、城乡规划等部门在编制土地利用总体规划、城市总体规划、控制性详细规划等相关规划时，应充分考虑污染地块的环境风险，合理确定土地用途。（国土资源部、住房城乡建设部牵头，环境保护部参与）

五、强化未污染土壤保护，严控新增土壤污染

（十五）加强未利用地环境管理。 按照科学有序原则开发利用未利用地，防止造成土壤污染。拟开发为农用地的，有关县（市、区）人民政府要组织开展土壤环境质量状况评估；不符合相应标准的，不得种植食用农产品。各地要加强纳入耕地后备资源的未利用地保护，定期开展巡查。依法严查向沙漠、滩涂、盐碱地、沼泽地等非法排污、倾倒有毒有害物质的环境违法行为。加强对矿山、油田等矿产资源开采活动影响区域内未利用地的环境监管，发现土壤污染问题的，要及时督促有关企业采取防治措施。推动盐碱地土壤改良，自 2017 年起，在新疆生产建设兵团等地开展利用燃煤电厂脱硫石膏改良盐碱地试点。（环境保护部、国土资源部牵头，国家发展改革委、公安部、水利部、农业部、国家林业局等参与）

（十六）防范建设用地新增污染。 排放重点污染物的建设项目，在开展环境影响评价时，要增加对土壤环境影响的评价内容，并提出防范土壤污染的具体措施；需要建设的土壤污染防治设施，要与主体工程同时设计、同时施工、同时投产使用；有关环境保护部门要做好有关措施落实情况的监督管理工作。自 2017 年起，有关地方人民政府要与重点行业企业签订土壤污染防治责任书，明确相关措施和责任，责任书向社会公开。（环境保护部负责）

（十七）强化空间布局管控。 加强规划区划和建设项目布局论证，根据土壤等环境承载能力，合理确定区域功能定位、空间布局。鼓励工业企业集聚发展，提高土地节约集约利用水平，减少土壤污染。严格执行相关行业企业布局选址要求，禁止在居民区、学校、医疗和养老机构等周边新建有色金属冶炼、焦化等行业企业；结合推进新型城镇化、产业结构调整和化解过剩产能等，有序搬迁或依法关闭对土壤造成严重污染的现有企业。结合区域功能定位和土壤污染防治需要，科学布局生活垃圾处理、危险废物处置、废旧资源再生利用等设施和场所，合理确定畜禽养殖布局和规模。（国家发展改革委牵头，工业和信息化部、国土资源部、环境保护部、住房城乡建设部、水利部、农业部、国家林业局等参与）

六、加强污染源监管，做好土壤污染预防工作

（十八）严控工矿污染。 加强日常环境监管。各地要根据工矿企业分布和污染排放情况，确定土壤环境重点监管企业名单，实行动态更新，并向社会公布。列入名单的企业每年要自行对其用地进行土壤环境监测，结果向社会公开。有关环境保护部门要定期对重点监管企业和工业园区周边开展监测，数据及时上

传全国土壤环境信息化管理平台，结果作为环境执法和风险预警的重要依据。适时修订国家鼓励的有毒有害原料（产品）替代品目录。加强电器电子、汽车等工业产品中有害物质控制。有色金属冶炼、石油加工、化工、焦化、电镀、制革等行业企业拆除生产设施设备、构筑物和污染治理设施，要事先制定残留污染物清理和安全处置方案，并报所在地县级环境保护、工业和信息化部门备案；要严格按照有关规定实施安全处理处置，防范拆除活动污染土壤。2017年底前，发布企业拆除活动污染防治技术规定。（环境保护部、工业和信息化部负责）

严防矿产资源开发污染土壤。自2017年起，内蒙古、江西、河南、湖北、湖南、广东、广西、四川、贵州、云南、陕西、甘肃、新疆等省（区）矿产资源开发活动集中的区域，执行重点污染物特别排放限值。全面整治历史遗留尾矿库，完善覆膜、压土、排洪、堤坝加固等隐患治理和闭库措施。有重点监管尾矿库的企业要开展环境风险评估，完善污染治理设施，储备应急物资。加强对矿产资源开发利用活动的辐射安全监管，有关企业每年要对本矿区土壤进行辐射环境监测。（环境保护部、安全监管总局牵头，工业和信息化部、国土资源部参与）

加强涉重金属行业污染防控。严格执行重金属污染物排放标准并落实相关总量控制指标，加大监督检查力度，对整改后仍不达标的企业，依法责令其停业、关闭，并将企业名单向社会公开。继续淘汰涉重金属重点行业落后产能，完善重金属相关行业准入条件，禁止新建落后产能或产能严重过剩行业的建设项目。按计划逐步淘汰普通照明白炽灯。提高铅酸蓄电池等行业落后产能淘汰标准，逐步退出落后产能。制定涉重金属重点工业行业清洁生产技术推行方案，鼓励企业采用先进适用生产工艺和技术。2020年重点行业的重点重金属排放量要比2013年下降10%。（环境保护部、工业和信息化部牵头，国家发展改革委参与）

加强工业废物处理处置。全面整治尾矿、煤矸石、工业副产石膏、粉煤灰、赤泥、冶炼渣、电石渣、铬渣、砷渣以及脱硫、脱硝、除尘产生固体废物的堆存场所，完善防扬散、防流失、防渗漏等设施，制定整治方案并有序实施。加强工业固体废物综合利用。对电子废物、废轮胎、废塑料等再生利用活动进行清理整顿，引导有关企业采用先进适用加工工艺、集聚发展，集中建设和运营污染治理设施，防止污染土壤和地下水。自2017年起，在京津冀、长三角、珠三角等地区的部分城市开展污水与污泥、废气与废渣协同治理试点。（环境保护部、国家发展改革委牵头，工业和信息化部、国土资源部参与）

（十九）控制农业污染。合理使用化肥农药。鼓励农民增施有机肥，减少化肥使用量。科学施用农药，推行农作物病虫害专业化统防统治和绿色防控，推广高效低毒低残留农药和现代植保机械。加强农药包装废弃物回收处理，自2017年起，在江苏、山东、河南、海南等省份选择部分产粮（油）大县和蔬菜产业重点县开展试点；到2020年，推广到全国30%的产粮（油）大县和所有蔬菜产业重点县。推行农业清洁生产，开展农业废弃物资源化利用试点，形成一批可复制、可推广的农业面源污染防治技术模式。严禁将城镇生活垃圾、污泥、工业废物直接用作肥料。到2020年，全国主要农作物化肥、农药使用量实现零增长，利用率提高到40%以上，测土配方施肥技术推广覆盖率提高到90%以上。（农业部牵头，国家发展改革委、环境保护部、住房城乡建设部、供销合作总社等参与）

加强废弃农膜回收利用。严厉打击违法生产和销售不合格农膜的行为。建立健全废弃农膜回收贮运和综合利用网络，开展废弃农膜回收利用试点；到2020年，河北、辽宁、山东、河南、甘肃、新疆等农膜使用量较高省份力争实现废弃农膜全面回收利用。（农业部牵头，国家发展改革委、工业和信息化部、公安部、工商总局、供销合作总社等参与）

强化畜禽养殖污染防治。严格规范兽药、饲料添加剂的生产和使用，防止过量使用，促进源头减量。加强畜禽粪便综合利用，在部分生猪大县开展种养业有机结合、循环发展试点。鼓励支持畜禽粪便处理利用设施建设，到2020年，规模化养殖场、养殖小区配套建设废弃物处理设施比例达到75%以上。（农业部牵头，国家发展改革委、环境保护部参与）

加强灌溉水水质管理。开展灌溉水水质监测。灌溉用水应符合农田灌溉水水质标准。对因长期使用污水灌溉导致土壤污染严重、威胁农产品质量安全的，要及时调整种植结构。（水利部牵头，农业部参与）

（二十）减少生活污染。建立政府、社区、企业和居民协调机制，通过分类投放收集、综合循环利用，促进垃圾减量化、资源化、无害化。建立村庄保洁制度，推进农村生活垃圾治理，实施农村生活污水治理工程。整治非正规垃圾填埋场。深入实施"以奖促治"政策，扩大农村环境连片整治范围。推进水泥窑协同处置生活垃圾试点。鼓励将处理达标后的污泥用于园林绿化。开展利用建筑垃圾生产建材产品等资源化利用示范。强化废氧化汞电池、镍镉电池、铅酸蓄电池和含汞荧光灯管、温度计等含重金属废物的安全处置。减少过度包装，鼓励使用环境标志产品。（住房城乡建设部牵头，国家发展改革委、工业和信息化部、财政部、环境保护部参与）

七、开展污染治理与修复，改善区域土壤环境质量

（二十一）明确治理与修复主体。 按照"谁污染，谁治理"原则，造成土壤污染的单位或个人要承担治理与修复的主体责任。责任主体发生变更的，由变更后继承其债权、债务的单位或个人承担相关责任；土地使用权依法转让的，由土地使用权受让人或双方约定的责任人承担相关责任。责任主体灭失或责任主体不明确的，由所在地县级人民政府依法承担相关责任。（环境保护部牵头，国土资源部、住房城乡建设部参与）

（二十二）制定治理与修复规划。 各省（区、市）要以影响农产品质量和人居环境安全的突出土壤污染问题为重点，制定土壤污染治理与修复规划，明确重点任务、责任单位和分年度实施计划，建立项目库，2017年底前完成。规划报环境保护部备案。京津冀、长三角、珠三角地区要率先完成。（环境保护部牵头，国土资源部、住房城乡建设部、农业部等参与）

（二十三）有序开展治理与修复。 确定治理与修复重点。各地要结合城市环境质量提升和发展布局调整，以拟开发建设居住、商业、学校、医疗和养老机构等项目的污染地块为重点，开展治理与修复。在江西、湖北、湖南、广东、广西、四川、贵州、云南等省份污染耕地集中区域优先组织开展治理与修复；其他省份要根据耕地土壤污染程度、环境风险及其影响范围，确定治理与修复的重点区域。到2020年，受污染耕地治理与修复面积达到1000万亩。（国土资源部、农业部、环境保护部牵头，住房城乡建设部参与）

强化治理与修复工程监管。治理与修复工程原则上在原址进行，并采取必要措施防止污染土壤挖掘、堆存等造成二次污染；需要转运污染土壤的，有关责任单位要将运输时间、方式、线路和污染土壤数量、去向、最终处置措施等，提前向所在地和接收地环境保护部门报告。工程施工期间，责任单位要设立公告牌，公开工程基本情况、环境影响及其防范措施；所在地环境保护部门要对各项环境保护措施落实情况进行检查。工程完工后，责任单位要委托第三方机构对治理与修复效果进行评估，结果向社会公开。实行土壤污染治理与修复终身责任制，2017年底前，出台有关责任追究办法。（环境保护部牵头，国土资源部、住房城乡建设部、农业部参与）

（二十四）监督目标任务落实。 各省级环境保护部门要定期向环境保护部报告土壤污染治理与修复工作进展；环境保护部要会同有关部门进行督导检查。各省（区、市）要委托第三方机构对本行政区域各县（市、区）土壤污染治理与修复成效进行综合评估，结果向社会公开。2017年底前，出台土壤污染治理与修复成效评估办法。（环境保护部牵头，国土资源部、住房城乡建设部、农业

部参与)

八、加大科技研发力度，推动环境保护产业发展

（二十五）**加强土壤污染防治研究。**整合高等学校、研究机构、企业等科研资源，开展土壤环境基准、土壤环境容量与承载能力、污染物迁移转化规律、污染生态效应、重金属低积累作物和修复植物筛选，以及土壤污染与农产品质量、人体健康关系等方面基础研究。推进土壤污染诊断、风险管控、治理与修复等共性关键技术研究，研发先进适用装备和高效低成本功能材料（药剂），强化卫星遥感技术应用，建设一批土壤污染防治实验室、科研基地。优化整合科技计划（专项、基金等），支持土壤污染防治研究。（科技部牵头，国家发展改革委、教育部、工业和信息化部、国土资源部、环境保护部、住房城乡建设部、农业部、国家卫生计生委、国家林业局、中科院等参与）

（二十六）**加大适用技术推广力度。**建立健全技术体系。综合土壤污染类型、程度和区域代表性，针对典型受污染农用地、污染地块，分批实施 200 个土壤污染治理与修复技术应用试点项目，2020 年年底前完成。根据试点情况，比选形成一批易推广、成本低、效果好的适用技术。（环境保护部、财政部牵头，科技部、国土资源部、住房城乡建设部、农业部等参与）

加快成果转化应用。完善土壤污染防治科技成果转化机制，建成以环保为主导产业的高新技术产业开发区等一批成果转化平台。2017 年底前，发布鼓励发展的土壤污染防治重大技术装备目录。开展国际合作研究与技术交流，引进消化土壤污染风险识别、土壤污染物快速检测、土壤及地下水污染阻隔等风险管控先进技术和管理经验。（科技部牵头，国家发展改革委、教育部、工业和信息化部、国土资源部、环境保护部、住房城乡建设部、农业部、中科院等参与）

（二十七）**推动治理与修复产业发展。**放开服务性监测市场，鼓励社会机构参与土壤环境监测评估等活动。通过政策推动，加快完善覆盖土壤环境调查、分析测试、风险评估、治理与修复工程设计和施工等环节的成熟产业链，形成若干综合实力雄厚的龙头企业，培育一批充满活力的中小企业。推动有条件的地区建设产业化示范基地。规范土壤污染治理与修复从业单位和人员管理，建立健全监督机制，将技术服务能力弱、运营管理水平低、综合信用差的从业单位名单通过企业信用信息公示系统向社会公开。发挥"互联网＋"在土壤污染治理与修复全产业链中的作用，推进大众创业、万众创新。（国家发展改革委牵头，科技部、工业和信息化部、国土资源部、环境保护部、住房城乡建设部、农业部、商务部、工商总局等参与）

九、发挥政府主导作用，构建土壤环境治理体系

（二十八）强化政府主导。完善管理体制。按照"国家统筹、省负总责、市县落实"原则，完善土壤环境管理体制，全面落实土壤污染防治属地责任。探索建立跨行政区域土壤污染防治联动协作机制。（环境保护部牵头，国家发展改革委、科技部、工业和信息化部、财政部、国土资源部、住房城乡建设部、农业部等参与）

加大财政投入。中央和地方各级财政加大对土壤污染防治工作的支持力度。中央财政整合重金属污染防治专项资金等，设立土壤污染防治专项资金，用于土壤环境调查与监测评估、监督管理、治理与修复等工作。各地应统筹相关财政资金，通过现有政策和资金渠道加大支持，将农业综合开发、高标准农田建设、农田水利建设、耕地保护与质量提升、测土配方施肥等涉农资金，更多用于优先保护类耕地集中的县（市、区）。有条件的省（区、市）可对优先保护类耕地面积增加的县（市、区）予以适当奖励。统筹安排专项建设基金，支持企业对涉重金属落后生产工艺和设备进行技术改造。（财政部牵头，国家发展改革委、工业和信息化部、国土资源部、环境保护部、水利部、农业部等参与）

完善激励政策。各地要采取有效措施，激励相关企业参与土壤污染治理与修复。研究制定扶持有机肥生产、废弃农膜综合利用、农药包装废弃物回收处理等企业的激励政策。在农药、化肥等行业，开展环保领跑者制度试点。（财政部牵头，国家发展改革委、工业和信息化部、国土资源部、环境保护部、住房城乡建设部、农业部、税务总局、供销合作总社等参与）

建设综合防治先行区。2016年底前，在浙江省台州市、湖北省黄石市、湖南省常德市、广东省韶关市、广西壮族自治区河池市和贵州省铜仁市启动土壤污染综合防治先行区建设，重点在土壤污染源头预防、风险管控、治理与修复、监管能力建设等方面进行探索，力争到2020年先行区土壤环境质量得到明显改善。有关地方人民政府要编制先行区建设方案，按程序报环境保护部、财政部备案。京津冀、长三角、珠三角等地区可因地制宜开展先行区建设。（环境保护部、财政部牵头，国家发展改革委、国土资源部、住房城乡建设部、农业部、国家林业局等参与）

（二十九）发挥市场作用。通过政府和社会资本合作（PPP）模式，发挥财政资金撬动功能，带动更多社会资本参与土壤污染防治。加大政府购买服务力度，推动受污染耕地和以政府为责任主体的污染地块治理与修复。积极发展绿色金融，发挥政策性和开发性金融机构引导作用，为重大土壤污染防治项目提供支持。鼓励符合条件的土壤污染治理与修复企业发行股票。探索通过发行债券推进土壤污染治理与修复，在土壤污染综合防治先行区开展试点。有序开展

重点行业企业环境污染强制责任保险试点。（国家发展改革委、环境保护部牵头，财政部、人民银行、银监会、证监会、保监会等参与）

（三十）加强社会监督。 推进信息公开。根据土壤环境质量监测和调查结果，适时发布全国土壤环境状况。各省（区、市）人民政府定期公布本行政区域各地级市（州、盟）土壤环境状况。重点行业企业要依据有关规定，向社会公开其产生的污染物名称、排放方式、排放浓度、排放总量，以及污染防治设施建设和运行情况。（环境保护部牵头，国土资源部、住房城乡建设部、农业部等参与）

引导公众参与。实行有奖举报，鼓励公众通过"12369"环保举报热线、信函、电子邮件、政府网站、微信平台等途径，对乱排废水、废气，乱倒废渣、污泥等污染土壤的环境违法行为进行监督。有条件的地方可根据需要聘请环境保护义务监督员，参与现场环境执法、土壤污染事件调查处理等。鼓励种粮大户、家庭农场、农民合作社以及民间环境保护机构参与土壤污染防治工作。（环境保护部牵头，国土资源部、住房城乡建设部、农业部等参与）

推动公益诉讼。鼓励依法对污染土壤等环境违法行为提起公益诉讼。开展检察机关提起公益诉讼改革试点的地区，检察机关可以以公益诉讼人的身份，对污染土壤等损害社会公共利益的行为提起民事公益诉讼；也可以对负有土壤污染防治职责的行政机关，因违法行使职权或者不作为造成国家和社会公共利益受到侵害的行为提起行政公益诉讼。地方各级人民政府和有关部门应当积极配合司法机关的相关案件办理工作和检察机关的监督工作。（最高人民检察院、最高人民法院牵头，国土资源部、环境保护部、住房城乡建设部、水利部、农业部、国家林业局等参与）

（三十一）开展宣传教育。 制定土壤环境保护宣传教育工作方案。制作挂图、视频，出版科普读物，利用互联网、数字化放映平台等手段，结合世界地球日、世界环境日、世界土壤日、世界粮食日、全国土地日等主题宣传活动，普及土壤污染防治相关知识，加强法律法规政策宣传解读，营造保护土壤环境的良好社会氛围，推动形成绿色发展方式和生活方式。把土壤环境保护宣传教育融入党政机关、学校、工厂、社区、农村等的环境宣传和培训工作。鼓励支持有条件的高等学校开设土壤环境专门课程。（环境保护部牵头，中央宣传部、教育部、国土资源部、住房城乡建设部、农业部、新闻出版广电总局、国家网信办、国家粮食局、中国科协等参与）

十、加强目标考核，严格责任追究

（三十二）明确地方政府主体责任。 地方各级人民政府是实施本行动计划的主体，要于2016年底前分别制定并公布土壤污染防治工作方案，确定重点任务和工作目标。要加强组织领导，完善政策措施，加大资金投入，创新投融资模式，强化监督管理，抓好工作落实。各省（区、市）工作方案报国务院备案。（环境保护部牵头，国家发展改革委、财政部、国土资源部、住房城乡建设部、农业部等参与）

（三十三）加强部门协调联动。 建立全国土壤污染防治工作协调机制，定期研究解决重大问题。各有关部门要按照职责分工，协同做好土壤污染防治工作。环境保护部要抓好统筹协调，加强督促检查，每年2月底前将上年度工作进展情况向国务院报告。（环境保护部牵头，国家发展改革委、科技部、工业和信息化部、财政部、国土资源部、住房城乡建设部、水利部、农业部、国家林业局等参与）

（三十四）落实企业责任。 有关企业要加强内部管理，将土壤污染防治纳入环境风险防控体系，严格依法依规建设和运营污染治理设施，确保重点污染物稳定达标排放。造成土壤污染的，应承担损害评估、治理与修复的法律责任。逐步建立土壤污染治理与修复企业行业自律机制。国有企业特别是中央企业要带头落实。（环境保护部牵头，工业和信息化部、国务院国资委等参与）

（三十五）严格评估考核。 实行目标责任制。2016年年底前，国务院与各省（区、市）人民政府签订土壤污染防治目标责任书，分解落实目标任务。分年度对各省（区、市）重点工作进展情况进行评估，2020年对本行动计划实施情况进行考核，评估和考核结果作为对领导班子和领导干部综合考核评价、自然资源资产离任审计的重要依据。（环境保护部牵头，中央组织部、审计署参与）

评估和考核结果作为土壤污染防治专项资金分配的重要参考依据。（财政部牵头，环境保护部参与）

对年度评估结果较差或未通过考核的省（区、市），要提出限期整改意见，整改完成前，对有关地区实施建设项目环评限批；整改不到位的，要约谈有关省级人民政府及其相关部门负责人。对土壤环境问题突出、区域土壤环境质量明显下降、防治工作不力、群众反映强烈的地区，要约谈有关地市级人民政府和省级人民政府相关部门主要负责人。对失职渎职、弄虚作假的，区分情节轻重，予以诫勉、责令公开道歉、组织处理或党纪政纪处分；对构成犯罪的，要依法追究刑事责任，已经调离、提拔或者退休的，也要终身追究责任。（环境保护部牵头，中央组织部、监察部参与）

我国正处于全面建成小康社会决胜阶段，提高环境质量是人民群众的热切期盼，土壤污染防治任务艰巨。各地区、各有关部门要认清形势，坚定信心，狠抓落实，切实加强污染治理和生态保护，如期实现全国土壤污染防治目标，确保生态环境质量得到改善、各类自然生态系统安全稳定，为建设美丽中国、实现"两个一百年"奋斗目标和中华民族伟大复兴的中国梦做出贡献。